●浙江大学数学系列丛书

数值分析基础

叶兴德　程晓良　陈明飞　薛莲 编著

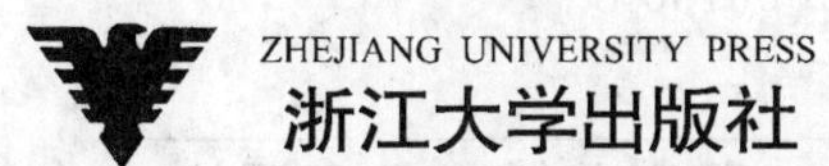

图书在版编目（CIP）数据

数值分析基础 / 叶兴德等编著. —杭州：浙江大学出版社，2008. 8(2015. 8 重印)

（浙江大学数学系列丛书）

ISBN 978-7-308-06130-8

Ⅰ. 数… Ⅱ. 叶… Ⅲ. 数值计算—高等学校—教材 Ⅳ. O241

中国版本图书馆 CIP 数据核字（2008）第 115634 号

内 容 提 要

本书介绍科学计算的一些基本数值方法，包括插值、函数逼近、数值微分与数值积分、线性方程组的解法、矩阵特征值计算、非线性方程求根、常微分方程与偏微分方程的差分方法等. 本书除了介绍各种数值算法的理论外，还用 MATLAB 编制了实现算法的程序，适用大学理学和工科专业学生学习科学计算、数值方法等课程作教材或参考书.

数值分析基础

叶兴德　程晓良　陈明飞　薛莲 编著

责任编辑　徐素君
封面设计　刘依群
出版发行　浙江大学出版社
（杭州市天目山路 148 号　邮政编码 310007）
（网址：http://www.zjupress.com）
排　　版　杭州中大图文设计有限公司
印　　刷　德清县第二印刷厂
开　　本　787mm×1092mm　1/16
印　　张　18.5
字　　数　450 千
版 印 次　2008 年 8 月第 1 版　2015 年 8 月第 2 次印刷
书　　号　ISBN 978-7-308-06130-8
定　　价　33.00 元

序

为了弘扬浙江大学数学系的优良传统和学风，适应当代数学研究和教学的发展，2004 年起浙江大学数学系组织力量对本科生课程设置和教材进行了重要改革，尤其是对数学系主干课程如数学分析、高等代数、解析几何、实变函数、常微分方程、科学计算、概率论等的教材进行了重新编写，并在浙江大学出版社出版浙江大学数学系列丛书。这是本套系列丛书的第一部分。

丛书的主要特点：

一、加强基础，突出普适性。丛书在内容取舍上，对数学核心内容不仅不削弱，反而有所加强，尤其注重数学基本理论、基本方法的训练。同时，为了适应浙江大学“宽口径”的学生培养制度，对数学应用、数学试验等内容也给予了高度关注。

二、关注前沿理论，强调创新。丛书试图从现代数学的观点审视和选择经典的内容，以新的视角来处理传统的数学内容，使丛书更加适合浙江大学教学改革的需要，适合通才教育的培养目标。

三、注重实践，突出适用性。丛书出版以前，有的作为讲义或正式出版物在浙江大学数学系试用过多次，使丛书的内容和框架、结构比较完善。同时，为了适合不同层次的学生合理取舍，丛书在内容选取上，为学生进一步学习准备了丰富的材料。

在编写过程中，数学系教授们征求了许多学生的意见，并希望能够在教学使用过程中对这套教材作进一步完善。今后我们还会对其他课程的教材进行相应的改革。

为了这套丛书的编写和发行，浙江大学数学系的许多教授和出版社的编辑投入了巨大的精力，我在此对他们表示衷心的感谢。

刘克峰

浙江大学数学系主任

2008 年 2 月

前　言

当今，科学计算的地位与作用得到人们的充分认识，被称为继实验、理论后的第三种科学方法. “计算不仅仅只是作为验证理论模型的正确性的手段，大量的事例表明它也是重大科学发现的手段.”(参见石钟慈：第三种科学方法——计算机时代的科学计算.北京：清华大学出版社，2000).

本书介绍科学计算的一些基本数值方法，包括函数逼近(插值、样条、最佳平方逼近、最佳一致逼近、数值微分与积分等)，数值代数(Gauss消元法、Jacobi迭代法、G-S迭代法、共轭梯度法、矩阵特征值计算的幂法、QR方法等)，非线性方程求根(二分法、Newton法等)，常微分方程与偏微分方程的差分方法. 在介绍这些经典的数值方法时，我们力求包含一些适合于本科生的最新的研究成果，比如，Lagrange 插值的质心形式、保形分段三次Heimite插值、常微分方程数值求解的边值化方法等. 同时，突出数值方法的设计思想与算法的Matlab实现，适当淡化数学理论的推导，一些定理只给出结论而不作证明.

虽然所有的算法都是用Matlab编程实现的，但我们认为只要读者有一定的程序设计经验(比如，学过一点BASIC，C或FORTRAN等编程语言)，就可以看懂这里的Matlab程序. 如果读者能够边学习边上机实践，那么就可以很快学会Matlab编程，这也是我们所希望的.

本教材源于浙江大学理学大类学生的讲义，我们希望给非信息与计算科学专业的理学学生介绍科学计算的基本理论和算法，同时也能涵盖工科学生计算方法课程的内容. 在本书的编写过程中，参考了国内外许多相关的教材和论文，我们已在参考文献中将它们一一列出. 在此，我们表示由衷的感谢. 本书在我们多年相关课程的教学基础上编写而成，其中，叶兴德编写了函数逼近部分内容（第三、四、五章），陈明飞编写了数值代数部分内容（第一、二、七章），程晓良编写了微分方程数值解的内容（第八、九章），薛莲编写了数值微分和数值积分这部分内容（第六章）. 由于水平所限，本书难免存在不足和错误，真诚欢迎读者提出批评指正.

作者

2008年8月

目录

第 1 章　误差与范数

在科学和工程的计算中，由于数学模型和测量手段的限制，得到的数据往往不是考察对象的准确值，而是满足一定精度的近似值. 在计算机的运算过程中，往往采用固定字长的浮点运算，对计算结果会产生舍入误差. 因此，在数值计算中，误差的出现是不可避免的，分析误差对计算结果的影响是有重要意义的.

在数值计算中，我们会大量地使用向量和矩阵运算，为了研究向量序列和矩阵序列的收敛性，我们引入了向量和矩阵的范数.

1.1　误差的来源

用数学方法解决一个具体的实际问题，首先要建立数学模型. 在数学模型中通常包含各种各样的参变量，这些参数往往都是通过观测得到的. 当数学模型不能精确求解时，通常要建立一套行之有效的数值方法求它的近似解，由于在计算机中浮点数只能表示实数的近似值，因此用计算机进行实际计算时每一步都可能有误差.

(1) 模型误差

客观世界的规律是由多种因素支配的，人们在建立数学模型时，为了不使模型过于复杂，往往只考虑主要因素，而忽略次要因素. 因而数学模型常含有误差，这种误差叫做模型误差.

例如，自由落体运动的数学模型，只考虑地球的引力而忽略月球的引力，甚至忽略空气的阻力.

(2) 测量误差

人们在测量物体的长度、温度和质量等数据时，由于测量工具本身只有一定的精度，以及在读取测量数据时也有一定的误差，因此得到的测量数据是物体的近似数据，测量数据常含有误差，这种误差叫做测量误差.

例如，医生在测量病人的体温时，得到38.6℃，这是一个精确到小数点后一位的数据，是符合医学精度的数据.

(3) 截断误差

在数学模型中常常有一些方程或表达式无法直接在计算机上计算，例如微分方程、超越函数等; 人们用易于计算的近似方程和近似表达式来代替，例如用差分方程代替微分方程、用多项式代替超越函数等，此时会产生误差.

截断误差是指原来表达式的准确值与近似公式的准确值的差.

例如，如果用$(x-\frac{1}{3!}x^3)$ 代替$\sin x$，则利用Taylor 公式得到截断误差为

$$\sin x-(x-\frac{1}{3!}x^3)=\frac{\cos\xi}{5!}x^5.$$

因此，当$|x|$ 比较小时，这样代替还是可以的.

(4) 舍入误差

如果一个表达式是可以在计算机上计算的，计算结果是否一定准确? 答案是否定的. 这是因为计算机处理的数据是有限位的，在计算过程中出现位数超过规定的数据时，要对该数据作四舍五入的处理，由此产生的误差称为舍入误差.

1.2 绝对误差、相对误差和有效数字

1.2.1 绝对误差

定义1.2.1. *近似值与准确值的差称为绝对误差.*

设x 是准确值，$\hat{x}$ 是近似值，则

绝对误差=$\hat{x}-x$

通常我们无法知道准确值，因此不能算出误差的准确值，只能估计出误差的绝对值不超过某个正数，这个正数称为绝对误差限.

例1.2.2. *求$\hat{x}=3.14$ 与π 的绝对误差限.*

解 由于$3.1415<\pi<3.1416$，因此

$$|\hat{x}-\pi|\leq|3.14-3.1416|=0.0016$$

所以绝对误差限是0.0016 .

1.2.2 相对误差

只用绝对误差还不能说明数的近似程度，例如甲打字时每百个字错一个，乙打字时平均每千个字错一个，他们的误差都是错一个，但显然乙要准确些.这就启发我们除了要看绝对误差大小外，还必须顾及量的本身.

定义1.2.3. *绝对误差与准确值的比称为相对误差.*

设x 是准确值，$\hat{x}$ 是近似值，则

相对误差=$\frac{\hat{x}-x}{x}$

通常我们无法知道准确值，也不能算出相对误差的准确值，只能估计出相对误差的绝对值不超过某个正数，这个正数称为相对误差限.

例1.2.4. 求$\hat{x}=3.14$ 与π 的相对误差限.

解 由于$3.1415<\pi<3.1416$，因此

$$|\frac{\hat{x}-\pi}{x}|\leq|\frac{3.14-3.1416}{3.1415}|<0.0006$$

所以相对误差限是0.0006 .

1.2.3 有效数字

定义1.2.5. 若一个数的误差不大于该数某位数字的半个单位，则从左边第一个非零数字起到这一位数字止都是该数的有效数字，其个数称为该数有效数字的位数.

例如，$\pi=3.14159265\cdots$，则π 的3 位有效数字是3.14；π 的4 位有效数字是3.142. 注意: 有效数字的最后一位要对后面的数字作四舍五入处理.

1.3 减少误差的一些方法与数值稳定性

在数值计算中，由于舍入误差的影响，可能会使得在数学上等价的两个表达式变得不等价. 例如，计算表达式：$5/6-(1/2+1/3)$，如果精确计算，结果为0；在Matlab上计算，结果是: 1.1102×10^{-16}. 因此，我们在设计计算程序时，要避免把两个实数表达式是否相等作为判别条件.由此可见，在数学上等价的两个表达式，在计算机上得到的结果可能是不同的. 如何在数学上等价的若干个表达式中，选择计算精度高的表达式，是下面我们要讨论的问题.

1.3.1 减少误差的一些方法

在数值计算中每步都可能产生误差. 而一个问题的解决，往往要经过成千上万次运算，误差的积累可能会变得很大. 下面，通过对误差的某些传播规律的简单分析，指出在数值计算中应注意的几个原则，它有助于鉴别计算结果的可靠性并防止误差危害现象的产生.

(1) 要避免两相近数相减

在数值运算中两相近数相减会使有效数字严重损失.

例如，计算$(\sqrt{x+1}-\sqrt{x})$，当x 很大时，如果直接计算，会使有效数字严重损失. 但是，如果把计算公式变换为$\frac{1}{\sqrt{x+1}+\sqrt{x}}$ 进行计算，就会保持较多的有效数字.

(2) 要防止大数“吃掉”小数

若参加运算的数的数量级相差很大，而计算机的位数有限，如不注意运算次序，就可能出现大数“吃掉”小数的现象，影响计算结果.

例如在五位十进制计算机上，计算

$$12345+\sum_{i=1}^{100}\frac{i}{500}$$

如果直接计算，结果是12345，只有3位有效数字；如果改变运算次序

$$\sum_{i=1}^{100}\frac{i}{500}+12345$$

得到12355，有5位有效数字. 有效数字增加了2位.

(3) 注意简化计算步骤，减少运算次数

同样一个计算题，如果能减少运算次数，不但可节省计算机的计算时间，还能减少舍入误差.

例如，计算x^{14} 的值，如果逐个相乘要用14次乘法，但若写成$x^2x^4x^8$只要做5次乘法运算即可.

(4) 绝对值太小的数不宜作除数

如果在一个分数中，分母需要经过运算得到，其绝对值很小，如果直接计算，可能会使有效数字严重损失.

例如，计算$\frac{1.23}{\sqrt{x+1}-\sqrt{x}}$，当$x$ 很大时，如果直接计算，会使有效数字严重损失. 如果把计算公式变换为$1.23(\sqrt{x+1}+\sqrt{x})$ 进行计算，就会保持较多的有效数字.

1.3.2 数值稳定性

在算法的执行过程中会出现舍入误差的积累.对同一个问题，用不同的算法进行计算，舍入误差对计算结果的影响也各不相同. 舍入误差对计算结果的精确性影响较小的算法，具有较好的数值稳定性;反之就认为算法的稳定性较差，或者是不稳定的.

分析整个算法的舍入误差是十分复杂的工作. 我们采用向后误差分析的方法，即认为在算法的初始数据中有一定的误差，而中间的运算过程是精确进行的. 这样可以简化误差分析的工作.

由于数值稳定性直接与算法有关，所以我们通过例子来分析算法的数值稳定性.

例1.3.1. 分析下列计算

$$\begin{aligned}x_{n+1}&=2.5x_n-x_{n-1}\\x_1&=\tfrac{1}{3}\,,\ x_2=\tfrac{1}{6}\end{aligned}\tag{1.3.1}$$

的数值稳定性.

解 如果精确运算，得到$x_n=\frac{2}{3}(\frac{1}{2})^n$.

但是，如果对x_1,x_2 作微小的扰动，例如令

$$x_1=\frac{1}{3}+\frac{2}{30000}\,,\ x_2=\frac{1}{6}+\frac{4}{30000}$$

则有$x_n = \frac{2}{3}(\frac{1}{2})^n + \frac{1}{30000}2^n$ ，这是一个发散数列.
所以本算法是数值不稳定的.

例1.3.2. 分析下列计算

$$\begin{aligned} x_{n+1} &= 1.1x_n - 0.3x_{n-1} \\ x_1 &= \tfrac{1}{3}\ ,\ x_2 = \tfrac{1}{6} \end{aligned} \tag{1.3.2}$$

的数值稳定性.

解 如果精确运算，得到$x_n = \frac{2}{3}(\frac{1}{2})^n$.
但是，如果对x_1, x_2 作微小的扰动，令

$$x_1 = \frac{1}{3} + \epsilon_1\ ,\ x_2 = \frac{1}{6} + \epsilon_2$$

则有$x_n = \frac{2}{3}(\frac{1}{2})^n + c_3(\frac{1}{2})^n + c_4(\frac{3}{5})^n$. 其中

$$c_3 = 12\epsilon_1 - 20\epsilon_2\ ,\ c_4 = \frac{50}{3}\epsilon_2 - \frac{25}{3}\epsilon_1$$

所以本算法是数值稳定的.

1.4 向量范数和矩阵范数

用一个数来表示一个向量或一个矩阵的大小，对于研究向量序列和矩阵序列的收敛性，起到非常重要的作用.

1.4.1 向量范数

记$\boldsymbol{x} \in \mathbb{C}^n$ 是列向量，用$||\boldsymbol{x}||$ 表示$\boldsymbol{x}$ 的范数. 向量范数$||\cdot||$ 要满足下列关系式:

(1) 正定性: 对所有的$\boldsymbol{x} \in \mathbb{C}^n$ 有 $||\boldsymbol{x}|| \geq 0$，而且 $||\boldsymbol{x}|| = 0$ 当且仅当 $\boldsymbol{x} = 0$；

(2) 齐次性: 对所有的$\boldsymbol{x} \in \mathbb{C}^n$ 和$\alpha \in C$ 有 $||\alpha\boldsymbol{x}|| = |\alpha| \cdot ||\boldsymbol{x}||$；

(3) 三角不等式: 对所有的$\boldsymbol{x}, \boldsymbol{y} \in \mathbb{C}^n$ 有 $||\boldsymbol{x} + \boldsymbol{y}|| \leq ||\boldsymbol{x}|| + ||\boldsymbol{y}||$.

最常用的向量范数是下列三个:

$$||\boldsymbol{x}||_1 = \sum_{j=1}^{n} |x_j| \tag{1.4.1}$$

$$||\boldsymbol{x}||_2 = (\sum_{j=1}^{n} |x_j|^2)^{\frac{1}{2}} \tag{1.4.2}$$

$$||\boldsymbol{x}||_\infty = \max_{1 \leq j \leq n} |x_j| \tag{1.4.3}$$

它们分别称为**1**范数，**2**范数和∞ 范数.

1.4.2 矩阵范数

记$\boldsymbol{A}\in\mathbb{C}^{n\times n}$ 是矩阵，用$||\boldsymbol{A}||$ 表示$\boldsymbol{A}$ 的范数. 矩阵范数$||\cdot||$ 要满足下列条件:

(1) 正定性: 对所有的$\boldsymbol{A}\in\mathbb{C}^{n\times n}$ 有 $||\boldsymbol{A}||\geq 0$ ，而且 $||\boldsymbol{A}||=0$ 当且仅当 $\boldsymbol{A}=0$;

(2) 齐次性: 对所有的$\boldsymbol{A}\in\mathbb{C}^{n\times n}$ 和$\alpha\in C$ 有 $||\alpha\boldsymbol{A}||=|\alpha|\cdot||\boldsymbol{A}||$;

(3) 三角不等式: 对所有的$\boldsymbol{A},\boldsymbol{B}\in\mathbb{C}^{n\times n}$ 有 $||\boldsymbol{A}+\boldsymbol{B}||\leq||\boldsymbol{A}||+||\boldsymbol{B}||$;

(4) 相容性: 对所有的$\boldsymbol{A},\boldsymbol{B}\in\mathbb{C}^{n\times n}$ 有 $||\boldsymbol{AB}||\leq||\boldsymbol{A}||\cdot||\boldsymbol{B}||$.

由于矩阵范数要满足的条件比较多，因此定义矩阵范数要比定义向量范数的难度要大，利用向量范数来定义矩阵范数是一种有效途径. 由下列公式定义的范数

$$||\boldsymbol{A}||=\sup_{x\neq 0}\frac{||\boldsymbol{Ax}||}{||\boldsymbol{x}||} \tag{1.4.4}$$

称为**从属于向量的范数**，或者称为**由向量范数导出的范数**.

最常用的矩阵范数是下列四个：

$$||\boldsymbol{A}||_1=\max_{1\leq j\leq n}\sum_{i=1}^{n}|a_{ij}| \tag{1.4.5}$$

$$||\boldsymbol{A}||_2=[\lambda_{\max}(\boldsymbol{A}^*\boldsymbol{A})]^{\frac{1}{2}} \tag{1.4.6}$$

$$||\boldsymbol{A}||_\infty=\max_{1\leq i\leq n}\sum_{j=1}^{n}|a_{ij}| \tag{1.4.7}$$

$$||\boldsymbol{A}||_F=(\sum_{i=1}^{n}\sum_{j=1}^{n}|a_{ij}|^2)^{\frac{1}{2}} \tag{1.4.8}$$

其中前面的三种矩阵范数是从属于向量的范数，分别称为矩阵的**1范数**，**2范数**和∞ **范数**；最后的一个范数为**Frobenius 范数**，简称**F范数**. 在上述四个范数中，除了2范数，其余3种范数都是容易计算的. 2范数和F范数有下列重要性质.

定理1.4.1. *设$\boldsymbol{A}$ 是n 阶方阵，$\boldsymbol{U}$ 是酉矩阵，则*

(1) $||\boldsymbol{U}||_2=1$;

(2) $||\boldsymbol{UA}||_2=||\boldsymbol{AU}||_2=||\boldsymbol{A}||_2$;

(3) $||\boldsymbol{UA}||_F=||\boldsymbol{AU}||_F=||\boldsymbol{A}||_F$.

证明 (1) 由于$\boldsymbol{U}^*\boldsymbol{U}=\boldsymbol{I}$，所以$||\boldsymbol{U}||_2=1$.

(2) 一方面$||\boldsymbol{UA}||_2\leq||\boldsymbol{U}||_2\cdot||\boldsymbol{A}||_2=||\boldsymbol{A}||_2$，另一方面$||\boldsymbol{A}||_2=||\boldsymbol{U}^*\boldsymbol{UA}||_2\leq||\boldsymbol{U}^*||\cdot||\boldsymbol{UA}||_2=||\boldsymbol{UA}||_2$，所以$||\boldsymbol{UA}||_2=||\boldsymbol{A}||_2$. 用同样的方法证明$||\boldsymbol{AU}||_2=||\boldsymbol{A}||_2$.

(3) 记$\boldsymbol{A}=[a_1,a_2,\cdots,a_n]$，其中$a_k$ $(k=1,2,\cdots,n)$ 是列向量，则有

$$||\boldsymbol{A}||_F^2=\sum_{k=1}^{n}||a_k||_2^2.$$

由于$||\boldsymbol{U}\boldsymbol{A}||_F^2 = ||[\boldsymbol{U}a_1, \boldsymbol{U}a_2, \cdots, \boldsymbol{U}a_n]||_F = \sum_{k=1}^{n} ||\boldsymbol{U}a_k||_2^2 = \sum_{k=1}^{n} ||a_k||_2^2 = ||\boldsymbol{A}||_F^2$，所以$||\boldsymbol{U}\boldsymbol{A}||_F = ||\boldsymbol{A}||_F$. 又由于$||\boldsymbol{A}||_F = ||\boldsymbol{A}^*||_F$，所以$||\boldsymbol{A}\boldsymbol{U}||_F = ||\boldsymbol{U}^*\boldsymbol{A}^*||_F = ||\boldsymbol{A}^*||_F = ||\boldsymbol{A}||_F$. □

1.4.3 谱半径

记$\boldsymbol{A} \in \mathbb{C}^{n\times n}$ 是矩阵，其特征值为$\lambda_1, \lambda_2, \cdots, \lambda_n$，称

$$\rho(\boldsymbol{A}) = \max_{1\le j\le n} |\lambda_j| \tag{1.4.9}$$

为$\boldsymbol{A}$ 的谱半径.

谱半径与范数之间有下列关系.

定理1.4.2. 若$||\cdot||$ 是从属于向量的矩阵范数，则

$$\rho(\boldsymbol{A}) \le ||\boldsymbol{A}||\ ,\ \forall \boldsymbol{A} \in \mathbb{C}^{n\times n} \tag{1.4.10}$$

证明 设λ_1 是$\boldsymbol{A}$ 的模最大特征值，$\boldsymbol{y}$ 是特征向量，即$\boldsymbol{A}\boldsymbol{y} = \lambda_1\boldsymbol{y}$，于是

$$\rho(\boldsymbol{A}) = |\lambda_1| = \frac{||\lambda_1\boldsymbol{y}||}{||\boldsymbol{y}||} = \frac{||\boldsymbol{A}\boldsymbol{y}||}{||\boldsymbol{y}||} \le ||\boldsymbol{A}|| \tag{1.4.11}$$

所以(1.4.10)式成立.

定理1.4.3. 设$\boldsymbol{A} \in \mathbb{C}^{n\times n}$，$\epsilon$ 是任一正数，则存在一个与$\boldsymbol{A}, \epsilon$ 有关的范数$||\cdot||_{\boldsymbol{A}_\epsilon}$，且$||\cdot||_{\boldsymbol{A}_\epsilon}$ 是从属于向量的矩阵范数，有

$$||\boldsymbol{A}||_{\boldsymbol{A}_\epsilon} \le \rho(\boldsymbol{A}) + \epsilon \tag{1.4.12}$$

证明 由矩阵的Jordan 标准型定理知，存在非奇异的矩阵$\boldsymbol{P}$，使得

$$\boldsymbol{A} = \boldsymbol{P}\cdot \mathrm{diag}(\boldsymbol{J}_1, \boldsymbol{J}_2, \cdots, \boldsymbol{J}_r)\boldsymbol{P}^{-1}. \tag{1.4.13}$$

其中

$$\boldsymbol{J}_i = \begin{bmatrix} \lambda_i & 1 & & & \\ & \lambda_i & 1 & & \\ & & \ddots & \ddots & \\ & & & \lambda_i & 1 \\ & & & & \lambda_i \end{bmatrix} \tag{1.4.14}$$

又由于$\rho(\boldsymbol{A}) < 1$，所以存在一个正数ϵ，使得$\rho(\boldsymbol{A}) + \epsilon < 1$.令

$$\boldsymbol{D}_i = \mathrm{diag}(1, \epsilon, \epsilon^2, \cdots, \epsilon^{n_i-1}) \tag{1.4.15}$$

我们有

$$\boldsymbol{J}_i = \boldsymbol{D}_i \hat{\boldsymbol{J}}_i (\boldsymbol{D}_i)^{-1} \tag{1.4.16}$$

其中

$$\hat{\boldsymbol{J}}_i = \begin{bmatrix} \lambda_i & \epsilon & & & \\ & \lambda_i & \epsilon & & \\ & & \ddots & \ddots & \\ & & & \lambda_i & \epsilon \\ & & & & \lambda_i \end{bmatrix} \tag{1.4.17}$$

记

$$\boldsymbol{D} = \mathrm{diag}(\boldsymbol{D}_1, \boldsymbol{D}_2, \cdots, \boldsymbol{D}_r) \tag{1.4.18}$$

和

$$\boldsymbol{A}_\epsilon = \boldsymbol{P}\boldsymbol{D} \tag{1.4.19}$$

我们有

$$\boldsymbol{A} = \boldsymbol{A}_\epsilon \cdot \mathrm{diag}(\hat{\boldsymbol{J}}_1, \hat{\boldsymbol{J}}_2, \cdots, \hat{\boldsymbol{J}}_r)(\boldsymbol{A}_\epsilon)^{-1}. \tag{1.4.20}$$

定义向量范数$||\boldsymbol{x}||_{\boldsymbol{A}_\epsilon} = ||\boldsymbol{A}_\epsilon \boldsymbol{x}||_\infty$，容易验证从属于这个向量范数的矩阵范数为

$$||B||_{\boldsymbol{A}_\epsilon} = ||\boldsymbol{A}_\epsilon B(\boldsymbol{A}_\epsilon)^{-1}||_\infty\ ,\ \forall\ B \in \mathbb{C}^{n\times n} \tag{1.4.21}$$

因此

$$||\boldsymbol{A}||_{\boldsymbol{A}_\epsilon} = ||\boldsymbol{A}_\epsilon \boldsymbol{A}(\boldsymbol{A}_\epsilon)^{-1}||_\infty = ||\mathrm{diag}(\hat{\boldsymbol{J}}_1, \hat{\boldsymbol{J}}_2, \cdots, \hat{\boldsymbol{J}}_r)||_{\boldsymbol{A}_\epsilon} \le \rho(\boldsymbol{A}) + \epsilon \tag{1.4.22}$$

所以由(1.4.21)式定义的矩阵范数满足定理的要求. □

1.5 范数与极限

在上一节中，我们定义了四种常用的矩阵范数，有的容易计算，有的不容易计算，但是，这些范数都是“等价”的.

1.5.1 范数的等价性

定义1.5.1. 设$||\cdot||_a$ 和$||\cdot||_b$ 是两个定义在线性空间V 上的范数，若存在两个正的常数c_1 和c_2 ，使得

$$c_1||u||_a \le ||u||_b \le c_2||u||_a\ ,\quad \forall\ u \in V \tag{1.5.1}$$

则称$||\cdot||_a$ 和$||\cdot||_b$ 是V 上等价的范数.

定理1.5.2. 任何定义在$\mathbb{C}^n$ 上的范数$||\boldsymbol{x}||$ 都是$(x_1, x_2, \cdots, x_n)$ 的n 元连续函数.

证明 记单位矩阵$\boldsymbol{I}$ 的n 个列向量为 $e_1, e_2, \cdots, e_n$,设$\boldsymbol{x}, \boldsymbol{y} \in \mathbb{C}^n$,

$$\boldsymbol{x} = (x_1, x_2, \cdots, x_n)^{\mathrm{T}} = x_1 e_1 + x_2 e_2 + \cdots + x_n e_n,$$

$$\boldsymbol{y} = (y_1, y_2, \cdots, y_n)^{\mathrm{T}} = y_1 e_1 + y_2 e_2 + \cdots + y_n e_n.$$

我们有

$$||\boldsymbol{x} - \boldsymbol{y}|| = ||\sum_{j=1}^{n}(x_j - y_j)e_j|| \le \sum_{j=1}^{n}|x_j - y_j| \cdot ||e_j|| \le M \max_{1\le j\le n}|x_j - y_j| \tag{1.5.2}$$

其中$M = \sum\limits_{j=1}^{n}||e_j||$. 所以对任意的$\epsilon > 0$,当$\max\limits_{1\le j\le n}|x_j - y_j| < \dfrac{\epsilon}{M}$ 时,有

$$||\boldsymbol{x} - \boldsymbol{y}|| < \epsilon$$

这就证明了$||\boldsymbol{x}||$ 的连续性. □

定理1.5.3. 定义在$\mathbb{C}^n$ 上的所有向量范数都是相互等价的.

证明 我们只须证明$\mathbb{C}^n$ 上的任一范数$||\cdot||_a$ 都与∞ 范数等价即可. 设$||\cdot||_a$ 是定义在$\mathbb{C}^n$ 上的范数,记

$$D = \{\boldsymbol{x} \ : \ \boldsymbol{x} \in \mathbb{C}^n\ ,\ ||\boldsymbol{x}||_\infty = 1\} \tag{1.5.3}$$

它是$\mathbb{C}^n$ 上的有界闭集. 由定理1.5.2 ,$||\cdot||_a$ 是D 上的连续函数,所以在D 有最大值M 和最小值m ,并且有$m > 0$. 因此有

$$m \le ||\frac{\boldsymbol{x}}{||\boldsymbol{x}||_\infty}||_a \le M. \quad \forall\ \boldsymbol{x} \in \mathbb{C}^n\ ,\ \boldsymbol{x} \ne 0 \tag{1.5.4}$$

从而对$\boldsymbol{x} \ne 0$ 有

$$m||\boldsymbol{x}||_\infty \le ||\boldsymbol{x}||_a \le M||\boldsymbol{x}||_\infty. \tag{1.5.5}$$

而对$\boldsymbol{x} = 0$ 上式自然成立,这就证明了$||\cdot||_a$ 与∞ 范数是等价范数. □

对于矩阵范数,也有同样的结论.证明过程是类似的,我们只给出结论.

定理1.5.4. 定义在$\mathbb{C}^{n\times n}$ 上的所有矩阵范数都是相互等价的.

1.5.2 矩阵序列的极限

定义1.5.5. 记$\{\boldsymbol{A}_k \ : \ k = 1, 2, \cdots\}$ 是矩阵序列,$\boldsymbol{A}$ 是矩阵,如果

$$\lim_{k\to\infty}||\boldsymbol{A}_k - \boldsymbol{A}||_\infty = 0 \tag{1.5.6}$$

则称$\{\boldsymbol{A}_k \ : \ k = 1, 2, \cdots\}$ 收敛到$\boldsymbol{A}$,记为

$$\lim_{k\to\infty}\boldsymbol{A}_k = \boldsymbol{A}. \tag{1.5.7}$$

利用范数的等价性,我们有

定理1.5.6. 设$||\cdot||_a$ 是定义在$\mathbb{C}^{n\times n}$ 上的任一矩阵范数，则

$$\lim_{k\to\infty} \boldsymbol{A}_k = \boldsymbol{A}$$

的充分必要条件是

$$\lim_{k\to\infty} ||\boldsymbol{A}_k - \boldsymbol{A}||_a = 0.$$

定理1.5.7. 设$\boldsymbol{A}\in\mathbb{C}^{n\times n}$ ，则

$$\lim_{k\to\infty} \boldsymbol{A}^k = 0$$

的充分必要条件是 $\rho(\boldsymbol{A})<1$.

证明 必要性是显然的，下面证明充分性.

由于$\rho(\boldsymbol{A})<1$ ，所以存在一个正数ϵ ，使得$\rho(\boldsymbol{A})+\epsilon<1$. 由定理1.4.3 知，存在一个从属于向量的矩阵范数$||\cdot||_{\boldsymbol{A}_\epsilon}$ ，使得

$$||\boldsymbol{A}||_{\boldsymbol{A}_\epsilon} \leq \rho(\boldsymbol{A})+\epsilon \tag{1.5.8}$$

因此

$$||\boldsymbol{A}^k||_{\boldsymbol{A}_\epsilon} \leq (||\boldsymbol{A}||_{\boldsymbol{A}_\epsilon})^k \leq (\rho(\boldsymbol{A})+\epsilon)^k \longrightarrow 0\ ,\ (k\longrightarrow\infty)$$

所以 $\boldsymbol{A}^k\longrightarrow 0$, $(k\longrightarrow\infty)$. □

推论1.5.8. 若$||\cdot||$ 是从属于向量的矩阵范数，$\boldsymbol{A}\in\mathbb{C}^{n\times n}$ 满足$||\boldsymbol{A}||<1$ ，则

$$\lim_{k\to\infty} \boldsymbol{A}^k = 0.$$

例1.5.9. 设$\boldsymbol{A}$ 是n 阶方阵，$\rho(\boldsymbol{A})<1$，证明:

$$(\boldsymbol{I}-\boldsymbol{A})^{-1} = \boldsymbol{I}+\sum_{k=1}^{\infty}\boldsymbol{A}^k. \tag{1.5.9}$$

证明 记(1.5.9) 式右边的部分和为$B_m=\boldsymbol{I}+\sum\limits_{k=1}^{m}\boldsymbol{A}^k$，我们有

$$(\boldsymbol{I}-\boldsymbol{A})B_m = \boldsymbol{I}-\boldsymbol{A}^{m+1}$$

令$m\longrightarrow\infty$，得

$$(\boldsymbol{I}-\boldsymbol{A})(\boldsymbol{I}+\sum_{k=1}^{\infty}\boldsymbol{A}^k) = \boldsymbol{I}. \tag{1.5.10}$$

所以(1.5.9) 式成立.

范数的这些性质在后面的误差分析中经常用到.

习 题

1.1. 设$x=\frac{2}{3}$，近似值$\hat{x}=0.6666$. 求

(1) $\hat{x}$ 的绝对误差限;

(2) $\hat{x}$ 的相对误差限;

(3) $\hat{x}$ 的有效数字位数.

1.2. 用厘米尺测量一个矩形的边长，得到长为6.52米，宽为4.37米.

(1) 估计这两个数的绝对误差限和相对误差限.

(2) 用这两个数计算面积，估计面积的绝对误差限和相对误差限.

1.3. 用Taylor级数计算$\sin x$，当$x\in[0.1,0.2]$ 时，为了保证计算结果有8位有效数字，幂级数要展开到哪一项?

1.4. 对下列表达式作等价变换，提高计算结果的精度.假设x 与y 很接近.

(1) $\sin x-\sin y$;

(2) $\arctan x-\arctan y$.

1.5. 对下列表达式作等价变换，提高计算结果的精度.假设$|x|$ 很小.

(1) $\sqrt{x+4}-2$;

(2) $1-\cos x$.

1.6. 对下列表达式作等价变换，提高计算结果的精度.假设x 是大的正数.

(1) $\sqrt{x^2+1}-x$;

(2) $\frac{1}{1+x}-\frac{1}{2+x}$.

1.7. 设向量$\boldsymbol{x},\boldsymbol{y}\in\mathbb{R}^n$，并且$\boldsymbol{x}^{\mathrm{T}}\boldsymbol{y}=0$. 证明

$$||\boldsymbol{x}+\boldsymbol{y}||_2^2=||\boldsymbol{x}||_2^2+||\boldsymbol{y}||_2^2$$

1.8. 设$\boldsymbol{A}\in\mathbb{R}^{n\times n}$，定义函数: $f(\boldsymbol{A})=\max\limits_{1\le i,j\le n}|a_{ij}|$. 求证: $f(\boldsymbol{A})$ 不是矩阵范数.

1.9. 证明: 对任何的$\boldsymbol{A}\in C^{n\times n}$，有$||\boldsymbol{A}||_2\le||\boldsymbol{A}||_F\le\sqrt{n}||\boldsymbol{A}||_2$.

1.10. 求下列向量的1范数和2范数.

(1) $\begin{bmatrix}1\\-2\\3\end{bmatrix}$; (2) $\begin{bmatrix}1\\3+4i\\2\end{bmatrix}$.

1.11. 求下列矩阵的2范数和∞ 范数.

(1) $\begin{bmatrix}-1&1\\2&1\end{bmatrix}$; (2) $\begin{bmatrix}2&1\\1&2\end{bmatrix}$.

1.12. 设矩阵$\boldsymbol{B}\in\mathbb{C}^{n\times n}$ 满足$||\boldsymbol{B}||_\infty<1$. 证明: 矩阵$(\boldsymbol{I}+\boldsymbol{B})$ 可逆，并且有

$$\frac{1}{1+||\boldsymbol{B}||_\infty}\le||(\boldsymbol{I}+\boldsymbol{B})^{-1}||_\infty\le\frac{1}{1-||\boldsymbol{B}||_\infty}.$$

1.13. 记$||\cdot||$ 是从属于向量范数$||\cdot||$ 的矩阵范数，设矩阵$\boldsymbol{A}\in\mathbb{C}^{n\times n}$ 非奇异. 证明:

$$||\boldsymbol{A}^{-1}||=\frac{1}{\min\limits_{||x||=1}||\boldsymbol{A}x||}.$$

1.14. 设矩阵$\boldsymbol{A}$ 和矩阵序列$\{\boldsymbol{A}_k\}$ 都属于$\mathbb{C}^{n\times n}$ ，证明：

$$\lim_{k\to\infty}\boldsymbol{A}_k=\boldsymbol{A}\iff\lim_{k\to\infty}a_{ij}^{(k)}=a_{ij}\quad(1\le i,j\le n).$$

其中$\boldsymbol{A}_k=[a_{ij}^{(k)}]$, $\boldsymbol{A}=[a_{ij}]$.

1.15. 设矩阵$\boldsymbol{A},\boldsymbol{B}$ 和矩阵序列$\{\boldsymbol{A}_k\},\{\boldsymbol{B}_k\}$ 都属于$\mathbb{C}^{n\times n}$ ，并且$\lim\limits_{k\to\infty}\boldsymbol{A}_k=\boldsymbol{A}$ ，$\lim\limits_{k\to\infty}\boldsymbol{B}_k=\boldsymbol{B}$ ，证明：

(1) $\lim\limits_{k\to\infty}(\alpha\boldsymbol{A}_k)=\alpha\boldsymbol{A}$, $\forall\ \alpha\in C$;

(2) $\lim\limits_{k\to\infty}(\boldsymbol{A}_k+\boldsymbol{B}_k)=\boldsymbol{A}+\boldsymbol{B}$;

(3) $\lim\limits_{k\to\infty}(\boldsymbol{A}_k\cdot\boldsymbol{B}_k)=\boldsymbol{A}\cdot\boldsymbol{B}$.

1.16. 设$\boldsymbol{A}$ 是n 阶方阵，$\rho(\boldsymbol{A})<1$，证明:

$$(\boldsymbol{I}+\boldsymbol{A})^{-1}=\boldsymbol{I}+\sum_{k=1}^{\infty}(-1)^k\boldsymbol{A}^k.$$

第 2 章　线性方程组的解法

记线性方程组为

$$\begin{cases} a_{11}x_1 + a_{12}x_2 + \cdots + a_{1n}x_n = b_1 \\ a_{21}x_1 + a_{22}x_2 + \cdots + a_{2n}x_n = b_2 \\ \cdots \\ a_{n1}x_1 + a_{n2}x_2 + \cdots + a_{nn}x_n = b_n \end{cases} \tag{2.0.1}$$

这里$a_{ij}(i,j=1,2,\cdots,n)$ 为方程组的系数，$b_i(i=1,2,\cdots,n)$ 为方程组自由项. 方程组(2.0.1)的矩阵形式为

$$\boldsymbol{Ax}=\boldsymbol{b} \tag{2.0.2}$$

其中

$$\boldsymbol{A}=\begin{bmatrix} a_{11} & a_{12} & \cdots & a_{1n} \\ a_{21} & a_{22} & \cdots & a_{2n} \\ \vdots & \vdots & & \vdots \\ a_{n1} & a_{n2} & \cdots & a_{nn} \end{bmatrix}, \quad \boldsymbol{x}=\begin{bmatrix} x_1 \\ x_2 \\ \vdots \\ x_n \end{bmatrix}, \quad \boldsymbol{b}=\begin{bmatrix} b_1 \\ b_2 \\ \vdots \\ b_n \end{bmatrix}$$

线性方程组的数值解法可以分为直接法和迭代法两类. 所谓直接法，就是在不考虑舍入误差的前提下，能够通过有限步的四则运算即能求得线性方程组（2.0.1）准确解的方法. 而迭代方法是从所给的初始向量$x^{(0)}$ 开始，用设计好的迭代公式计算出向量序列: $x^{(1)},x^{(2)},\cdots,x^{(k)},\cdots$ ，收敛到方程组（2.0.1）的解的方法.

直接法的特点是计算精度高，但是计算时需要较多的存储空间,计算工作量比较大.

直接法比较适合于规模不是很大的线性方程组以及非零元集中在对角元附近的大型稀疏线性方程组. 迭代法的特点是不改变矩阵非零元的位置，因此能保持稀疏矩阵的稀疏性，适合于求解大型稀疏线性方程组.

为方便计，本章设所讨论的线性方程组的系数矩阵都是非奇异的.

2.1 线性方程组的直接计算

2.1.1 三角形方程组的计算

若线性方程组是下三角方程组：

$$\begin{cases} a_{11}x_1 & = & b_1 \\ a_{21}x_1 + a_{22}x_2 & = & b_2 \\ \quad\cdots & & \\ a_{n1}x_1 + a_{n2}x_2 + \cdots + a_{nn}x_n & = & b_n \end{cases} \tag{2.1.1}$$

则我们可以用一个称为前代的方法方便地求解. 前代法如下：先从第1个方程求出x_1，代入第2 个方程求出x_2，这样逐次向前代入即可求出解的所有分量. 计算公式如下:

$$\begin{cases} x_1 = \dfrac{b_1}{a_{11}} \\ x_i = \dfrac{b_i - \sum\limits_{j=1}^{i-1} a_{ij} \cdot x_j}{a_{ii}} \\ i = 2, 3, \cdots, n \end{cases} \tag{2.1.2}$$

若线性方程组是上三角方程组：

$$\begin{cases} a_{11}x_1 + a_{12}x_2 + \cdots + a_{1n}x_n & = & b_1 \\ \qquad\quad a_{22}x_2 + \cdots + a_{2n}x_n & = & b_2 \\ \qquad\qquad\qquad\qquad \cdots & & \\ \qquad\qquad\qquad\qquad a_{nn}x_n & = & b_n \end{cases} \tag{2.1.3}$$

则我们可以用一个称为回代的方法方便地求解. 回代法如下：先从第n个方程求出x_n，代入第$n-1$ 个方程求出x_{n-1}，这样逐次向后代入即可求出解的所有分量.

$$\begin{cases} x_n = \dfrac{b_n}{a_{nn}} \\ x_i = \dfrac{b_i - \sum\limits_{j=i+1}^{n} a_{ij} \cdot x_j}{a_{ii}} \\ i = n-1, n-2, \cdots, 1 \end{cases} \tag{2.1.4}$$

前代法和回代法的计算量都是 n^2 次四则运算.

2.1.2 Gauss消去法和LU分解

对于一般的线性方程组，只要把方程组化成了等价的三角形方程组，求解过程就很容易完成. Gauss 消去法就是将一般的线性方程组等价地变换为一个上三角方程

组，然后用回代法求解. 记线性方程组为

$$\left\{\begin{array}{rcl} a_{11}^{(1)}x_1+a_{12}^{(1)}x_2+\cdots+a_{1n}^{(1)}x_n &=& b_1^{(1)} \\ a_{21}^{(1)}x_1+a_{22}^{(1)}x_2+\cdots+a_{2n}^{(1)}x_n &=& b_2^{(1)} \\ \cdots && \\ a_{n1}^{(1)}x_1+a_{n2}^{(1)}x_2+\cdots+a_{nn}^{(1)}x_n &=& b_n^{(1)} \end{array}\right. \tag{2.1.5}$$

设$a_{11}^{(1)}\neq 0$，经过一次消元后，得

$$\left\{\begin{array}{rcl} a_{11}^{(1)}x_1+a_{12}^{(1)}x_2+\cdots+a_{1n}^{(1)}x_n &=& b_1^{(1)} \\ a_{22}^{(2)}x_2+\cdots+a_{2n}^{(2)}x_n &=& b_2^{(2)} \\ \cdots && \\ a_{n2}^{(2)}x_2+\cdots+a_{nn}^{(2)}x_n &=& b_n^{(2)} \end{array}\right. \tag{2.1.6}$$

计算公式是：

$$\left\{\begin{array}{l} a_{ij}^{(2)}=a_{ij}^{(1)}-a_{1j}^{(1)}*a_{i1}^{(1)}/a_{11}^{(1)} \\ b_i^{(2)}=b_i^{(1)}-b_1^{(1)}*a_{i1}^{(1)}/a_{11}^{(1)} \\ i,j=2,\cdots,n \end{array}\right. \tag{2.1.7}$$

一般地，设经过$k-1$ 次消元后，得到的方程组为

$$\left\{\begin{array}{llllll} a_{11}^{(1)}x_1 & +a_{12}^{(1)}x_2 & +\cdots & & +a_{1n}^{(1)}x_n & =b_1^{(1)} \\ & a_{22}^{(2)}x_2 & +\cdots & & +a_{2n}^{(2)}x_n & =b_2^{(2)} \\ & & & & \cdots & \\ & & a_{kk}^{(k)}x_k+\cdots & & +a_{kn}^{(k)}x_n & =b_k^{(k)} \\ & & a_{k+1,k}^{(k)}x_k+\cdots & & +a_{k+1,n}^{(k)}x_n & =b_{k+1}^{(k)} \\ & & & & \cdots & \\ & & a_{n1}^{(k)}x_k+\cdots & & +a_{nn}^{(k)}x_n & =b_n^{(k)} \end{array}\right. \tag{2.1.8}$$

设$a_{kk}^{(k)}\neq 0$，则经过k 次消元后，得

$$\left\{\begin{array}{llllll} a_{11}^{(1)}x_1 & +a_{12}^{(1)}x_2 & +\cdots & & +a_{1n}^{(1)}x_n & =b_1^{(1)} \\ & a_{22}^{(2)}x_2 & +\cdots & & +a_{2n}^{(2)}x_n & =b_2^{(2)} \\ & & & & \cdots & \\ & & a_{kk}^{(k)}x_k & +a_{k,k+1}^{(k)}x_{k+1}+\cdots & +a_{kn}^{(k)}x_n & =b_k^{(k)} \\ & & & a_{k+1,k+1}^{(k+1)}x_{k+1}+\cdots & +a_{k+1,n}^{(k+1)}x_n & =b_{k+1}^{(k+1)} \\ & & & & \cdots & \\ & & & a_{n2}^{(k+1)}x_{k+1}+\cdots & +a_{nn}^{(k+1)}x_n & =b_n^{(k+1)} \end{array}\right. \tag{2.1.9}$$

计算公式是：

$$\left\{\begin{array}{l} a_{ij}^{(k+1)}=a_{ij}^{(k)}-a_{kj}^{(k)}*a_{ik}^{(k)}/a_{kk}^{(k)} \\ b_i^{(k+1)}=b_i^{(k)}-b_k^{(k)}*a_{ik}^{(k)}/a_{kk}^{(k)} \\ i,j=k+1,\cdots,n \end{array}\right. \tag{2.1.10}$$

经过$n-1$ 次消元后，最后得到上三角方程组：

$$\left\{\begin{array}{rcl} a_{11}^{(1)}x_1+a_{12}^{(1)}x_2+\cdots+a_{1n}^{(1)}x_n &=& b_1^{(1)} \\ a_{22}^{(2)}x_2+\cdots+a_{2n}^{(2)}x_n &=& b_2^{(2)} \\ \cdots && \\ a_{nn}^{(n)}x_n &=& b_n^{(n)} \end{array}\right. \tag{2.1.11}$$

接着，用回代法求解这个上三角方程组，就能得到线性方程组的解.

从上面的消去过程可以看到，Gauss 消去法能够顺序进行的条件是主元素$a_{11}^{(1)}, a_{22}^{(2)}, \cdots, a_{nn}^{(n)}$ 全不为零. 然而，主元素是在计算过程中产生的，是否能够在原始矩阵上给出判别条件呢？下面的定理回答了这个问题.

定理2.1.1. 主元$a_{ii}^{(i)} \neq 0 (i=1,\cdots,k)$ 的充分必要条件是主子矩阵$\boldsymbol{A}_i (i=1,\cdots,k)$ 非奇异，这里$k \leq n$.

证明 对k 应用归纳法. 当$k=1$ 时，$\boldsymbol{A}_1 = a_{11}^{(1)}$ ，定理显然成立. 设定理直至$k-1$ 成立，我们只要证明当$\boldsymbol{A}_1, \boldsymbol{A}_2, \cdots, \boldsymbol{A}_{k-1}$ 非奇异时$\boldsymbol{A}_k$ 非奇异的充分必要条件是$a_{kk}^{(k)} \neq 0$.

由归纳法假设可知$a_{ii}^{(i)} \neq 0 (i=1,\cdots,k-1)$ ，因此Gauss 消去过程可以进行$k-1$ 步，即进行到（2.1.8）式. 从计算过程可知，有

$$\det(\boldsymbol{A}_k) = a_{11}^{(1)} a_{22}^{(2)} \cdots a_{kk}^{(k)}$$

因此$\boldsymbol{A}_k$ 非奇异的充分必要条件是$a_{kk}^{(k)} \neq 0$. □

Gauss 消去法的过程就是对系数矩阵$\boldsymbol{A}$ 左乘了$n-1$ 个初等单位下三角矩阵. 记经过$k-1$ 次Gauss 消去过程后的方程（2.1.8）式的系数矩阵为$\boldsymbol{A}^{(k)}$. 于是

$$\begin{array}{c} \boldsymbol{A}^{(k+1)} = \boldsymbol{L}_k \boldsymbol{A}^{(k)} \\ (k=1,2,\cdots,n-1) \end{array} \tag{2.1.12}$$

其中

$$\boldsymbol{L}_k = \begin{bmatrix} 1 &&&&&& \\ & \ddots &&&&& \\ && 1 &&&& \\ &&& 1 &&& \\ &&& -a_{k+1,k}^{(k)}/a_{kk}^{(k)} & 1 && \\ &&& \vdots && \ddots & \\ &&& -a_{nk}^{(k)}/a_{kk}^{(k)} &&& 1 \end{bmatrix} \tag{2.1.13}$$

从(2.1.12) 得

$$\boldsymbol{A}^{(n)} = \boldsymbol{L}_{n-1} \boldsymbol{L}_{n-2} \cdots \boldsymbol{L}_1 \boldsymbol{A} . \tag{2.1.14}$$

所以

$$\begin{array}{rcl} \boldsymbol{A} &=& (\boldsymbol{L}_1^{-1} \boldsymbol{L}_2^{-1} \cdots \boldsymbol{L}_{n-1}^{-1}) \boldsymbol{A}^{(n)} \\ &=& \boldsymbol{L}\boldsymbol{U} , \end{array} \tag{2.1.15}$$

其中

$$\begin{cases} \boldsymbol{L} = \boldsymbol{L}_1^{-1}\boldsymbol{L}_2^{-1}\cdots\boldsymbol{L}_{n-1}^{-1}, \\ \boldsymbol{U} = \boldsymbol{A}^{(n)}. \end{cases} \tag{2.1.16}$$

$\boldsymbol{L}$ 的计算是比较容易的，我们有：

$$\boldsymbol{L}_k^{-1} = \begin{bmatrix} 1 & & & & & & \\ & \ddots & & & & & \\ & & 1 & & & & \\ & & & 1 & & & \\ & & & a_{k+1,k}^{(k)}/a_{kk}^{(k)} & 1 & & \\ & & & \vdots & & \ddots & \\ & & & a_{nk}^{(k)}/a_{kk}^{(k)} & & & 1 \end{bmatrix}, \tag{2.1.17}$$

和

$$\boldsymbol{L} = \begin{bmatrix} 1 & & & & & \\ a_{2,1}^{(1)}/a_{1,1}^{(1)} & 1 & & & & \\ a_{3,1}^{(1)}/a_{1,1}^{(1)} & a_{3,2}^{(2)}/a_{2,2}^{(2)} & 1 & & & \\ \vdots & \vdots & \vdots & \ddots & & \\ \cdots & \cdots & \cdots & \cdots & 1 & \\ a_{n,1}^{(1)}/a_{1,1}^{(1)} & a_{n,2}^{(2)}/a_{2,2}^{(2)} & \cdots & \cdots & a_{n,n-1}^{(n-1)}/a_{n-1,n-1}^{(n-1)} & 1 \end{bmatrix}, \tag{2.1.18}$$

即$\boldsymbol{L}$ 中的对角线以下的元素是由$\boldsymbol{L}_k^{-1}(k=1,2,\cdots,n-1)$ 中的相应元素直接填入.

当$\boldsymbol{A}$ 作了LU 分解后，线性方程组(2.1.1) 就容易求解了，此时只需求解两个三角方程组：

$$\begin{cases} \boldsymbol{Ly} = \boldsymbol{b} \\ \boldsymbol{Ux} = \boldsymbol{y} \end{cases} \tag{2.1.19}$$

这两个方程组可以用前代法和回代法求解. 用Gauss 消去法求解线性方程组的计算工作量是 $\frac{2}{3}n^3$ 次四则运算.

以上的LU分解，$\boldsymbol{L}$是单位下三角矩阵，$\boldsymbol{U}$是上三角矩阵，这样的分解称为Doolittle 分解; 如果在LU分解中，$\boldsymbol{L}$是下三角矩阵，而$\boldsymbol{U}$是单位上三角矩阵，这样的分解称为Crout 分解.

2.1.3 选主元的LU 分解

前面讨论的对$\boldsymbol{A}$ 作$\boldsymbol{LU}$分解，要求$\boldsymbol{A}$ 的顺序主子矩阵非奇异. 然而，我们知道，对于线性方程组只要$\boldsymbol{A}$ 非奇异就存在唯一解. 但是，$\boldsymbol{A}$ 非奇异不能保证$\boldsymbol{A}$ 的顺序主子矩阵非奇异，例如：

$$\begin{cases} 2x_2+3x_3 = 5 \\ 3x_1+4x_2+5x_3 = 12 \\ 3x_1+5x_2+8x_3 = 16 \end{cases}$$

这个方程组是非奇异的，不能对$\boldsymbol{A}$ 作$\boldsymbol{LU}$分解. 然而，只要在方程组中适当地改变方程的次序：

$$\begin{cases} 3x_1+4x_2+5x_3 &= 12 \\ \qquad 2x_2+3x_3 &= 5 \\ 3x_1+5x_2+8x_3 &= 16 \end{cases}$$

就可以对$\boldsymbol{A}$ 作$\boldsymbol{LU}$分解了.

对于一般的非奇异方程组，也是一样的. 设矩阵$\boldsymbol{A}$ 非奇异，对$\boldsymbol{A}$ 作选主元$\boldsymbol{LU}$分解的每一步可以分为两个子步：选主元和消元. 我们先引入一个记号：记$\boldsymbol{I}_{i_1,i_2}$ 为单位矩阵$\boldsymbol{I}$ 中的第i_1 行与第i_2 行交换后的矩阵. 为了方便起见，记$\boldsymbol{A}=\boldsymbol{A}^{(1)}$.

第一步，(1) 选主元. 在$\boldsymbol{A}^{(1)}$ 的第1列，即$\boldsymbol{A}^{(1)}(1:n,1)$ 中选择绝对值最大的元素$a_{i_1,1}^{(1)}$ ，将$\boldsymbol{A}^{(1)}$ 中的第1行与第i_1 行作交换. 相当于$\boldsymbol{I}_{1,i_1}\boldsymbol{A}^{(1)}$. (2)对$(\boldsymbol{I}_{1,i_1}\boldsymbol{A}^{(1)})$ 做消元运算，记为$\boldsymbol{A}^{(2)}$. 于是$\boldsymbol{A}^{(2)}=\boldsymbol{L}_1\boldsymbol{I}_{1,i_1}\boldsymbol{A}^{(1)}$.

第k 步，记经过$k-1$ 步运算后的矩阵为$\boldsymbol{A}^{(k)}$. (1) 选主元. 在$\boldsymbol{A}^{(k)}$ 的第k 列的第k 行到第n 行，即$\boldsymbol{A}^{(k)}(k:n,k)$ 中选择绝对值最大的元素$a_{i_k,k}^{(k)}$ ，将$\boldsymbol{A}^{(k)}$ 中的第k 行与第i_k 行作交换. 相当于$\boldsymbol{I}_{k,i_k}\boldsymbol{A}^{(k)}$. (2)对$(\boldsymbol{I}_{k,i_k}\boldsymbol{A}^{(k)})$ 做消元运算，记为$\boldsymbol{A}^{(k+1)}$. 于是$\boldsymbol{A}^{(k+1)}=\boldsymbol{L}_k\boldsymbol{I}_{k,i_k}\boldsymbol{A}^{(k)}$.

经过$n-1$ 步运算后的矩阵为$\boldsymbol{A}^{(n)}$. 此时已经是上三角矩阵. 我们得

$$\boldsymbol{U}=\boldsymbol{A}^{(n)}=(\boldsymbol{L}_{n-1}\boldsymbol{I}_{n-1,i_{n-1}})(\boldsymbol{L}_{n-2}\boldsymbol{I}_{n-2,i_{n-2}})\cdots(\boldsymbol{L}_1\boldsymbol{I}_{1,i_1})\boldsymbol{A} \tag{2.1.20}$$

所以

$$\boldsymbol{A}=(\boldsymbol{I}_{1,i_1}\boldsymbol{L}_1^{-1})(\boldsymbol{I}_{2,i_2}\boldsymbol{L}_2^{-1})\cdots(\boldsymbol{I}_{n-1,i_{n-1}}\boldsymbol{L}_{n-1}^{-1})\boldsymbol{U} \tag{2.1.21}$$

我们记

$$\boldsymbol{P}=\boldsymbol{I}_{n-1,i_{n-1}}\boldsymbol{I}_{n-2,i_{n-2}}\cdots\boldsymbol{I}_{1,i_1} \tag{2.1.22}$$

和

$$\begin{cases} \hat{\boldsymbol{L}}_j=\boldsymbol{I}_{n-1,i_{n-1}}\cdots\boldsymbol{I}_{j+1,i_{j+1}}\boldsymbol{L}_j^{-1}\boldsymbol{I}_{j+1,i_{j+1}}\cdots\boldsymbol{I}_{n-1,i_{n-1}} \\ j=1,2,\cdots,n-2 \end{cases} \tag{2.1.23}$$

由初等排列矩阵$\boldsymbol{I}_{ij}$ 和Gauss 矩阵$\boldsymbol{L}_j$ 的性质容易证明$\hat{\boldsymbol{L}}_j(j=1,\cdots,n-1)$ 也是Gauss矩阵，对角元以下的非零元在第j 列. 令

$$\boldsymbol{L}=\hat{\boldsymbol{L}}_1\cdot\hat{\boldsymbol{L}}_2\cdots\hat{\boldsymbol{L}}_{n-1} \tag{2.1.24}$$

则$\boldsymbol{L}$ 是单位下三角矩阵. 从(2.1.20)–(2.1.24) 得

$$\boldsymbol{PA}=\boldsymbol{LU} \tag{2.1.25}$$

从上式可知，对矩阵$\boldsymbol{A}$ 的选列主元的$\boldsymbol{LU}$ 分解，相当于先将$\boldsymbol{A}$ 按主元次序排列好，然后再进行顺序$\boldsymbol{LU}$ 分解.

2.1.4 Cholesky 分解法

Cholesky 分解法又称平方根法，是求解对称正定线性方程组的常用方法之一.

设$\boldsymbol{A} \in \mathbb{R}^{n\times n}$ 是对称正定矩阵，则$\boldsymbol{A}$ 可以分解为

$$\boldsymbol{A} = \boldsymbol{L}\boldsymbol{L}^{\mathrm{T}} \tag{2.1.26}$$

下面通过待定系数的方法来计算矩阵$\boldsymbol{L}$. 设

$$\boldsymbol{L} = \begin{bmatrix} l_{11} & & & \\ l_{21} & l_{22} & & \\ \vdots & \vdots & \ddots & \\ l_{n1} & l_{n2} & \cdots & l_{nn} \end{bmatrix} \tag{2.1.27}$$

比较方程(2.1.26) 两边的对应元素，得关系式

$$a_{ij} = \sum_{p=1}^{j} l_{ip}l_{jp}, \quad 1 \leq j \leq i \leq n \tag{2.1.28}$$

我们按列计算. 首先，由 $a_{11} = l_{11}^2$ ，得 $l_{11} = \sqrt{a_{11}}$.
再由 $a_{i1} = l_{11}l_{i1}$ ，得 $l_{i1} = a_{i1}/l_{11}, \quad i = 1, \cdots, n$.
这样便得到了矩阵$\boldsymbol{L}$ 的第1列元素. 假设已经算出$\boldsymbol{L}$ 的前$k-1$ 列元素，由

$$a_{kk} = \sum_{p=1}^{k} l_{kp}^2 \tag{2.1.29}$$

得

$$l_{kk} = (a_{kk} - \sum_{p=1}^{k-1} l_{kp}^2)^{\frac{1}{2}} \tag{2.1.30}$$

再由

$$a_{ik} = \sum_{p=1}^{k-1} l_{ip}l_{kp} + l_{ik}l_{kk}, \quad i = k+1, \cdots, n \tag{2.1.31}$$

得

$$l_{ik} = (a_{ik} - \sum_{p=1}^{k-1} l_{ip}l_{kp})/l_{kk}, \quad i = k+1, \cdots, n \tag{2.1.32}$$

这样便又求出了$\boldsymbol{L}$ 的第k 列元素. 由归纳法知，可以求出$\boldsymbol{L}$ 的所有元素.

2.1.5　求解三对角方程组的追赶法

在线性方程组$\boldsymbol{Ax}=\boldsymbol{b}$中，假设$\boldsymbol{A}$具有如下的形式:

$$\boldsymbol{A}=\begin{bmatrix} a_{11} & a_{12} & 0 & \cdots & \cdots & 0 \\ a_{21} & a_{22} & a_{23} & 0 & \cdots & 0 \\ & \ddots & \ddots & \ddots & & \\ & & \ddots & \ddots & \ddots & \\ 0 & \cdots & 0 & a_{n-1,n-2} & a_{n-1,n-1} & a_{n-1,n} \\ 0 & \cdots & \cdots & 0 & a_{n,n-1} & a_{nn} \end{bmatrix} \tag{2.1.33}$$

我们称为**三对角方程组**. 它在微分方程数值解等领域经常出现.

假设$\boldsymbol{A}$可以做$\boldsymbol{LU}$分解，则$\boldsymbol{L}$和$\boldsymbol{U}$都是下三角矩阵，它们有如下的形式:

$$\boldsymbol{L}=\begin{bmatrix} 1 & & & & \\ l_{21} & 1 & & & \\ 0 & l_{32} & 1 & & \\ & & \ddots & \ddots & \\ 0 & \cdots & 0 & l_{n,n-1} & 1 \end{bmatrix},\ \boldsymbol{U}=\begin{bmatrix} u_{11} & a_{12} & 0 & 0 & \cdots & 0 \\ & u_{22} & a_{23} & 0 & \cdots & 0 \\ & & \ddots & \ddots & & \\ & & & \ddots & \ddots & \\ & & & & u_{n-1,n-1} & a_{n-1,n} \\ & & & & & u_{nn} \end{bmatrix} \tag{2.1.34}$$

利用比较系数法，我们得:

$$\begin{cases} u_{11}=a_{11} \\ l_{i,i-1}=\dfrac{a_{i,i-1}}{u_{i-1,i-1}} \\ u_{ii}=a_{ii}-l_{i,i-1}\cdot a_{i-1,i} \\ i=2,3,\cdots,n \end{cases} \tag{2.1.35}$$

有了$\boldsymbol{A}$的$\boldsymbol{LU}$分解，我们可以分两步求$\boldsymbol{Ax}=\boldsymbol{b}$的解: $\boldsymbol{Ly}=\boldsymbol{b}$和$\boldsymbol{Ux}=\boldsymbol{y}$. 计算公式如下:

$$\begin{cases} y_1=b_1 \\ y_i=b_i-l_{i,i-1}\cdot y_{i-1} \\ i=2,3,\cdots,n \end{cases} \tag{2.1.36}$$

和

$$\begin{cases} x_n=\dfrac{y_n}{u_{nn}} \\ x_i=\dfrac{y_i-a_{i,i+1}\cdot x_{i+1}}{u_{ii}} \\ i=n-1,n-2,\cdots,1 \end{cases} \tag{2.1.37}$$

由公式(2.1.35)，(2.1.36)，(2.1.37)组成的计算过程称为解三对角方程组的追赶法. 这个方法的计算量大约是$8n$次四则运算，是一种快速计算方法.

在存储方面，我们可以用下列的紧缩方法把$\boldsymbol{A}, \boldsymbol{L}, \boldsymbol{U}$ 存储到$\bar{\boldsymbol{A}}, \bar{\boldsymbol{L}}, \bar{\boldsymbol{U}}$ 中:

$$\bar{\boldsymbol{A}}=\begin{bmatrix} 0 & a_{1,1} & a_{1,2} \\ a_{2,1} & a_{2,2} & a_{2,3} \\ a_{3,2} & a_{3,3} & a_{3,4} \\ \vdots & \vdots & \vdots \\ a_{n-1,n-2} & a_{n-1,n-1} & a_{n-1,n} \\ a_{n,n-1} & a_{n,n} & 0 \end{bmatrix},\ \bar{\boldsymbol{L}}=\begin{bmatrix} 0 \\ l_{2,1} \\ l_{3,2} \\ \vdots \\ l_{n-1,n-2} \\ l_{n,n-1} \end{bmatrix},\ \bar{\boldsymbol{U}}=\begin{bmatrix} u_{1,1} \\ u_{2,2} \\ u_{3,3} \\ \vdots \\ u_{n-1,n-1} \\ u_{n,n} \end{bmatrix} \tag{2.1.38}$$

再加上向量$\boldsymbol{b}, \boldsymbol{x}, \boldsymbol{y}$，总共需要$8n$ 个实数存储单位，存储量也是很少的. 下面是对$\boldsymbol{A}$ 做紧缩存储后的Matlab计算程序.

程序：lin_band3.m

```
 function x=lin_band3(A,b)
% 自定义Matlab 函数，函数名为lin_band3.用于解三对角线性方程组，其中A已做紧缩存储.
% 输入参数: A --- n x 3 矩阵，三对角矩阵的紧缩存储.
% 输入参数: b --- 列向量.
% 输出参数: x --- 列向量.方程组的解.
%
n=length(b);
L=zeros(n,1);
U=zeros(n,1);
% 开始对A作 LU 分解
U(1)=A(1,2);
for k=2:n
    L(k)=A(k,1)/U(k-1);
    U(k)=A(k,2)-L(k)*A(k-1,3);
 end
% 开始作 前代运算
x=b;
for k=2:n
    x(k)=x(k)-L(k)*x(k-1);
end
% 开始作 回代运算
x(n)=x(n)/U(n);
for k=n-1:-1:1
    x(k)=(x(k)-A(k,3)*x(k+1))/U(k);
end
```

2.1.6 直接法的误差分析和迭代改进

在求解线性方程组

$$\boldsymbol{A}\boldsymbol{x}=\boldsymbol{b}\ ,\ (\boldsymbol{b}\neq 0) \tag{2.1.39}$$

时，我们对系数矩阵$\boldsymbol{A}$ 和向量$\boldsymbol{b}$ 做了大量的四则运算，同时舍入误差也在不断地积累，因此实际得到的数值解往往有误差. 假设向量$\boldsymbol{x}$ 是方程组(2.1.39) 的精确解，向量$\hat{\boldsymbol{x}}$ 是方程组(2.1.39) 的数值解. 记

$$\boldsymbol{r}=\boldsymbol{b}-\boldsymbol{A}\hat{\boldsymbol{x}} \tag{2.1.40}$$

这里的$\boldsymbol{r}$ 称为方程组(2.1.39) 关于$\hat{\boldsymbol{x}}$ 的剩余向量. 我们有

$$\boldsymbol{A}\hat{\boldsymbol{x}}=\boldsymbol{b}+\boldsymbol{r} \tag{2.1.41}$$

因此

$$||\hat{\boldsymbol{x}}-\boldsymbol{x}||=||\boldsymbol{A}^{-1}\boldsymbol{r}||\leq||\boldsymbol{A}^{-1}||\cdot||\boldsymbol{r}||. \tag{2.1.42}$$

由(2.1.39) 得

$$||\boldsymbol{b}||=||\boldsymbol{A}\boldsymbol{x}||\leq||\boldsymbol{A}||\cdot||\boldsymbol{x}||, \tag{2.1.43}$$

所以

$$\frac{1}{||\boldsymbol{x}||}\leq\frac{||\boldsymbol{A}||}{||\boldsymbol{b}||}. \tag{2.1.44}$$

综合(2.1.42) 和(2.1.44) 得

$$\frac{||\hat{\boldsymbol{x}}-\boldsymbol{x}||}{||\boldsymbol{x}||}\leq||\boldsymbol{A}||\cdot||\boldsymbol{A}^{-1}||\frac{||\boldsymbol{r}||}{||\boldsymbol{b}||}. \tag{2.1.45}$$

上式表明，线性方程组的解的相对误差与向量$\boldsymbol{b}$ 的相对误差的关系由量$||\boldsymbol{A}||\cdot||\boldsymbol{A}^{-1}||$ 决定. 这是一个重要的量.

定义2.1.2. 设$||\cdot||$ 是从属于向量的矩阵范数，对于非奇异矩阵$\boldsymbol{A}$，量$||\boldsymbol{A}||\cdot||\boldsymbol{A}^{-1}||$ 称为矩阵$\boldsymbol{A}$ 的条件数，记作$\mathrm{cond}(\boldsymbol{A})$ 或$\kappa(\boldsymbol{A})$.

条件数与所取的矩阵范数有关，常用的是有∞ 范数和2范数，相应地有

$$\mathrm{cond}_\infty(\boldsymbol{A})=\kappa_\infty(\boldsymbol{A})=||\boldsymbol{A}||_\infty\cdot||\boldsymbol{A}^{-1}||_\infty$$

和

$$\mathrm{cond}_2(\boldsymbol{A})=\kappa_2(\boldsymbol{A})=||\boldsymbol{A}||_2\cdot||\boldsymbol{A}^{-1}||_2$$

其中矩阵的2范数条件数称为谱条件数.

条件数有如下的性质:

(1) $\mathrm{cond}(\boldsymbol{A})\geq 1$. 正交矩阵的谱条件数等于1，达到条件数的最小值.

(2) 矩阵乘非零常数后条件数不变，即$\mathrm{cond}(c\boldsymbol{A})=\mathrm{cond}(\boldsymbol{A})$.

(3) 矩阵乘正交矩阵后谱条件数不变，即

$$\mathrm{cond}_2(\boldsymbol{Q}\boldsymbol{A})=\mathrm{cond}_2(\boldsymbol{A}\boldsymbol{Q})=\mathrm{cond}_2(\boldsymbol{A})$$

其中$\boldsymbol{Q}$是正交矩阵.

有了条件数的概念，不等式(2.1.45) 可以归结为下面的定理.

定理2.1.3. 假设$\boldsymbol{x}$ 是方程组(2.1.39) 的解，$\hat{\boldsymbol{x}}$ 是方程组(2.1.39) 的近似解，记$\boldsymbol{r}=\boldsymbol{b}-\boldsymbol{A}\hat{\boldsymbol{x}}$, 则有

$$\frac{||\hat{\boldsymbol{x}}-\boldsymbol{x}||}{||\boldsymbol{x}||}\le \text{cond}(\boldsymbol{A})\frac{||\boldsymbol{r}||}{||\boldsymbol{b}||}. \tag{2.1.46}$$

计算条件数cond($\boldsymbol{A}$) 的工作量是很大的，好在实际计算时我们往往能得到条件数的一个近似值，这对我们估计误差是足够了. 这样我们可以利用定理2.1.3 估计误差了.

例2.1.4. 求下列矩阵的∞ 模条件数:

$$\boldsymbol{A}=\begin{bmatrix}2&1\\1&2\end{bmatrix},\ \boldsymbol{B}=\begin{bmatrix}2&1.999\\2.001&2\end{bmatrix}.$$

解 由于

$$\boldsymbol{A}^{-1}=\frac{1}{3}\begin{bmatrix}2&-1\\-1&2\end{bmatrix},\ \boldsymbol{B}^{-1}=10^6\begin{bmatrix}2&-1.999\\-2.001&2\end{bmatrix}.$$

所以

$$\begin{aligned}&\text{cond}_\infty(\boldsymbol{A})=||\boldsymbol{A}||_\infty\cdot||\boldsymbol{A}^{-1}||_\infty=3\times1=3\\&\text{cond}_\infty(\boldsymbol{B})=||\boldsymbol{B}||_\infty\cdot||\boldsymbol{B}^{-1}||_\infty=3.999\times3.999\times10^6\approx1.6\times10^7.\end{aligned}$$

我们把条件数比较小的矩阵称为良态的;把条件数比较大的矩阵称为病态的. 一个著名的病态矩阵是Hilbert矩阵，$\boldsymbol{H}_n=[\frac{1}{i+j-1}]_{n\times n}$，例如$\text{cond}_2(\boldsymbol{H}_5)=4.7661\times10^5$，$\text{cond}_2(\boldsymbol{H}_{10})=1.6025\times10^{13}$.

如果方程组的系数矩阵是病态的，方程组的数值解误差往往比较大;而系数矩阵是良态的方程组的数值解误差一定比较小.

如果数值解的精度太低，可以用下面的方法改进:

(1) 计算 $\boldsymbol{r}=\boldsymbol{b}-\boldsymbol{A}\hat{\boldsymbol{x}}$ (用双精度计算);

(2) 求解方程组 $\boldsymbol{A}\boldsymbol{y}=\boldsymbol{r}$;

(3) 计算 $\boldsymbol{x}=\hat{\boldsymbol{x}}+\boldsymbol{y}$.

当$\boldsymbol{A}$ 的病态程度不是十分严重时，用上述方法对数值解进行改进的效果是很好的.

2.2 线性方程组的迭代解法

在实际应用中，比如微分方程的数值求解时，常常遇到大型稀疏线性方程组的求

解问题，为了保持系数矩阵的稀疏性，我们常用迭代法求解.

2.2.1 Jacobi 迭代法和G-S 迭代法

为了便于迭代法的构造，我们引进下述定义.

定义2.2.1. 对于n 阶矩阵$\boldsymbol{A}$ 若存在一个非奇异n 阶矩阵$\boldsymbol{A}_1$ 和一个n 阶矩阵$\boldsymbol{A}_2$，使得

$$\boldsymbol{A} = \boldsymbol{A}_1 - \boldsymbol{A}_2 \tag{2.2.1}$$

则称(2.2.1)式为$\boldsymbol{A}$ 的一个分裂.

利用$\boldsymbol{A}$ 的一个分裂，可以把线性方程组(2.0.2)改写为等价的线性方程组

$$\boldsymbol{x} = \boldsymbol{T}\boldsymbol{x} + \boldsymbol{f} \tag{2.2.2}$$

其中

$$\boldsymbol{T} = \boldsymbol{A}_1^{-1}\boldsymbol{A}_2 \quad \text{及} \quad \boldsymbol{f} = \boldsymbol{A}_1^{-1}b \tag{2.2.3}$$

设$\boldsymbol{x}^{(0)}$ 是一个初始向量，然后由公式

$$\boldsymbol{x}^{(k)} = \boldsymbol{T}\boldsymbol{x}^{(k-1)} + \boldsymbol{f} \ , \ \ k = 1, 2, \cdots \tag{2.2.4}$$

得到向量序列$\boldsymbol{x}^{(1)}, \boldsymbol{x}^{(2)}, \cdots$. 这样构造的方法称为迭代法，$\boldsymbol{T}$ 称为迭代矩阵.

定理2.2.2. 迭代公式(2.2.4)对任何初始向量都收敛的充要条件是$\rho(\boldsymbol{T}) < 1$.

证明 记$\boldsymbol{x}^{(*)}$ 是(2.2.2) 的解，由(2.2.2)和(2.2.4)得

$$\boldsymbol{x}^{(k)} - \boldsymbol{x}^{(*)} = \boldsymbol{T}^k(\boldsymbol{x}^{(0)} - \boldsymbol{x}^{(*)}) \ , \ \ k = 1, 2, \cdots \tag{2.2.5}$$

因此迭代公式(2.2.4) 对任何初始向量都收敛的充要条件是$\boldsymbol{T}^k \to 0$, $k \to \infty$,即$\rho(\boldsymbol{T}) < 1$. □

把线性方程组(2.0.2)中的$\boldsymbol{A}$ 记为

$$\boldsymbol{A} = \boldsymbol{D} - \boldsymbol{L} - \boldsymbol{U} \ , \tag{2.2.6}$$

其中

$$\boldsymbol{D} = \mathrm{diag}(a_{11}, a_{22}, \cdots, a_{nn}) \ ,$$

$$\boldsymbol{L} = \begin{bmatrix} 0 & & & & 0 \\ -a_{21} & 0 & & & \\ -a_{31} & -a_{32} & 0 & & \\ \vdots & \vdots & \ddots & \ddots & \\ -a_{n1} & -a_{n2} & \cdots & -a_{n,n-1} & 0 \end{bmatrix} , \tag{2.2.7}$$

$$\boldsymbol{U}=\begin{bmatrix} 0 & -a_{12} & -a_{13} & \cdots & -a_{1n} \\ & 0 & -a_{23} & \cdots & -a_{2n} \\ & & \ddots & \ddots & \vdots \\ & & & 0 & -a_{n-1,n} \\ 0 & & & & 0 \end{bmatrix}. \tag{2.2.8}$$

我们取$\boldsymbol{A}_1=\boldsymbol{D}$ 和$\boldsymbol{A}_2=\boldsymbol{L}+\boldsymbol{U}$ ，得到Jacobi 迭代公式(简称：J迭代).

$$\begin{aligned} &\boldsymbol{x}^{(k)}=B\boldsymbol{x}^{(k-1)}+\boldsymbol{f}\ ,\ \ (k=1,2,\cdots)\ , \\ &B=\boldsymbol{D}^{-1}(\boldsymbol{L}+\boldsymbol{U})\ ,\quad \boldsymbol{f}=\boldsymbol{D}^{-1}b\ . \end{aligned} \tag{2.2.9}$$

我们取$\boldsymbol{A}_1=\boldsymbol{D}-\boldsymbol{L}$ 和$\boldsymbol{A}_2=\boldsymbol{U}$ ，得到Gauss-seidel 迭代公式(简称：G-S迭代).

$$\begin{aligned} &\boldsymbol{x}^{(k)}=\mathbf{G}\boldsymbol{x}^{(k-1)}+\boldsymbol{f}\ ,\ \ (k=1,2,\cdots)\ , \\ &\mathbf{G}=(\boldsymbol{D}-\boldsymbol{L})^{-1}\boldsymbol{U}\ ,\quad \boldsymbol{f}=(\boldsymbol{D}-\boldsymbol{L})^{-1}b\ . \end{aligned} \tag{2.2.10}$$

这两个迭代公式，从矩阵形式来看差别很大. 下面我们观察这两个迭代公式分量形式. J迭代公式的分量形式:

$$\begin{cases} x_1^{(k)}=\frac{1}{a_{11}}(\sum\limits_{j=2}^{n}a_{1j}x_j^{(k-1)}+b_1)\ , \\ x_i^{(k)}=\frac{1}{a_{ii}}(\sum\limits_{j=1}^{i-1}a_{ij}x_j^{(k-1)}+\sum\limits_{j=i+1}^{n}a_{ij}x_j^{(k-1)}+b_i) \\ \qquad (i=2,\cdots,n-1)\ , \\ x_n^{(k)}=\frac{1}{a_{nn}}(\sum\limits_{j=1}^{n-1}a_{nj}x_j^{(k-1)}+b_n)\ , \end{cases} \tag{2.2.11}$$

G-S迭代公式的分量形式:

$$\begin{cases} x_1^{(k)}=\frac{1}{a_{11}}(\sum\limits_{j=2}^{n}a_{1j}x_j^{(k-1)}+b_1) \\ x_i^{(k)}=\frac{1}{a_{ii}}(\sum\limits_{j=1}^{i-1}a_{ij}x_j^{(k)}+\sum\limits_{j=i+1}^{n}a_{ij}x_j^{(k-1)}+b_i) \\ (i=2,\cdots,n-1) \\ x_n^{(k)}=\frac{1}{a_{nn}}(\sum\limits_{j=1}^{n-1}a_{nj}x_j^{(k)}+b_n) \end{cases} \tag{2.2.12}$$

我们容易看到，这两个迭代公式的分量形式是非常相似的. 实际上，G-S迭代公式就是把最新得到的$x_1^{(k)},\cdots,x_i^{(k)}$，直接应用到求$x_{i+1}^{(k)}$中.

例2.2.3. 设线性方程组为

$$\begin{bmatrix} 5 & 2 & 0 \\ 3 & 10 & 3 \\ 0 & 4 & 20 \end{bmatrix}\boldsymbol{x}=\begin{bmatrix} 3 \\ 5 \\ 7 \end{bmatrix}.$$

写出J迭代公式和G-S迭代公式，并对$\boldsymbol{x}^{(0)}=(1,2,3)^{\mathrm{T}}$ 为初值迭代10次.

解 J迭代公式

$$\begin{cases} x_1^{(k)}=\frac{1}{5}(-2x_2^{(k-1)}+3)\ , \\ x_2^{(k)}=\frac{1}{10}(-3x_1^{(k-1)}-3x_3^{(k-1)}+5)\ , \\ x_3^{(k)}=\frac{1}{20}(-4x_2^{(k-1)}+7)\ , \end{cases}$$

迭代1次，5次，10次以及精确解结果如下:

$$x^{(1)}=\begin{bmatrix} -0.2 \\ -0.7 \\ -0.05 \end{bmatrix},\ x^{(5)}=\begin{bmatrix} 0.4726 \\ 0.23102 \\ 0.2863 \end{bmatrix},\ x^{(10)}=\begin{bmatrix} 0.49552598 \\ 0.26252349 \\ 0.29776299 \end{bmatrix},$$

精确解

$$x^{(*)}=\begin{bmatrix} 0.49512195 \\ 0.26219512 \\ 0.297560976 \end{bmatrix}.$$

经过10次J 迭代，近似解$x^{(10)}$ 有3位有效数字.

G-S迭代公式

$$\begin{cases} x_1^{(k)}=\frac{1}{5}(-2x_2^{(k-1)}+3) \\ x_2^{(k)}=\frac{1}{10}(-3x_1^{(k)}-3x_3^{(k-1)}+5) \\ x_3^{(k)}=\frac{1}{20}(-4x_2^{(k)}+7) \end{cases}$$

迭代1次，5次，10次以及精确解结果如下:

$$x^{(1)}=\begin{bmatrix} -0.2 \\ -0.34 \\ 0.418 \end{bmatrix},\ x^{(5)}=\begin{bmatrix} 0.496527 \\ 0.261563 \\ 0.297687 \end{bmatrix},\ x^{(10)}=\begin{bmatrix} 0.49512222 \\ 0.26219500 \\ 0.29756100 \end{bmatrix},$$

精确解

$$x^{(*)}=\begin{bmatrix} 0.49512195 \\ 0.26219512 \\ 0.297560976 \end{bmatrix}.$$

经过10次G-S 迭代，近似解$x^{(10)}$ 有5位有效数字.

2.2.2 SOR 迭代法

SOR迭代法是对G-S迭代法的加权平均改造，即$x_i^{(k)}=(1-\omega)x_i^{(k-1)}+\omega\hat{x}_i^{(k)}$，$\hat{x}_i^{(k)}$为G-S迭代解．它的分量形式为

$$\begin{cases}\hat{x}_1=\frac{1}{a_{11}}(\sum\limits_{j=2}^{n}a_{1j}x_j^{(k-1)}+b_1)\ ,\\ x_1^{(k)}=x_1^{(k-1)}+\omega(\hat{x}_1-x_1^{(k-1)})\ ,\\ \hat{x}_i=\frac{1}{a_{ii}}(\sum\limits_{j=1}^{i-1}a_{ij}x_j^{(k)}+\sum\limits_{j=i+1}^{n}a_{ij}x_j^{(k-1)}+b_i)\ ,\\ x_i^{(k)}=x_i^{(k-1)}+\omega(\hat{x}_i-x_i^{(k-1)})\\ (i=2,\cdots,n-1)\ ,\\ \hat{x}_n=\frac{1}{a_{nn}}(\sum\limits_{j=1}^{n-1}a_{nj}x_j^{(k)}+b_n)\ ,\\ x_n^{(k)}=x_n^{(k-1)}+\omega(\hat{x}_n-x_n^{(k-1)})\ .\end{cases} \tag{2.2.13}$$

SOR方法的迭代矩阵是

$$\boldsymbol{L}_\omega=(\boldsymbol{D}-\omega\boldsymbol{L})^{-1}[(1-\omega)\boldsymbol{D}+\omega\boldsymbol{U}] \tag{2.2.14}$$

由于$\det(\boldsymbol{L}_\omega)=(1-\omega)^n$，所以SOR 方法收敛的必要条件是$0<\omega<2$.

当$\omega=1$ 时，SOR方法就是G-S 方法，因此，SOR方法可以看成是G-S 方法的推广.

例2.2.4. 设线性方程组为

$$\begin{bmatrix}5&2&0\\3&10&3\\0&4&20\end{bmatrix}\boldsymbol{x}=\begin{bmatrix}3\\5\\7\end{bmatrix}$$

写出SOR迭代公式，取$\omega=1.1$，并对$\boldsymbol{x}^{(0)}=(1,2,3)^{\mathrm{T}}$ 为初值迭代10次.

解 SOR迭代公式

$$\begin{cases}\hat{x}_1=\frac{1}{5}(-2x_2^{(k-1)}+3)\\ x_1^{(k)}=x_1^{(k-1)}+\omega(\hat{x}_1-x_1^{(k-1)})\\ \hat{x}_2=\frac{1}{10}(-3x_1^{(k)}-3x_3^{(k-1)}+5)\\ x_2^{(k)}=x_2^{(k-1)}+\omega(\hat{x}_2-x_2^{(k-1)})\\ \hat{x}_3=\frac{1}{20}(-4x_2^{(k)}+7)\\ x_3^{(k)}=x_3^{(k-1)}+\omega(\hat{x}_3-x_3^{(k-1)})\end{cases}$$

取$\omega=1.1$，迭代1次，5次，10次以及精确解结果如下:

$$x^{(1)}=\begin{bmatrix}-0.32\\-0.5344\\0.202568\end{bmatrix},\ x^{(5)}=\begin{bmatrix}0.49495773\\0.26212904\\0.29755262\end{bmatrix},\ x^{(10)}=\begin{bmatrix}0.49512196\\0.26219512\\0.29756098\end{bmatrix},$$

精确解

$$x^{(*)} = \begin{bmatrix} 0.49512195 \\ 0.26219512 \\ 0.297560976 \end{bmatrix}.$$

经过10次SOR 迭代，近似解$x^{(10)}$ 有7位有效数字.

2.2.3 迭代法的收敛性

尽管前面的定理2.2.2 已经有了迭代收敛的充分必要条件，但是要验证这个条件是不容易的. 下面介绍的几个定理是容易验证的迭代收敛的充分条件. 首先引进两个重要的概念.

定义2.2.5. 设$\boldsymbol{A}$ 是n 阶矩阵($n \geq 2$)，如果存在n 阶排列矩阵$\boldsymbol{P}$，使得$\boldsymbol{P}^{\mathrm{T}}\boldsymbol{AP}$ 有如下形状

$$\boldsymbol{P}^{\mathrm{T}}\boldsymbol{AP} = \begin{bmatrix} \boldsymbol{A}_{11} & \boldsymbol{A}_{12} \\ 0 & \boldsymbol{A}_{22} \end{bmatrix} \tag{2.2.15}$$

其中$\boldsymbol{A}_{11}$ 和$\boldsymbol{A}_{22}$ 分别是r 阶和$n-r$ 阶方阵($1 \leq r < n$)，则称$\boldsymbol{A}$ 为可约矩阵;如果不存在这样的排列矩阵，则称$\boldsymbol{A}$ 为不可约矩阵.

定义2.2.6. 设$\boldsymbol{A}$ 是n 阶矩阵，若对所有的整数i，$1 \leq i \leq n$，成立

$$|a_{ii}| \geq \sum_{\substack{j=1 \\ j \neq i}}^{n} |a_{ij}| \tag{2.2.16}$$

则称$\boldsymbol{A}$ 是行对角占优的，简称对角占优; 若(2.2.16)式中的每一个不等式都是严格不等式，则称$\boldsymbol{A}$ 是严格对角占优;若$\boldsymbol{A}$ 是不可约和对角占优，并且在(2.2.16)式中至少有一个是严格不等式，则称$\boldsymbol{A}$ 是不可约对角占优矩阵.

从上面的定义可以看到，要验证一个矩阵是否对角占优比较容易，而要用定义来验证一个矩阵是否不可约是很难的. 下面我们给出一个比较直观的判别矩阵是不可约的定理.

定理2.2.7. n 阶矩阵$\boldsymbol{A}$ 不可约的充分必要条件是对任意$i, j \in \{1, 2, \cdots, n\}$，$i \neq j$，存在$i_1, i_2, \cdots, i_k \in \{1, 2, \cdots, n\}$，使得$a_{i,i_1}a_{i_1,i_2}\cdots a_{i_k,j} \neq 0$.

证明参见[1] .

定理2.2.8. n 阶矩阵$\boldsymbol{A}$ 是严格对角占优或不可约对角占优矩阵，则$\boldsymbol{A}$ 是非奇异的.

证明 我们证明后一种情况，用反证法. 若$\boldsymbol{A}$ 奇异，则存在一个向量 $\boldsymbol{v}$ ，$||\boldsymbol{v}||_\infty = 1$，使得$\boldsymbol{Av} = 0$. 设$|v_r| = 1$ ，由于

$$\sum_{j=1}^{n} a_{rj}v_j = 0$$

我们有

$$|a_{rr}| \leq \sum_{\substack{j=1 \\ j \neq i}}^{n} |a_{rj}| \cdot |v_j| \tag{2.2.17}$$

又由于矩阵A 是不可约对角占优矩阵，成立

$$|a_{rr}| \geq \sum_{\substack{j=1 \\ j\neq i}}^{n} |a_{rj}| \tag{2.2.18}$$

由(2.2.17)和(2.2.18)得

$$\sum_{\substack{j=1 \\ j\neq i}}^{n} |a_{rj}|(|v_j|-1) \geq 0 \tag{2.2.19}$$

由于$|v_j| \leq 1$，因此当$a_{rj} \neq 0$ 时，必有$|v_j| = 1$. 由于A 不可约，对任何$j_0 \neq r$，可找到$i_1, i_2, \cdots, i_k \in \{1, 2, \cdots, n\}$,使得$a_{i,i_1}a_{i_1,i_2}\cdots a_{i_k,j_0} \neq 0$ ，由$a_{r,i_1} \neq 0$ 推得$|v_{i_1}| = 1$，因而(2.2.19)中的r 换成i_1 后仍成立;再由$a_{i_1,i_2} \neq 0$ 推得$|v_{i_2}| = 1$，因此(2.2.19)中的r 换成i_2 后仍成立;如此继续直至推得$|v_{j_0}| = 1$. 由此得

$$|v_j| = 1\ ,\ j = 1, 2, \cdots, n.$$

因此(2.2.17)中的r 可以取遍$1, 2, \cdots, n$ ，从而

$$|a_{rr}| \leq \sum_{\substack{j=1 \\ j\neq i}}^{n} |a_{rj}|\ ,\ r = 1, 2, \cdots, n. \tag{2.2.20}$$

这与$\boldsymbol{A}$ 是不可约对角占优矩阵矛盾，所以$\boldsymbol{A}$ 是非奇异的. □

定理2.2.9. *若系数矩阵$\boldsymbol{A}$ 是严格对角占优或不可约对角占优矩阵，则J迭代和G-S迭代都收敛.*

证明 记$\boldsymbol{A} = \boldsymbol{D} - \boldsymbol{L} - \boldsymbol{U}$ ，则J迭代矩阵为

$$\boldsymbol{B} = \boldsymbol{D}^{-1}(\boldsymbol{L} + \boldsymbol{U}) \tag{2.2.21}$$

采用反证法，若J迭代不收敛，则迭代矩阵$\boldsymbol{B}$ 有特征值λ，满足$|\lambda| \geq 1$，使得$\det(\lambda\boldsymbol{I} - \boldsymbol{B}) = 0$. 由于

$$\lambda\boldsymbol{I} - \boldsymbol{B} = \lambda\boldsymbol{D}^{-1}(\boldsymbol{D} - \frac{1}{\lambda}\boldsymbol{L} - \frac{1}{\lambda}\boldsymbol{U}) \tag{2.2.22}$$

当$\boldsymbol{A}$ 是严格对角占优时，$(\boldsymbol{D} - \frac{1}{\lambda}\boldsymbol{L} - \frac{1}{\lambda}\boldsymbol{U})$ 也是严格对角占优; 当$\boldsymbol{A}$ 是不可约对角占优时，$(\boldsymbol{D} - \frac{1}{\lambda}\boldsymbol{L} - \frac{1}{\lambda}\boldsymbol{U})$ 也是不可约对角占优; 这两种情况都得到$(\boldsymbol{D} - \frac{1}{\lambda}\boldsymbol{L} - \frac{1}{\lambda}\boldsymbol{U})$ 是非奇异的，由此得到矛盾，所以J迭代收敛.

对于G-S迭代，它的迭代矩阵是

$$\mathbf{G} = (\boldsymbol{D} - \boldsymbol{L})^{-1}\boldsymbol{U} \tag{2.2.23}$$

同样采用反证法，若G-S 迭代不收敛，则迭代矩阵$\mathbf{G}$ 有特征值λ，满足$|\lambda| \geq 1$，使得$\det(\lambda\boldsymbol{I} - \mathbf{G}) = 0$. 由于

$$\lambda\boldsymbol{I} - \mathbf{G} = \lambda(\boldsymbol{D} - \boldsymbol{L})^{-1}(\boldsymbol{D} - \boldsymbol{L} - \frac{1}{\lambda}\boldsymbol{U}) \tag{2.2.24}$$

当$\boldsymbol{A}$ 是严格对角占优时，$(\boldsymbol{D}-\boldsymbol{L}-\frac{1}{\lambda}\boldsymbol{U})$ 也是严格对角占优; 当$\boldsymbol{A}$ 是不可约对角占优时，$(\boldsymbol{D}-\boldsymbol{L}-\frac{1}{\lambda}\boldsymbol{U})$ 也是不可约对角占优; 这两种情况都得到$(\boldsymbol{D}-\boldsymbol{L}-\frac{1}{\lambda}\boldsymbol{U})$ 是非奇异的，由此得到矛盾，所以G-S 迭代收敛. □

定理2.2.10. *若系数矩阵$\boldsymbol{A}$ 对称，对角元$a_{ii}>0(i=1,2,\cdots,n)$，则Jacobi 迭代收敛的充分与必要条件是$\boldsymbol{A}$ 和$2\boldsymbol{D}-\boldsymbol{A}$ 都正定.*

证明 因为$\boldsymbol{B}=\boldsymbol{D}^{-1}(\boldsymbol{L}+\boldsymbol{U})=\boldsymbol{D}^{-1}(\boldsymbol{D}-\boldsymbol{A})=\boldsymbol{I}-\boldsymbol{D}^{-1}\boldsymbol{A}$，而$\boldsymbol{D}=\mathrm{diag}(a_{11},\cdots,a_{nn})$的对角元素均大于零，故

$$\boldsymbol{B}=\boldsymbol{I}-\boldsymbol{D}^{-1}\boldsymbol{A}=\boldsymbol{D}^{-\frac{1}{2}}(\boldsymbol{I}-\boldsymbol{D}^{-\frac{1}{2}}\boldsymbol{A}\boldsymbol{D}^{-\frac{1}{2}})\boldsymbol{D}^{\frac{1}{2}}$$

由$\boldsymbol{A}$ 的对称性推出$\boldsymbol{I}-\boldsymbol{D}^{-\frac{1}{2}}\boldsymbol{A}\boldsymbol{D}^{-\frac{1}{2}}$ 也是对称的，而且它与$\boldsymbol{B}$ 相似，有相同的特征值，从而$\boldsymbol{B}$ 的特征值均为实数.

先证必要性. 假设Jacobi 迭代收敛，即$\rho(\boldsymbol{B})<1$，则矩阵$\boldsymbol{I}-\boldsymbol{D}^{-\frac{1}{2}}\boldsymbol{A}\boldsymbol{D}^{-\frac{1}{2}}$ 的特征值绝对值也都小于1，亦即$\boldsymbol{D}^{-\frac{1}{2}}\boldsymbol{A}\boldsymbol{D}^{-\frac{1}{2}}$的特征值必在区间$(0,2)$内，从而$\boldsymbol{A}$ 是正定矩阵. 另外，矩阵$2\boldsymbol{I}-\boldsymbol{D}^{-\frac{1}{2}}\boldsymbol{A}\boldsymbol{D}^{-\frac{1}{2}}$的特征值也全为正数，所以$2\boldsymbol{I}-\boldsymbol{D}^{-\frac{1}{2}}\boldsymbol{A}\boldsymbol{D}^{-\frac{1}{2}}$也正定，而

$$\boldsymbol{D}^{-\frac{1}{2}}(2\boldsymbol{D}-\boldsymbol{A})\boldsymbol{D}^{-\frac{1}{2}}=2\boldsymbol{I}-\boldsymbol{D}^{-\frac{1}{2}}\boldsymbol{A}\boldsymbol{D}^{-\frac{1}{2}}$$

因此$2\boldsymbol{D}-\boldsymbol{A}$ 正定.

再证充分性. 因为

$$\boldsymbol{D}^{\frac{1}{2}}(\boldsymbol{I}-\boldsymbol{B})\boldsymbol{D}^{-\frac{1}{2}}=\boldsymbol{D}^{-\frac{1}{2}}\boldsymbol{A}\boldsymbol{D}^{-\frac{1}{2}}$$

所以由$\boldsymbol{A}$正定推出$\boldsymbol{I}-\boldsymbol{B}$的特征值均大于零，即$\boldsymbol{B}$的特征值均小于1. 由$2\boldsymbol{D}-\boldsymbol{A}$正定，再利用

$$\boldsymbol{D}^{-\frac{1}{2}}(2\boldsymbol{D}-\boldsymbol{A})\boldsymbol{D}^{-\frac{1}{2}}=\boldsymbol{D}^{\frac{1}{2}}(\boldsymbol{I}+\boldsymbol{A})\boldsymbol{D}^{-\frac{1}{2}}$$

即推出$\boldsymbol{I}+\boldsymbol{B}$的特征值全大于0，即$\boldsymbol{B}$的特征值均大于-1，这样就证明了$\rho(\boldsymbol{B})<1$，从而Jacobi 迭代收敛. □

定理2.2.11. *若系数矩阵$\boldsymbol{A}$ 对称正定，则G-S 迭代收敛.*

证明 设λ 是G-S迭代矩阵任一特征值，$\boldsymbol{y}$ 是相应的特征向量，则有

$$(\boldsymbol{D}-\boldsymbol{L})^{-1}\boldsymbol{U}\boldsymbol{y}=\lambda\boldsymbol{y}$$

因为$\boldsymbol{A}$ 对称，所以$\boldsymbol{U}=\boldsymbol{L}^{\mathrm{T}}$，因此

$$\lambda(\boldsymbol{D}-\boldsymbol{L})\boldsymbol{y}=\boldsymbol{L}^{\mathrm{T}}\boldsymbol{y}$$

用$\boldsymbol{y}^*$ 左乘上式两边，得

$$\lambda\boldsymbol{y}^*\boldsymbol{D}\boldsymbol{y}-\lambda\boldsymbol{y}^*\boldsymbol{L}\boldsymbol{y}=\boldsymbol{y}^*\boldsymbol{L}^{\mathrm{T}}\boldsymbol{y}$$

令　$\boldsymbol{y}^*\boldsymbol{D}\boldsymbol{y}=\delta,\quad \boldsymbol{y}^*\boldsymbol{L}\boldsymbol{y}=\alpha+\mathrm{i}\beta,$　则有　$\boldsymbol{y}^*\boldsymbol{L}^{\mathrm{T}}\boldsymbol{y}=(\boldsymbol{y}^*\boldsymbol{L}^{\mathrm{T}}\boldsymbol{y})^*=\alpha-\mathrm{i}\beta$
所以 $\lambda(\delta-(\alpha+\mathrm{i}\beta))=\alpha-\mathrm{i}\beta,$　取模得 $|\lambda|^2((\delta-\alpha)^2+\beta^2)=\alpha^2+\beta^2$，即

$$|\lambda|^2=\frac{\alpha^2+\beta^2}{\delta(\delta-2\alpha)+\alpha^2+\beta^2}$$

由于$\boldsymbol{A}$对称正定，有$\boldsymbol{y}^*\boldsymbol{D}\boldsymbol{y}>0,\ \boldsymbol{y}^*\boldsymbol{A}\boldsymbol{y}>0$，即$\delta>0,\ (\delta-2\alpha)>0$，所以$\delta(\delta-2\alpha)>0$. 由此即知$|\lambda|<0$，从而推出G-S 迭代收敛. □

对于SOR 方法的收敛性，有如下的定理. 定理的证明方法与前面的类似，这里只给出结论.

定理2.2.12. *若系数矩阵$\boldsymbol{A}$ 是严格对角占优的或者是不可约对角占优的，且松弛因子$\omega\in(0,1]$，则SOR 收敛.*

定理2.2.13. *若系数矩阵$\boldsymbol{A}$ 是实对称的正定矩阵，且松弛因子$\omega\in(0,2)$，则SOR 收敛.*

2.3　共轭梯度法

设线性方程组(2.0.1)的矩阵$\boldsymbol{A}$ 是对称正定的，我们讨论另外一类解法–共轭梯度法. 这种方法在理论上属于直接法：当计算过程没有误差时，它能够在n 步内得到精确解. 但是实际计算时，由于舍入误差的影响，往往不能在n 步内得到精确解. 把共轭梯度法作为迭代法使用，它的收敛性是相当好的.

定义2.3.1. *设矩阵$\boldsymbol{A}$ 是对称正定的，$\boldsymbol{x},\boldsymbol{y}$ 是两个列向量，若*

$$(\boldsymbol{A}\boldsymbol{x},\boldsymbol{y})=0$$

我们称向量$\boldsymbol{x},\boldsymbol{y}$ 是$\boldsymbol{A}$ 共轭正交的.

为了推导出共轭梯度法的计算公式，我们将求解线性方程组(2.0.1)的问题变成一个向量函数的极小化问题. 记$\boldsymbol{x}^*$ 是线性方程组(2.0.1)的精确解，考虑函数

$$\boldsymbol{H}(\boldsymbol{x})=(\boldsymbol{x}^*-\boldsymbol{x},\boldsymbol{A}(\boldsymbol{x}^*-\boldsymbol{x}))\tag{2.3.1}$$

因为$\boldsymbol{A}$ 是对称正定矩阵，所以$\boldsymbol{H}(\boldsymbol{x})\geq 0$，仅当$\boldsymbol{x}=\boldsymbol{x}^*$ 时$\boldsymbol{H}(\boldsymbol{x})=0.$　方程

$$\boldsymbol{H}(\boldsymbol{x})=c$$

对每一个常数c 表示$\mathbb{R}^n$ 中的一个椭球面，$\boldsymbol{x}=\boldsymbol{x}^*$ 时相应的常数$c=0$，此时椭球面就退化为一个点，因此线性方程组(2.0.1)的解可以通过找一系列向量$\{\boldsymbol{x}^{(i)}\}$，使$\{\boldsymbol{H}(\boldsymbol{x}^{(i)})\}$逐步减少到零而得到. 我们记

$$\boldsymbol{r}^{(i)}=\boldsymbol{A}(\boldsymbol{x}^*-\boldsymbol{x}^{(i)})=\boldsymbol{b}-\boldsymbol{A}\boldsymbol{x}^{(i)}\tag{2.3.2}$$

为向量$\boldsymbol{x}^{(i)}$ 的剩余向量.

设$\boldsymbol{x}$ 是椭球面$\boldsymbol{H}(\boldsymbol{x})=c$ 上的一点，则$\boldsymbol{H}(\boldsymbol{x})$ 在点$\boldsymbol{x}$ 的梯度是

$$\nabla \boldsymbol{H}(\boldsymbol{x})=-2\boldsymbol{r}$$

即$\boldsymbol{H}(\boldsymbol{x})=c$ 在$\boldsymbol{x}$ 的梯度方向是$\boldsymbol{x}$ 的剩余向量$\boldsymbol{r}$ 的负方向.

下面将说明从任意初始向量$\boldsymbol{x}^{(0)}$ 出发，可以逐次利用剩余向量$\{\boldsymbol{r}^{(i)}\}$ 来构造一组$\boldsymbol{A}$ 共轭正交的向量和近似解向量$\{\boldsymbol{x}^{(i)}\}$. 因为$\boldsymbol{r}^{(i)}$ 相应于$\boldsymbol{H}(\boldsymbol{x})$ 在$\boldsymbol{x}=\boldsymbol{x}^{(i)}$ 的梯度，所以$\{\boldsymbol{p}^{(i)}\}$ 也称为共轭梯度. 因而利用$\{\boldsymbol{p}^{(i)}\}$ 来求解线性方程组的方法就称为共轭梯度法.

记$\boldsymbol{x}^{(0)}$ 是初始向量，作剩余向量

$$\boldsymbol{r}^{(0)}=b-\boldsymbol{A}\boldsymbol{x}^{(0)}$$

取

$$\boldsymbol{p}^{(0)}=\boldsymbol{r}^{(0)}$$

我们有了$\boldsymbol{x}^{(0)}$ 和$\boldsymbol{p}^{(0)}$. 然后取

$$\boldsymbol{x}^{(1)}=\boldsymbol{x}^{(0)}+\alpha_0\boldsymbol{p}^{(0)}$$

其中α_0 是这样选取的：令

$$\boldsymbol{H}(\boldsymbol{x}^{(0)}+\alpha_0\boldsymbol{p}^{(0)})=\min_{\alpha\in R}\boldsymbol{H}(\boldsymbol{x}^{(0)}+\alpha\boldsymbol{p}^{(0)})$$

由

$$\frac{\mathrm{d}\boldsymbol{H}(\boldsymbol{x}^{(0)}+\alpha\boldsymbol{p}^{(0)})}{\mathrm{d}\alpha}=0$$

得

$$\alpha_0=\frac{(\boldsymbol{r}^{(0)},\boldsymbol{p}^{(0)})}{(\boldsymbol{p}^{(0)},\boldsymbol{A}\boldsymbol{p}^{(0)})}$$

接着，我们计算

$$\boldsymbol{r}^{(1)}=\boldsymbol{b}-\boldsymbol{A}\boldsymbol{x}^{(1)}$$

取

$$\boldsymbol{p}^{(1)}=\boldsymbol{r}^{(1)}+\beta_0\boldsymbol{p}^{(0)}$$

选取β_0,使得$(\boldsymbol{p}^{(k)},\boldsymbol{A}\boldsymbol{p}^{(k-1)})=0$，得

$$\beta_0=-\frac{(\boldsymbol{r}^{(1)},\boldsymbol{A}\boldsymbol{p}^{(0)})}{(\boldsymbol{p}^{(0)},\boldsymbol{A}\boldsymbol{p}^{(0)})}$$

这样，我们得到了$\boldsymbol{x}^{(1)}$ 和$\boldsymbol{p}^{(1)}$. 下面我们推导一般的计算公式.

设已经得到了$\boldsymbol{x}^{(k)}$ 和$\boldsymbol{p}^{(k)}$ ，我们要计算$\boldsymbol{x}^{(k+1)}$ 和$\boldsymbol{p}^{(k+1)}$. 取

$$\boldsymbol{x}^{(k+1)}=\boldsymbol{x}^{(k)}+\alpha_k\boldsymbol{p}^{(k)} \tag{2.3.3}$$

其中α_k 是这样选取的：令

$$\boldsymbol{H}(\boldsymbol{x}^{(k)}+\alpha_k\boldsymbol{p}^{(k)})=\min_{\alpha\in R}\boldsymbol{H}(\boldsymbol{x}^{(k)}+\alpha\boldsymbol{p}^{(k)}) \tag{2.3.4}$$

由

$$\frac{\mathrm{d}\boldsymbol{H}(\boldsymbol{x}^{(k)}+\alpha\boldsymbol{p}^{(k)})}{\mathrm{d}\alpha}=0 \tag{2.3.5}$$

得

$$\alpha_k=\frac{(\boldsymbol{r}^{(k)},\boldsymbol{p}^{(k)})}{(\boldsymbol{p}^{(k)},\boldsymbol{A}\boldsymbol{p}^{(k)})} \tag{2.3.6}$$

然后计算

$$\boldsymbol{r}^{(k+1)}=\boldsymbol{b}-\boldsymbol{A}\boldsymbol{x}^{(k+1)} \tag{2.3.7}$$

取

$$\boldsymbol{p}^{(k+1)}=\boldsymbol{r}^{(k+1)}+\beta_k\boldsymbol{p}^{(k)} \tag{2.3.8}$$

我们是这样选取β_k 的：令

$$(\boldsymbol{p}^{(k+1)},\boldsymbol{A}\boldsymbol{p}^{(k)})=0 \tag{2.3.9}$$

得

$$\beta_k=-\frac{(\boldsymbol{r}^{(k+1)},\boldsymbol{A}\boldsymbol{p}^{(k)})}{(\boldsymbol{p}^{(k)},\boldsymbol{A}\boldsymbol{p}^{(k)})} \tag{2.3.10}$$

这样，我们得到了$\boldsymbol{x}^{(k+1)}$ 和$\boldsymbol{p}^{(k+1)}$.

综合上面的分析，可以得到共轭梯度法的计算公式：取初始向量$\boldsymbol{x}^{(0)}$ ，按如下公式递推计算：

$\boldsymbol{r}^{(0)}=\boldsymbol{p}^{(0)}=\boldsymbol{b}-\boldsymbol{A}\boldsymbol{x}^{(0)}$

对 $k=0,1,\cdots,n,$

若$||\boldsymbol{r}^{(k)}||=0$, $\boldsymbol{x}^{(k)}$ 已经是线性方程组的解，停止计算.

否则

$\alpha_k=\frac{(\boldsymbol{r}^{(k)},\boldsymbol{p}^{(k)})}{(\boldsymbol{p}^{(k)},\boldsymbol{A}\boldsymbol{p}^{(k)})}$

$\boldsymbol{x}^{(k+1)}=\boldsymbol{x}^{(k)}+\alpha_k\boldsymbol{p}^{(k)}$

$\boldsymbol{r}^{(k+1)}=b-\boldsymbol{A}x^{(k+1)}$

$\beta_k=-\frac{(\boldsymbol{r}^{(k+1)},\boldsymbol{A}\boldsymbol{p}^{(k)})}{(\boldsymbol{p}^{(k)},\boldsymbol{A}\boldsymbol{p}^{(k)})}$

$\boldsymbol{p}^{(k+1)}=\boldsymbol{r}^{(k+1)}+\beta_k\boldsymbol{p}^{(k)}$

共轭梯度法有下列性质:

定理2.3.2. 设$\{\boldsymbol{r}^{(0)},\boldsymbol{r}^{(1)},\cdots,\boldsymbol{r}^{(k)}\}$ 和$\{\boldsymbol{p}^{(0)},\boldsymbol{p}^{(1)},\cdots,\boldsymbol{p}^{(k)}\}$ 是由共轭梯度法产生的向量序列，并且$||\boldsymbol{r}^{(k)}||>0$ ，则有

$$\mathrm{span}\{\boldsymbol{r}^{(0)},\boldsymbol{r}^{(1)},\cdots,\boldsymbol{r}^{(k)}\}=\mathrm{span}\{\boldsymbol{p}^{(0)},\boldsymbol{p}^{(1)},\cdots,\boldsymbol{p}^{(k)}\} \tag{2.3.11}$$

证明 由共轭梯度法的计算公式：

$$\begin{cases} \boldsymbol{p}^{(0)}=\boldsymbol{r}^{(0)} \\ \boldsymbol{p}^{(i)}=\boldsymbol{r}^{(i)}+\beta_{i-1}\boldsymbol{p}^{(i-1)} \\ i=1,2,\cdots,k \end{cases} \tag{2.3.12}$$

得

$$\begin{cases} \boldsymbol{r}^{(0)}=\boldsymbol{p}^{(0)} \\ \boldsymbol{r}^{(i)}=\boldsymbol{p}^{(i)}-\beta_{i-1}\boldsymbol{p}^{(i-1)} \\ i=1,2,\cdots,k \end{cases} \tag{2.3.13}$$

上式可以写成：

$$\begin{aligned} [\boldsymbol{r}^{(0)},\boldsymbol{r}^{(1)},\cdots,\boldsymbol{r}^{(k)}] &= [\boldsymbol{p}^{(0)},\boldsymbol{p}^{(1)},\cdots,\boldsymbol{p}^{(k)}]\begin{bmatrix} 1 & \beta_0 & & & \\ & 1 & \beta_1 & & \\ & & \ddots & \ddots & \\ & & & 1 & \beta_{k-1} \\ & & & & 1 \end{bmatrix} \\ &\triangleq [\boldsymbol{p}^{(0)},\boldsymbol{p}^{(1)},\cdots,\boldsymbol{p}^{(k)}]\boldsymbol{H} \end{aligned} \tag{2.3.14}$$

由于变换矩阵$\boldsymbol{H}$ 可逆，所以(2.3.11) 式成立. □

定理2.3.3. 设$\{\boldsymbol{r}^{(0)},\boldsymbol{r}^{(1)},\cdots,\boldsymbol{r}^{(k)}\}$ 和$\{\boldsymbol{p}^{(0)},\boldsymbol{p}^{(1)},\cdots,\boldsymbol{p}^{(k)}\}$ 是由共轭梯度法产生的向量序列，并且$||\boldsymbol{r}^{(k)}||>0$，则有

$$\begin{cases} (\boldsymbol{r}^{(i)},\boldsymbol{r}^{(j)})=0 \\ 0\le i,j\le k,\quad i\ne j \end{cases} \tag{2.3.15}$$

和

$$\begin{cases} (\boldsymbol{p}^{(i)},\boldsymbol{A}\boldsymbol{p}^{(j)})=0 \\ 0\le i,j\le k,\quad i\ne j \end{cases} \tag{2.3.16}$$

由此可知，共轭梯度法最多在n 步得到方程的精确解.

证明 用数学归纳法证明. 当$k=1$ 时，(2.3.15) 和(2.3.16) 式显然成立.

设$k=i$ 时，(2.3.15) 和(2.3.16) 式成立，下面证明当$k=i+1$ 和$||\boldsymbol{r}^{(i+1)}||>0$ 时(2.3.15) 和(2.3.16) 式也成立. 我们只需证明：

$$\begin{cases} (\boldsymbol{r}^{(i+1)},\boldsymbol{r}^{(j)})=0 \\ 0\le j\le i \end{cases} \tag{2.3.17}$$

和

$$\begin{cases} (\boldsymbol{p}^{(i+1)},\boldsymbol{A}\boldsymbol{p}^{(j)})=0 \\ 0\le j\le i \end{cases} \tag{2.3.18}$$

当$j=i$ 时，由共轭梯度法直接得到.

当$j<i$ 时，由(2.3.3)式，

$$\boldsymbol{r}^{(i+1)}=\boldsymbol{b}-\boldsymbol{A}\boldsymbol{x}^{(i+1)}=\boldsymbol{b}-\boldsymbol{A}(\boldsymbol{x}^{(i)}+\alpha_i\boldsymbol{p}^{(i)})=\boldsymbol{r}^{(i)}-\alpha_i\boldsymbol{A}\boldsymbol{p}^{(i)} \tag{2.3.19}$$

得 (2.3.17)式成立.

又由(2.3.8)式

$$\boldsymbol{p}^{(i+1)}=\boldsymbol{r}^{(i+1)}+\beta_i\boldsymbol{p}^{(i)} \tag{2.3.20}$$

得

$$\begin{aligned}(\boldsymbol{p}^{(i+1)},\boldsymbol{A}\boldsymbol{p}^{(j)})&=(\boldsymbol{r}^{(i+1)}+\beta_i\boldsymbol{p}^{(i)},\boldsymbol{A}\boldsymbol{p}^{(j)})=(\boldsymbol{r}^{(i+1)},\boldsymbol{A}\boldsymbol{p}^{(j)})+\beta_i(\boldsymbol{p}^{(i)},\boldsymbol{A}\boldsymbol{p}^{(j)})\\&=(\boldsymbol{r}^{(i+1)},\boldsymbol{A}\boldsymbol{p}^{(j)})=(\boldsymbol{r}^{(i+1)},\tfrac{1}{\alpha_j}(\boldsymbol{r}^{(j)}-\boldsymbol{r}^{(j+1)}))=0\end{aligned} \tag{2.3.21}$$

所以(2.3.18)式成立. 由数学归纳法知，(2.3.15) 和(2.3.16) 式也成立. 由于非零的正交向量组中的向量数不可能超过n个，所以共轭梯度法最多在n 步得到方程的精确解. □

定理2.3.4. 设$\{\boldsymbol{r}^{(0)},\boldsymbol{r}^{(1)},\cdots,\boldsymbol{r}^{(k)}\}$是由共轭梯度法产生的向量序列，并且$||\boldsymbol{r}^{(k)}||>0$，则有

$$\mathrm{span}\{\boldsymbol{r}^{(0)},\boldsymbol{r}^{(1)},\cdots,\boldsymbol{r}^{(k)}\}=\mathrm{span}\{\boldsymbol{r}^{(0)},\boldsymbol{A}\boldsymbol{r}^{(0)},\cdots,\boldsymbol{A}^k\boldsymbol{r}^{(0)}\} \tag{2.3.22}$$

证明 用数学归纳法证明. 当$k=0$ 时，(2.3.22) 式显然成立.

设$k=i$ 时，(2.3.22) 式成立，即

$$\mathrm{span}\{\boldsymbol{r}^{(0)},\boldsymbol{r}^{(1)},\cdots,\boldsymbol{r}^{(k)}\}=\mathrm{span}\{\boldsymbol{r}^{(0)},\boldsymbol{A}\boldsymbol{r}^{(0)},\cdots,\boldsymbol{A}^k\boldsymbol{r}^{(0)}\} \tag{2.3.23}$$

下面证明当$k=i+1$ 和$||\boldsymbol{r}^{(i+1)}||>0$ 时(2.3.22) 式也成立. 由(2.3.19)式，得

$$\boldsymbol{r}^{(i+1)}=\boldsymbol{r}^{(i)}-\alpha_i\boldsymbol{A}\boldsymbol{p}^{(i)} \tag{2.3.24}$$

从归纳法假设和定理2.3.2 知:

$$\boldsymbol{r}^{(i)},\boldsymbol{p}^{(i)}\in\mathrm{span}\{\boldsymbol{r}^{(0)},\boldsymbol{A}\boldsymbol{r}^{(0)},\cdots,\boldsymbol{A}^i\boldsymbol{r}^{(0)}\}$$

所以

$$\boldsymbol{r}^{(i+1)}\in\mathrm{span}\{\boldsymbol{r}^{(0)},\boldsymbol{A}\boldsymbol{r}^{(0)},\cdots,\boldsymbol{A}^{i+1}\boldsymbol{r}^{(0)}\}$$

由定理2.3.3 知:向量组$\{\boldsymbol{r}^{(0)},\boldsymbol{r}^{(1)},\cdots,\boldsymbol{r}^{(i+1)}\}$ 线性无关，所以

$$\mathrm{span}\{\boldsymbol{r}^{(0)},\boldsymbol{r}^{(1)},\cdots,\boldsymbol{r}^{(i+1)}\}=\mathrm{span}\{\boldsymbol{r}^{(0)},\boldsymbol{A}\boldsymbol{r}^{(0)},\cdots,\boldsymbol{A}^{i+1}\boldsymbol{r}^{(0)}\} \tag{2.3.25}$$

由归纳法知，公式(2.3.22)成立. □

我们记

$$\mathcal{K}(\boldsymbol{A},\boldsymbol{r},k)=\mathrm{span}\{\boldsymbol{r},\boldsymbol{A}\boldsymbol{r},\cdots,\boldsymbol{A}^{k-1}\boldsymbol{r}\} \tag{2.3.26}$$

称$\mathcal{K}(\boldsymbol{A},\boldsymbol{r},k)$ 为 Krylov **子空间**.

尽管共轭梯度法是一种解线性方程组的直接法，我们还可以把共轭梯度法作为迭代法使用. 迭代误差由下列定理给出，证明参见[6].

定理2.3.5. *记$\boldsymbol{x}^{(k)}$ 是共轭梯度法第k 步得到的近似解，则有*

$$||\boldsymbol{x}^{(k)}-\boldsymbol{x}^*||_{\boldsymbol{A}}=\min\{||\boldsymbol{x}-\boldsymbol{x}^*||_{\boldsymbol{A}} \mid \boldsymbol{x}\in \boldsymbol{x}^{(0)}+\mathcal{K}(\boldsymbol{A},\boldsymbol{r}^{(0)},k)\} \tag{2.3.27}$$

从而，我们有

$$||\boldsymbol{x}^{(k)}-\boldsymbol{x}^*||_{\boldsymbol{A}}\le 2\Big(\frac{\sqrt{\lambda_{\max}}-\sqrt{\lambda_{\min}}}{\sqrt{\lambda_{\max}}+\sqrt{\lambda_{\min}}}\Big)^k||\boldsymbol{x}^{(0)}-\boldsymbol{x}^*||_{\boldsymbol{A}} \tag{2.3.28}$$

其中$\lambda_{\max}$ 和$\lambda_{\min}$ 分别是$\boldsymbol{A}$ 的最大和最小特征值.

由此可见，把共轭梯度法作为迭代法使用，它的收敛性是相当好的.

习 题

2.1. 确定一个3×3 的Gauss 变换矩阵$\boldsymbol{L}$，使得

$$\boldsymbol{L}\begin{bmatrix}1\\2\\3\end{bmatrix}=\begin{bmatrix}1\\3\\5\end{bmatrix}.$$

2.2. 设$\boldsymbol{A}$ 是对称正定矩阵. 假设经过一步Gauss 消去之后，$\boldsymbol{A}$ 具有如下形式

$$\begin{bmatrix}a_{11} & a_1^{\mathrm{T}}\\ 0 & \boldsymbol{A}_2\end{bmatrix},$$

证明: $\boldsymbol{A}_2$ 仍是对称正定矩阵.

2.3. 设$\boldsymbol{A}$ 是严格对角占优矩阵. 假设经过一步Gauss 消去之后，$\boldsymbol{A}$ 具有如下形式

$$\begin{bmatrix}a_{11} & a_1^{\mathrm{T}}\\ 0 & \boldsymbol{A}_2\end{bmatrix},$$

证明: $\boldsymbol{A}_2$ 仍是严格对角占优矩阵.

2.4. 设矩阵$\boldsymbol{A}\in \boldsymbol{R}^{n\times n}$ 非奇异，并且对$\boldsymbol{A}$ 做了$\boldsymbol{LU}$分解，即$\boldsymbol{A}=\boldsymbol{LU}$. 现在要求$\boldsymbol{A}^{-1}$中的一个元素$(\boldsymbol{A}^{-1})_{pq}$. 请设计一个计算量为$O(n^2)$ 的算法，计算$(\boldsymbol{A}^{-1})_{pq}$.

2.5. 设

$$\boldsymbol{A}=\begin{bmatrix}16 & 4 & 8 & 4\\ 4 & 10 & 8 & 4\\ 8 & 8 & 12 & 10\\ 4 & 4 & 10 & 12\end{bmatrix},\quad \boldsymbol{b}=\begin{bmatrix}32\\26\\38\\30\end{bmatrix}$$

首先求出$\boldsymbol{A}$ 的Cholesky 分解$\boldsymbol{A}=\boldsymbol{LL}^{\mathrm{T}}$，然后求出方程组$\boldsymbol{Ax}=\boldsymbol{b}$ 的解.

2.6. 在方程组 $\boldsymbol{Ax}=\boldsymbol{b}$ 中，已知

$$\boldsymbol{A}=\begin{bmatrix}1 & 0.99\\0.99 & 0.98\end{bmatrix},\ \boldsymbol{b}=\begin{bmatrix}1\\1\end{bmatrix},\ \text{精确解}\ \boldsymbol{x}^*=\begin{bmatrix}100\\-100\end{bmatrix}.$$

(1) 计算条件数 $\mathrm{cond}_\infty(\boldsymbol{A})$.

(2) 取 $\boldsymbol{x}^{(1)}=\begin{bmatrix}1\\0\end{bmatrix}$ ，计算它的剩余向量 $\boldsymbol{r}^{(1)}=\boldsymbol{b}-\boldsymbol{Ax}^{(1)}$.

(3) 取 $\boldsymbol{x}^{(2)}=\begin{bmatrix}100.5\\-99.5\end{bmatrix}$ ，计算它的剩余向量 $\boldsymbol{r}^{(2)}=\boldsymbol{b}-\boldsymbol{Ax}^{(2)}$.

本题的计算结果说明了什么问题?

2.7. 设矩阵$\boldsymbol{A}\in\mathbb{R}^{n\times n}$ 非奇异，$\boldsymbol{x},\boldsymbol{b}\in\mathbb{R}^n$, $\boldsymbol{x},\boldsymbol{b}\neq 0$, 满足 $\boldsymbol{Ax}=\boldsymbol{b}$, 而 $\boldsymbol{x}+\delta\boldsymbol{x}$ 满足 $(\boldsymbol{A}+\mathbf{G})(\boldsymbol{x}+\delta\boldsymbol{x})=\boldsymbol{b}$, 并且有 $||\boldsymbol{A}^{-1}||\cdot||\mathbf{G}||<1$. 证明:

$$\frac{||\delta\boldsymbol{x}||}{||\boldsymbol{x}||}\le\frac{\mathrm{cond}(\boldsymbol{A})\frac{||\mathbf{G}||}{||\boldsymbol{A}||}}{1-\mathrm{cond}(\boldsymbol{A})\frac{||\mathbf{G}||}{||\boldsymbol{A}||}}.$$

2.8. 设线性方程组$\boldsymbol{Ax}=\boldsymbol{b}$ 的系数矩阵为

$$\boldsymbol{A}_1=\begin{bmatrix}2 & -1 & 1\\1 & 1 & 1\\1 & 1 & -2\end{bmatrix},\ \boldsymbol{A}_2=\begin{bmatrix}1 & 2 & -2\\1 & 1 & 1\\2 & 2 & 1\end{bmatrix}.$$

证明: 对于$\boldsymbol{A}_1$来说，Jacobi 迭代不收敛，而G-S迭代收敛；对于$\boldsymbol{A}_2$来说，Jacobi 迭代收敛，而G-S 迭代不收敛.

2.9. 设$\boldsymbol{B}\in\mathbb{R}^{n\times n}$ 满足$\rho(\boldsymbol{B})=0$. 证明对任意的$\boldsymbol{x}^{(0)},\mathbf{g}\in\mathbb{R}^n$ ，迭代格式

$$\boldsymbol{x}^{(k+1)}=\boldsymbol{Bx}^{(k)}+\mathbf{g}\ ,\ k=0,1,\cdots$$

再多迭代n 次就可以得到线性方程组$\boldsymbol{x}=\boldsymbol{Bx}+\mathbf{g}$ 的精确解.

2.10. 考虑线性方程组$\boldsymbol{Ax}=\boldsymbol{b}$ ，其中

$$\boldsymbol{A}=\begin{bmatrix}1 & 0 & a\\0 & 1 & 0\\a & 0 & 1\end{bmatrix}$$

(1) 当a 为何值时，$\boldsymbol{A}$ 是正定的?

(2) 当a 为何值时，Jacobi 迭代收敛?

(3) 当a 为何值时，G-S 迭代收敛?

2.11. 对Jacobi 方法引进迭代参数$\omega>0$ ，即

$$\boldsymbol{x}^{(k+1)}=\boldsymbol{x}^{(k)}-\omega\boldsymbol{D}^{-1}(\boldsymbol{Ax}^{(k)}-\boldsymbol{b})$$

称为**Jacobi 松弛法**(简称 **JOR 方法**). 证明: 当$\boldsymbol{Ax}=\boldsymbol{b}$ 的Jacobi 方法收敛时J，OR 方法对$0<\omega\le 1$ 也收敛.

2.12. 设$\boldsymbol{A}$ 为对称正定矩阵，从方程组的近似解$\boldsymbol{y}^{(0)}=\boldsymbol{x}^{(k)}$ 出发，依次求$\boldsymbol{y}^{(i)}$ 使得

$$H(\boldsymbol{y}^{(i)})=\min_t H(\boldsymbol{y}^{(i-1)}+t\mathbf{e}_i)\ ,\ i=1,2,\cdots,n$$

其中向量函数$H(\boldsymbol{y})$ 由(2.3.1) 式定义，$\mathbf{e}_i$ 是n 阶单位矩阵的第i 列，然后令$\boldsymbol{x}^{(k+1)}=\boldsymbol{y}^{(n)}$. 证明: 这样得到的迭代算法就是G-S 迭代法.

2.13. 设$\boldsymbol{A}$ 是一个只有k 个互不相同的特征值的$n\times n$ 实对称矩阵，$\boldsymbol{r}$ 是任一n 维实向量. 证明: 子空间 $\mathrm{span}\{\boldsymbol{r},\boldsymbol{A}\boldsymbol{r},\cdots,\boldsymbol{A}^{n-1}\boldsymbol{r}\}$ 的维数至多是k .

2.14. 设$\boldsymbol{A}$ 是一个只有k 个互不相同的特征值的$n\times n$ 实对称正定矩阵. 证明: 共轭梯度法至多k 步就可以得到方程组$\boldsymbol{A}\boldsymbol{x}=\boldsymbol{b}$ 的精确解.

2.15. 对于一般的线性方程组$\boldsymbol{A}\boldsymbol{x}=\boldsymbol{b}$ ，可以化为正则化方程$\boldsymbol{A}^{\mathrm{T}}\boldsymbol{A}\boldsymbol{x}=\boldsymbol{A}^{\mathrm{T}}\boldsymbol{b}$. 写出用轭梯度法求正则化方程的详细算法，要求在算法中不要出现计算$\boldsymbol{A}^{\mathrm{T}}\boldsymbol{A}$ 的情形. 这里$\boldsymbol{A}\in\mathbb{R}^{n\times n}$ 是非奇异的.

第 3 章　插　值

在科学研究和工程实践中，会碰到各式各样的函数$f(x)$，有的表达式很复杂，比如一些特殊函数，例如零阶第一类Bessel函数$J_0(x)$:

$$J_0(x) = \sum_{m=0}^{\infty}(-1)^m \frac{x^{2m}}{2^{2m}m!\Gamma(m+1)}$$

为了便于应用，人们把一些x对应的值计算出来，制作成Bessel函数表，供需要时查找. 如在一张Bessel函数表上，可查到下列值（表3.0.1）.

表 3.0.1　Bessel函数表

x	1.00	1.01	1.02	1.03	...	2.00	2.01	2.02	...
$J_0(x)$	0.7652	0.7608	0.7563	0.7519	...	0.2239	0.2181	0.2124	...

有的甚至提供不出$f(x)$的表达式，而只是通过实验或计算获得若干节点x_i上的函数值$f(x_i) = y_i$，即只有一张函数表（表3.0.2）

表 3.0.2　函数表

x	x_0	x_1	x_2	...	x_{n-1}	x_n
$y = f(x)$	y_0	y_1	y_2	...	y_{n-1}	y_n

无论上述哪种情况，如果这时需要知道不在函数表中的某x的函数值$f(x)$该怎么办呢？**插值**就是一种解决办法.

给定函数表（表3.0.2），或者说数据点集$(x_i, y_i)(i = 0, 1, \cdots, n)$，所谓**插值**就是在某函数类中寻找一个函数$P(x)$，使得$P(x)$通过这些点$(x_i, y_i)(i = 0, 1, \cdots, n)$，即使得$P(x_i) = y_i$.然后用$P(x)$替代$f(x)$，即若要计算不在数据集中的任何$x$的函数值$f(x)$，就用$P(x)$的值代替. 因此自然要求$P(x)$（包括它的导数和积分）容易计算，这样代数多项式集与三角函数集就是人们最容易想到的函数类了. 若函数类选择代数多项式集，则其插值称为**多项式插值**；若函数类选择三角函数集，则其插值称为**三角插值**. 当然还有很多其他的插值. 本书只介绍一维的多项式插值，这时，$P(x)$就称为**插值多项式**，$f(x)$称为**被插函数**.

插值是很多数值方法的重要基础. 插值多项式是构筑函数数值积分、常微分方程与偏微分方程数值解法的基石. 在图像处理和信号处理中，对数据再次抽样来改变分辨率也用到插值技术. 本章我们将介绍一般的n次多项式插值，包括其Lagrange形式、Neville形式、Newton形式和质心形式，Hermite插值，分段多项式插值以及样条插值.

3.1 多项式插值

多项式插值问题可以这样表述：给定函数$f(x)$在$n+1$个互不相同的点$x_i(i=0,1,\cdots,n)$上的函数值$f(x_i)=y_i$，求一个n次多项式$P_n(x)$，使得

$$P_n(x_i)=y_i, \qquad i=0,1,\cdots,n \tag{3.1.1}$$

其中，点x_i称为**插值节点**. 用几何语言来描述，就是已知曲线$y=f(x)$上的$n+1$个点$(x_i,y_i)(i=0,1,\cdots,n)$，寻找一条$n$次代数曲线$y=P_n(x)$，也通过这$n+1$个点. 我们有下面的定理：

定理3.1.1. *满足条件(3.1.1)的插值多项式$P_n(x)$存在并且唯一.*

证明 $P_n(x)$可以设为

$$P_n(x)=a_0+a_1x+a_2x^2+\cdots+a_nx^n$$

从而问题转化为确定系数$a_0,a_1,\cdots,a_n$,以满足插值条件(3.1.1)，即

$$\begin{cases} a_0+a_1x_0+a_2x_0^2+\cdots+a_nx_0^n=y_0 \\ a_0+a_1x_1+a_2x_1^2+\cdots+a_nx_1^n=y_1 \\ \cdots \\ a_0+a_1x_n+a_2x_n^2+\cdots+a_nx_n^n=y_n \end{cases} \tag{3.1.2}$$

这是以$a_0,a_1,\cdots,a_n$为未知量的线性方程组. 其系数行列式恰为范德蒙(Vandermonde)行列式

$$D=\begin{vmatrix} 1 & x_0 & x_0^2 & \cdots & x_0^n \\ 1 & x_1 & x_1^2 & \cdots & x_1^n \\ \vdots & \vdots & \vdots & & \vdots \\ 1 & x_n & x_n^2 & \cdots & x_n^n \end{vmatrix}=\prod_{0\le j<i\le n}(x_i-x_j)$$

由于点x_i互不相同，故$D\neq 0$.根据Cramer法则，线性方程组(3.1.2)存在唯一解$a_0,a_1,\cdots,a_n$，亦即可以唯一确定一个n次多项式$P_n(x)$满足插值条件(3.1.1). □

根据Cramer法则，我们还知道

$$a_i=D_i/D$$

其中

$$D_i = \begin{vmatrix} 1 & x_0 & x_0^2 & \cdots & x_0^{i-1} & y_0 & x_0^{i+1} & \cdots & x_0^n \\ 1 & x_1 & x_1^2 & \cdots & x_1^{i-1} & y_1 & x_1^{i+1} & \cdots & x_1^n \\ \vdots & \vdots & \vdots & & \vdots & \vdots & \vdots & & \vdots \\ 1 & x_n & x_n^2 & \cdots & x_n^{i-1} & y_n & x_n^{i+1} & \cdots & x_n^n \end{vmatrix}$$

因此，从数学上来说，上述插值问题已完美解决. 但是从计算的角度看，这种通过求解线性方程组来构造插值多项式的方法不仅计算量太大，而且因为Vandermonde矩阵通常是病态的，使得舍入误差对计算结果有巨大的影响，因此实际很少采用.

那么如何回避求解线性方程组来构造插值多项式呢？

3.1.1 Lagrange插值

我们从最简情形——线性插值着手.

1.线性插值

求一次多项式$P_1(x)$使得满足条件

$$P_1(x_0) = y_0, \qquad P_1(x_1) = y_1$$

从几何上看，$P_1(x)$就是通过两点$(x_0, y_0), (x_1, y_1)$的直线，这也是我们称一次插值为**线性插值**的原因. 因此，$P_1(x)$ 可以用我们熟悉的**点斜式方程**表示如下：

$$P_1(x) = y_0 + \frac{y_1 - y_0}{x_1 - x_0}(x - x_0) \tag{3.1.3}$$

例3.1.2. 已知$\sqrt{2} = 1.41421356, \sqrt{3} = 1.73205081$，试用线性插值求$\sqrt{2.5}$的值.

解 这里$x_0 = 2, y_0 = 1.41421356, x_1 = 3, y_1 = 1.73205081$.把$x = 2.5$代入(3.1.3)得

$$y = P_1(2.5) = 1.41421356 + \frac{1.73205081 - 1.41421356}{3 - 2}(2.5 - 2) = 1.573132185$$

而$\sqrt{2.5} = 1.58113883$，因此用线性插值计算$\sqrt{2.5}$只有两位有效数字(如图3.1.1).

现在我们把线性插值公式(3.1.3)表示成所谓的**对称式**：

$$P_1(x) = \frac{x - x_1}{x_0 - x_1}y_0 + \frac{x - x_0}{x_1 - x_0}y_1 \tag{3.1.4}$$

记

$$l_0(x) = \frac{x - x_1}{x_0 - x_1}, \qquad l_1(x) = \frac{x - x_0}{x_1 - x_0}$$

则

$$P_1(x) = l_0(x)y_0 + l_1(x)y_1 \tag{3.1.5}$$

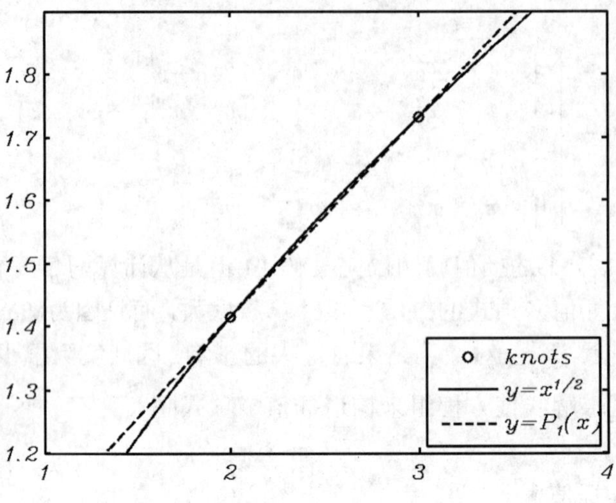

图 3.1.1 函数$\sqrt{x}$和它的线性插值

易知，$l_0(x), l_1(x)$都是一次多项式，并且满足条件

$$\begin{aligned} l_0(x_0) = 1\ , \quad l_0(x_1) = 0 \\ l_1(x_0) = 0\ , \quad l_1(x_1) = 1 \end{aligned} \tag{3.1.6}$$

这两个多项式称为线性插值问题的**插值基函数**，因此 $P_1(x)$ 的表达式(3.1.5)是插值基函数 $l_0(x), l_1(x)$ 的线性组合，且组合系数恰为所给数据 y_0, y_1. 表达式(3.1.5)称为**一次Lagrange插值多项式**.

2.二次插值

线性插值仅仅利用了两个节点的信息，精度自然不高. 现在我们增加一个节点，考察下述二次插值：求二次多项式$P_2(x)$使得满足条件

$$P_2(x_0) = y_0, \qquad P_2(x_1) = y_1, \qquad P_2(x_2) = y_2 \tag{3.1.7}$$

从几何上看，$P_2(x)$就是通过三点$(x_0, y_0), (x_1, y_1), (x_2, y_2)$的一条抛物线，因此二次插值也称为**抛物插值**.

受(3.1.5)(3.1.6)式的启发，我们看到，如果能够构造满足下述条件的二次多项式$l_0(x), l_1(x), l_2(x)$：

$$l_i(x_j) = \delta_{ij} = \begin{cases} 1, & i = j \\ 0, & i \neq j \end{cases} \qquad i, j = 0, 1, 2. \tag{3.1.8}$$

那么$P_2(x)$也可以表示成下述形式：

$$P_2(x) = l_0(x)y_0 + l_1(x)y_1 + l_2(x)y_2$$

而这种构造容易实现. 事实上，因为要求$l_0(x_1) = 0, l_0(x_2) = 0$，因此，$x - x_1, x - x_2$是

二次多项式$l_0(x)$的两个因子，从而$l_0(x)$可以表示成下面的形式：

$$l_0(x) = c(x - x_1)(x - x_2)$$

由$l_0(x_0) = 1$可得$c = 1/(x_0 - x_1)(x_0 - x_2)$，故

$$l_0(x) = \frac{(x - x_1)(x - x_2)}{(x_0 - x_1)(x_0 - x_2)}$$

类似地可得

$$l_1(x) = \frac{(x - x_0)(x - x_2)}{(x_1 - x_0)(x_1 - x_2)} \qquad l_2(x) = \frac{(x - x_0)(x - x_1)}{(x_2 - x_0)(x_2 - x_1)}$$

因而，满足条件(3.1.7)的二次插值多项式$P_2(x)$可以表示成

$$\begin{aligned} P_2(x) &= l_0(x)y_0 + l_1(x)y_1 + l_2(x)y_2 \\ &= \frac{(x - x_1)(x - x_2)}{(x_0 - x_1)(x_0 - x_2)}y_0 + \frac{(x - x_0)(x - x_2)}{(x_1 - x_0)(x_1 - x_2)}y_1 + \frac{(x - x_0)(x - x_1)}{(x_2 - x_0)(x_2 - x_1)}y_2 \end{aligned} \tag{3.1.9}$$

例3.1.3. 已知$\sqrt{1} = 1, \sqrt{2} = 1.41421356, \sqrt{3} = 1.73205081$，试用二次插值求$\sqrt{2.5}$的值.

解 取$x_0 = 1, y_0 = 1, x_1 = 2, y_1 = 1.41421356, x_2 = 3, y_2 = 1.73205081$.把$x = 2.5$代入(3.1.9)得

$$\begin{aligned} P_2(2.5) = &\frac{(2.5-2)(2.5-3)}{(1-2)(1-3)} \times 1 + \frac{(2.5-1)(2.5-3)}{(2-1)(2-3)} \times 1.41421356 \\ &+ \frac{(2.5-1)(2.5-2)}{(3-1)(3-2)} \times 1.73205081 = 1.58517922 \end{aligned}$$

即$\sqrt{2.5}$的近似值为1.58517922. 与精确值1.58113883比较，有3位有效数字(如图3.1.2).

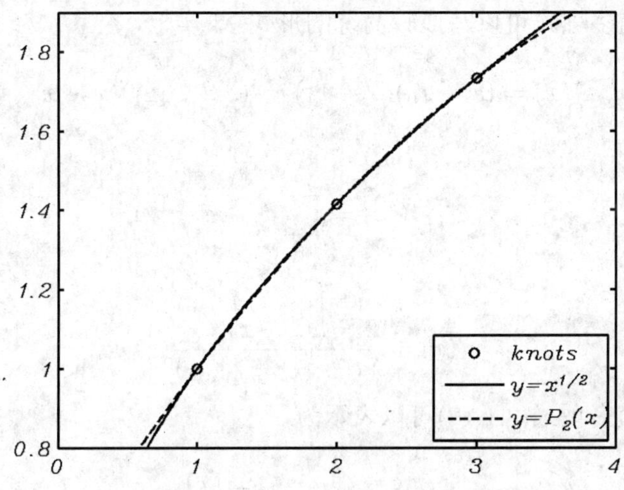

图 3.1.2 函数$\sqrt{x}$和它的二次插值

3. n次插值

现在我们可以考虑一般情形了，即求一个n次多项式$P_n(x)$，使得满足条件(3.1.1). 仿照线性插值和二次插值所采用的方法，仍然从构造插值基函数着手. 这时插值基函数$l_i(x)(i=0,1,\cdots,n)$应是n次多项式，且满足条件

$$l_i(x_j)=\delta_{ij}=\begin{cases}1, & i=j\\ 0, & i\neq j\end{cases}\qquad i,j=0,1,\cdots,n. \tag{3.1.10}$$

即n次多项式$l_i(x)$除节点x_i外，其余节点都是零点，$x-x_j(j\neq i)$都是其因子，从而

$$l_i(x)=c\prod_{\substack{j=1\\ j\neq i}}^{n}(x-x_j)$$

待定常数c由剩下的一个条件$l_i(x_i)=1$可确定，于是

$$l_i(x)=\prod_{\substack{j=1\\ j\neq i}}^{n}\frac{x-x_j}{x_i-x_j} \tag{3.1.11}$$

这样，$P_n(x)$可表示为

$$P_n(x)=\sum_{i=0}^{n}l_i(x)y_i=\sum_{i=0}^{n}(\prod_{\substack{j=1\\ j\neq i}}^{n}\frac{x-x_j}{x_i-x_j})y_i \tag{3.1.12}$$

事实上，因为每个插值基函数$l_i(x)$都是n次多项式，因此$P_n(x)$的次数不超过n. 而由(3.1.10)可知，

$$P_n(x_j)=\sum_{i=0}^{n}l_i(x_j)y_i=y_j$$

即满足条件(3.1.1). 式(3.1.12)称为**n次Lagrange插值多项式**.

Lagrange插值多项式可以写成较简练的形式. 事实上，令

$$\omega_{n+1}(x)=(x-x_0)(x-x_1)\cdots(x-x_{n-1})(x-x_n) \tag{3.1.13}$$

则

$$\omega'_{n+1}(x_i)=\prod_{\substack{j=1\\ j\neq i}}^{n}(x_i-x_j)$$

从而

$$l_i(x)=\frac{\omega_{n+1}(x)}{(x-x_i)\omega'_{n+1}(x_i)}$$

因此Lagrange插值多项式(3.1.12)可以表示为

$$P_n(x)=\sum_{i=0}^{n}y_i\frac{\omega_{n+1}(x)}{(x-x_i)\omega'_{n+1}(x_i)} \tag{3.1.14}$$

下面的Matlab函数 lagrange(x,y,u) 实现任意次数的Lagrange插值多项式的计算，其中x, y是给定的插值节点的坐标(向量)，u是插值点，函数返回插值点u对应的插值多项式的值. 由于u可以是向量，因此可同时计算多个插值点的值. 程序充分利用Matlab特有的矩阵运算“.*”与“./”，如果你对Matlab还不是很熟悉，趁机研究一下吧.

程序：lagrange.m

```
function v = lagrange(x,y,u)
%lagrange(x,y,u)  实现一维Lagrange插值多项式的计算
%输入参数: x--插值节点所组成的向量
%         y--插值节点对应的函数值组成的向量
%         u--插值点所组成的向量
%输出参数: v--插值点u所对应的Lagrange插值多项式的值
%              即 v(i)=P(u(i)),其中 P 为满足P(x(i))=y(i)的Lagrange插值多项式
%                次数为 length(x)-1
%
n = length(x);
v = zeros(size(u));
for k = 1:n
   w = ones(size(u));
   for j = [1:k-1 k+1:n]
      w = (u-x(j))./(x(k)-x(j)).*w;
   end
   v = v + w*y(k);
end
```

例3.1.4. 表3.1.1列出了零阶第一类Bessel函数$J_0(x)$在一些点上的函数值. 试利用它们建立一、二、三、四次的插值多项式，并计算它们在$x = 1.4$的值.

表 3.1.1 Bessel函数表

x	1.1	1.2	1.5	1.7	2
$J_0(x)$	0.71962202	0.67113274	0.51182767	0.39798486	0.22389078

解 因为1.4位于1.2与1.5之间，所以最合适的线性插值应取$x_0 = 1.2, x_1 = 1.5$作为插值节点(原因见后面插值误差部分的说明). 因此，

$$
\begin{aligned}
P_1(x) &= \frac{x-1.5}{1.2-1.5} \times 0.67113274 + \frac{x-1.2}{1.5-1.2} \times 0.51182767 \\
&= -0.5310169x + 1.30835302
\end{aligned}
$$

$$P_1(1.4) = 0.56492936$$

对于二次插值，可取$x_0 = 1.1, x_1 = 1.2, x_2 = 1.5$作为插值节点，则

$$P_2(x) = \frac{(x-1.2)(x-1.5)}{(1.1-1.2)(1.1-1.5)} \times 0.71962202 + \frac{(x-1.1)(x-1.5)}{(1.2-1.1)(1.2-1.5)} \times 0.67113274$$
$$+ \frac{(x-1.1)(x-1.2)}{(1.5-1.1)(1.5-1.2)} \times 0.51182767$$
$$= -0.11531025x^2 - 0.21967923x + 1.10079457$$

$$P_2(1.4) = 0.56723557$$

也可取$x_0 = 1.2, x_1 = 1.5, x_2 = 1.7$作为插值节点，则得到另一个二次多项式

$$\widetilde{P}_2(x) = \frac{(x-1.5)(x-1.7)}{(1.2-1.5)(1.2-1.7)} \times 0.67113274 + \frac{(x-1.2)(x-1.7)}{(1.5-1.2)(1.5-1.7)}$$
$$\times 0.51182767 + \frac{(x-1.2)(x-1.5)}{(1.7-1.2)(1.7-1.5)} \times 0.39798486$$
$$= -0.076394300x^2 - 0.32475229x + 1.17084328$$

$$\widetilde{P}_2(1.4) = 0.56645725$$

对于三次插值，插值节点也有两种选取. 一种取$x_0 = 1.1, x_1 = 1.2, x_2 = 1.5, x_3 = 1.7$,则

$$P_3(x) = \frac{(x-1.2)(x-1.5)(x-1.7)}{(1.1-1.2)(1.1-1.5)(1.1-1.7)} \times 0.71962202$$
$$+ \frac{(x-1.1)(x-1.5)(x-1.7)}{(1.2-1.1)(1.2-1.5)(1.2-1.7)} \times 0.67113274$$
$$+ \frac{(x-1.1)(x-1.2)(x-1.7)}{(1.5-1.1)(1.5-1.2)(1.5-1.7)} \times 0.51182767$$
$$+ \frac{(x-1.1)(x-1.2)(x-1.5)}{(1.7-1.1)(1.7-1.2)(1.7-1.5)} \times 0.39798486$$
$$= 0.06485992x^3 - 0.36177793x^2 + 0.897025775x + 0.97237194$$

$$P_3(1.4) = 0.56684641$$

另一种取$x_0 = 1.2, x_1 = 1.5, x_2 = 1.7, x_3 = 2$,则

$$\widetilde{P}_3(x) = \frac{((x-1.5)(x-1.7)(x-2)}{(1.2-1.5)(1.2-1.7)(1.2-2)} \times 0.67113274$$
$$+ \frac{(x-1.2)(x-1.7)(x-2)}{(1.5-1.2)(1.5-1.7)(1.5-2)} \times 0.51182767$$
$$+ \frac{(x-1.2)(x-1.5)(x-2)}{(1.7-1.2)(1.7-1.5)(1.7-2)} \times 0.39798486$$
$$+ \frac{(x-1.2)(x-1.5)(x-1.7)}{(1.7-1.2)(1.7-1.5)(1.7-2)} \times 0.22389078$$
$$= 0.06774400x^3 - 0.37446790x^2 + 0.10813186x + 0.96354664$$

$$\widetilde{P}_3(1.4) = 0.56686371$$

对于四次插值，我们必须使用所有节点，这时

$$
\begin{aligned}
P_4(x) = & \frac{(x-1.2)(x-1.5)(x-1.7)(x-2)}{(1.1-1.2)(1.1-1.5)(1.1-1.7)(1.1-2)} \times 0.71962202 \\
& + \frac{(x-1.1)(x-1.5)(x-1.7)(x-2)}{(1.2-1.1)(1.2-1.5)(1.2-1.7)(1.2-2)} \times 0.67113274 \\
& + \frac{(x-1.1)(x-1.2)(x-1.7)(x-2)}{(1.5-1.1)(1.5-1.2)(1.5-1.7)(1.5-2)} \times 0.51182767 \\
& + \frac{(x-1.1)(x-1.2)(x-1.5)(x-2)}{(1.7-1.1)(1.7-1.2)(1.7-1.5)(1.7-2)} \times 0.39798486 \\
& + \frac{(x-1.1)(x-1.2)(x-1.5)(x-1.7)}{(2-1.1)(2-1.2)(2-1.5)(2-1.7)} \times 0.22389078 \\
= & 0.00320458x^4 + 0.04723496x^3 - 0.32579098x^2 \\
& + 0.05737200x + 0.98315841
\end{aligned}
$$

$$P_4(1.4) = 0.56685217$$

用我们上面介绍的Matlab函数lagrange(x,y,u)可以方便地实现插值多项式的计算. 比如对于四次插值，在Matlab命令窗口，输入下列命令即可.

```
>> format long
>> x=[1.1,1.2,1.5,1.7,2];
>> y=[0.71962202,0.67113274,0.51182767,0.39798486 ,0.22389078];
>> lagrange(x,y,1.4)
ans =
   0.56685217366667
```

零阶第一类Bessel函数$J_0(x)$在$x=1.4$时的函数值$J_0(1.4)=0.56685512$，因此，我们可以比较不同插值的误差：

$$
\begin{aligned}
|P_1(1.4) - J_0(1.4)| &\approx 1.93 \times 10^{-3} \\
|P_2(1.4) - J_0(1.4)| &\approx 3.80 \times 10^{-4} \\
|\widetilde{P}_2(1.4) - J_0(1.4)| &\approx 3.98 \times 10^{-4} \\
|P_3(1.4) - J_0(1.4)| &\approx 8.72 \times 10^{-6} \\
|\widetilde{P}_3(1.4) - J_0(1.4)| &\approx 8.59 \times 10^{-6} \\
|P_4(1.4) - J_0(1.4)| &\approx 2.95 \times 10^{-6}
\end{aligned}
$$

从这个例子来看，似乎插值多项式的次数越高，逼近的精度就越高. 插值误差究竟如何呢？

3.1.2 插值误差

定理3.1.5. 设$x_0, x_1, \cdots, x_n$是区间$[a,b]$上的$n+1$个互不相同的点，$f(x) \in C^{n+1}[a,b]$,

且$f(x_i)=y_i(i=0,1,\cdots,n)$, $P_n(x)$是满足条件(3.1.1)的n次插值多项式. 则对每个$x\in[a,b]$,存在$\xi\in(a,b)$,使得

$$f(x)-P_n(x)=\frac{f^{(n+1)}(\xi)}{(n+1)!}\omega_{n+1}(x) \tag{3.1.15}$$

证明 若x与某个节点相同，则(3.1.15)式显然成立. 因此下面假设x不是节点. 作辅助函数$g(t)$如下：

$$g(t)=f(t)-P_n(t)-\frac{f(x)-P_n(x)}{\omega_{n+1}(x)}\omega_{n+1}(t)$$

则$g(x)=0$，又由条件(3.1.1)，$g(x_i)=0,(i=0,1,\cdots,n)$. 因此，$g(t)$有$n+2$个互不相同的零点. 根据罗尔(Rolle)定理，$g'(t)$在$g(t)$的任意两个相邻的零点之间至少有一个零点. 故在$(a,b)$内$g'(t)$至少有$n+1$个互不相同的零点. 再对$g'(t)$应用罗尔定理，知$g''(t)$在$(a,b)$内至少有$n$个互不相同的零点. 这种推理继续下去，我们知道，$g^{(n+1)}(t)$在$(a,b)$内至少有一个零点，记之为$\xi$,即$g^{(n+1)}(\xi)=0$. 而

$$g^{(n+1)}(t)=f^{(n+1)}(t)-\frac{f(x)-P_n(x)}{\omega_{n+1}(x)}(n+1)!$$

在上式中令$t=\xi$，得

$$f^{(n+1)}(\xi)-\frac{f(x)-P_n(x)}{\omega_{n+1}(x)}(n+1)!=0$$

于是(3.1.15)式成立. □

这个定理给出的误差公式(3.1.15)从数学上看形式漂亮，然而并不实用. 因为被插函数$f(x)$通常是未知的，更遑论其$n+1$阶导数. 但是它还是为我们提供了很多信息，在理论上有重要价值.

比如，误差公式中含有因子$\omega_{n+1}(x)=(x-x_0)(x-x_1)\cdots(x-x_{n-1})(x-x_n)$，这表明，误差与插值节点的分布位置及插值点的位置都有关. 如果插值点x偏离插值节点x_i较远，插值效果可能不理想. 通常称插值节点所界定的范围$[\min\limits_{0\le i\le n}x_i,\max\limits_{0\le i\le n}x_i]$为**插值区间**. 若插值点$x$位于插值区间内，该插值过程称为**内插**；否则称为**外插**. 通常外插比内插的误差大，这就是我们在前一个例子中选择最靠近插值点$x=1.4$ 的两个节点作为线性插值节点的原因.

另一方面，误差公式还表明，误差与被插函数的高阶导数相关. 如果被插函数是光滑的，那么低次多项式就能很好地逼近它(通常函数的较高阶导数越小，它就越光滑). 反过来说，对光滑性不好的函数进行插值逼近会有较大的误差.

当然误差公式也表明了与插值多项式的次数的关系. 显然只有当被插函数的高阶导数及$\omega_{n+1}(x)$变化不大的情况下，增加插值节点提高插值多项式的次数才能够减少误差. 因此当发现提高插值次数反而增大了误差这种情况就不为怪了. 简言之，插值多项式并不是次数越高精度就越高. 实际上次数高于4或5的插值多项式就很少用了. 我们在讨论分段多项式插值时再回到这个主题上来.

例3.1.6. 设$f(x)\in C^2[a,b], f(a)=f(b)=0$. 求证

$$\max_{a\le x\le b}|f(x)|\le\frac{(b-a)^2}{8}\max_{a\le x\le b}|f''(x)|$$

证明 易知，满足条件$P_1(a)=P_1(b)=0$的线性插值多项式$P_1(x)=0$，由定理3.1.5，存在$\xi\in(a,b)$，使得

$$f(x)=f(x)-P_1(x)=\frac{f''(\xi)}{2}(x-a)(x-b)$$

而

$$\max_{a\le x\le b}|(x-a)(x-b)|=(\frac{b-a}{2})^2$$

可知结论成立.

3.1.3 Neville逐步插值法

Lagrange插值公式形式对称，结构紧凑，但是用Lagrange插值的一个实际困难在于因为误差项不易应用，所以在实际计算之前为达到精度要求所需的多项式次数通常是未知的. 一般的做法是计算不同的插值多项式，比较它们在插值点的结果，直到获得合适的一致性为止. 但是，用二次插值多项式来计算近似值所做的工作不能减少三次插值多项式计算所需的工作量，即如果临时需要增加一个插值节点，则按照Lagrange插值公式，所有计算必须重新进行，已完成的计算完全作废，这就会造成计算量的浪费. 本节将要介绍的Neville逐步插值法和下一节要介绍的Newton插值法具有所谓的“继承性”，可以避免这种浪费.

为方便起见，现在把$f(x)$关于节点$x_0,x_1,\cdots,x_n$的n次插值多项式记为$P_{(0,1,\cdots,n)}$，即，(3.1.14)可以写为

$$P_{(0,1,\cdots,n)}(x)=\sum_{i=0}^{n}y_i\frac{\omega_{n+1}(x)}{(x-x_i)\omega'_{n+1}(x_i)}$$

当只有一个插值节点时，记$P_{(i)}=y_i, i=0,1,\cdots,n$.于是，以$x_0,x_1$为节点的线性插值可表示为

$$P_{(0,1)}(x)=\sum_{i=0}^{1}y_i\frac{\omega_2(x)}{(x-x_i)\omega'_{n+1}(x_i)}=\frac{x-x_1}{x_0-x_1}y_0+\frac{x-x_0}{x_1-x_0}y_1$$

$$=\frac{1}{x_1-x_0}\begin{vmatrix}x-x_0 & y_0\\ x-x_1 & y_1\end{vmatrix}=\frac{1}{x_1-x_0}\begin{vmatrix}x-x_0 & P_{(0)}\\ x-x_1 & P_{(1)}\end{vmatrix}$$

类似地，以x_1,x_2为节点的线性插值可表示为

$$P_{(1,2)}(x)=\frac{x-x_2}{x_1-x_2}y_1+\frac{x-x_1}{x_2-x_1}y_2=\frac{1}{x_2-x_1}\begin{vmatrix}x-x_1 & y_1\\ x-x_2 & y_2\end{vmatrix}=\frac{1}{x_2-x_1}\begin{vmatrix}x-x_1 & P_{(1)}\\ x-x_2 & P_{(2)}\end{vmatrix}$$

直接计算得

$$
\begin{aligned}
&\frac{1}{x_2-x_0}\begin{vmatrix} x-x_0 & P_{(0,1)} \\ x-x_2 & P_{(1,2)} \end{vmatrix} = \frac{x-x_2}{x_0-x_2}P_{(0,1)} + \frac{x-x_0}{x_2-x_0}P_{(1,2)} \\
&= \frac{x-x_2}{x_0-x_2}\left(\frac{x-x_1}{x_0-x_1}y_0 + \frac{x-x_0}{x_1-x_0}y_1\right) + \frac{x-x_0}{x_2-x_0}\left(\frac{x-x_2}{x_1-x_2}y_1 + \frac{x-x_1}{x_2-x_1}y_2\right) \\
&= \frac{(x-x_1)(x-x_2)}{(x_0-x_1)(x_0-x_2)}y_0 + \frac{(x-x_0)(x-x_2)}{(x_1-x_0)(x_1-x_2)}y_1 + \frac{(x-x_0)(x-x_1)}{(x_2-x_0)(x_2-x_1)}y_2 \\
&= P_{(0,1,2)}(x)
\end{aligned}
$$

即以x_0, x_1, x_2为节点的二次插值多项式可由两个一次插值多项式递归地生成. 这个结论对于n次插值多项式亦成立. 我们有下述定理：

定理3.1.7.

$$
\begin{aligned}
P_{(0,1,\cdots,n)}(x) &= \frac{x-x_p}{x_q-x_p}P_{(0,1,\cdots,p-1,p+1,\cdots,n)}(x) + \frac{x-x_q}{x_p-x_q}P_{(0,1,\cdots,q-1,q+1,\cdots,n)}(x) \\
&= \frac{1}{x_q-x_p}\begin{vmatrix} x-x_p & P_{(0,1,\cdots,q-1,q+1,\cdots,n)}(x) \\ x-x_q & P_{(0,1,\cdots,p-1,p+1,\cdots,n)}(x) \end{vmatrix}
\end{aligned} \tag{3.1.16}
$$

其中，x_p, x_q是从$n+1$个插值节点$x_0, x_1, \cdots, x_n$中任取的两个不同的节点.

证明 首先注意到，根据(3.1.14),$P_{(0,1,\cdots,n)}(x)$与插值节点的顺序无关，即

$$
P_{(0,1,2,\cdots,n)}(x) = P_{(1,0,2,\cdots,n)}(x)
$$

等等. 在$n+1$个插值节点$x_0, x_1, \cdots, x_n$中任意去掉一个节点x_p,剩余n个节点的相应的$n-1$次插值多项式为

$$
P_{(0,1,\cdots,p-1,p+1,\cdots,n)}(x) = \omega_{n+1}(x)\sum_{i=0}^{n}\frac{(x_i-x_p)y_i}{(x-x_p)(x-x_i)\omega'_{n+1}(x_i)}
$$

同理，

$$
P_{(0,1,\cdots,q-1,q+1,\cdots,n)}(x) = \omega_{n+1}(x)\sum_{i=0}^{n}\frac{(x_i-x_q)y_i}{(x-x_q)(x-x_i)\omega'_{n+1}(x_i)}
$$

由上述两式直接计算，有

$$
\begin{aligned}
&\frac{x-x_p}{x_q-x_p}P_{(0,1,\cdots,p-1,p+1,\cdots,n)}(x) + \frac{x-x_q}{x_p-x_q}P_{(0,1,\cdots,q-1,q+1,\cdots,n)}(x) \\
&= \sum_{i=0}^{n} y_i \frac{\omega_{n+1}(x)}{(x-x_i)\omega'_{n+1}(x_i)} = P_{(0,1,\cdots,n)}(x)
\end{aligned}
$$

即(3.1.16)成立. □

这个定理表明，n次插值多项式可以从线性插值开始，逐步地递推生成. 这个过程称为**Neville逐步插值法**.

通常取$p=0,q=n$,这时

$$\begin{aligned} P_{(0,1,\cdots,n)}(x) &= \frac{1}{x_n-x_0}\begin{vmatrix} x-x_0 & P_{(0,1,\cdots,n-1)}(x) \\ x-x_n & P_{(1,2,\cdots,n)}(x) \end{vmatrix} \\ &= \frac{x-x_0}{x_n-x_0}P_{(1,2,\cdots,n)}(x)+\frac{x-x_n}{x_0-x_n}P_{(0,1,\cdots,n-1)}(x) \end{aligned} \quad (3.1.17)$$

公式(3.1.17)有一个重要的特点就是，若$x_0 \le x \le x_n$,那么$\frac{x-x_0}{x_n-x_0} \ge 0, \frac{x-x_n}{x_0-x_n} \ge 0$, 这意味着$P_{(0,1,\cdots,n)}(x)$是$P_{(1,2,\cdots,n)}(x)$和$P_{(0,1,\cdots,n-1)}(x)$的加权平均, 且权系数是正的. 这样$P_{(0,1,\cdots,n)}(x)$ 得到的传播误差不会超过$P_{(1,2,\cdots,n)}(x)$与$P_{(0,1,\cdots,n-1)}(x)$两个误差的最大者，从而保证计算上的稳定.

逐步插值过程可以列表进行(见表3.1.2).

表 3.1.2 逐步插值过程

x_0	y_0						
x_1	y_1	$P_{(0,1)}(x)$					
x_2	y_2	$P_{(1,2)}(x)$	$P_{(0,1,2)}(x)$				
x_3	y_3	$P_{(2,3)}(x)$	$P_{(1,2,3)}(x)$	$P_{(0,1,2,3)}(x)$			
x_4	y_4	$P_{(3,4)}(x)$	$P_{(2,3,4)}(x)$	$P_{(1,2,3,4)}(x)$	$P_{(0,1,2,3,4)}(x)$		
x_5	y_5	$P_{(4,5)}(x)$	$P_{(3,4,5)}(x)$	$P_{(2,3,4,5)}(x)$	$P_{(1,2,3,4,5)}(x)$	$P_{(0,1,2,3,4,5)}(x)$	
$\vdots$	$\vdots$	$\vdots$	$\vdots$	$\vdots$	$\vdots$	$\vdots$	$\cdots$

例3.1.8. 利用表3.1.1的数据，用Neville逐步插值法计算零阶第一类Bessel函数$J_0(x)$在$x=1.4$的近似值.

解 列表计算如下：

1.1	0.71962202				
1.2	0.67113274	0.57415418			
1.5	0.51182767	0.56492936	0.56723557		
1.7	0.39798486	0.56874908	0.56645725	0.56684641	
2	0.22389078	0.57207894	0.56808311	0.56686372	0.56685218

如果最后的近似值0.56685218觉得精度还不够，则可选取另一个节点x_5,在表中增加新的一行. 比如，给定$x_5=2.3, y_5=0.05553978$，增加一行的计算，结果如下：

1.1	0.71962202					
1.2	0.67113274	0.57415418				
1.5	0.51182767	0.56492936	0.56723557			
1.7	0.39798486	0.56874908	0.56645725	0.56684641		
2	0.22389078	0.57207894	0.56808311	0.56686372	0.56685218	
2.3	0.05553978	0.56059278	0.57782202	0.56686575	0.56686409	0.56685516

与$J_0(1.4)=0.56685512$的函数值比较，现在有七位有效数字了.

3.1.4 Newton插值公式

本节介绍Newton型插值公式，它不仅具有继承性，而且计算更加方便.

1.差商及差商形式的插值公式

对于给定的$n+1$个节点$x_0, x_1, \cdots, x_n$，考虑n次多项式

$$\begin{aligned} Q(x) &= c_0 + c_1(x-x_0) + c_2(x-x_0)(x-x_1) + \cdots \\ &\quad + c_n(x-x_0)(x-x_1)(x-x_2)\cdots(x-x_{n-1}) \end{aligned} \tag{3.1.18}$$

若要求它满足插值条件(3.1.1)：$Q(x_i) = f(x_i) = y_i, i = 0, 1, \cdots, n$，那么它就是以$x_0, x_1, \cdots, x_n$为节点的$n$次插值多项式$P_n(x)$. 对于这样的$Q(x)$，其系数$c_i$可递推得

$$\begin{aligned} &Q(x_0) = c_0 = f(x_0) \Longrightarrow c_0 = f(x_0) \\ &Q(x_1) = c_0 + c_1(x_1 - x_0) = f(x_1) \Longrightarrow c_1 = \frac{f(x_1) - f(x_0)}{x_1 - x_0} \\ &Q(x_2) = c_0 + c_1(x_2 - x_0) + c_2(x_2 - x_0)(x_2 - x_1) = f(x_2) \\ &\qquad \Longrightarrow c_2 = [\frac{f(x_2) - f(x_0)}{x_2 - x_0} - \frac{f(x_1) - f(x_0)}{x_1 - x_0}]\frac{1}{x_2 - x_1} \\ &\qquad \cdots\cdots\cdots\cdots\cdots\cdots \end{aligned}$$

即从$Q(x_0)$可以求出c_0，再从$Q(x_1)$求出c_1，如此等等，最后从$Q(x_n)$求出c_n. 因此，插值多项式$P_n(x)$也可以这样生成.

从$Q(x)$的表达式(3.1.18)可知，其首项系数为c_n. 从上述计算过程还可知，c_1恰为以x_0, x_1为节点的线性插值的首项系数，c_2恰为以x_0, x_1, x_2为节点的二次插值的首项系数，一般地，c_k恰为以$k+1$个节点$x_0, x_1, x_2, \cdots, x_k$为插值节点的$k$次插值多项式的首项系数，它仅取决于平面上$k+1$个点$(x_0, f(x_0)), (x_1, f(x_1)), \cdots, (x_k, f(x_k))$，我们称之为$f(x)$的$k$阶差商.

定义3.1.9. *设函数$f(x)$在$x_0, x_1, x_2, \cdots, x_k$上有定义，$f(x)$的以$x_0, x_1, x_2, \cdots, x_k$为插值节点的$k$次插值多项式的首项系数称为$f(x)$的$k$阶差商，记为$f[x_0, x_1, \cdots, x_k]$.*

由此定义，我们立即可以导出差商的一些性质.

定理3.1.10. *(1)$f(x)$的k阶差商为*

$$f[x_0, x_1, \cdots, x_k] = \sum_{i=0}^{k} \frac{f(x_i)}{(x_i - x_0)(x_i - x_1)\cdots(x_i - x_{i-1})(x_i - x_{i+1})\cdots(x_i - x_k)} \tag{3.1.19}$$

(2)$f(x)$在$x_0, x_1, x_2, \cdots, x_k$上的$k$阶差商与$x_0, x_1, x_2, \cdots, x_k$的次序无关，即对于任意一个$0, 1, 2, \cdots, k$的排列$i_0, i_1, i_2, \cdots, i_k$，都有

$$f[x_0, x_1, \cdots, x_k] = f[x_{i_0}, x_{i_1}, \cdots, x_{i_k}]$$

*这个性质称为差商的***对称性**.

证明 (1) 由Lagrange插值公式(3.1.12)知以$x_0, x_1, x_2, \cdots, x_k$为插值节点的$k$次插值多项式为

$$P_k(x) = \sum_{i=0}^{k} f(x_i) \frac{(x-x_0)(x-x_1)\cdots(x-x_{i-1})(x-x_{i+1})\cdots(x-x_k)}{(x_i-x_0)(x_i-x_1)\cdots(x_i-x_{i-1})(x_i-x_{i+1})\cdots(x_i-x_k)}$$

它的首项系数就是(3.1.19)式的右边，因此(3.1.19)式成立.

(2)由(3.1.19)式，k阶差商$f[x_0, x_1, \cdots, x_k]$与$x_0, x_1, x_2, \cdots, x_k$的次序无关是显然的. □

定理3.1.11.

$$f[x_0, x_1, \cdots, x_k] = \frac{f[x_1, x_2, \cdots, x_k] - f[x_0, x_1, \cdots, x_{k-1}]}{x_k - x_0} \tag{3.1.20}$$

证明 沿用上一节的记号，仍用$P_{(0,1,\cdots,k-1)}(x)$表示$f(x)$的以$x_0, x_1, x_2, \cdots, x_{k-1}$为节点的$k-1$次插值多项式，用$P_{(1,2,\cdots,k)}(x)$表示以$x_1, x_2, \cdots, x_k$为节点的$k-1$次插值多项式.则(3.1.20)式右边式子的分子为$k-1$次插值多项式$P_{(1,2,\cdots,k)}(x)$与$P_{(0,1,\cdots,k-1)}(x)$的首项系数之差，或者说是$k-1$次多项式$P_{(1,2,\cdots,k)}(x) - P_{(0,1,\cdots,k-1)}(x)$的首项系数.

现在构造多项式

$$P(x) = P_{(0,1,\cdots,k-1)}(x) + \frac{x-x_0}{x_k-x_0}\left(P_{(1,2,\cdots,k)}(x) - P_{(0,1,\cdots,k-1)}(x)\right) \tag{3.1.21}$$

显然它是一个k次多项式. 而且

$$\begin{aligned}
P(x_0) &= P_{(0,1,\cdots,k-1)}(x_0) = f(x_0) \\
P(x_i) &= P_{(0,1,\cdots,k-1)}(x_i) + \frac{x_i-x_0}{x_k-x_0}\left(P_{(1,2,\cdots,k)}(x_i) - P_{(0,1,\cdots,k-1)}(x_i)\right) \\
&= f(x_i), \qquad i = 1, 2, \cdots, k-1 \\
P(x_k) &= P_{(0,1,\cdots,k-1)}(x_k) + \frac{x_k-x_0}{x_k-x_0}\left(P_{(1,2,\cdots,k)}(x_k) - P_{(0,1,\cdots,k-1)}(x_k)\right) \\
&= P_{(1,2,\cdots,k)}(x_k) = f(x_k)
\end{aligned}$$

因此$P(x)$恰为$f(x)$的以$x_0, x_1, x_2, \cdots, x_k$为节点的$k$次插值多项式，其首项系数是$f[x_0, x_1, \cdots, x_k]$，而(3.1.21)式右边的首项系数为

$$\frac{f[x_1, x_2, \cdots, x_k] - f[x_0, x_1, \cdots, x_{k-1}]}{x_k - x_0}$$

因此(3.1.20)式成立. □

定理3.1.11给出差商的另一个特征：差商可以通过递归定义. 事实上，只要定义一阶差商

$$f[x_0, x_1] = \frac{f(x_1) - f(x_0)}{x_1 - x_0}$$

再通过(3.1.20)式就可以定义k阶差商了，这也是很多教科书采用的方法.

有了差商的定义，现在我们就可以把$f(x)$的以$x_0,x_1,x_2,\cdots,x_n$为节点的n次插值多项式表示为

$$\begin{aligned} P_n(x) &= f(x_0)+f[x_0,x_1](x-x_0)+f[x_0,x_1,x_2](x-x_0)(x-x_1) \\ &\quad +\cdots+f[x_0,x_1,\cdots,x_n](x-x_0)(x-x_1)\cdots(x-x_{n-1}) \end{aligned} \tag{3.1.22}$$

公式(3.1.22)称为**Newton插值公式**. 需要提醒大家的是插值多项式是唯一的(定理3.1.1)，Lagrange插值公式与Newton插值公式只不过表示形式不同.

显然Newton插值具有继承性. 当我们算得$P_{k-1}(x)$后，如果要增加一个插值节点，只要在$P_{k-1}(x)$上增加一项$f[x_0,x_1,\cdots,x_k](x-x_0)(x-x_1)\cdots(x-x_{k-1})$ 就可以得到$P_k(x)$. 又由差商的对称性，在增加节点后，差商的计算也是方便的. 若用手工计算，可以列表进行，见表3.1.3.

表 3.1.3 差商表

x_0	$f(x_0)$				
		$f[x_0,x_1]$			
x_1	$f(x_1)$		$f[x_0,x_1,x_2]$		
		$f[x_1,x_2]$		$f[x_0,x_1,x_2,x_3]$	
x_2	$f(x_2)$		$f[x_1,x_2,x_3]$		$f[x_0,x_1,x_2,x_3,x_4]$
		$f[x_2,x_3]$		$f[x_1,x_2,x_3,x_4]$	
x_3	$f(x_3)$		$f[x_2,x_3,x_4]$		
		$f[x_3,x_4]$			
x_4	$f(x_4)$				

例3.1.12. 利用表3.1.1的数据，建立四次Newton插值多项式，计算零阶第一类Bessel函数$J_0(x)$在$x=1.4$的近似值.

解 先求其各阶差商，如下表.

节点	$f(x_i)$	一阶差商	二阶差商	三阶差商	四阶差商
1.1	0.71962202				
		-0.48489280			
1.2	0.67113274		-0.11531025		
		-0.53101690		0.064859917	
1.5	0.51182767		-0.07639430		0.00320454
		-0.56921405		0.067744000	
1.7	0.39798486		-0.02219910		
		-0.58031360			
2	0.22389078				

因此，四次Newton插值多项式为

$$
\begin{aligned}
P_4(x) &= 0.71962202 - 0.48489280(x-1.1) - 0.11531025(x-1.1)(x-1.2) \\
&\quad + 0.064859917(x-1.1)(x-1.2)(x-1.5) \\
&\quad + 0.00320454(x-1.1)(x-1.2)(x-1.5)(x-1.7) \\
J_0(1.4) &\approx P_4(1.4) = 0.56685217
\end{aligned}
$$

下面的定理给出差商形式的插值误差.

定理3.1.13. *对任意的x, 若$x \neq x_i, i = 0,1,2,\cdots,n$,则*

$$
\begin{aligned}
f(x) \;\; = \;\; & f(x_0) + f[x_0,x_1](x-x_0) + f[x_0,x_1,x_2](x-x_0)(x-x_1) + \cdots \\
& + f[x_0,x_1,\cdots,x_n](x-x_0)(x-x_1)\cdots(x-x_{n-1}) \\
& + f[x_0,x_1,\cdots,x_n,x](x-x_0)(x-x_1)\cdots(x-x_{n-1})(x-x_n) \quad (3.1.23)
\end{aligned}
$$

证明 在$f(x)$的定义域中任取一点z,且z与$x_0,x_1,x_2,\cdots,x_n$不相同. 根据Newton插值公式，以$x_0,x_1,x_2,\cdots,x_n,z$为节点的$n+1$ 次插值多项式$Q(x)$可表示为

$$
\begin{aligned}
Q(x) = & f(x_0) + f[x_0,x_1](x-x_0) + f[x_0,x_1,x_2](x-x_0)(x-x_1) + \cdots \\
& + f[x_0,x_1,\cdots,x_n](x-x_0)(x-x_1)\cdots(x-x_{n-1}) \\
& + f[x_0,x_1,\cdots,x_n,z](x-x_0)(x-x_1)\cdots(x-x_{n-1})(x-x_n)
\end{aligned}
$$

根据插值条件，

$$Q(z) = f(z)$$

即

$$
\begin{aligned}
f(z) = & f(x_0) + f[x_0,x_1](z-x_0) + f[x_0,x_1,x_2](z-x_0)(z-x_1) + \cdots \\
& + f[x_0,x_1,\cdots,x_n](z-x_0)(z-x_1)\cdots(z-x_{n-1}) \\
& + f[x_0,x_1,\cdots,x_n,z](z-x_0)(z-x_1)\cdots(z-x_{n-1})(z-x_n)
\end{aligned}
$$

将z换成x,即得(3.1.23)式. □

可以证明，当x与某节点x_i相等时，(3.1.23)式依然成立. 只是这时要涉及到所谓**重节点差商**，我们不作进一步的介绍. 习题3.28有所涉及，有兴趣的读者可参看其他教科书(比如[2]).

若$f(x)$在插值区间$[\min\limits_{0\le i\le n} x_i, \max\limits_{0\le i\le n} x_i] \equiv [a,b]$上有$n+1$阶连续导数，与定理3.1.5比较，可知，对于$x \in [a,b]$,必存在$\xi \in (a,b)$,使得

$$f[x_0,x_1,\cdots,x_n,x] = \frac{f^{(n+1)}(\xi)}{(n+1)!}$$

因此，对于差商与导数的关系，我们有下面的推论:

推论3.1.14. 设$x_0, x_1, x_2, \cdots, x_n$是互不相同的$n+1$个点，$a = \min\limits_{0\le i\le n} x_i, b = \max\limits_{0\le i\le n} x_i$，$f(x) \in \mathbb{C}^n[a,b]$,则存在$\xi \in (a,b)$,使得

$$f[x_0, x_1, \cdots, x_n] = \frac{f^{(n)}(\xi)}{n!} \tag{3.1.24}$$

推论3.1.15. 若$f(x)$为k次多项式，则$f(x)$高于k阶的差商为0.

2.差分与等距节点的插值公式

在实际应用中，经常碰到节点等距的情况，即$x_i - x_{i-1} = h, i = 1, 2, \cdots, n$，这时，这些节点称为**等距节点**，$h$称为**步长**. 从而节点可以表示为$x_i = x_0 + ih, i = 0, 1, 2, \cdots, n$. 本小节中总假定节点是等距的.

在等距节点的情况下，Newton插值公式中的差商可以用差分代替，形式更加简捷.

定义3.1.16. 给定序列$\{p_n\}_{n=-\infty}^{\infty}$,**一阶向前差分**$\Delta p_n$由下式定义:

$$\Delta p_n = p_{n+1} - p_n$$

而k**阶向前差分**由下式递归定义

$$\Delta^k p_n = \Delta(\Delta^{k-1} p_n), \qquad k \ge 2$$

一阶向后差分∇p_n由下式定义:

$$\nabla p_n = p_{n+1} - p_n$$

而k**阶向后差分**由下式递归定义

$$\nabla^k p_n = \nabla(\nabla^{k-1} p_n), \qquad k \ge 2$$

由定义，二阶差分为

$$\Delta^2 f(x_i) = \Delta f(x_{i+1}) - \Delta f(x_i) = f(x_{i+2}) - 2f(x_{i+1}) + f(x_i)$$
$$\nabla^2 f(x_i) = \nabla f(x_i) - \nabla f(x_{i-1}) = f(x_i) - 2f(x_{i-1}) + f(x_{i-2})$$

一般地，用数学归纳法易证

$$\Delta^k f(x_i) = \sum_{j=0}^{k} (-1)^j C_k^j f(x_{i+k-j}) \tag{3.1.25}$$

$$\nabla^k f(x_i) = \sum_{j=0}^{k} (-1)^j C_k^j f(x_{i-j}) \tag{3.1.26}$$

其中C_k^j为二项式系数

$$C_k^j = \frac{k(k-1)\cdots(k-j+1)}{j!}$$

下面的定理给出差分与差商之间的关系.

定理3.1.17. 在等距节点的情况下，

$$f[x_0,x_1,\cdots,x_k] = \frac{\Delta^k f(x_0)}{h^k k!} \tag{3.1.27}$$

$$f[x_0,x_1,\cdots,x_k] = \frac{\nabla^k f(x_k)}{h^k k!} \tag{3.1.28}$$

证明 用数学归纳法来证明. 我们只证(3.1.27)式，(3.1.28)式可类似证明.

当$k=1$时，

$$f[x_0,x_1] = \frac{f(x_1)-f(x_0)}{x_1-x_0} = \frac{\Delta f(x_0)}{h}$$

(3.1.27)式成立. 假定(3.1.27)式对$k=m-1$成立，即

$$f[x_0,x_1,\cdots,x_{m-1}] = \frac{\Delta^{m-1} f(x_0)}{h^{m-1}(m-1)!} \tag{3.1.29}$$

$$f[x_1,x_2,\cdots,x_m] = \frac{\Delta^{m-1} f(x_1)}{h^{m-1}(m-1)!} \tag{3.1.30}$$

则当$k=m$时，由定理3.1.11

$$f[x_0,x_1,\cdots,x_m] = \frac{f[x_1,x_2,\cdots,x_m]-f[x_0,x_1,\cdots,x_{m-1}]}{x_m-x_0}$$

而$x_m-x_0=mh$,把(3.1.29)(3.1.30)代入上式，得

$$f[x_0,x_1,\cdots,x_m] = \frac{\Delta^{m-1}f(x_1)-\Delta^{m-1}f(x_0)}{mh(m-1)!h^{m-1}} = \frac{\Delta^m f(x_0)}{h^m m!}$$

即当$k=m$时，(3.1.27)式亦成立. 由数学归纳法，(3.1.27)式成立. □

相应于差商表，差分也可以列表计算(见表3.1.4). 而且求差分时不用除法，计算更为方便.

表 3.1.4 差分表

x	$f(x)$	$\Delta\vert\nabla$	$\Delta^2\vert\nabla^2$	$\Delta^3\vert\nabla^3$	$\Delta^4\vert\nabla^4$
x_0	$f(x_0)$				
		$\Delta f(x_0)\vert\nabla f(x_1)$			
x_1	$f(x_1)$		$\Delta^2 f(x_0)\vert\nabla^2 f(x_2)$		
		$\Delta f(x_1)\vert\nabla f(x_2)$		$\Delta^3 f(x_0)\vert\nabla^3 f(x_3)$	
x_2	$f(x_2)$		$\Delta^2 f(x_1)\vert\nabla^2 f(x_3)$		$\Delta^4 f(x_0)\vert\nabla^4 f(x_4)$
		$\Delta f(x_2)\vert\nabla f(x_3)$		$\Delta^3 f(x_1)\vert\nabla^3 f(x_4)$	
x_3	$f(x_3)$		$\Delta^2 f(x_2)\vert\nabla^2 f(x_4)$		
		$\Delta f(x_3)\vert\nabla f(x_4)$			
x_4	$f(x_4)$				

用Newton插值公式计算$f(x)$的近似值时，总是先用x附近的信息较好. 设x靠近x_0,

则用下面的Newton插值公式是比较合适的：

$$\begin{aligned} P_n(x) \quad = \quad & f(x_0)+f[x_0,x_1](x-x_0)+f[x_0,x_1,x_2](x-x_0)(x-x_1) \\ & +\cdots+f[x_0,x_1,\cdots,x_n](x-x_0)(x-x_1)\cdots(x-x_{n-1}) \quad (3.1.31) \end{aligned}$$

为了应用方便，令$x=x_0+sh$，则$x-x_i=(s-i)h, i=0,1,\cdots,n$，利用差分与差商之间的关系式(3.1.27)，经过简单计算，(3.1.31)可写为

$$\begin{aligned} P_n(x_0+sh) =& f(x_0)+s\Delta f(x_0)+\frac{s(s-1)}{2!}\Delta^2 f(x_0)+\cdots \\ & +\frac{s(s-1)\cdots(s-n+1)}{n!}\Delta^n f(x_0) \end{aligned}$$

记

$$\binom{s}{j}=\frac{s(s-1)\cdots(s-j+1)}{j!}$$

则

$$P_n(x_0+sh)=\sum_{j=0}^{n}\binom{s}{j}\Delta^j f(x_0) \quad (3.1.32)$$

公式(3.1.32)称为**Newton表初公式或Newton向前差分公式**，适于用来计算最小节点附近的插值.

若x靠近表末x_n，那么离x最近的节点依次是$x_n, x_{n-1}, x_{n-2}, \cdots$. 为了使插值公式在表末好用，可将插值节点的顺序倒过来，即按 $x_n, x_{n-1}, x_{n-2}, \cdots, x_1, x_0$ 的顺序应用Newton插值公式，因此用下面的Newton插值公式是比较合适的：

$$\begin{aligned} P_n(x) \quad = \quad & f(x_n)+f[x_n,x_{n-1}](x-x_n)+f[x_n,x_{n-1},x_{n-2}](x-x_n)(x-x_{n-1}) \\ & +\cdots+f[x_n,x_{n-1},\cdots,x_1,x_0](x-x_n)(x-x_{n-1})\cdots(x-x_1) \quad (3.1.33) \end{aligned}$$

为应用方便，令$x=x_n+th$,则由差分与差商之间的关系式(3.1.28)，经过简单计算，(3.1.33)可写为

$$\begin{aligned} P_n(x_n+sh) =& f(x_n)+t\nabla f(x_n)+\frac{t(t+1)}{2!}\nabla^2 f(x_n)+\cdots \\ & +\frac{t(t+1)\cdots(t+n-1)}{n!}\nabla^n f(x_n) \end{aligned}$$

注意到

$$\frac{t(t+1)\cdots(t+j-1)}{j!}=(-1)^j\frac{-t(-t-1)\cdots(-t-j+1}{j!}=\binom{-t}{j}$$

则

$$P_n(x_0+th)=\sum_{j=0}^{n}(-1)^j\binom{-t}{j}\nabla^j f(x_0) \quad (3.1.34)$$

公式(3.1.34)称为**Newton表末公式或Newton向后差分公式**，适于用来计算最大节点附近的插值.

当x靠近表的中部时，应尽量利用前后两方的信息. 有很多这样的被称为**中心差分公式**的公式. 下面仅介绍两个这样的公式.

记表的中部靠近x的节点为x_0，将x_0右边的节点依次记为$x_1, x_2, \cdots, x_n$，左边的节点依次记为$x_{-1}, x_{-2}, \cdots, x_{-n+1}$，而在Newton插值公式中取节点次序为

$$x_0, x_1, x_{-1}, x_2, x_{-2} \cdots$$

则

$$P_n(x_0+ph) = f(x_0) + \sum_{j=0}^{n-1} \binom{p+j}{2j+1} \Delta^{2j+1} f(x_{-j}) + \sum_{j=1}^{n-1} \binom{p+j-1}{2j} \Delta^{2j} f(x_{-j}) \tag{3.1.35}$$

若取次序为

$$x_1, x_0, x_2, x_{-1}, x_3, \cdots, x_n, x_{-(n-1)}$$

则

$$P_n(x_0+ph) = f(x_1) + \sum_{j=0}^{n-1} \binom{p+j-1}{2j+1} \Delta^{2j+1} f(x_{-j}) + \sum_{j=1}^{n-1} \binom{p+j-1}{2j} \Delta^{2j} f(x_{-j+1}) \tag{3.1.36}$$

将(3.1.35)(3.1.36)两式相加，再除以2，得

$$\begin{aligned} P_n(x_0+ph) &= \frac{f(x_0)+f(x_1)}{2} + \sum_{j=0}^{n-1} \binom{p+j-1}{2j} \frac{p-\frac{1}{2}}{2j+1} \Delta^{2j+1} f(x_{-j}) \\ &\quad + \sum_{j=1}^{n-1} \binom{p+j-1}{2j} \frac{\Delta^{2j} f(x_{-j}) + \Delta^{2j} f(x_{-j+1})}{2} \end{aligned} \tag{3.1.37}$$

(3.1.37)式称为**Bessel公式**. 它适用于$x_0 < x < x_1$，即$0 < p < 1$的情况.特别在用它编制等距节点的函数表时，更显方便. 此时，要使节点加密一倍，即将h变成$\frac{1}{2}h$，在(3.1.37)式中取$p = \frac{1}{2}$即可. 而且(3.1.37)式中$\Delta^{2j+1} f(x_{-j})$项消失了，(3.1.37)式变成

$$\begin{aligned} P_n(x_0+ph) &= \frac{f(x_0)+f(x_1)}{2} + \frac{\frac{1}{2}(-\frac{1}{2})}{2!} \frac{\Delta^2 f(x_{-1}) + \Delta^2 f(x_0)}{2} \\ &\quad + \frac{\frac{3}{2}(\frac{3}{2}-1)(\frac{3}{2}-2)(\frac{3}{2}-3)}{4!} \frac{\Delta^4 f(x_{-2}) + \Delta^4 f(x_{-1})}{2} + \cdots \\ &= \frac{f(x_0)+f(x_1)}{2} + \frac{1}{8} \frac{\Delta^2 f(x_{-1}) + \Delta^2 f(x_0)}{2} \\ &\quad + \frac{3}{128} \frac{\Delta^4 f(x_{-2}) + \Delta^4 f(x_{-1})}{2} + \cdots \end{aligned} \tag{3.1.38}$$

请注意所用到的差分在差分表(表3.1.5)中的位置.

表 3.1.5 差分表

x_{-3}	$f(x_{-3})$						
		$\Delta f(x_{-3})$					
x_{-2}	$f(x_{-2})$		$\Delta^2 f(x_{-3})$				
		$\Delta f(x_{-2})$		$\Delta^3 f(x_{-3})$			
x_{-1}	$f(x_{-1})$		$\Delta^2 f(x_{-2})$		$\Delta^4 f(x_{-3})$		
		$\Delta f(x_{-1})$		$\Delta^3 f(x_{-2})$		$\Delta^5 f(x_{-3})$	
x_0	$f(x_0)$		$\Delta^2 f(x_{-1})$		$\Delta^4 f(x_{-2})$		$\Delta^6 f(x_{-3})$
		$\Delta f(x_0)$		$\Delta^3 f(x_{-1})$		$\Delta^5 f(x_{-2})$	
x_1	$f(x_1)$		$\Delta^2 f(x_0)$		$\Delta^4 f(x_{-1})$		
		$\Delta f(x_1)$		$\Delta^3 f(x_0)$			
x_2	$f(x_2)$		$\Delta^2 f(x_1)$				
		$\Delta f(x_2)$					
x_3	$f(x_3)$						

如果节点次序分别取$x_0, x_1, x_{-1}, x_2, x_{-2}\cdots$与$x_0, x_{-1}, x_1, x_{-2}, x_2, \cdots$，把它们相应的Newton插值公式作算术平均，就得到所谓的**Stirling公式**(留作练习)：

$$\begin{aligned}
P_n(x_0+ph) &= f(x_0) + \sum_{j=0}^{n-1}\binom{p+j}{2j+1}\frac{\Delta^{2j+1}f(x_{-j})+\Delta^{2j+1}f(x_{-(j+1)})}{2} \\
&\quad + \sum_{j=1}^{n-1}\frac{\binom{p+j-1}{2j}+\binom{p+j}{2j}}{2}\Delta^{2j}f(x_{-j}) \\
&= f(x_0) + \sum_{j=0}^{n-1}\frac{p(p^2-1)(p^2-2^2)\cdots(p^2-j^2)}{(2j+1)!}\frac{\Delta^{2j+1}f(x_{-j})+\Delta^{2j+1}f(x_{-(j+1)})}{2} \\
&\quad + \sum_{j=1}^{n-1}\frac{p^2(p^2-1)(p^2-2^2)\cdots(p^2-(j-1)^2)}{(2j)!}\Delta^{2j}f(x_{-j}) \qquad (3.1.39)
\end{aligned}$$

例3.1.18. 利用下表的数据(前两列)，(1)用Newton表初公式求$f(0.05)$的近似值. (2)用Newton表末公式求$f(0.65)$ 的近似值. (3)用Stirling公式求$f(0.43)$的近似值.

x	$f(x)$	$\Delta\|\nabla$	$\Delta^2\|\nabla^2$	$\Delta^3\|\nabla^3$	$\Delta^4\|\nabla^4$
0.0	1.00000				
		0.22140			
0.2	1.22140		0.04902		
		0.27042▲		0.01086▲	
0.4	1.49182▲		0.05988▲		0.00296▲
		0.33030▲		0.01324▲	
0.6	1.82212		0.07312		
		0.40342			
0.8	2.22554				

解 各阶差分计算如表所示.

(1)由Newton表初公式(所用到的差商见表中下有横线者),

$$
\begin{aligned}
f(0.05) \approx & P_4(0.0+0.25\cdot 0.2)=1.00000+0.25\times 0.22140\\
&+\frac{0.25(0.25-1)}{2!}0.04902+\frac{0.25(0.25-1)(0.25-2)}{3!}0.01086\\
&+\frac{0.25(0.25-1)(0.25-2)(0.25-3)}{4!}0.00296\\
=&1.05124
\end{aligned}
$$

(2)由Newton表末公式(所用到的差商见表中下有波浪线者),

$$
\begin{aligned}
f(0.65) \approx & P_4(0.8+(-0.75)\cdot 0.2)=2.22554+(-0.75)\times 0.40342\\
&+\frac{(-0.75)(-0.75+1)}{2!}0.07312\\
&+\frac{(-0.75)(-0.75+1)(-0.75+2)}{3!}0.01324\\
&+\frac{(-0.75)(-0.75+1)(-0.75+2)(-0.75+3)}{4!}0.00296\\
=&1.91554
\end{aligned}
$$

(3)由Stirling公式(所用到的差商见表中带▲者),

$$
\begin{aligned}
f(0.43) \approx & P_4(0.8+0.15\cdot 0.2)=1.49182+0.15\times\frac{0.27042+0.33030}{2}\\
&+\frac{0.15(0.15^2-1)}{3!}\frac{0.01086+0.01324}{2}\\
&+\frac{0.15^2}{2!}0.05988+\frac{0.15^2(0.15^2-1)}{4!}0.00296\\
=&1.53725
\end{aligned}
$$

表 3.1.6 差分计算过程中的传播误差

x_{-3}	y_{-3}					
		Δy_{-3}				
x_{-2}	y_{-2}		$\Delta^2 y_{-3}$			
		Δy_{-2}		$\Delta^3 y_{-3}+\varepsilon$		
x_{-1}	y_{-1}		$\Delta^2 y_{-2}+\varepsilon$		$\Delta^4 y_{-3}-4\varepsilon$	
		$\Delta y_{-1}+\varepsilon$		$\Delta^3 y_{-2}-3\varepsilon$		$\Delta^5 y_{-3}+10\varepsilon$
x_0	$y_0+\varepsilon$		$\Delta^2 y_{-1}-2\varepsilon$		$\Delta^4 y_{-2}+6\varepsilon$	
		$\Delta y_0-\varepsilon$		$\Delta^3 y_{-1}+3\varepsilon$		$\Delta^5 y_{-2}-10\varepsilon$
x_1	y_1		$\Delta^2 y_0+\varepsilon$		$\Delta^4 y_{-1}-4\varepsilon$	
		Δy_1		$\Delta^3 y_0-\varepsilon$		
x_2	y_2		$\Delta^2 y_1$			
		Δy_2				
x_3	y_3					

值得注意的是，在用差分计算时，阶数不宜取得太高. 理由有二. 其一，当两数相近时，由于计算机的计算是采用浮点运算，此时作差商会使有效数字消失得十分严重；其

二，传播误差在高阶差分时也十分严重. 例如，在差分表(见表3.1.6)中，若x_0处，$f(x_0)=y_0$有误差ε,这个误差将迅速传播到各个差分中去. 表3.1.6可以清楚地看到这个过程. 容易看出，这个误差ε是按照二项式系数方式向高阶差分传播的. 到5阶差分时，最大的误差达到10ε.一般地，到n阶差分时，最大的误差达到$\binom{n}{[n/2]}\varepsilon$.当$n$很大时，这个传播误差会很大，完全淹没插值公式所具有的精度.

3.1.5 Lagrange插值的质心形式

现在我们再次回到Lagrange插值. 通常，Lagrange插值因其理论分析上的效用和形式上的优美广受赞誉，而哀叹其在实际数值计算中的表现(参见文[27]).

Lagrange插值公式(3.1.12)，为人诟病的主要有以下三点：

1. 每次计算需要$O(n^2)$ 次加法和乘法;
2. 新增一个数据点(x_{n+1},y_{n+1})，所有计算须重新进行；
3. 计算过程是数值不稳定的.

第一点，我们可以直接验证. 第二点我们在介绍Neville逐步插值法和Newton插值法时已提及. 第三点，我们不打算深入讨论，有兴趣的读者可参看[31] 的相关章节. 因此人们通常把Lagrange插值公式(3.1.12)作为证明定理的理论工具，而对于数值计算，一般推荐使用Newton插值公式(3.1.22)，因为新增一个数据点，只须增加$O(n)$次浮点运算[1].

但是如果我们使用Lagrange插值的另类形式——**质心Lagrange插值公式**(barycentric Lagrange interpolation)，这些缺点就都消失了.

为此，我们把Lagrange插值的基函数$l_j(x)$(见(3.1.12)式)写成下面的形式：

$$l_j(x)=\omega_{n+1}(x)\frac{w_j}{x-x_j}$$

其中$\omega_{n+1}(x)$由(3.1.13)式所定义. 系数

$$w_j=\frac{1}{\prod\limits_{\substack{k=0\\k\neq j}}^{n}(x_j-x_k)} \tag{3.1.40}$$

称为*质心权重*(barycentric weights). 从而Lagrange插值公式(3.1.14)可写为

$$P_n(x)=\omega_{n+1}(x)\sum_{j=0}^{n}\frac{w_j}{x-x_j}y_j \tag{3.1.41}$$

(3.1.41)式被称为**质心Lagrange插值公式的第一形式**. $n+1$个系数的计算需要$O(n^2)$次运算，此后对任何x，计算$P_n(x)$ 仅须$O(n)$次运算. 如果新增一个数据点(x_{n+1},y_{n+1})，需要增加的运算次数为$O(n)$，细列如下：

[1]一次浮点运算指一次乘法或除法运算加上一次加法或减法运算.

1.对$j=0,1,\cdots,n$，每一个w_j除以x_j-x_{n+1}需要$n+1$次运算;

2.计算w_{n+1}须需要$n+1$次运算.

因此，计算$w_j=w_j^{(n)},j=0,1,\cdots,n$的算法可以用下面的算法表示：

$w_0^{(0)}=1$

for j=1 **to** n **do**

  for k=0 **to** j-1 **do**

    $w_k^{(j)}=(x_k-x_j)w_k^{(j-1)}$

  end

  $w_j^{(j)}=\prod_{k=0}^{j-1}(x_j-x_k)$

end

for j=0 **to** n **do**

  $w_j^{(n)}=1/w_j^{(n)}$

end

质心Lagrange插值公式的第一形式(3.1.41)还有一个优于Newton插值公式之处：w_j 的计算与数据y_j无关. 因此一旦w_j已知，就可以对众多函数进行插值，而需要的运算次数仅为$O(n)$. 但是Newton插值对每一个新的函数必须重新计算各阶差商.

注意到常函数1的插值是其自身，即

$$1=\sum_{j=0}^{n}l_j(x)=\omega_{n+1}(x)\sum_{j=0}^{n}\frac{w_j}{x-x_j} \tag{3.1.42}$$

这个表达式除以(3.1.41)式的右端，消去公因子$\omega_{n+1}(x)$，我们就得到**质心Lagrange插值公式的第二形式：**

$$P_n(x)=\frac{\displaystyle\sum_{j=0}^{n}\frac{w_j}{x-x_j}y_j}{\displaystyle\sum_{j=0}^{n}\frac{w_j}{x-x_j}} \tag{3.1.43}$$

公式(3.1.43)具有特殊的对称形式：除了没有数据y_i外，权重w_j在分母中出现的位置与分子完全相同. 从而对于所有权重w_j可能具有的公因子可以消去而不影响$P_n(x)$值的计算. 与第一形式(3.1.41)一样，新增一个数据点(x_{n+1},y_{n+1})，只须增加$O(n)$运算次数.

公式(3.1.43)另一个优点是比Newton插值公式更稳定，只要在计算权重w_j时避免被零除. 注意仅当$x=x_k$(对某k)时需要特殊处理，此时$P_n(x_k)=y_k$. 如果用Matlab编程，那么可以利用Matlab被零除可以输出`NaN`(即not-a-number)或警告信息而不中断的特性，在程序的核心部分包含一个新的变量`exact`即可：

```
numer=zeros(xx);%xx是待计算的数组成的向量
```

```
denom=zeros(xx);
exact=zeros(xx);
for j=1:n+1
    xdiff=xn-x(j);
    temp=w(j)./xdiff;
    numer=numer+temp*y(j);
    denom=denom+temp;
    exact(xdiff==0)=1;%把分母为零的下标找出来
end
yy=numer./denom ;
jj=find(exact);
xjj=xx(jj);
m=length(jj);
for k=1:m
    yy(jj(k))=y(find(x==xjj(k)));%对分母为零的下标变量直接赋对应的数据值
end
```

当$x \approx x_j$时，量$w_j/(x-x_j)$将变得非常大. 我们将冒在分母中两个相近的数相减而使得这个分数变得非常不精确的风险. 然而，文[28]指出，这不是一个问题，因为相同的不准确数同时出现在公式(3.1.43)的分子和分母中，这些非精确性互相抵消.

更进一步地，关于质心Lagrange插值公式的数值稳定性，有下列结论(参见文[29]): 质心Lagrange插值公式的第一形式是向后稳定[2]的; 质心Lagrange插值公式的第二形式对于任何具有小的Lebesgue常数[3] 的插值节点，是向前稳定的(参见脚注2).

由于以上原因，人们认为(参见文[27])，质心Lagrange插值公式应该成为Lagrange插值的标准形式.

下面的Matlab函数BClagrange(x,y,u)根据质心Lagrange插值公式的第二形式，实现任意次数的Lagrange插值多项式的计算，其中x,y是给定的插值节点的坐标(向量)，u是插值点，函数返回插值点u对应的插值多项式的值.

程序：BClagrange.m

```
function v = BClagrange(x,y,u)
%BClagrange(x,y,u) 根据质心Lagrange插值公式的第二形式，实现一维Lagrange插值多项式
%                  的计算
%输入参数: x--插值节点所组成的向量
%          y--插值节点对应的函数值组成的向量
```

[2] 若要计算的对象是$f(A,B,C,D,\cdots)$，最后的计算结果表示成$f(A,B,C,D,\cdots)+E$，且将$|E|$ 的上界分析估计出来，则这样的分析过程称为向前误差分析; 如果将计算结果表示成$f(A+\delta_A,B+\delta_B,C+\delta_C,D+\delta_D,\cdots)$，且将$|\delta_A|,|\delta_B|,|\delta_C|,|\delta_D|,\cdots$ 的上界分析估计出来，则这样的过程成为向后误差分析. 如果一种数值方法在通过向前误差分析所得的积累误差E 很小，称这种数值方法是向前稳定(forward stable)的，反之称这种数值方法是向前不稳定的; 如果一种数值方法在通过向后误差分析所得的误差$|\delta_A|,|\delta_B|,|\delta_C|,|\delta_D|,\cdots$很小，称这种数值方法是向后稳定(forward stable)的，反之称这种数值方法是向后不稳定的;

[3] 量$\max_{x\in[a,b]}\sum_{j=0}^{n}|l_j(x)|$称为Lebesgue常数，其中$l_j(x)$为$n+1$个插值节点的Lagrange插值基函数.

```
%          u--插值点所组成的向量
%输出参数: v--插值点u所对应的Lagrange插值多项式的值
%              即 v(i)=P(u(i)),其中 P 为满足P(x(i))=y(i)的Lagrange插值多项式
%                次数为 length(x)-1
%
n = length(x);
v = zeros(size(u));
numer=v;
denom=v;
exact=v;
w=v;
for k = 1:n
   wtemp = 1;
   for j = [1:k-1 k+1:n]
      wtemp =(x(k)-x(j))*wtemp;
   end
   w(k)=1/wtemp;
end
for j=1:n
    xdiff=u-x(j);
    temp=w(j)./xdiff;
    numer=numer+temp*y(j);
    denom=denom+temp;
    exact(xdiff==0)=1;%把分母为零的下标找出来
    end
v=(numer./denom).';
jj=find(exact);
xjj=u(jj);
m=length(jj);
for k=1:m
    v(jj(k))=y(find(x==xjj(k)));%对分母为零的下标变量直接赋对应的数据值
end
```

3.2 Hermite插值

在某些问题中，为了使插值函数更好地逼近被插函数，不仅要求两者在节点上具有相同的函数值，而且还要求具有相同的导数值. 从几何上看，就是要求插值曲线不仅“过这一点”，而且还要求在这一点与被插函数有相同的切线. 这类插值称为**Hermite插值**. 本书不打算对Hermite插值作一般性的论述，仅讨论下面的Hermite插值问题：

给定函数 $f(x)$ 在节点 $x_0, x_1, \cdots, x_n$ 处的函数值 $y_0, y_1, \cdots, y_n$ 及一阶导数值y_0',

$y'_1, \cdots, y'_n$, 求作多项式$H_{2n+1}(x)$满足条件

$$H_{2n+1}(x_i) = y_i, \qquad H'_{2n+1}(x_i) = y'_i \tag{3.2.1}$$

仿照 Lagrange 插值公式的讨论，我们从构造基函数着手. 首先注意到插值条件 (3.2.1) 共有$2n+2$个条件，所以可以确定一个不超过$2n+1$次的插值多项式. 现在把$H_{2n+1}(x)$表示成

$$H_{2n+1}(x) = \sum_{i=0}^{n} y_i A_i(x) + \sum_{i=0}^{n} y'_i B_i(x) \tag{3.2.2}$$

的形式，其中，$A_i(x), B_i(x)$是待定的不超过$2n+1$次的多项式，要求它们满足下面的条件：

$$\begin{aligned} &A_i(x_j) = \delta_{ij}, \qquad A'_i(x_j) = 0, \qquad i,j = 0,1,\cdots,n \\ &B_i(x_j) = 0, \qquad B'_i(x_j) = \delta_{ij}, \qquad i,j = 0,1,\cdots,n \end{aligned}$$

那么(3.2.2)就是所要求的插值多项式.

先来确定$B_i(x)$.因为

$$B_i(x_j) = 0, \qquad B'_i(x_j) = 0, \quad i \neq j$$

故$x_j, j \neq i$为$B_i(x)$的二重零点，即$B_i(x)$有因子$(x-x_j)^2, j \neq i$. 又因为

$$B_i(x_i) = 0, \qquad B'_i(x_i) = 1$$

所以$B_i(x)$中还有一个单因子$x-x_i$. 而$B_i(x)$是次数不超过$2n+1$的多项式，因此，$B_i(x)$可以表示成

$$B_i(x) = c(x-x_0)^2(x-x_1)^2\cdots(x-x_{i-1})^2(x-x_i)(x-x_{i+1})^2\dots(x-x_n)^2$$

由$B'_i(x_i) = 1$可得

$$c = \frac{1}{(x_i-x_0)^2(x_i-x_1)^2\cdots(x_i-x_{i-1})^2(x_i-x_{i+1})^2\dots(x_i-x_n)^2}$$

故

$$\begin{aligned} B_i(x) &= \frac{(x-x_0)^2(x-x_1)^2\cdots(x-x_{i-1})^2(x-x_i)(x-x_{i+1})^2\dots(x-x_n)^2}{(x_i-x_0)^2(x_i-x_1)^2\cdots(x_i-x_{i-1})^2(x_i-x_{i+1})^2\dots(x_i-x_n)^2} \\ &= \frac{\omega_{n+1}^2(x)}{(x-x_i)[\omega'_{n+1}(x_i)]^2} = (x-x_i)l_i^2(x) \end{aligned} \tag{3.2.3}$$

再来确定 $A_i(x)$. 与前面同样的讨论，可知 $A_i(x)$ 有因子 $(x-x_j)^2, j \neq i, j = 0, 1, \cdots, n$. 故$A_i(x)$可表示为

$$A_i(x) = (ax+b)(x-x_0)^2(x-x_1)^2\cdots(x-x_{i-1})^2(x-x_{i+1})^2\dots(x-x_n)^2$$

待定常数a,b由条件$A_i(x_i)=1, A_i'(x_i)=0$确定，即应满足

$$\begin{cases} (ax_i+b)[\omega_{n+1}'(x_i)]^2=1 \\ a[\omega_{n+1}'(x_i)]^2+(ax_i+b)[\omega_{n+1}'(x_i)]^2\sum\limits_{\substack{j=0\\j\neq i}}^{n}\dfrac{2}{x_i-x_j}=0 \end{cases}$$

因此，

$$\begin{cases} a=-\dfrac{2}{[\omega_{n+1}'(x_i)]^2}\sum\limits_{\substack{j=0\\j\neq i}}^{n}\dfrac{1}{x_i-x_j}=-\dfrac{2l_i'(x_i)}{[\omega_{n+1}'(x_i)]^2} \\ b=\dfrac{1}{[\omega_{n+1}'(x_i)]^2}\big(1+2x_il_i'(x_i)\big) \end{cases}$$

代入$A_i(x)$得

$$\begin{aligned} A_i(x) &= \big(1-2(x-x_i)l_i'(x_i)\big)\frac{\omega_{n+1}^2(x)}{(x-x_i)^2[\omega_{n+1}'(x_i)]^2} \\ &= \big(1-2(x-x_i)l_i'(x_i)\big)l_i^2(x) \end{aligned} \tag{3.2.4}$$

随着$A_i(x),B_i(x)$的建立，满足条件(3.2.1)的插值多项式$H_{2n+1}(x)$就得到了. 容易证明这种插值多项式也是唯一的. 通常我们称$A_i(x),B_i(x)(i=0,1,\cdots,n)$ 为**Hermite插值基函数**，$H_{2n+1}(x)$为**Hermite插值多项式**.

为了便于在计算机上实现Hermite插值的计算，把公式(3.2.2)(3.2.3)(3.2.4)重新整理如下：

$$\begin{aligned} H_{2n+1}(x) &= \sum_{i=0}^{n}\Big(y_i\big(1-2(x-x_i)\sum_{\substack{j=0\\j\neq i}}^{n}\frac{1}{x_i-x_j}\big)+y_i'(x-x_i)\Big)\prod_{\substack{j=0\\j\neq i}}^{n}\Big(\frac{x-x_j}{x_i-x_j}\Big)^2 \\ &= \sum_{i=0}^{n}\Big(y_i+(x_i-x)\big(2y_i\sum_{\substack{j=0\\j\neq i}}^{n}\frac{1}{x_i-x_j}-y_i'\big)\Big)\Big(\prod_{\substack{j=0\\j\neq i}}^{n}\frac{x-x_j}{x_i-x_j}\Big)^2 \end{aligned}$$

下面的Matlab函数hermite(x,y,dy,u)实现Hermite插值多项式的计算，参数说明参见程序的注释部分.

程序：hermite.m

```
function v = hermite(x,y,dy,u)
%hermite(x,y,dy,u)  实现一维Hermite插值多项式的计算
%输入参数: x--插值节点所组成的向量
%         y--插值节点对应的函数值组成的向量
%         dy--插值节点对应的导数值所组成的向量
%         u--插值点所组成的向量
%输出参数: v--插值点u所对应的Hermite插值多项式的值
%            即 v(i)=H(u(i)),其中 H 为满足H(x(i))=y(i),H'(x_i)=dy(i)的Hermite
%            插值多项式次数为 2length(x)-1
%
```

```
n = length(x);
v = zeros(size(u));
for k = 1:n
    b = zeros(size(u));
    w = ones(size(u));
    w1=w;
    for j = [1:k-1 k+1:n]
      w = (u-x(j))./(x(k)-x(j)).*w;
      b=b+1/(x(k)-x(j)).*w1;
    end
    a=w.*w;
    v = v + a.*(y(k)+(x(k)-u).*(2*y(k)*b-dy(k)));
end
```

如何使用Matlab函数hermite(x,y,dy,u)呢？比如我们已知 $f(1.3) = 0.6200680$，$f(1.6) = 0.4554022$， $f(1.9) = 0.2818186$， $f'(1.3) = -0.5220232$， $f'(1.6) = -0.5698959$， $f'(1.9) = -0.5811571$，现在想求$f(x)$在$1.4, 1.5, 1.7, 1.8$的近似值. 可以考虑用Hermite插值进行逼近. 那么，在Matlab命令窗口，输入下列命令即可.

```
>> format long
>> x=[1.3,1.6,1.9];
>> y=[0.6200680,0.4554022,0.2818186];
>> dy=[-0.5220232,-0.5698959,-0.5811571];
>> u=[1.4,1.5,1.7,1.8];
>> hermite(x,y,dy,u)
ans =
0.56684403271605 0.51182503506173 0.39798378567901 0.33998511913580
```

即(取相同位数)$f(1.4) \approx 0.5668440, f(1.5) \approx 0.5118250, f(1.7) \approx 0.3979838, f(1.8) \approx 0.3399851$

Hermite插值误差由下面的定理给出.

定理3.2.1. *设$x_0, x_1, \cdots, x_n$是区间$[a,b]$上的$n+1$个互不相同的点，$f(x) \in C^{2n+2}[a,b]$，且$f(x_i) = y_i$，$f'(x_i) = y_i'(i = 0, 1, \cdots, n)$，$H_{2n+1}(x)$是满足条件(3.2.1)的插值多项式. 则对每个$x \in [a,b]$，存在$\xi \in (a,b)$，使得*

$$f(x) - H_{2n+1}(x) = \frac{f^{(2n+2)}(\xi)}{(2(n+1))!}\omega_{n+1}^2(x) \tag{3.2.5}$$

证明 证明的思路与Lagrange插值误差定理类似. 若x与某个节点相同，则(3.2.5)式显

然成立. 因此下面假设x不是节点. 令

$$R(x) = f(x) - H_{2n+1}(x)$$

由条件(3.2.1)可知，$R(x)$有$n+1$个二重零点$x_0, x_1, \cdots, x_n$.因此可设

$$R(x) = K(x)(x-x_0)^2(x-x_1)^2\cdots(x-x_n)^2 = K(x)\omega_{n+1}^2(x)$$

从而

$$f(x) = H_{2n+1}(x) + K(x)(x-x_0)^2(x-x_1)^2\cdots(x-x_n)^2 = H_{2n+1}(x) + K(x)\omega_{n+1}^2(x)$$

为了确定$K(x)$, 作辅助函数$g(t)$如下：

$$g(t) = f(t) - H_{2n+1}(t) - K(x)(t-x_0)^2(t-x_1)^2\cdots(t-x_n)^2$$

则$g(x) = 0$,又由Hermite插值条件(3.2.1)，直接计算可得$g(x_i) = 0, g'(x_i) = 0 (i = 0, 1, \cdots, n)$. 因此，$g(t)$ 在$[a,b]$内至少有$n+1$个二重零点$x_0, x_1, \cdots, x_n$和一个单零点x. 根据罗尔定理，$g'(t)$在$x, x_0, x_1, \cdots, x_n$之间至少有$n+1$个零点,且$x_0, x_1, \cdots, x_n$仍然是$g'(t)$的零点. 故在(a,b)内$g'(t)$至少有$2n+2$个互不相同的零点. 再对$g'(t)$应用罗尔定理，知$g''(t)$在(a,b)内至少有$2n+1$个互不相同的零点. 这种推理继续下去，最后，$g^{(2n+2)}(t)$在(a,b)内至少有一个零点, 记之为ξ,即$g^{(2n+2)}(\xi) = 0$.而

$$g^{(2n+2)}(t) = f^{(2n+2)}(t) - K(x)(2n+2)!$$

于是

$$K(x) = \frac{1}{(2n+2)!} f^{(n+1)}(\xi)$$

所以

$$R(x) = \frac{f^{(2n+2)}(\xi)}{(2(n+1))!}\omega_{n+1}^2(x)$$

(3.2.5)式成立. □

例3.2.2. 已知函数$f(x)$在节点x_0, x_1, x_2上的函数值y_0, y_1, y_2和在x_1处的导数值m_1, 即

$$f(x_i) = y_i, \quad i = 0, 1, 2, \qquad f'(x_1) = m_1$$

求一个次数不超过3的多项式$P(x)$,使得

$$P(x_i) = y_i, \quad i = 0, 1, 2, \qquad P'(x_1) = m_1$$

解 我们用两种方法解答本题.

(解法一) 基于继承性. 设$P_2(x)$是以x_0, x_1, x_2为节点的Lagrange插值多项式：

$$P_2(x) = \frac{(x-x_1)(x-x_2)}{(x_0-x_1)(x_0-x_2)}y_0 + \frac{(x-x_0)(x-x_2)}{(x_1-x_0)(x_1-x_2)}y_1 + \frac{(x-x_0)(x-x_1)}{(x_2-x_0)(x_2-x_1)}y_2$$

则

$$P(x_i) - P_2(x_i) = 0, \quad i = 0, 1, 2.$$

而$P(x) - P_2(x)$为不超过3次的多项式，故可设

$$P(x) - P_2(x) = c(x - x_0)(x - x_1)(x - x_2)$$

其中c为待定常数. 从而

$$P(x) = P_2(x) + c(x - x_0)(x - x_1)(x - x_2) \tag{3.2.6}$$

由$P'(x_1) = m_1$得

$$c = \frac{1}{(x_1 - x_0)(x_1 - x_2)} \times \left[m_1 - \frac{x_1 - x_2}{(x_0 - x_1)(x_0 - x_2)} y_0 - \frac{2x_1 - x_0 - x_2}{(x_1 - x_0)(x_1 - x_2)} y_1 - \frac{x_1 - x_0}{(x_2 - x_0)(x_2 - x_1)} y_2\right]$$

把c代入(3.2.6)，即得所求的插值多项式$P(x)$.

(解法二) 构造基函数. 设

$$P(x) = y_0\varphi_0(x) + y_1\varphi_1(x) + y_2\varphi_2(x) + m_1\psi(x)$$

其中假定$\varphi_0(x), \varphi_1(x), \varphi_2(x), \psi(x)$都是3次多项式. 若它们分别满足下列条件：

$$\varphi_0(x_0) = 1, \qquad \varphi_0(x_1) = \varphi_0(x_2) = \varphi_0'(x_1) = 0 \tag{3.2.7}$$

$$\varphi_1(x_1) = 1, \qquad \varphi_1(x_0) = \varphi_1(x_2) = \varphi_1'(x_1) = 0 \tag{3.2.8}$$

$$\varphi_2(x_2) = 1, \qquad \varphi_2(x_0) = \varphi_2(x_1) = \varphi_2'(x_1) = 0 \tag{3.2.9}$$

$$\psi'(x_1) = 1, \qquad \psi(x_0) = \psi(x_1) = \psi(x_2) = 0 \tag{3.2.10}$$

则上述$P(x)$即为所求.

如同我们在建立Hermite插值基函数时所做，根据条件(3.2.7) (3.2.8) (3.2.9) (3.2.10)，容易得

$$\varphi_0(x) = \frac{(x - x_1)^2(x - x_2)}{(x_0 - x_1)^2(x_0 - x_2)}$$

$$\varphi_1(x) = (x - x_0)(x - x_2)\left[\frac{(x_0 + x_2 - 2x_1)}{x_1 - x_0)^2(x_1 - x_2)^2}(x - x_1) + \frac{1}{(x_1 - x_0)(x_1 - x_2)}\right]$$

$$\varphi_2(x) = \frac{(x - x_0)(x - x_1)^2}{(x_2 - x_0)(x_2 - x_1)^2}$$

$$\psi(x) = \frac{(x - x_0)(x - x_1)(x - x_2)}{(x_1 - x_0)(x_1 - x_2)}$$

于是得到$P(x)$.

3.3 分段插值

3.3.1 Runge现象

设$f(x) \in C[a,b]$. 如果对$f(x)$构造插值多项式，那么自然期望随着n越来越大，这些多项式能够在$[a,b]$上一致收敛于$f(x)$，即当$n \to \infty$时，我们期望

$$\|f - P_n\|_\infty = \max_{a \le x \le b} |f(x) - P(x)|$$

能收敛于零. 对于有些函数，这个期望可以实现. 比如根据Lagrange插值误差定理3.1.5，容易证明函数$f(x) = \sin x$就是这样的一个例子. 但对另外一些函数，就不是这样.

1901年Runge给出这样一个例子：

$$f(x) = \frac{1}{1 + 25x^2}$$

定义在区间$[-5,5]$上. 如果$P_n(x)$是由这个函数利用区间$[-5,5]$内的等距节点所构造的插值多项式，那么会发现序列$\|f - P_n\|_\infty$是无界的. 实际上，对不太大的n(例如$n \le 15$)，我们就可以看到插值多项式$P_n(x)$的剧烈震荡(见图3.3.1). 这就是所谓的**Runge现象**.

Runge现象作为高阶插值不可接受的例子在教科书和论文中经常提及，但其真正的原因远比阶高来得复杂. 以实函数的观点看，Runge函数$\frac{1}{1+25x^2}$ 任意阶的导数都存在，似乎具有良好的性质. 但是在复平面内，它在虚轴上有两个奇点$\pm\frac{i}{5}$，这才是问题的根源. 对它的分析超出本书的范围，我们不再展开. 下面给出两个定理，有助于我们对这一问题的理解.

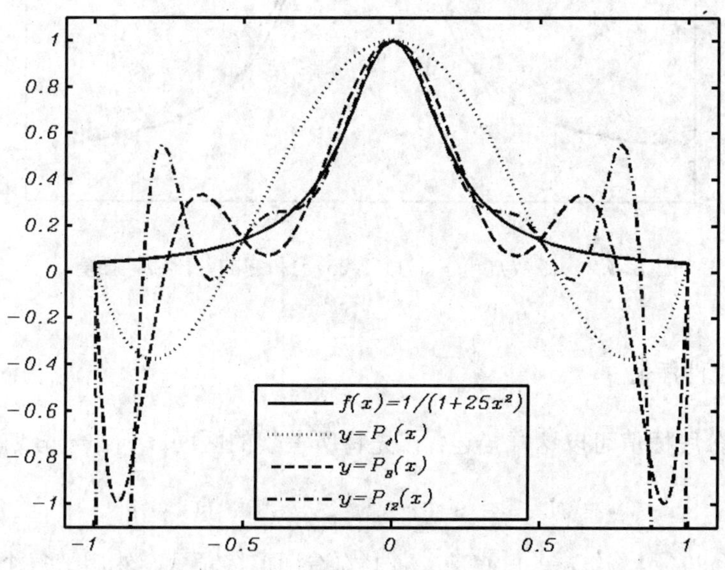

图 3.3.1 函数$f(x) = 1/(1 + 25x^2)$和它的插值

定理3.3.1. (Faber定理) 对任意给定的节点组

$$a \le x_0^{(n)} < x_1^{(n)} < \cdots < x_n^{(n)} \le b \qquad (n \ge 0) \tag{3.3.1}$$

在$[a,b]$上存在一个连续函数f，使得f在这组节点上的插值多项式不能一致收敛于f.

定理3.3.2. (插值法收敛性定理) 若f是$[a,b]$上的连续函数，则存在(3.3.1)式中那样的一组节点，使得f在这组节点上的插值多项式$P_n(x)$一致收敛于f,即

$$\lim_{n\to\infty} \|f - P_n\|_\infty = 0$$

无论如何，Runge现象让人们意识到，盲目采用高阶插值多项式是不妥当的. 从计算的角度看也是这样. 前面我们介绍过差分的传播误差会随着阶数的提高越来越严重，即是一个例证. 另一方面，我们都有这样的体会，若插值的范围比较小，局限于某个局部，那么低阶插值往往就能奏效. 比如，对于Runge函数$f(x) = \frac{1}{1+25x^2}$，如果把区间分成若干小段，在每个小段上用线性插值，也就是用连接相邻节点的折线逼近被插函数的曲线(见图3.3.2)，就能保证一定的逼近效果. 这种分而治之的方法就是**分段插值**.

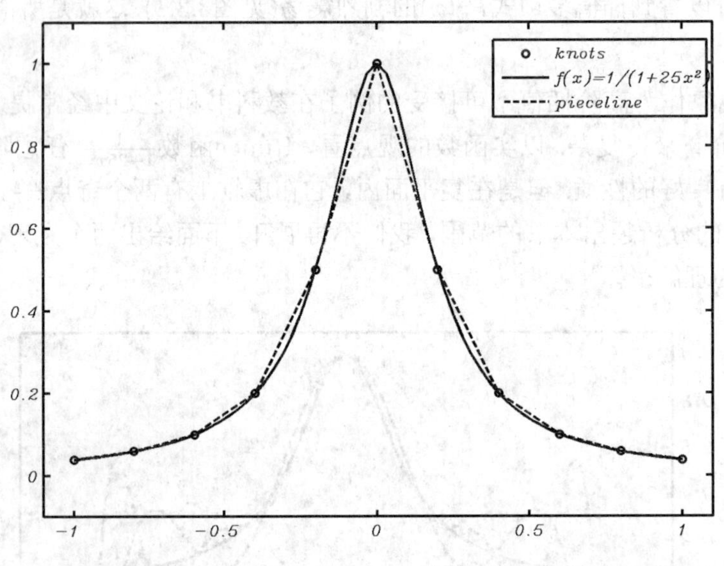

图 3.3.2 函数$f(x) = 1/(1+25x^2)$和它的分段线性插值

3.3.2 分段线性插值

一般地，**分段插值**可以这样描述：首先将所考察的区间$[a,b]$作一**分划**：

$$a = x_0 < x_1 < x_2 < \cdots < x_{n-1} < x_n = b \tag{3.3.2}$$

并在每个子区间$[x_{i-1}, x_i](i = 1, 2, \cdots, n)$上构造插值多项式，然后把每个子区间上的插值多项式拼接在一起，作为整个区间上的插值函数. 因此这样构造的插值函数是分

段多项式. 若每个子区间的插值多项式都是k次，我们就称该分段插值为**分段k次插值**，其插值函数用$S_k(x)$表示. 我们将介绍分段线性(一次)插值与分段三次Hermite插值. 下一节介绍的三次样条也属于分段三次插值.

假设在分划(3.3.2)下，每个节点x_i上给出了数据y_i，**分段线性插值**就是在每个子区间$[x_{i-1},x_i](i=1,2,\cdots,n)$上以$x_{i-1},x_i$为插值节点，构造一次插值多项式. 因此分段一次插值多项式$S_1(x)$可表示为

$$S_1(x)=y_{i-1}\frac{x-x_i}{x_{i-1}-x_i}+y_i\frac{x-x_{i-1}}{x_i-x_{i-1}},\quad x\in[x_{i-1},x_i],\quad i=1,2,\cdots,n$$

从几何上看，$S_1(x)$就是对于给定的数据点$(x_i,y_i)(i=0,1,2,\cdots,n)$，连接其相邻两点所得的一条折线.

根据Lagrange插值误差定理(定理3.1.5)，对于取值$f(x_i)=y_i(i=0,1,2,\cdots,n)$的被插函数$f(x)$，若$f(x)\in C^2[a,b]$，则在子区间$[x_{i-1},x_i]$上有下述误差估计式

$$|f(x)-S_1(x)|\le\frac{h_i^2}{8}\max_{x_{i-1}\le x\le x_i}|f''(x)|$$

这里$h_i=x_i-x_{i-1}$. 因此有下述定理:

定理3.3.3. 设$f(x)\in C^2[a,b],f(x_i)=y_i(i=0,1,2,\cdots,n)$，则当$x\in[a,b]$时，对于分划*(3.3.2)*上的分段线性插值多项式$S_1(x)$，下式成立:

$$|f(x)-S_1(x)|\le\frac{h^2}{8}\max_{a\le x\le b}|f''(x)| \tag{3.3.3}$$

其中，$h=\max_{1\le i\le n}h_i$.

由此可知，$S_1(x)$在$[a,b]$上一致收敛到$f(x)$.

例3.3.4. 对于*Runge*函数$f(x)=\dfrac{1}{1+25x^2}$，在$[-1,1]$上作步长为$h=\dfrac{2}{n}$的等距分划，节点$x_i=-1+ih,i=0,1,2,\cdots,n$. 在这个分划上构造分段线性插值多项式$S_1(x)$，问要使误差$R(x)=f(x)-S_1(x)$的绝对值小于$10^{-5}$,$h$应该取多大？$n$要多大？

解 由$f(x)=\dfrac{1}{1+25x^2}$得

$$f''(x)=-50\frac{1-75x^2}{(1+25x^2)^3}$$

因此在$[-1,1]$上

$$|f''(x)|\le 50$$

根据定理3.3.3，只要h满足下面的不等式即可:

$$|R(x)|\le\frac{50}{8}h^2<10^{-5}$$

由此得

$$h<0.0013,\qquad n=\frac{2}{h}>1538$$

即要使误差$R(x)=f(x)-S_1(x)$的绝对值小于10^{-5}，h应小于0.0013，n至少要取1539.

下面的Matlab函数pieceline(x,y,u)实现分段线性插值多项式的计算，参数说明参见程序的注释部分. 程序中用到了Matlab的逻辑下标，使得代码更加简捷.

程序：pieceline.m

```
function v = pieceline(x,y,u)
%PIECELIN  分段线性插值
%输入参数: x--给定的数据点的横坐标所组成的向量
%         y--给定的数据点的纵坐标所组成的向量
%         u--需要计算的点所组成的向量
%输出参数: v--u所对应的分段线性插值多项式的值
%             即 v(i)=S1(u(i)),其中 S1 为满足S1(x(i))=y(i)的分段线性插值多项式
%
%  计算差商
   delta = diff(y)./diff(x);
%  寻找下标 k 使得 x(k) <= u < x(k+1)
   n = length(x);
   k = ones(size(u));
   for j = 2:n-1
      k(x(j) <= u) = j;
   end
%  计算
   s = u - x(k);
   v = y(k) + s.*delta(k);
```

3.3.3 分段三次Hermite插值

易知，分段线性插值$S_1(x)$在节点x_i的导数不存在，即$S_1'(x)$是不连续的，即使被插函数$f(x)$非常光滑. 要克服这一缺点，自然想到分段Hermite插值. 为了使插值函数的一阶导数连续，可采用分段三次Hermite插值多项式$S_3(x)$. 在分划(3.3.2)下, 假定在每个节点x_i上给出了被插函数的函数值y_i和导数值y_i'，那么$S_3(x)$在子区间$[x_{i-1},x_i](i=1,2,\cdots,n)$上应满足

$$\begin{aligned} S_3(x_{i-1}) &= y_{i-1}, \qquad S_3(x_i) = y_i \\ S_3'(x_{i-1}) &= y_{i-1}', \qquad S_3'(x_i) = y_i' \end{aligned}$$

根据上一节的结果，这样的多项式可以表示为

$$\begin{aligned} H_i(x) \;=\; & \frac{(x_i-x_{i-1})^3-3(x_i-x_{i-1})(x-x_{i-1})^2+2(x-x_{i-1})^3}{(x_i-x_{i-1})^3}y_{i-1} \\ & +\frac{3(x_i-x_{i-1})(x-x_{i-1})^2-2(x-x_{i-1})^3}{(x_i-x_{i-1})^3}y_i \\ & +\frac{(x-x_{i-1})(x-x_i)^2}{(x_i-x_{i-1})^2}y_{i-1}'+\frac{(x-x_{i-1})^2(x-x_i)}{(x_i-x_{i-1})^2}y_i' \end{aligned} \tag{3.3.4}$$

因此

$$S_3(x) = H_i(x), \quad x \in [x_{i-1}, x_i], \quad i = 1, 2, \cdots, n$$

显然在子区间$[x_{i-1}, x_i]$与$[x_i, x_{i+1}]$的交接处$x = x_i$点上，$S_3(x)$是连续的，因为$H_i(x_i) = y_i = H_{i+1}(x_i)$，且一阶导数$S_3'(x)$也是连续的，因为$H_i'(x_i) = y_i' = H_{i+1}'(x_i)$. 但二阶导数的连续性就不能保证了.

为了便于编程，令$s = x - x_{i-1}, \delta_{i-1} = \dfrac{y_i - y_{i-1}}{h_i}$，则公式(3.3.4)可按局部变量重新整理如下：

$$\begin{aligned} H_i(x) &= y_{i-1} + (x - x_{i-1})y_{i-1}' + (x - x_{i-1})^2 c_{i-1} + (x - x_{i-1})^3 b_{i-1} \\ &= y_{i-1} + s y_{i-1}' + s^2 c_{i-1} + s^3 b_{i-1} \end{aligned} \tag{3.3.5}$$

其中二次、三次项的系数为

$$c_{i-1} = \frac{3\delta_{i-1} - 2y_{i-1}' - y_i'}{h_i}$$

$$b_{i-1} = \frac{y_{i-1}' - 2\delta_{i-1} + y_i'}{h_i^2}$$

下面的Matlab函数piece3Hermite实现分段三次Hermite插值多项式的计算，参数说明参见程序的注释部分.

程序：piece3Hermite.m

```
function v = piece3Hermite(x,y,dy,u)
%piece3Hermite  实现分段三次Hermite插值多项式的计算
%输入参数: x--插值节点所组成的向量
%          y--插值节点对应的函数值所组成的向量
%         dy--插值节点对应的导数值所组成的向量
%          u--插值点所组成的向量
%输出参数: v--插值点u所对应的分段三次Hermite插值多项式H(x)的值.
%             在区间[x(k),x(k+1)]上， H(x)=H_k(x),
%             其中H_k(x)满足H_k(x(k))=y(k), H'_k(x(k))=dy(k),
%             H_k(x(k+1))=y(k+1),H'_k(x(k+1))=dy(k+1)的Hermite插值多项式
%  一次插商
  h = diff(x);
  delta = diff(y)./h;
% 分段多项式的系数
  n = length(x);
  c = (3*delta - 2*dy(1:n-1) - dy(2:n))./h;
  b = (dy(1:n-1) - 2*delta + dy(2:n))./h.^2;
% 寻找下标 k 使得 x(k) <= u < x(k+1)
  k = ones(size(u));
  for j = 2:n-1
     k(x(j) <= u) = j;
```

```
    end
%   计算
    s = u - x(k);
    v = y(k) + s.*(dy(k) + s.*(c(k) + s.*b(k)));
```

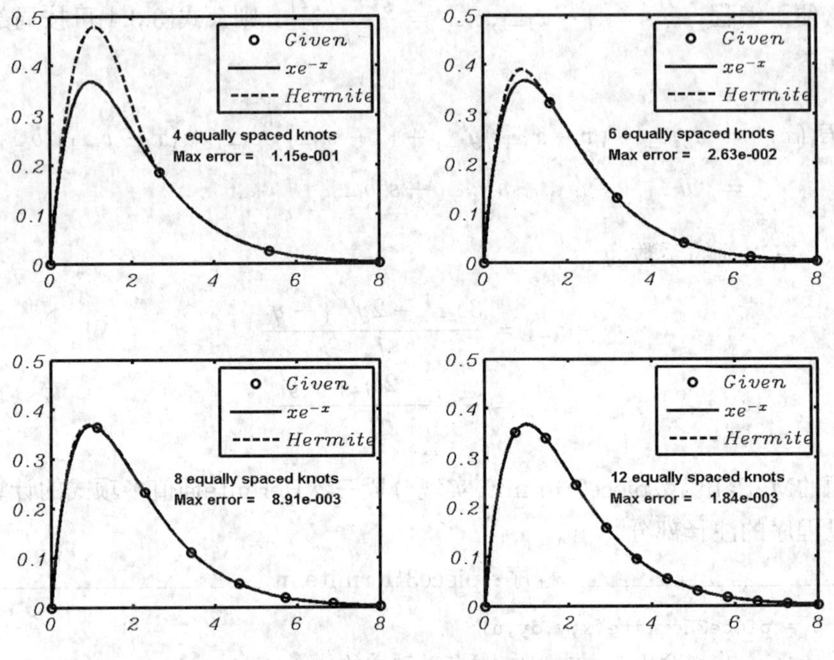

图 3.3.3 函数$f(x) = x\mathrm{e}^{-x}$和它的分段3次Hermite插值

图3.3.3表示的是对函数 $f(x) = x\mathrm{e}^{-x}$ 分别以4个、6个、8个和12个等距节点作分段三次Hermite 插值的情况. 其中分段三次Hermite插值用上面介绍的Matlab函数piece3Hermite(x,y,dy,u)计算.

与分段线性插值情形一样，根据Hermite插值的误差定理3.2.1，我们可以得到分段三次Hermite插值的误差定理:

定理3.3.5. 设$f(x) \in C^4[a,b], f(x_i) = y_i, f'(x_i) = y_i'(i = 0,1,2,\cdots,n)$，则当$x \in [a,b]$时，对于分划*(3.3.2)*上的分段三次Hermite插值多项式$S_3(x)$，下式成立:

$$|f(x) - S_3(x)| \le \frac{h^4}{384}\max_{a\le x\le b}|f^{(4)}(x)| \tag{3.3.6}$$

其中，$h = \max_{1\le i\le n} h_i$.

3.3.4 保形分段三次Hermite插值

上面介绍的分段三次Hermite插值必须提供插值节点上的函数值和导数值. 但如果没有提供导数值而仍然想作分段三次Hermite插值，就必须用一些办法来给出导数值(斜率). 这里介绍的**保形分段三次Hermite插值**就是这样一种方法，下一节将要介绍的三次样条可视为另一种这样的方法.

从几何上看，所谓插值，就是寻找一条通过给定数据点的曲线. 不同的插值，在给定数据点以外的点上相差很大. 我们看这样一个例子：给定数据点

$$(1,16),\quad (2,18),\quad (3,21),\quad (4,17),\quad (5,15),\quad (6,12) \tag{3.3.7}$$

过这些数据点的Lagrange插值多项式($P_5(x)$)与分段线性插值如图3.3.4所示：

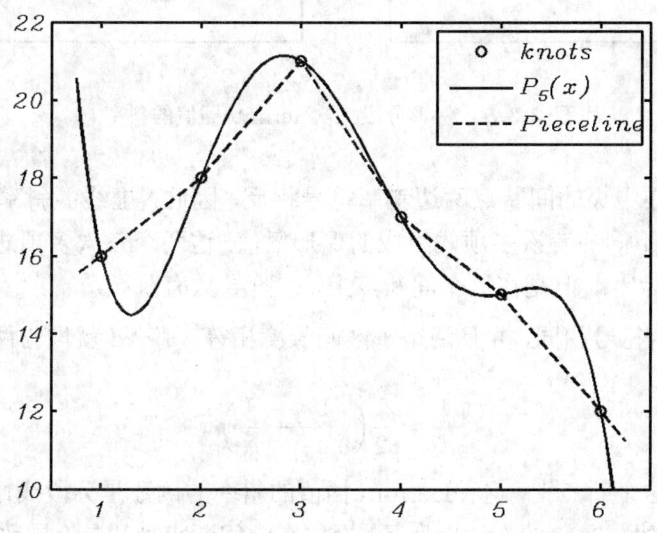

图 3.3.4 过相同节点的Lagrange插值和分段线性插值

可以看到，Lagrange插值多项式$P_5(x)$的曲线比较光滑，但数据点之间，特别是第一个和第二个之间，函数值表现出很大的变化，它超出了给定数据值的变化. 而分段线性插值其函数值的变化是可预期的按比例变化，但曲线不够光滑. 因此，所谓的保形分段三次Hermite插值 就是期望为给定的数据点提供一组斜率值，使得分段三次Hermite插值的曲线避免上述两种极端情况，使得曲线“看上去不错”，能够”保形”. 这是Matlab新近引入的一个插值函数，可参看[20].

设给定的数据点为$(x_i, y_i), i=0,1,\cdots,n$. 我们需要提供每一个节点$x_i$对应的导数值或者说$(x_i, y_i)$ 处的斜率，记为$d_i, i=0,1,\cdots,n$. 首先容易想到的是取d_i为给定数据的一阶差商：

$$\delta_{i-1}=\frac{y_i-y_{i-1}}{h_i},\quad 其中, h_i=x_i-x_{i-1},\quad i=1,2,\cdots,n$$

但再深入想一下，那不就是分段线性插值吗？斜率d_i该如何给定才能”保形”呢？

确定斜率d_i的关键思想是使得插值函数值不会过度地超过给定的数据值，至少在局部上如此. 如果δ_i和δ_{i-1}符号相反，或者如果两者之一为零，则x_i 处函数为离散的极小值或极大值. 于是可以设$d_k=0$，这可用图3.3.5的左边图来说明. 下方的实线是

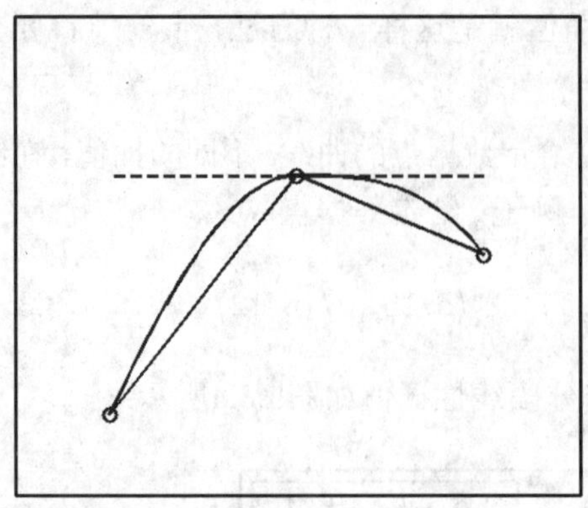
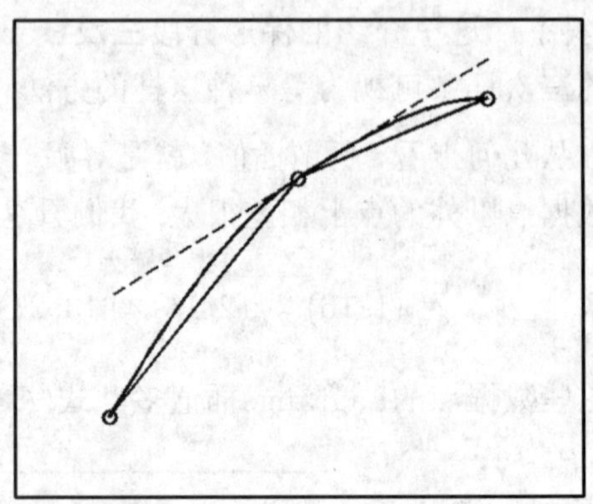

图 3.3.5 保形分段三次Hermite插值的斜率

分段线性插值. 在中央的间断点两边斜率符号相反，因此，虚线的斜率为零. 图中的曲线是通过两个不同的三次多项式组成的保形插值. 这两个三次多项式在中间点处相衔接，其导数皆为零. 但是在这个间断点上，二阶导数有跳跃.

如果δ_i和δ_{i-1}符号相同，并且两个子区间长度相等，那么d_i就取为两侧两个斜率的调和平均.

$$\frac{1}{d_i}=\frac{1}{2}\Big(\frac{1}{\delta_{i-1}}+\frac{1}{\delta_i}\Big)$$

换言之，在中间这个断点上，这种Hermite插值的斜率的倒数是分段线性插值两边斜率倒数的平均值. 如图3.3.5的右边图所示. 同样在中间断点处，二阶导数有跳跃.

如果δ_i和δ_{i-1}符号相同，但两个子区间长度不同，那么d_i为一个加权调和平均，其权重由两个子区间的长度来决定.

$$\frac{w_1+w_2}{d_i}=\frac{w_1}{\delta_{i-1}}+\frac{w_2}{\delta_i}$$

其中

$$w_1=2h_{i+1}+h_i,\quad w_2=h_{i+1}+2h_i$$

这样我们就确定了内部数据点$(x_i,y_i), i=1,2,\cdots,n-1$处的斜率，但是在整个数据区间两个端点处的斜率$d_1$和$d_n$是通过一个略为不同的单边分析来决定的. 具体细节参见下面的Matlab函数shapePP3Hermite(x,y,u).

Matlab函数 shapePP3Hermite(x,y,u) 是对 piece3Hermite(x,y,dy,u) 改造而成. 把后者需要用户提供的斜率值通过一个内部子函数pchipslopes$(h,delta)$ 按上述算法来计算(该函数引自[20]).

程序：shapePP3Hermite.m

```
function v = shapePP3Hermite(x,y,u)
%shapePP3Hermite  实现保形分段三次Hermite插值多项式的计算
% 输入参数: x--插值节点所组成的向量
```

```
%           y--插值节点对应的函数值组成的向量
%           u--需要计算的点所组成的向量
% 输出参数: v--插值点u所对应的保形分段三次Hermite插值多项式的值
%  计算差商
 h = diff(x);
 delta = diff(y)./h;
 dy = pchipslopes(h,delta);
%  分段多项式的系数
 n = length(x);
 c = (3*delta - 2*dy(1:n-1) - dy(2:n))./h;
 b = (dy(1:n-1) - 2*delta + dy(2:n))./h.\^{}2;
%  寻找下标 k 使得 x(k) <= u < x(k+1)
 k = ones(size(u));
 for j = 2:n-1
     k(x(j) <= u) = j;
 end
% 计算
 s = u - x(k);
 v = y(k) + s.*(dy(k) + s.*(c(k) + s.*b(k)));
%-------------------------------------------------------
 function d = pchipslopes(h,delta)
%  PCHIPSLOPES  Slopes for shape-preserving Hermite cubic
%  interpolation.  pchipslopes(h,delta) computes d(k) = P'(x(k)).
%  Slopes at interior points
% delta = diff(y)./diff(x).
%  d(k) = 0 if delta(k-1) and delta(k) have opposites signs
%           or either is zero.
%  d(k) = weighted harmonic mean of delta(k-1) and delta(k)
%         if they have the same sign.
 n = length(h)+1;
 d = zeros(size(h));
 k = find(sign(delta(1:n-2)).*sign(delta(2:n-1)) > 0)+ 1;
 w1 = 2*h(k)+h(k-1);
 w2 = h(k)+2*h(k-1);
 d(k) = (w1+w2)./(w1./delta(k-1) + w2./delta(k));
%  Slopes at endpoints
 d(1) =pchipendpoint(h(1),h(2),delta(1),delta(2));
 d(n) =pchipendpoint(h(n-1),h(n-2),delta(n-1),delta(n-2));
%-------------------------------------------------------
 function d = pchipendpoint(h1,h2,del1,del2)
%  Noncentered, shape-preserving, three-point formula.
 d = ((2*h1+h2)*del1 - h1*del2)/(h1+h2);
 if sign(d) ~= sign(del1)
```

```
    d = 0;
elseif (sign(del1) ~= sign(del2)) & (abs(d) >abs(3*del1))
    d = 3*del1;
end
```

图3.3.6表示的是过(3.3.7)式中的数据点的保形分段三次Hermite插值. 与图3.3.4比较，的确“看上去不错”啊.

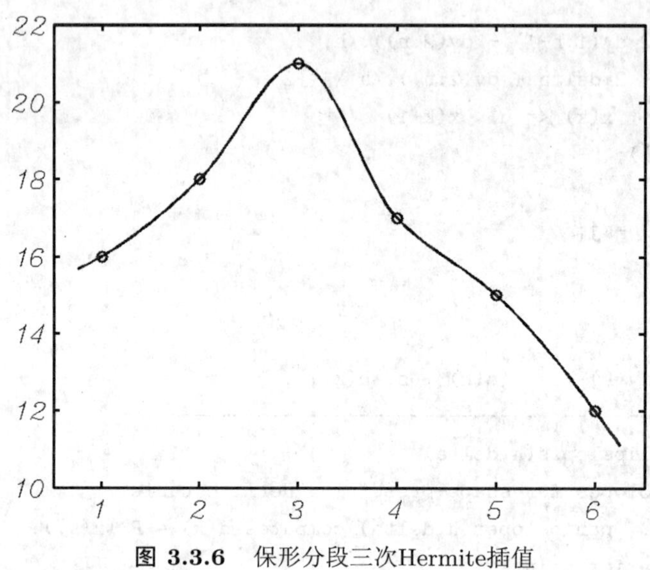

图 3.3.6 保形分段三次Hermite插值

3.4 三次样条

前面我们说过，另一个分段三次插值函数是**三次样条**. 现在我们就从一般的样条函数说起.

“样条”(Spline)这个词源自工程设计(比如船体放样)中的一种绘图工具，它是一个富有弹性可弯曲的木制或塑料制的细长条. 绘图时，绘图员用压铁迫使样条通过指定的点(这些点称为**型值点**)，并且调整样条使它具有光滑的外形. 从物理上讲，样条满足型值点的约束，同时使势能达到最小. 从数学上看，这样确定的样条曲线具有连续的一阶、二阶导数，恰为三次样条函数.

一般地，k**次样条函数**$S(x)$可以这样定义：给定型值点$(x_i, y_i), i=0,1,\cdots,n$，设其横坐标从小到大排列为

$$a = x_0 < x_1 < x_2 < \cdots < x_{n-1} < x_n = b \tag{3.4.1}$$

则$S(x)$满足

(1) $S(x_i) = y_i, i = 0,1,\cdots,n$，即通过型值点；

(2) $S(x)$在每个子区间$[x_{i-1},x_i]$上为k次多项式；

(3) $S(x)$在(a,b)内具有直到$k-1$阶的连续导数.

因此，k次样条函数$S(x)$是分划(3.4.1)上的具有$k-1$阶的连续导数的分段k次插值多项式$S_k(x)$. 后面我们就以$S_k(x)$表示k次样条函数. 易知，上节讨论的分段线性插值就是一次样条函数.

3.4.1 三次样条

现在我们来研究三次样条$S_3(x)$. 根据定义，在每个子区间$[x_{i-1},x_i]$上，$S_3(x)$是一个三次多项式，有四个待定系数，因此在分划(3.4.1)上，确定$S_3(x)$，共有$4n$个待定系数. 而它需满足的条件是

(1) 通过型值点，即

$$S_3(x_{i-1})=y_{i-1},\quad S_3(x_i)=y_i,\quad i=1,2,\cdots,n$$

共有$2n$个方程.

(2) $S_3(x)$的一阶导数连续，即

$$S_3'(x_i-0)=S_3'(x_i+0),\quad i=1,2,\cdots,n-1$$

共有$n-1$个方程.

(3) $S_3(x)$的二阶导数连续，即

$$S_3''(x_i-0)=S_3''(x_i+0),\quad i=1,2,\cdots,n-1$$

共有$n-1$个方程.

这样总共有$4n-2$个方程，而待定系数有$4n$个. 为了能唯一确定给定数据的三次样条，还要附加两个条件. 通常有三种加法：

(1) 给定端点的导数值，即

$$S_3'(x_0)=y_0',\quad S_3'(x_n)=y_n'$$

这样确定的三次样条称为D_1**样条**.

(2) 给定端点的二阶导数值，即

$$S_3''(x_0)=y_0'',\quad S_3''(x_n)=y_n''$$

这样确定的三次样条称为D_2**样条**. 特别地，当$S_3''(x_0)=0,\quad S_3''(x_n)=0$时，称为**自然样条**.

(3) 去掉$S_3(x_0)=y_0, S_3(x_n)=y_n$的条件，但要求

$$S_3(x_0)=S_3(x_n),\quad S_3'(x_0)=S_3'(x_n),\quad S_3''(x_0)=S_3''(x_n)$$

这样确定的三次样条称为**周期样条**.

3.4.2 三斜率方程组

下面我们来研究如何确定这些样条. 先来求D_1样条. 根据上一节的结论，分段三次Hermite插值多项式在区间$[x_i, x_{i+1}]$上可表示为(参见(3.3.5)):

$$S_3(x) = y_i + (x - x_i)d_i + (x - x_i)^2 c_i + (x - x_i)^3 b_i \tag{3.4.2}$$

这里导数值y_i'我们用d_i来表示，

$$c_i = \frac{3\delta_i - 2d_i - d_{i+1}}{h_{i+1}}$$
$$b_i = \frac{d_i - 2\delta_i + d_{i+1}}{h_{i+1}^2}$$

由分段三次Hermite插值多项式的定义，不管导数d_i怎样取值，这样构造的$S_3(x)$在(a, b)内有连续的一阶导数. 因此，我们只要选取d_i，使其二阶导数也连续即可. 由(3.4.2)直接计算得

$$S_3''(x) = 2c_i + 6b_i(x - x_i)$$
$$S_3''(x_i + 0) = 2c_i = \frac{6\delta_i - 4d_i - 2d_{i+1}}{h_{i+1}}$$
$$S_3''(x_{i+1} - 0) = 2c_i + 6b_i h_{i+1} = \frac{-6\delta_i + 2d_i + 4d_{i+1}}{h_{i+1}}$$

于是在$[x_{i-1}, x_i]$上计算可得

$$S_3''(x_i - 0) = \frac{-6\delta_{i-1} + 2d_{i-1} + 4d_i}{h_i}$$

由

$$S_3''(x_i - 0) = S_3''(x_i + 0), \quad i = 1, 2, \cdots, n-1$$

可得

$$h_{i+1}d_{i-1} + 2(h_i + h_{i+1})d_i + h_i d_{i+1} = 3(h_{i+1}\delta_{i-1} + h_i\delta_i)$$

对于D_1样条，$d_0 = y_0', d_n = y_n'$，因此，得到$d_1, d_2, \cdots, d_{n-1}$应满足方程组

$$\begin{cases} 2(h_1 + h_2)d_1 + h_1 d_2 = 3(h_2\delta_0 + h_1\delta_1) - h_2 y_0' \\ h_{i+1}d_{i-1} + 2(h_i + h_{i+1})d_i + h_i d_{i+1} = 3(h_{i+1}\delta_{i-1} + h_i\delta_i), \\ \qquad\qquad i = 2, 3, \cdots, n-2 \\ h_n d_{n-2} + 2(h_{n-1} + h_n)d_{n-1} = 3(h_n\delta_{n-2} + h_{n-1}\delta_{n-1}) - h_{n-1}y_n' \end{cases} \tag{3.4.3}$$

对于D_2样条，由于$S_3''(x_0) = y_0''$已知，因此第一个方程为

$$S_3''(x_0 + 0) = y_0''$$

即

$$2d_0+d_1=3\delta_0-\frac{h_1}{2}y_0''$$

由于$S_3''(x_n)=y_n''$已知，因此最后一个方程为

$$S_3''(x_n-0)=y_n''$$

即

$$d_{n-1}+2d_n=3\delta_{n-1}+\frac{h_n}{2}y_n''$$

从而对于D_2样条，$d_0,d_1,\cdots,d_n$应满足方程组

$$\begin{cases}2d_0+d_1=3\delta_0-\dfrac{h_1}{2}y_0''\\ h_{i+1}d_{i-1}+2(h_i+h_{i+1})d_i+h_id_{i+1}=3(h_{i+1}\delta_{i-1}+h_i\delta_i),\\ \qquad\qquad i=1,2,\cdots,n-1\\ d_{n-1}+2d_n=3\delta_{n-1}+\dfrac{h_n}{2}y_n''\end{cases}\tag{3.4.4}$$

对于周期样条，$S_3(x_0)=S_3(x_n),S_3'(x_0)=S_3'(x_n),S_3''(x_0)=S_3''(x_n)$，即$S_3(x)$在$x_0$处的函数值、导数值及二阶导数值与$x_n$处的相同，因此可以将$[x_0,x_1]$上的函数$S_3(x)$ 二次光滑地移到$[x_n,x_n+h_1]$上，使$S_3(x)$成为$[x_0,x_n+h_1]$上的样条函数.注意到$y_0=y_n,y_1=y_{n+1},d_0=d_n,d_1=d_{n+1}$，因此，在$x_n$处的方程为

$$h_1d_{n-1}+2(h_n+h_1)d_n+h_nd_1=3(h_1\delta_{n-1}+h_n\delta_0)$$

从而对于周期样条，$d_1,d_2,\cdots,d_n(=d_0)$应满足方程组

$$\begin{cases}h_2d_n+2(h_1+h_2)d_1+h_1d_2=3(h_2\delta_0+h_1\delta_1),\\ h_{i+1}d_{i-1}+2(h_i+h_{i+1})d_i+h_id_{i+1}=3(h_{i+1}\delta_{i-1}+h_i\delta_i),\\ \qquad\qquad i=2,3,\cdots,n-1\\ h_1d_{n-1}+2(h_n+h_1)d_n+h_nd_1=3(h_1\delta_{n-1}+h_n\delta_0)\end{cases}\tag{3.4.5}$$

方程组(3.4.3)(3.4.4)(3.4.5)成为**三斜率方程组**. 它们的系数矩阵都具有严格对角占优的性质，因而都存在唯一解. 而且前两个的系数矩阵还是三对角矩阵，可用追赶法求解.

3.4.3　“非节点”端点条件

显然，D_1样条的建立过程可以与上节的保形三次Hermite插值作比较，都是通过确定斜率进而确定插值函数的，只是具体的确定斜率的方式不同：D_1样条根据三次样条的二次连续要求建立三斜率方程组(3.4.3)，而保形三次Hermite插值根据保形要求，人为地规定斜率为所给数据的向前差商的加权调和平均.　我们还看到，保形三

次Hermite插值只要给定型值点就可以完全确定，而D_1样条还必须再提供端点的斜率信息. 当这些信息未知时，怎么办呢？我们当然可以像保形三次像Hermite插值那样，人为地作出规定. 这里我们要介绍的“非节点”(not-a-knot)端点条件就是这样一种有效的策略.

“非节点”端点条件的思想是在最开始的两个子区间$[x_0,x_1]$、$[x_1,x_2]$和最后的两个子区间$[x_{n-2},x_{n-1}]$、$[x_{n-1},x_n]$上分别使用一个单独的三次多项式，即把子区间$[x_0,x_1]$与$[x_1,x_2]$上的两个分段三次多项式变成一个相同的三次多项式，把子区间$[x_{n-2},x_{n-1}]$与$[x_{n-1},x_n]$上的两个分段三次多项式变成一个相同的三次多项式，此时这两个内部节点x_1和x_{n-1}就不再是两个不同三次多项式的分界点，因而它们不再是一个真正的节点，这就是名称“非节点”的由来.

由此可知，“非节点”端点条件要求样条插值函数$S_3(x)$的三阶导数$S_3'''(x)$在节点x_1和x_{n-1}连续. 首先考虑节点x_1. 由(3.4.2)，在子区间$[x_i,x_{i+1}]$上，

$$S_3'''(x)=6b_i$$

于是由$S_3'''(x_1-0)=S_3'''(x_1+0)$得$b_0=b_1$，即

$$\frac{d_0-2\delta_0+d_1}{h_1^2}=\frac{d_1-2\delta_1+d_2}{h_2^2}$$

整理可得

$$h_2^2d_0+(h_2^2-h_1^2)d_1-h_1^2d_2=2h_2^2\delta_0-2h_1^2\delta_1 \tag{3.4.6}$$

此方程含有三个未知量d_0,d_1和d_2. 可用它直接替代三斜率方程组(3.4.3)的第一个方程. 但是这种替代却破坏了三斜率方程组(3.4.3)的系数矩阵所具有的三对角性质. 为保持系数矩阵的三对角结构，需要从方程(3.4.6)中消去d_2. 为此，在(3.4.3)的第二式中，取$i=1$，得

$$h_2d_0+2(h_1+h_2)d_1+h_1d_2=3(h_2\delta_0+h_1\delta_1) \tag{3.4.7}$$

由方程(3.4.6)(3.4.7)消去d_2，整理可得

$$h_2d_0+(h_1+h_2)d_1=\frac{(3h_1+2h_2)h_2}{h_1+h_2}\delta_0+\frac{h_1^2}{h_1+h_2}\delta_1 \tag{3.4.8}$$

类似地，在节点x_{n-1}作相同的推理，可得下面的方程

$$(h_{n-1}+h_n)d_{n-1}+h_{n-1}d_n=\frac{h_n^2}{h_{n-1}+h_n}\delta_{n-2}+\frac{h_{n-1}(2h_{n-1}+3h_n)}{h_{n-1}+h_n}\delta_{n-1} \tag{3.4.9}$$

于是分别以方程(3.4.8)(3.4.9)替代三斜率方程组(3.4.3)的第一个方程和最后一个方程，并在其第二式中取$i=1,2,\cdots,n-1$，我们就得到在“非节点”端点条件下确定

斜率$d_0, d_1, \cdots, d_n$的三斜率方程组

$$
\begin{cases}
h_2 d_0 + (h_1 + h_2) d_1 = \dfrac{(3h_1 + 2h_2)h_2}{h_1 + h_2}\delta_0 + \dfrac{h_1^2}{h_1 + h_2}\delta_1 \\
h_{i+1} d_{i-1} + 2(h_i + h_{i+1}) d_i + h_i d_{i+1} = 3(h_{i+1}\delta_{i-1} + h_i \delta_i), \\
\qquad\qquad\qquad\qquad i = 1, 2, \cdots, n-2, n-1 \\
(h_{n-1} + h_n) d_{n-1} + h_{n-1} d_n = \dfrac{h_n^2}{h_{n-1} + h_n}\delta_{n-2} + \dfrac{h_{n-1}(2h_{n-1} + 3h_n)}{h_{n-1} + h_n}\delta_{n-1}
\end{cases}
\tag{3.4.10}
$$

我们看到，无论是D_1样条、D_2样条、周期样条还是在“非节点”端点条件下确定的三次样条,都可以通过各自的三斜率方程组来确定斜率d_i，它们在子区间$[x_i, x_{i+1}]$上有相同的表达式(3.4.2)，这就为它们的编程提供了方便. 实际上,计算三次样条的程序只须把保形三次Hermite插值函数 shapePP3Hermite(x, y, u) 稍加改造即可，即把 shapePP3Hermite(x, y, u) 中计算斜率的内部子函数 pchipslopes$(h, delta)$ 换成各自的求解三斜率方程组的子函数即可.

下面给出的是计算这四种三次样条插值的Matlab程序spline3order. 参数说明详见程序的注释.

程序：spline3order.m

```
function v = spline3order(x,y,u,btype,bvalue)
%spline3order  实现三次样条插值的计算
%输入参数: x--插值节点所组成的向量
%         y--插值节点对应的函数值组成的向量
%         u--插值点所组成的向量
%     btype--(可选)边界类型。 btype=0(缺省)，“非节点”端点条件;
%                            btype=1，D1样条，须提供端点的一阶导数值;
%                            btype=2，D2样条，须提供端点的二阶导数值;
%                            btype=3，周期样条。要求端点纵坐标相等;
%    bvalue--(可选)边界值向量。缺省: bvalue=[0,0].只有当btype=1，2时，才起作用。
%输出参数: v--插值点u所对应的三次样条的值
%调用方式:  v = spline3order(x,y,u)
%          v = spline3order(x,y,u,btype)
%          v = spline3order(x,y,u,btype,bvalue)
%
%Ye Xingde,2007年6月15日编

if nargin < 4,  btype=0;  end
if nargin <5,   bvalue=[0,0]; end
h = diff(x);
delta = diff(y)./h;
switch btype
```

```
    case 0
        dy=splineNotaknot(h,delta);
    case 1
        dy=splineD1(h,delta,bvalue);
    case 2
        dy=splineD2(h,delta,bvalue);
    case 3
        n=length(y);
        if y(1)~=y(n)
            disp('周期样条端点值应相等。请检查你的数据')
            v=[];
            return
        end
        dy=splineCycle(h,delta);
    otherwise
        disp('边界类型选择范围应在0至3之间')
        v=[];
        return
end
% 分段多项式的系数
   n = length(x);
   c = (3*delta - 2*dy(1:n-1) - dy(2:n))./h;
   b = (dy(1:n-1) - 2*delta + dy(2:n))./h.^2;
% 寻找下标 k 使得 x(k) <= u < x(k+1)
   k = ones(size(u));
   for j = 2:n-1
      k(x(j) <= u) = j;
   end
%  计算
   s = u - x(k);
   v = y(k) + s.*(dy(k) + s.*(c(k) + s.*b(k)));
% -------------------------------------------------------
function dy=splineNotaknot(h,delta)
%本子函数求解“非节点”端点条件下的三斜率方程组
n = length(h)+1;
a = zeros(size(h));
b = a; c = a; r = a;
a(1:n-2) = h(2:n-1);a(n-1) = h(n-2)+h(n-1);%为下次对角线元素赋值
b(1) = h(2);b(2:n-1) = 2*(h(2:n-1)+h(1:n-2));b(n) = h(n-2);%为主对角线元素赋值
c(1) = h(1)+h(2);c(2:n-1) = h(1:n-2);%为上次对角线元素赋值
%为右端元素赋值
r(1) = ((h(1)+2*c(1))*h(2)*delta(1)+h(1)^2*delta(2))/c(1);
r(2:n-1)= 3*(h(2:n-1).*delta(1:n-2)+h(1:n-2).*delta(2:n-1));
```

```
r(n) =(h(n-1)^2*delta(n-2)+(2*a(n-1)+h(n-1))*h(n-2)*delta(n-1))/a(n-1);
% 解三对角方程组
dy = tridiagsys(a,b,c,r);
% --------------------------------------------------------
function dy=splineD1(h,delta,bvalue)
%本子函数求解在给定端点导数值条件下的三斜率方程组
n = length(h)+1;
a = zeros(size(h));
a=a(1:n-2);
b = a; c = a; r =a;
dy=a;dy(1)=bvalue(1);dy(n)=bvalue(2);
a(1:n-3) = h(3:n-1);                        %为下次对角线元素赋值
b(1:n-2) = 2*(h(2:n-1)+h(1:n-2));                   %为主对角线元素赋值
c(1:n-3) = h(1:n-3);                       %为上次对角线元素赋值
%为右端元素赋值
r(1) = 3*(h(2)*delta(1)+h(1)*delta(2))-h(2)*dy(1);
r(2:n-3) =3*(h(3:n-2).*delta(2:n-3)+h(2:n-3).*delta(3:n-2));
r(n-2) =3*(h(n-1)*delta(n-2)+h(n-2)*delta(n-1))-h(n-2)*dy(n);
% 解三对角方程组
d = tridiagsys(a,b,c,r);
dy(2:n-1)=d;
% --------------------------------------------------------
function dy=splineD2(h,delta,bvalue)
%本子函数求解在给定端点二阶导数值条件下的三斜率方程组
ddy0=bvalue(1);ddyn=bvalue(2);
n = length(h)+1;
a = zeros(size(h));
b = a; c = a; r = a;
a(1:n-2) = h(2:n-1);a(n-1)=1;    %为下次对角线元素赋值
b(1)=2;b(2:n-1) = 2*(h(2:n-1)+h(1:n-2)); b(n)=2;    %为主对角线元素赋值
c(1)=1;c(2:n-1) = h(1:n-2);   %为上次对角线元素赋值
%为右端元素赋值
r(1) = 3*delta(1)-0.5*h(1)*ddy0;
r(2:n-1) =3*(h(2:n-1).*delta(1:n-2)+h(1:n-2).*delta(2:n-1));
r(n) =3*delta(n-1)+0.5*h(n-1)*ddyn;
% 解三对角方程组
dy = tridiagsys(a,b,c,r);
% --------------------------------------------------------
function dy=splineCycle(h,delta)
%本子函数求解周期样条的三斜率方程组(注意此时的系数矩阵并不是三对角阵)
n = length(h)+1;
a = zeros(size(h)); a=a(1:n-2);
b = a; c = a; r =a;
```

```
a(1:n-3) = h(3:n-1);a(n-2) = h(1);        %为下次对角线元素赋值
b(1:n-2) = 2*(h(1:n-2)+h(2:n-1));b(n-1) = 2*(h(1)+h(n-1));    %为主对角线元素赋值
c(1:n-2) = h(1:n-2);    %为上次对角线元素赋值
T = diag(a,-1) + diag(b,0) + diag(c,1);
T(1,n-1)=h(2);T(n-1,1)=h(n-1);
%为右端元素赋值
r(1) =3*(h(2)*delta(1)+h(1)*delta(2));
r(2:n-2) =3*(h(3:n-1).*delta(2:n-2)+h(2:n-2).*delta(3:n-1));
r(n-1) =3*(h(1)*delta(n-1)+h(n-1)*delta(1));
% 解线性方程组
d =T\r; dy(1)=d(n-1);
dy(2:n)=d; dy=dy';
```

例3.4.1. 不同端点条件下样条的比较

我们对函数$y = xe^{-x}$在区间$[0,5]$上用不同端点条件的三次样条进行逼近:"非节点"端点条件、端点的导数取0值、端点的导数取精确值和端点的二阶导数取0值(自然样条)，然后比较逼近误差$\|\hat{y} - y_e\|_2$(向量的2-范数)，其中$\hat{y}$是在100个等距点上用三次样条计算得到的值，y_e是在这100个等距点上函数$y = xe^{-x}$的精确值. 我们编写下面的Matlab函数demosplineplot(n)完成这个任务，它输出不同端点条件下n个节点的三次样条插值与原始函数$y = xe^{-x}$的对比图形(图3.4.1)，同时在命令窗口输出相应的误差.

$n = 8$时程序运行结果如下:

```
>> err=demosplineplot(8);
不同端点条件下的三次样条对函数xexp(-x)的逼近   节点数:    8
    端点条件                      误差
    Not-a-knot :              3.228e-002
    Zero-slope :              3.257e-001
       Natural :              1.224e-001
   Exact-slope :              5.413e-003
```

n取其他一些值所得绝对误差$\|\hat{y} - y_e\|$见表3.4.1.

从中可以看出，精确斜率条件下，三次D_1样条逼近效果最好. 这并不奇怪，因为在端点的导数值为精确值，我们得到的函数信息最多. 当端点斜率信息未知时，"非节点"端点条件下的三次样条逼近效果最好，自然样条次之，明显错误的零斜率条件下的三次D_1样条最差.

程序: demosplineplot.m

```
function demosplineplot(n)
```

表 3.4.1 不同端点条件下三次样条对函数$x\mathrm{e}^{-x}$的逼近误差

节点	自然	零斜率	非节点	精确斜率
4	7.014×10^{-1}	1.026	5.207×10^{-1}	1.609×10^{-1}
8	1.224×10^{-1}	3.257×10^{-1}	3.228×10^{-2}	5.413×10^{-3}
16	1.976×10^{-2}	1.051×10^{-1}	1.722×10^{-3}	2.371×10^{-4}
32	3.251×10^{-3}	3.513×10^{-2}	8.165×10^{-5}	1.263×10^{-5}
64	4.771×10^{-4}	1.043×10^{-2}	3.191×10^{-6}	7.364×10^{-7}
128	3.967×10^{-5}	1.746×10^{-3}	9.317×10^{-8}	4.414×10^{-8}

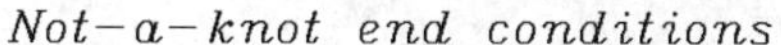

Zero−slope end conditions

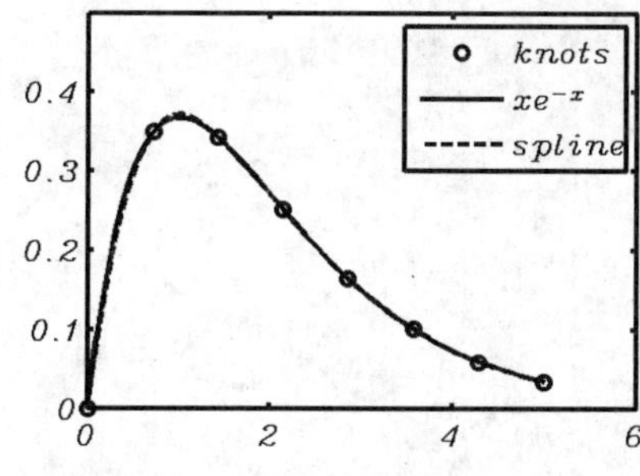

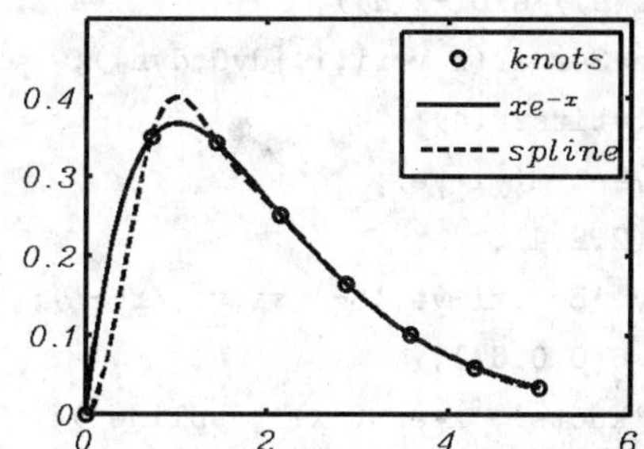

Natural end conditions

Exact−slope end conditions

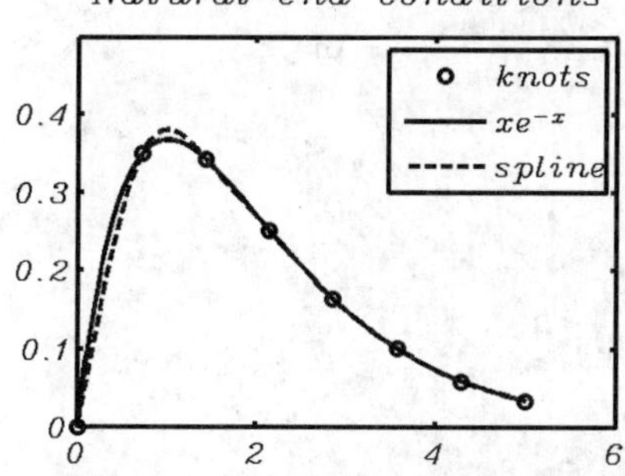

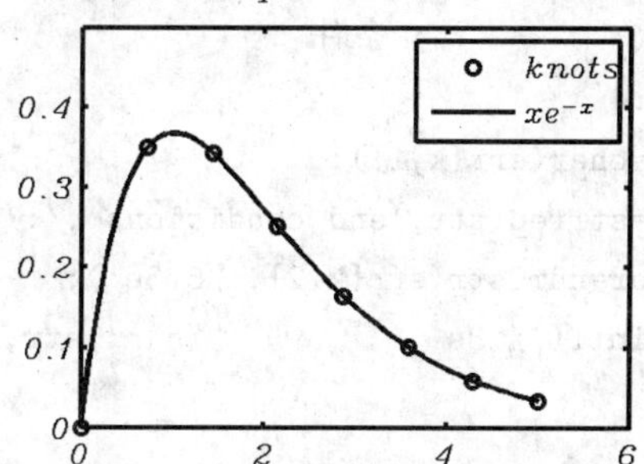

图 3.4.1 不同端点条件下的三次样条对函数$y=x\mathrm{e}^{-x}$的逼近结果比较

```
%demosplineplot  比较不同端点条件下的三次样条对函数y=xexp(-x)的逼近结果。
%输入参数: n--(可选)节点数。缺省: n=8
%输出: 不同端点条件下n个节点的三次样条插值与原始函数y=xexp(-x)的对比图形,
%      同时在命令窗口输出相应的误差。
%
if nargin < 1,  n=8;  end
x = linspace(0,5,n)';
y = x.*exp(-x);
xi = linspace(min(x),max(x))';
ye = xi.*exp(-xi);
titstr={'Not-a-knot end conditions','Zero-slope end conditions'
,'Natural end conditions','Exact-slope end conditions' };
for k=[0,1,2]
    yi=spline3order(x,y,xi,k);
```

```
    err{k+1,1}=titstr(k+1);
    err{k+1,2}=norm(yi-ye);
    subplot(2,2,k+1);
    plot(x,y,'bo',xi,ye,'b-',xi,yi,'r--');
    axis([0 6 0 0.5]);
    legend('knots','x*exp(-x)','spline');
    title(titstr(k+1));
end
dy0=(1-x(1))*exp(-x(1));
dyn=(1-x(n))*exp(-x(n));
yi=spline3order(x,y,xi,1,[dy0,dyn]);
err{4,1}=titstr(4);
err{4,2}=norm(yi-ye);
subplot(2,2,4);
plot(x,y,'bo',xi,ye,'b-',xi,yi,'r--');
axis([0 6 0 0.5]);
legend('knots','x*exp(-x)','spline');
title(titstr(4));
fprintf('\n不同端点条件下的三次样条对函数xexp(-x)的逼近 节点数:%3.0f \n',n);
fprintf('        端点条件                      误差          \n');
for k=1:4
    str=char(err{k,1});
    str=strrep(str,'end conditions',':');
    error=num2str(err{k,2},'%5.3e');
    fprintf('%18s              %s\n',str,error);
end
```

3.4.4 三弯矩方程组

确定三次样条的另一种方法是建立所谓的**三弯矩方程组**. 下面详叙之.

因为$S_3(x)$在$[x_i, x_{i+1}]$上是一个三次多项式，因此可以写成

$$S_3(x) = y_i + S_3'(x_i)(x - x_i) + \frac{S_3''(x_i)}{2!}(x - x_i)^2 + \frac{S_3'''(x_i)}{3!}(x - x_i)^3$$

我们把$S_3''(x_i)$作为关键量来研究，记它为M_i，则

$$\begin{aligned} S_3'(x) &= S_3'(x_i) + M_i(x - x_i) + \frac{S_3'''(x_i)}{2!}(x - x_i)^2 \\ S_3''(x) &= M_i + S_3'''(x_i)(x - x_i) \end{aligned}$$

于是

$$M_{i+1} = S_3''(x_{i+1}) = M_i + S_3'''(x_i)(x_{i+1} - x_i) = M_i + S_3'''(x_i)h_{i+1}$$

因此

$$S_3'''(x_i) = \frac{M_{i+1} - M_i}{h_{i+1}}$$

这样，

$$S_3'(x) = S_3'(x_i) + M_i(x - x_i) + \frac{1}{2!}\frac{M_{i+1} - M_i}{h_{i+1}}(x - x_i)^2$$

$$S_3(x) = y_i + S_3'(x_i)(x - x_i) + \frac{M_i}{2!}(x - x_i)^2 + \frac{1}{3!}\frac{M_{i+1} - M_i}{h_{i+1}}(x - x_i)^3$$

但$S_3(x_{i+1}) = y_{i+1}$，故

$$\begin{aligned} y_{i+1} =& y_i + S_3'(x_i)h_{i+1} + \frac{M_i}{2!}h_{i+1}^2 + \frac{M_{i+1} - M_i}{3!}h_{i+1}^2 \\ =& y_i + S_3'(x_i)h_{i+1} + \left(\frac{1}{6}M_{i+1} + \frac{1}{3}M_i\right)h_{i+1}^2 \end{aligned}$$

由此得

$$S_3'(x_i) = \delta_i - \left(\frac{1}{6}M_{i+1} + \frac{1}{3}M_i\right)h_{i+1}$$

于是

$$S_3'(x_{i+1}) = \delta_i + \left(\frac{1}{3}M_{i+1} + \frac{1}{6}M_i\right)h_{i+1}$$

因此

$$S_3'(x_i + 0) = S_3'(x_i) = \delta_i - \left(\frac{1}{6}M_{i+1} + \frac{1}{3}M_i\right)h_{i+1} \tag{3.4.11}$$

$$S_3'(x_{i+1} - 0) = S_3'(x_{i+1}) = \delta_i + \left(\frac{1}{3}M_{i+1} + \frac{1}{6}M_i\right)h_{i+1} \tag{3.4.12}$$

从而由(3.4.12)可知

$$S_3'(x_i - 0) = \delta_{i-1} + \left(\frac{1}{3}M_i + \frac{1}{6}M_{i-1}\right)h_i \tag{3.4.13}$$

而$S_3'(x_i - 0) = S_3'(x_i + 0)$，因此由(3.4.11)(3.4.13)得

$$h_iM_{i-1} + 2(h_i + h_{i+1})M_i + h_{i+1}M_{i+1} = 6(\delta_i - \delta_{i-1}), \quad i = 1, 2, \cdots, n-1 \tag{3.4.14}$$

对于D_1样条，$S_3'(x_0) = y_0', S_3'(x_n) = y_n'$，由(3.4.11)式$(i = 0)$得

$$\delta_0 - \left(\frac{1}{6}M_1 + \frac{1}{3}M_0\right)h_1 = y_0'$$

即

$$2h_1M_0 + h_1M_1 = 6(\delta_0 - y_0')$$

由(3.4.13)式$(i = n)$得

$$\delta_{n-1} + \left(\frac{1}{3}M_n + \frac{1}{6}M_{n-1}\right)h_n = y_n'$$

即

$$h_n M_{n-1} + 2h_n M_n = 6(y_n' - \delta_{n-1})$$

故对于D_1样条，$M_0, M_1, \cdots, M_n$应满足方程组

$$\begin{cases} 2h_1 M_0 + h_1 M_1 = 6(\delta_0 - y_0'), \\ h_i M_{i-1} + 2(h_i + h_{i+1})M_i + h_{i+1}M_{i+1} = 6(\delta_i - \delta_{i-1}), \\ \qquad\qquad\qquad\qquad\qquad\qquad i = 1, 2, \cdots, n-1 \\ h_n M_{n-1} + 2h_n M_n = 6(y_n' - \delta_{n-1}) \end{cases} \tag{3.4.15}$$

这就是著名的**三弯矩方程组**. 显然，三弯矩方程组(3.4.15)的系数矩阵严格对角占优，存在唯一的一组解$M_0, M_1, \cdots, M_n$. 这样的D_1样条插值函数可以用M_i表示为

$$\begin{aligned} S_3(x) =& y_i + \left[\delta_i - \left(\frac{1}{6}M_{i+1} + \frac{1}{3}M_i\right)h_{i+1}\right](x - x_i) + \frac{M_i}{2}(x - x_i)^2 \\ &+ \frac{1}{6}\frac{M_{i+1} - M_i}{h_{i+1}}(x - x_i)^3, \quad x \in [x_i, x_{i+1}], \quad i = 0, 1, \cdots, n-1. \end{aligned} \tag{3.4.16}$$

对于D_2样条，这时$S_3''(x_0) = y_0'', S_3''(x_n) = y_n''$已知，即$M_0 = y_0'', M_n = y_n''$是给定的，于是可得到下面的三弯矩方程组：

$$\begin{cases} 2(h_1 + h_2)M_1 + h_2 M_2 = 6(\delta_1 - \delta_0) - h_1 y_0'', \\ h_i M_{i-1} + 2(h_i + h_{i+1})M_i + h_{i+1}M_{i+1} = 6(\delta_i - \delta_{i-1}), \\ \qquad\qquad\qquad\qquad\qquad\qquad i = 2, 3, \cdots, n-2 \\ h_{n-1}M_{n-2} + 2(h_{n-1} + h_n)M_n = 6(\delta_{n-1} - \delta_{n-2}) - h_n y_n'' \end{cases} \tag{3.4.17}$$

对于周期样条，可像上一小节那样作类似的分析. 此时$S_3(x_0) = S_3(x_n), S_3'(x_0) = S_3'(x_n), S_3''(x_0) = S_3''(x_n)$，即$S_3(x)$ 在x_0处的函数值、导数值及二阶导数值与x_n处的相同，因此可以将$[x_0, x_1]$上的函数$S_3(x)$二次光滑地移到$[x_n, x_n + h_1]$上，使$S_3(x)$成为$[x_0, x_n + h_1]$上的样条函数. 注意到$M_0 = M_n, M_1 = M_{n+1}$，因此，在x_n处的方程为

$$h_n M_{n-1} + 2(h_n + h_1)M_n + h_1 M_1 = 6(\delta_n - \delta_{n-1})$$

从而对于周期样条，$M_1, M_2, \cdots, M_n (= M_0)$应满足下面的三弯矩方程组：

$$\begin{cases} 2(h_1 + h_2)M_1 + h_2 M_2 + h_1 M_n = 6(\delta_1 - \delta_0), \\ h_i M_{i-1} + 2(h_i + h_{i+1})M_i + h_{i+1}M_{i+1} = 6(\delta_i - \delta_{i-1}), \\ \qquad\qquad\qquad\qquad\qquad\qquad i = 2, 3, \cdots, n-1 \\ h_1 M_1 + h_n M_{n-1} + 2(h_n + h_1)M_n = 6(\delta_{n-1} - \delta_{n-2}) \end{cases} \tag{3.4.18}$$

这样，无论是D_1样条，D_2样条，还是周期样条，都可以通过各自的三弯矩方程组来确定弯矩M_i，它们在子区间$[x_i, x_{i+1}]$上有相同的表达式(3.4.16). 通过求解三弯矩方程组来建立三次样条插值函数的程序我们把它留给读者.

3.4.5 三次样条的极小模性质与逼近误差

设$f(x)$是定义在区间$[a,b]$上的可导函数. 对于给定的节点

$$a = x_0 < x_1 < \cdots < x_{n-1} < x_n$$

记$S_3(x)$为$f(x)$在节点$x_0, x_1, \cdots, x_n$处的三次D_1样条，函数类$\mathscr{F}_1$是通过型值点$(x_i, f(x_i))(i = 0, 1, \cdots, n)$ 且在区间端点与$f(x)$有相同导数的二阶连续可导函数的全体，即

$$\mathscr{F}_1 = \left\{ s(x) \in C^2[a,b] | s(x_i) = f(x_i), i = 0, 1, \cdots, n, s'(x_0) = f'(x_0), s'(x_n) = f'(x_n) \right\}$$

我们有下面的定理:

定理3.4.2. 设$S_3(x)$为$f(x)$在节点$x_0, x_1, \cdots, x_n$处的三次D_1样条. 则对任何$s(x) \in \mathscr{F}_1$，都成立

$$\int_a^b [S_3''(x)]^2 \mathrm{d}x \leq \int_a^b [s''(x)]^2 \mathrm{d}x \tag{3.4.19}$$

且等式仅当$s(x) = S_3(x) + l_1(x)$时成立，这里$l_1(x) = \alpha x + \beta$是任意的线性函数.

证明 对任何$s(x) \in \mathscr{F}_1$，令$v(x) = s(x) - S_3(x)$，则$v(x) \in C^2[a,b]$且

$$v'(x_0) = v'(x_n) = 0, \quad v(x_i) = 0, \quad i = 0, 1, \cdots, n.$$

于是

$$\begin{aligned} \int_a^b [s''(x)]^2 \mathrm{d}x &= \int_a^b [S_3''(x) + v''(x)]^2 \mathrm{d}x \\ &= \int_a^b [S_3''(x)]^2 \mathrm{d}x + \int_a^b [v''(x)]^2 \mathrm{d}x + 2\int_a^b S_3''(x) v''(x) \mathrm{d}x \end{aligned}$$

现在来考察上式最后一项

$$\begin{aligned} &\int_a^b S_3''(x) v''(x) \mathrm{d}x = \sum_{i=1}^n \int_{x_{i-1}}^{x_i} S_3''(x) v''(x) \mathrm{d}x \\ &= \sum_{i=1}^n S_3''(x) v'(x) |_{x_{i-1}}^{x_i} - \sum_{i=1}^n \int_{x_{i-1}}^{x_i} S_3'''(x) v'(x) \mathrm{d}x \\ &= S_3''(x_n) v'(x_n) - S_3''(x_0) v'(x_0) - \sum_{i=1}^n \int_{x_{i-1}}^{x_i} S_3'''(x) \mathrm{d}v(x) \\ &= -\sum_{i=1}^n S_3'''(x) v(x) |_{x_{i-1}}^{x_i} + \int_{x_{i-1}}^{x_i} v(x) \mathrm{d}S_3'''(x) = 0 \end{aligned}$$

因此

$$\int_a^b [s''(x)]^2 \mathrm{d}x = \int_a^b [S_3''(x)]^2 \mathrm{d}x + \int_a^b [v''(x)]^2 \mathrm{d}x$$

从而(3.4.19)式成立，且只有当$\int_a^b[v''(x)]^2\mathrm{d}x=0$，即$[a,b]$上$v''(x)\equiv 0$时(3.4.19)式的等号才成立，从而$v(x)$为线性函数. □

从上述证明可以看到，条件$v'(x_0)=v'(x_n)=0$保证了$S_3''(x_n)v'(x_n)-S_3''(x_0)v'(x_0)=0$. 但如果取消条件$v'(x_0)=v'(x_n)=0$，则对于三次自然样条$S_3(x)$，由于此时$S_3''(x_0)=S_3''(x_n)=0$，因此仍可保证$S_3''(x_n)v'(x_n)-S_3''(x_0)v'(x_0)=0$. 于是成立着下面的定理：

定理3.4.3. 设$S_3(x)$为$f(x)$在节点$x_0,x_1,\cdots,x_n$处的三次自然样条，$\mathscr{F}_2$是通过型值点$(x_i,f(x_i))(i=0,1,\cdots,n)$的二阶连续可导函数的全体，即

$$\mathscr{F}_2=\left\{s(x)\in C^2[a,b]|s(x_i)=f(x_i),i=0,1,\cdots,n\right\}$$

则对任何$s(x)\in\mathscr{F}_2$，都成立

$$\int_a^b[S_3''(x)]^2\mathrm{d}x\le\int_a^b[s''(x)]^2\mathrm{d}x \tag{3.4.20}$$

且等式仅当$s(x)=S_3(x)+l_1(x)$时成立，这里$l_1(x)$是任意的线性函数.

周期样条也有类似的性质，我们把它留作习题. 定理3.4.2、定理3.4.3称为三次样条的**极小模性质**，实际上就是力学中的势能最小原理.

下面讨论三次样条的逼近性质. 记$h=\max_{1\le i\le n}h_i,\|f\|_\infty=\max_{a\le x\le b}|f(x)|$，我们有下面的定理

定理3.4.4. 设被插函数$f(x)\in C^4[a,b]$，$S_3(x)$为$f(x)$的三次D_1,D_2型样条插值，则在插值区间$[a,b]$上成立

$$|f^{(j)}(x)-S_3^{(j)}(x)|\le c_jh^{4-j}\|f\|_\infty^{(4)},\quad j=0,1,2. \tag{3.4.21}$$

这里$c_0=\frac{1}{16},c_1=c_2=\frac{1}{2}$.

(证明略)

习 题

3.1. 构造Lagrange插值多项式$p(x)$逼近$f(x)=x^3$，要求

(1) 取节点$x_0=-1,x_1=1$作线性插值；

(2) 取节点$x_0=-1,x_1=0,x_2=1$作抛物插值；

(3) 取节点$x_0=-1,x_1=0,x_2=1,x_3=2$作三次插值.

3.2. 给定三个数据点$(0,1),(1,2),(2,4)$，求过这些点的插值多项式$p(x)$.

3.3. 给定节点$x_0=-1, x_1=1, x_2=3, x_3=4$，试分别对下列函数导出Lagrange插值余项：

(1) $f(x)=4x^3-3x+2$

(2) $f(x)=x^4-2x^3$

3.4. 给出概率积分$y=\frac{2}{\sqrt{\pi}}\int_0^x e^{-t^2}\mathrm{d}t$的如下数据表

x	0.46	0.47	0.48	0.49
y	0.4846555	0.4937452	0.5027498	0.5116683

用二次插值计算. 试问

(1) 当$x=0.472$时该积分值是多少？

(2) 当x为何值时积分值为0.5？

3.5. 依据数据表

x	0.32	0.34	0.36
$y=\sin x$	0.314567	0.333487	0.352274

试用线性插值和抛物插值分别计算$\sin 0.3367$的近似值并估计误差.

3.6. 给定节点$x_0=0, x_1=1$，求函数$f(x)=e^{-x}$的一次插值多项式，并估计插值误差.

3.7. 证明：对于$f(x)$的以x_0, x_1为节点的一次插值多项式$p(x)$，插值误差满足

$$|f(x)-p(x)|\le\frac{(x_1-x_0)^2}{8}\max_{x_0\le x\le x_1}|f''(x)|$$

3.8. 证明：对于次数不超过n的多项式$f(x)$，其n次插值多项式$p_n(x)$就是其自身，即有$p_n(x)=f(x)$.

3.9. 证明：对于所有x，都有$\sum_{i=0}^n l_i(x)=1$，其中$l_i(x)$是n个节点的Lagrange插值基函数.

3.10. 证明：如果g是函数f在节点$x_0, x_1, \cdots, x_{n-1}$上的插值，而$h$是$f$在节点$x_1, x_2, \cdots, x_n$上的插值，则函数

$$g(x)+\frac{x_0-x}{x_n-x_0}[g(x)-h(x)]$$

是f在节点$x_0, x_1, \cdots, x_n$ 上的插值.

3.11. 依据数据表

x	0	1	2	4	5
$y=\sqrt{x}$	0	1	1.41421356	2	2.23606798

用Neville方法求$\sqrt{3}$的近似值.

3.12. 设$f(x)=x^3+3x^2+x+7$，试求差商$f[1,2,3,4], f[1,2,3,4,5]$的值.

3.13. 对于函数f，给定向前差商如下：

$$
\begin{array}{llll}
x_0 = 0.0 & f(x_0) & & \\
 & & f[x_0,x_1] & \\
x_1 = 0.4 & f(x_1) & & f[x_0,x_1,x_2] = \frac{50}{7} \\
 & & f[x_1,x_2] = 10 & \\
x_2 = 0.7 & f(x_2) = 6 & &
\end{array}
$$

确定表中空缺的项.

3.14. 给定函数$f(x) = x^3 - 4x$，试建立关于节点$x_i = i + 1, i = 0, 1, \cdots, 5$的差商表，并求出关于节点$x_0, x_1, x_2, x_3$的插值多项式$p(x)$.

3.15. 依据数据点$(i, \cos i), i = 0, 1, 2, 3, 4$构造$f(x) = \cos x$的差商表，并依次给出插值多项式$p_1(x)$，$p_2(x)$和$p_3(x)$.

3.16. 给定下面的数据表

x	0.0	0.2	0.4	0.6	0.8
$f(x)$	1.00000	1.22140	1.49182	1.82212	2.22554

(1) 用Newton向前差商公式求$f(0.05)$的近似值；

(2) 用Newton向后差商公式求$f(0.65)$的近似值；

(3) 用Bessel公式求$f(0.43)$的近似值；

(4) 用Stirling公式求$f(0.43)$的近似值.

3.17. 设$f(x) = x^k$(k为正整数)，证明

$$f[x_0, x_1, \cdots, x_n] = \begin{cases} 0, & \text{当}n > k\text{时} \\ 1, & \text{当}n = k\text{时} \end{cases}$$

3.18. 用矩阵理论中的Cramer法则证明

$$f[x_0, x_1, \cdots, x_n] = \begin{vmatrix} 1 & x_0 & x_0^2 & \cdots & x_0^{n-1} & f(x_0) \\ 1 & x_1 & x_1^2 & \cdots & x_1^{n-1} & f(x_1) \\ \vdots & \vdots & \vdots & & \vdots & \vdots \\ 1 & x_n & x_n^2 & \cdots & x_n^{n-1} & f(x_n) \end{vmatrix} \div \begin{vmatrix} 1 & x_0 & x_0^2 & \cdots & x_0^n \\ 1 & x_1 & x_1^2 & \cdots & x_1^n \\ \vdots & \vdots & \vdots & & \vdots \\ 1 & x_n & x_n^2 & \cdots & x_n^n \end{vmatrix}$$

3.19. 设$f(x) = 1/x$，证明

$$f[x_0, x_1, \cdots, x_n] = (-1)^n \prod_{i=0}^{n} x_i{-1}$$

3.20. 对下列表值Newton插值多项式.

x	0	1	2	7
y	51	3	1	201

3.21. 设$p(x)=2-(x+1)+x(x+1)-2x(x+1)(x-1)$是下列表值中4前点上的插值多项式，

x	-1	0	1	2	3
y	2	1	2	-7	10

试p上添加一项，求出关于整个表值的一个插值多项式.

3.22. 证明：Stirling公式(3.1.39)成立.

3.23. 求满足条件$p(0)=p'(0)=0, p(1)=p'(1)=1$的插值多项式$p(x)$.

3.24. 求满足条件$p(0)=p(1)=p'(1)=0, p(2)=1$的插值多项式$p(x)$.

3.25. 求满足条件$p(0)=0, p(1)=1, p(2)=2, p(3)=3, p'(2)=0$的插值多项式$p(x)$.

3.26. 求满足条件$p(x_i)=f(x_i), i=0,1,2, p'(x_1)=f'(x_1)$的插值多项式$p(x)$.

3.27.
求满足条件$p(x_i)=f(x_i), i=0,1, p'(x_0)=f'(x_0), p''(x_0)=f''(x_0)$的插值多项式$p(x)$.

3.28. 令$z_0=x_0, z_1=x_0, z_2=x_1, z_3=x_1$，构造下面的差商表：

$$
\begin{array}{lllll}
z_0=x_0 & f(z_0)=f(x_0) & & & \\
 & & f[z_0,z_1]=f'(x_0) & & \\
z_1=x_0 & f(z_1)=f(x_0) & & f[z_0,z_1,z_2] & \\
 & & f[z_1,z_2] & & f[z_0,z_1,z_2,z_3] \\
z_2=x_1 & f(z_2)=f(x_1) & & f[z_1,z_2,z_3] & \\
 & & f[z_2,z_3]=f'(x_1) & & \\
z_3=x_1 & f(z_3)=f(x_1) & & &
\end{array}
$$

证明三次Hermite插值多项式$H_3(x)$也可写为

$$f(z_0)+f[z_0,z_1](x-x_0)+f[z_0,z_1,z_2](x-x_0)^2+f[z_0,z_1,z_2,z_3](x-x_0)^2(x-x_1)$$

(注意:上表中定义了重节点差商. 据此Hermite插值多项式可以用构造Newton插值多项式的相同方式来构造. 你能应用这个结果重作习题3.23, 习题3.24, 习题3.25, 习题3.26和习题3.27吗？)

3.29. 将区间$[-5,5]$分为10等份，$f(x)=\frac{1}{1+x^2}$的分段线性插值函数$S(x)$，并估计各段中点的插值误差.

3.30. 将区间$[a,b]$分为n等份，步长$h=\frac{b-a}{n}$，求$f(x)=x^2$的分段线性插值函数$S(x)$，并估计插值误差.

3.31. 将区间$[0,\pi]$分为n等份，步长$h=\frac{2\pi}{n}$，设已给出$f(x)=\cos x$在节点上的函数值，如果要求插值误差不超过$\frac{1}{2}\times10^{-5}$，问步长h应取多大？

3.32. 确定下列函数是否为一个二次样条函数：

$$f(x)=\begin{cases} x, & x\in(-\infty,1] \\ -\frac{1}{2}(2-x)^2+\frac{3}{2}, & x\in[1,2] \\ \frac{3}{2} & x\in[2,+\infty) \end{cases}$$

3.33. 试问上题中的函数是一个三次样条函数吗？

3.34. 设分段多项式

$$S(x)=\begin{cases} x^3+x^2, & 0\le x\le 1 \\ 2x^3+bx^2+cx-1, & 1\le x\le 2 \end{cases}$$

是以0, 1, 2为节点的三次样条函数，试确定系数b, c的值.

3.35. 确定a, b, c, d, e的值，使得下列函数是一个三次样条：

$$f(x)=\begin{cases} a(x-2)^2+b(x-1)^3, & x\in(-\infty,1] \\ c(x-2)^2, & x\in[1,3] \\ d(x-2)^2+e(x-3)^3 & x\in[3,+\infty) \end{cases}$$

其次，确定这些参数的值，使得这个三次样条插值为下列表值：

x	0	1	4
y	26	7	25

3.36. 确定a, b, c的值，使得下列函数是一个具有节点0, 1, 2的三次样条：

$$f(x)=\begin{cases} 3+x-9x^2, & x\in[0,1] \\ a+b(x-1)+c(x-1)^2+d(x-1)^3 & x\in[1,2] \end{cases}$$

其次，确定d使得$\int_0^2[f''(x)]^2dx$达到极小.

3.37. 构造适合下列数据表的三次插值样条:

x	-1	0	1	3
y	-1	1	3	5
y'	6			1

3.38. 构造适合下列数据表的自然三次插值样条:

x	-1	0	1
y	5	7	9

3.39. 确定是否存在系数a, b, c, d的值，使得下列函数

$$f(x)=\begin{cases} 1-2x, & x\in(-\infty,-3] \\ a+bx+cx^2+dx^3 & x\in[-3,4] \\ 157-32x & x\in[4,+\infty] \end{cases}$$

是区间$[-3, 4]$上的一个自然三次样条.

3.40. 在分划$a=x_0<x_1<\cdots<x_{n-1}<x_n=b$上定义一个二次样条插值函数$S(x)$需要多少个条件？$S'(x)$的连续性能提供所需的全部条件吗？

3.41. (编程题)编写程序，通过求解三弯矩方程组来建立三次样条插值函数.
(参考课本给出的Matlab程序spline3order)

3.42. (数值实验题) 在区间$[-1,1]$上对函数$f(x)=\frac{1}{1+25x^2}$，选取不同的插值节点组构造插值多项式$P_n(x)$，比较它们的误差.

(1) 取等距节点，$n=5,10,15,20$；

(2) 取节点$x_j=\cos\frac{j\pi}{n}, j=0,1,\cdots,n.n$分别取$5,10,15,20,,50$.

你能得出什么结论呢？

第 4 章　方程求根

初等数学中，给我们留下深刻印象的内容之一是一元二次方程$ax^2+bx+c=0$的求根公式：

$$x_{1,2}=\frac{-b\pm\sqrt{b^2-4ac}}{2a}$$

这种公式解对一元三次方程、一元四次方程仍然存在，可惜的是，现代数学理论已证明，五次及五次以上的代数方程不存在公式解. 可见，即使是求解比较简单的代数方程，传统的方法也未必奏效.

实际上，方程求根一直是数学中的一个重要问题，因为在科学研究和工程实践中，各种数学模型的求解最终往往归结于各种各样的方程或方程组的求根. 本章主要讨论求解一元非线性方程

$$f(x)=0 \tag{4.0.1}$$

的若干数值方法，其中，$f(x)$是x的一元函数. 满足方程(4.0.1)的数x称为方程(4.0.1)的**根**或函数$f(x)$的**零点**. 对非线性方程组的求解，我们只根据Newton法作简单介绍.

4.1　确定有根区间

要求根，首先要知道“根在哪里”，进行根的隔离，即确定根所在的区间，最好是每个“有根区间”内只有一个根. 这是很多求根算法的基础.

假设函数$f(x)$在区间$[a,b]$上连续，现在要在$[a,b]$上确定它是否存在零点. 那么根据零点定理，若$f(a)f(b)<0$，则$f(x)$ 在区间$[a,b]$上必有零点. 据此，我们可以设计这样的确定有根区间算法：首先把区间$[a,b]$分成若干小的子区间，比如，把$[a,b]$作n等份，子区间长度$h=(b-a)/n$. 然后检查每个子区间端点上函数的符号，若异号，就确定了一个小的有根区间.

当然，这样的算法确定区间$[a,b]$中没有$f(x)$的零点，$f(x)$在$[a,b]$中未必真的没有零点，原因是步长h可能过大. 很明显，只要步长h充分小，这个算法总可以把$f(x)$在区间$[a,b]$的所有零点隔离在若干个小的有根区间中，甚至可以获得满足精度要求的近似根.

下面的Matlab函数findrootinterval实现这个算法，并把有根区间标注出来.

程序：findrootinterval.m

```
function xy = findrootinterval(fun,xmin,xmax,n)
% findrootinterval  在区间[xmin,xmax]上求函数f(x)的有根区间
% 输入参数:fun: 字符串，可以是表示函数f(x)的 .m文件名，字符表达式或符号变量表达式
%         max : 初始搜索区间的左、右端点
%           n:  (可选)等分区间的份数  缺省:  n =20.
% Output: xy:两列元素的矩阵，保存有根区间的左、右端点. 若没找到有根区间,则xy = [].
if nargin<4, n=20; end
%使用内联对象，使得fun可接受字符表达式或符号变量表达式
if ischar(fun) & exist(fun)~=2
   fun = inline(fun);
elseif isa(fun,'sym')
   fun = inline(char(fun));
end
%为画出函数图形和标注有根区间作准备
xp = xmin:(xmax-xmin)/200:xmax;
yp = feval(fun,xp);
ytop = max(yp);
ybot = min(yp);
ybox = 0.05*[ybot ytop ytop ybot ybot];
%开始搜索有根区间
h=(xmax-xmin)/n;
x=xmin:h:xmax;
f= feval(fun,x);
nr = 0;
xy = [];
for k = 1:length(f)-1
    if sign(f(k))~=sign(f(k+1))  %  判断子区间端点的函数值是否异号
        nr = nr + 1;
        xy(nr,:) = [x(k) x(k+1)];  % 保存有根区间的端点到输出矩阵
        hold on;
        fill([x(k) x(k) x(k+1) x(k+1) x(k)],ybox,'r'); % 标注有根区间
    end
end
%若输出矩阵为空，给出提示信息，直接返回.~
if isempty(xy)
    warning('未发现有根区间.请检查初始搜索区间[xmin,xmax]或者增大n,重新运行');
    return;
end
%画出函数的图形，标注坐标轴,
plot(xp,yp,'b',[xmin xmax],[0 0],'b','LineWidth',1.5)
grid on;
xlabel('x');
```

```
if isa(fun,'inline')
    ylabel(sprintf('f(x) = %s',formula(fun)));
else
  ylabel(sprintf('f(x) defined in %s',fun));
end
```

需要注意的是我们并没有用$f(a)\cdot f(b)<0$这个简洁的逻辑表达式来判断函数$f(x)$在区间端点的函数值是否异号. 原因是两个数的乘积可能导致下溢,被当作机器零处理,从而导致对函数符号的检测出错,而且这种错误很难发现. 使用Matlab的`sign`函数判别比较可靠. 例如

```
>> format long
>> fa=1e-120;fb=-2e-300;
>> fa*fb
ans =
     0
>> sign(fa)~=sign(fb)
ans =
     1
```

例4.1.1. *求下列方程在给定区间上的有根区间.*

(1) $\sin(3x)=0, 1\le x\le 8$

(2) $\cos(5x)=x, -2\pi\le x\le 2\pi$

(3) $x-x^{\frac{1}{3}}-2=0, 0<x<5$

解 我们用上述Matlab函数findrootinterval计算. 结果如下(参见图4.1.1，图4.1.2，图4.1.3):

(1)

```
>> findrootinterval('sin(3*x)',1,8)
ans =
        1.0000    1.3500
        2.0500    2.4000
        3.1000    3.4500
        4.1500    4.5000
        5.2000    5.5500
        6.2500    6.6000
        7.3000    7.6500
```

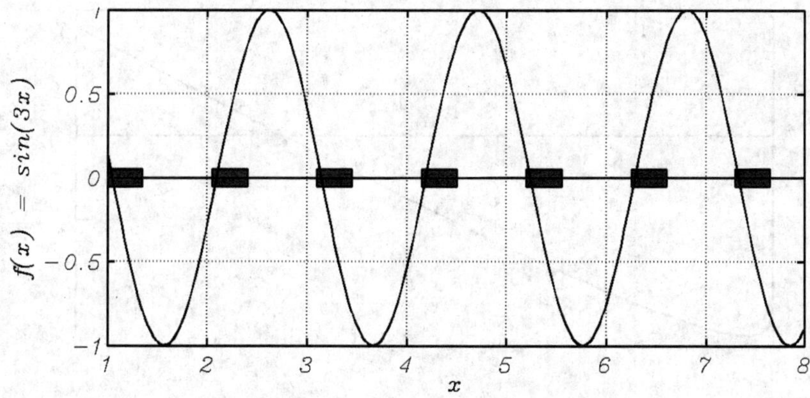

图 4.1.1 方程$\sin(3x) = 0$的有根区间

(2)

```
>> findrootinterval('cos(5*x)-x',-2*pi,2*pi)
ans =
   -1.2566   -0.6283
   -0.6283         0
         0    0.6283
```

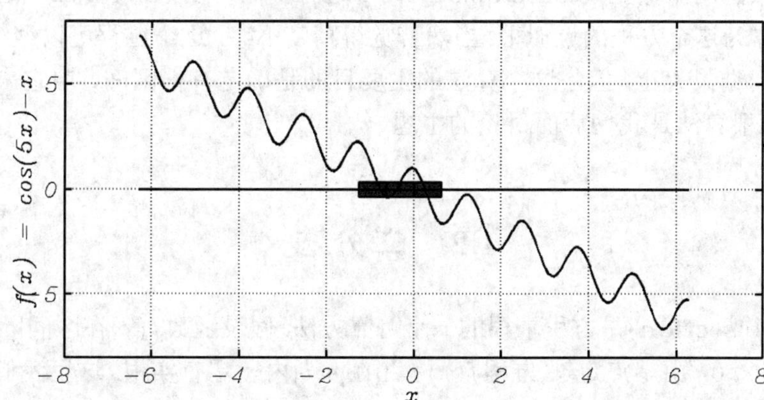

图 4.1.2 方程$\cos(5x) = x$的三个有根区间(连成了一片)

(3)

```
>> findrootinterval('x-x.^(1/3)-2',0,5)
ans =
    3.5000    3.7500
```

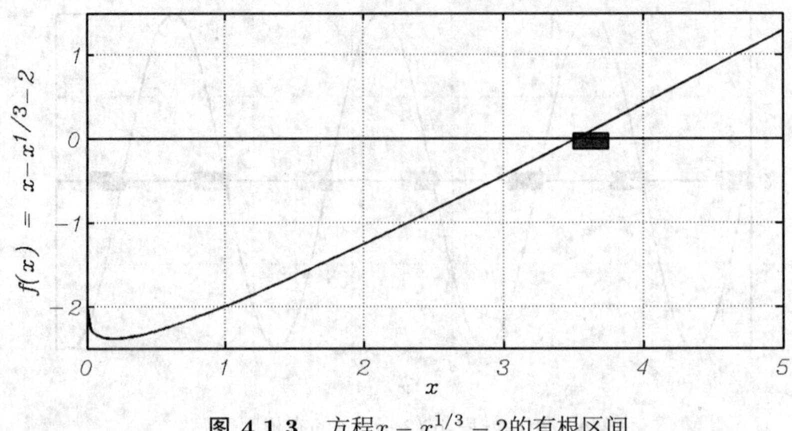

图 4.1.3 方程$x - x^{1/3} - 2$的有根区间

由此，我们知道，方程$x - x.^{1/3} - 2$在区间[3.5,3.75]上有一个根. 若使用下面的命令

```
>> findrootinterval('x-x.^(1/3)-2',3.5,3.75,100)
ans =
    3.5200    3.5225
```

则我们把有根区间压缩至[3.5200 , 3.5225]了. 这时我们可以把$x = 3.52$或这个区间的任何其他数作为这个方程的近似根. 当然若觉得精度不够，这个过程可以继续下去，直到得到满意的结果为止. 但是这个算法的主要目的是确定有根区间，用它来求根当然速度不快. 求根算法是我们后面讨论的主题.

4.2 二分法

二分法(bisection)是方程求根的一个可靠方法. 假设函数$f(x)$在区间$[a, b]$上连续，且$f(a) \cdot f(b) < 0$，由零点定理,方程$f(x) = 0$在$[a, b]$内一定有实根. 这里我们进一步假定它在$[a, b]$内有唯一的实根x^*.

二分法的基本思想是:取区间$[a, b]$的中点$x_0 = \frac{a+b}{2}$，把区间$[a, b]$平分成两个区间$[a, x_0]$和$[x_0, b]$，则$f(x_0)$只有三种可能：(1)$f(x_0) = 0$，这时x_0即为所求根，算法可以结束. (2)$f(a)f(x_0) > 0$，这时取$a_1 = x_0, b_1 = b$，$f(x)$的根x^*必落在区间$[a_1, b_1]$上.(3) $f(a)f(x_0) < 0$，这时取$a_1 = a, b_1 = x_0$，$f(x)$的根x^*必落在区间$[a_1, b_1]$上. 因此要么中点x_0就是所求的根，要么根x^*落在新的有根区间$[a_1, b_1]$上，而其长度仅为$[a, b]$的一半. 然后对$[a_1, b_1]$重复上述过程(见图4.2.1).

如此反复二分下去，要么到某一步，有根区间$[a_k, b_k]$的中点$x_k = \frac{a_k+b_k}{2}$即为所求根x^*，亦即$f(x_k) = 0$;要么得到一系列有根区间

$$[a, b] \supset [a_1, b_1] \supset [a_2, b_2] \supset \cdots$$

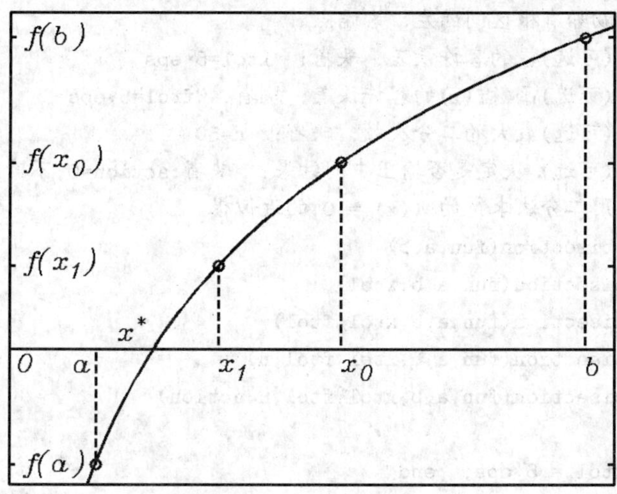

图 4.2.1 有根区间的二分过程

其中每个区间的长度都是其前一区间长度的一半. 因此二分n次后，$x^* \in [a_n, b_n]$，记其中点为$x_n = \frac{a_n+b_n}{2}$则

$$|x^* - x_n| \le |b_n - a_n| \le \frac{1}{2^n}(b-a) \tag{4.2.1}$$

若近似根的容许误差给定为ε，那么只要

$$\frac{1}{2^n}(b-a) < \varepsilon$$

x_n就可以作为近似根了. 由此我们知道对分次数$n > [-\ln\frac{\varepsilon}{b-a}/\ln 2]$.

因此，最新的有根区间$[a_n, b_n]$长度不超过容许误差ε，即

$$|b_n - a_n| \le \varepsilon$$

可以作为我们的第一个停机准则. 第两个停机准则当然是最新的有根区间$[a_n, b_n]$的中点$x_n = \frac{a_n+b_n}{2}$满足$f(x_n) = 0$. 实际计算时，只要$|f(x_n)|$很小，就可把x_n作为近似根了. 这样第两个停机准则可以表示为

$$|f(x_n)| \le \delta$$

δ是给定的另一个容许误差. 从(4.2.1)式知道，只要对分次数充分多，总可以得到所要求精度的近似根. 但实际计算时，常常提供第三个停机准则：最大二分次数N. 当达到最大步数N时若还没有达到容许误差，也结束算法的运行.

下面的Matlab函数bisection实现这个算法.

程序：bisection.m

```
function x = bisection(fun,a,b,xtol,ftol,n,action)
% bisection  用二分法求 f(x) = 0 的根
%输入参数: fun : 字符串，可以是表示函数f(x)的 .m文件名，字符表达式或符号变量表达式
```

```
%          a,b : 初始有根区间的左、右端点
%         xtol : (可选)根的容许误差. 缺省:  xtol=5*eps
%         ftol : (可选)函数f(x)的容许误差. 缺省:  ftol=5*eps
%            n : (可选)最大的二分次数. 缺省:  n=50
%       action: (可选) 决定是否输出中间结果.  缺省:action=0,不输出
%输出参数:  x:  用二分法求得的 f(x) = 0 的近似根
%调用方式:  x = bisection(fun,a,b)
%           x = bisection(fun,a,b,xtol)
%           x = bisection(fun,a,b,xtol,ftol)
%           x = bisection(fun,a,b,xtol,ftol,n)
%           x = bisection(fun,a,b,xtol,ftol,n,action)
%
if nargin <4,  xtol = 5*eps;  end
if nargin <5,  ftol = 5*eps;  end
if nargin <6,  n=50;  end
if nargin <7,  action=0;   end
%使用内联对象，使得fun可接受字符表达式或符号变量表达式
if ischar(fun) & exist(fun)~=2
    fun = inline(fun);
elseif isa(fun,'sym')
    fun = inline(char(fun));
end
xeps = max(xtol,5*eps);          % 最小容许误差为 5*eps
feps = max(ftol,5*eps);
fa = feval(fun,a);
fb = feval(fun,b);
if sign(fa)==sign(fb)
    error(sprintf('[%f, %f]不是有根区间',a,b));
end
if isa(fun,'inline')
    funstr=formula(fun);
else
    funstry=[fun,'.m'];
end if action
    fprintf('\n 区间[%f, %f]上函数 %s 的二分法求根\n',a,b,funstr);
    fprintf('   k        xm             fm\n');
end
for k=1:n
    xe = b - a;
    xm = a + 0.5*xe;
    fm = feval(fun,xm);
    if action
        fprintf('%4d  %12.4e  %12.4e\n',k,xm,fm);
```

```
    end
    if (abs(fm) < feps) | (abs(xe)< xeps)
        x = xm;
        return;
    end
    if sign(fm)==sign(fa)
        a = xm;  fa = fm;
    else
        b = xm;  fb = fm;
    end
end
warning(sprintf('在二分指定的次数 %d 后仍未找到满足指定容许误差的根\n',n));
```

例4.2.1. 用二分法求方程

$$x - x^{\frac{1}{3}} - 2 = 0, \quad 0 < x < 5$$

在给定区间的根.

解 我们用函数bisection求该方程的根，运行结果如下:

```
>> format long
>> bisection('x-x.^(1/3)-2',0,5,1e-6,1e-6,100,1)
 区间[0.000000, 5.000000]上函数 x-x.^(1/3)-2 的二分法求根
   k       xm              fm
   1   2.5000e+000  -8.5721e-001
   2   3.7500e+000   1.9638e-001
   3   3.1250e+000  -3.3701e-001
   4   3.4375e+000  -7.1703e-002
   5   3.5938e+000   6.2019e-002
   6   3.5156e+000  -4.9255e-003
   7   3.5547e+000   2.8526e-002
   8   3.5352e+000   1.1795e-002
   9   3.5254e+000   3.4335e-003
  10   3.5205e+000  -7.4632e-004
  11   3.5229e+000   1.3435e-003
  12   3.5217e+000   2.9858e-004
  13   3.5211e+000  -2.2388e-004
  14   3.5214e+000   3.7349e-005
  15   3.5213e+000  -9.3264e-005
  16   3.5213e+000  -2.7957e-005
```

```
  17    3.5214e+000    4.6960e-006
  18    3.5214e+000   -1.1631e-005
  19    3.5214e+000   -3.4673e-006
  20    3.5214e+000    6.1434e-007
ans =
   3.52138042449951
```

可以看到，我们取初始有根区间[0,5]，容许误差10^{-6}，经过20次对分，得到近似解$x^*=3.521380$. 上一节，我们把该方程的有根区间压缩至[3.52, 3.5225]，以此为初始有根区间，计算结果如下：

```
>> format long
>> bisection('x-x.^(1/3)-2',3.52,3.5225,1e-6,1e-6,100,1)
 区间[3.520000, 3.522500]上函数 x-x.^(1/3)-2 的二分法求根
   k         xm            fm
   1    3.5213e+000   -1.1103e-004
   2    3.5219e+000    4.2397e-004
   3    3.5216e+000    1.5647e-004
   4    3.5214e+000    2.2721e-005
   5    3.5213e+000   -4.4153e-005
   6    3.5214e+000   -1.0716e-005
   7    3.5214e+000    6.0021e-006
   8    3.5214e+000   -2.3571e-006
   9    3.5214e+000    1.8225e-006
  10    3.5214e+000   -2.6730e-007
ans =
   3.52137939453125
```

只须10次对分，就得到近似根$x^*=3.521379$.

二分法的优点是简单可靠，总能收敛. 缺点一是首先要确定有根区间，尽管上一节我们专门讨论了确定有根区间的算法，但一般而言，这并非易事；二是收敛速度太慢.

4.3　一般迭代法

在介绍更快的求根算法之前，我们先介绍一般迭代法的设计思想，收敛速度的定义，一些收敛定理及加速收敛的方法.

4.3.1　一般迭代法的设计思想

迭代法是最常用的近似方法. 对于求函数方程(4.0.1)的近似根而言，首先将方程

(4.0.1)化成等价的方程

$$x = \varphi(x) \tag{4.3.1}$$

其中，$\varphi(x)$称为**迭代函数**. 所谓等价，指的是若x^*是方程(4.0.1) 的根，那么$x^* = \varphi(x^*)$，即x^*满足方程(4.3.1)；反之，若x^*满足方程(4.3.1)，那么$f(x^*) = 0$，即x^*是方程(4.0.1)的根. 然后以方程(4.3.1)为基础，就可以建立迭代算法了. 其设计思想是取根x^*的一个初始猜测值x_0，然后由

$$x_{k+1} = \varphi(x_k), k = 0, 1, 2, \cdots \tag{4.3.2}$$

产生一个序列$\{x_k\}$，我们称其为**迭代序列**. 显然要能产生这个迭代序列，必须要求x_k在迭代函数$\varphi(x)$的定义域中. 因此我们假定$\varphi(x)$在区间$[a, b]$上连续,且当$x \in [a, b]$时,$\varphi(x) \in [a, b]$. 这样$\{x_k\} \subset [a, b]$. 若$\{x_k\}$收敛于某$\bar{x}$，则$\bar{x}$必满足方程(4.3.1),即$\bar{x}$为方程(4.3.1)的根,若方程(4.3.1)在$[a, b]$上只有唯一的根,则$\bar{x} = x^*$,即为所求了. 我们也称方程(4.3.1)的根为函数$\varphi(x)$的**不动点**,因此迭代算式(4.3.2)也称**不动点迭代**.

从几何上看，方程(4.3.1)的根x^*就是直线$y = x$与曲线$y = \varphi(x)$的交点P^*的横坐标. 迭代过程也可用图像说明，如图4.3.1.

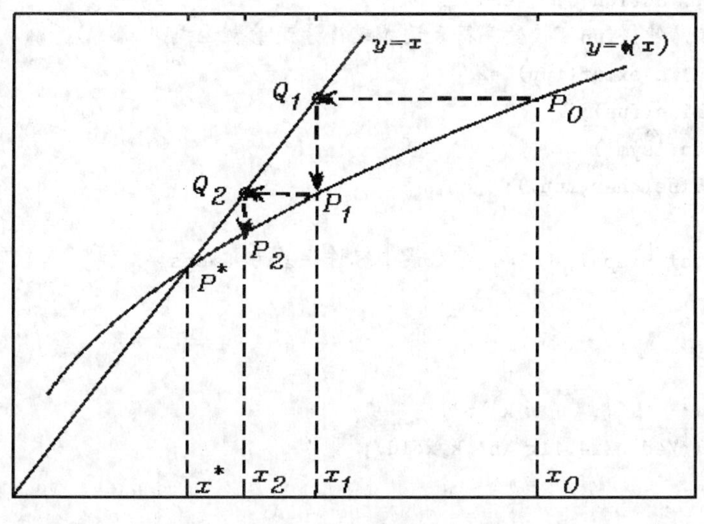

图 4.3.1　迭代过程

对于某个猜测值x_0，在曲线$y = \varphi(x)$上得到以x_0为横坐标的点P_0，P_0的纵坐标为$\varphi(x_0) = x_1$.过P_0作平行于x轴的直线，设交直线$y = x$于Q_1，然后过Q_1再作平行于y轴的直线，设它与$y = \varphi(x)$的交点为P_1，易知P_1的横坐标即为迭代值x_1. 按图中箭头所示的路径继续走下去，在曲线$y = \varphi(x)$上得到点列$P_1, P_2, \cdots$，其横坐标就是迭代值$x_1, x_2, \cdots$.如果迭代收敛，则点$P_1, P_2, \cdots$将越来越接近所求的交点P^*，其横坐标x^*就是方程(4.3.1)的根.

下面的Matlab函数iteration实现不动点迭代. 其中应用了两个停机准则，一是最大迭代次数，二是前后两次迭代的迭代值之差的绝对值不超过给定的容许误差.

程序：iteration.m

```
function x=iteration(fun,x0,xtol,n,action)
% iteration  用迭代法求 x=f(x) 的根
%输入参数:fun:字符串,可以是表示迭代函数f(x)的.m文件名，字符表达式或符号变量表达式
%          x0 :初始值
%        xtol :(可选)容许误差.~停机准则一 : 当前后两次迭代值之差的绝对值小于xtol时
%                 结束迭代.~缺省:  xtol=5*eps
%           n:(可选)最大的迭代次数.~停机准则二:当迭代达到n次时结束迭代.~缺省:n=20
%       action: (可选) 决定是否输出中间结果.~ 缺省:action=0,不输出
%输出参数:  x:  用迭代法求得的 x=f(x) 的近似根
%调用方式:  x = iteration(fun,x0)
%           x = iteration(fun,x0,xtol)
%           x = iteration(fun,x0,xtol,n)
%           x = iteration(fun,x0,xtol,n,action)
%
if nargin <3,  xtol = 5*eps;  end
if nargin <4,  n=20;  end
if nargin <5,  action=0;   end
%使用内联对象，使得fun可接受字符表达式或符号变量表达式
if ischar(fun) & exist(fun)~=2
    fun = inline(fun);
elseif isa(fun,'sym')
    fun = inline(char(fun));
end
xeps = max(xtol,5*eps);          % 最小容许误差为 5*eps
xold=x0;
k=0;
if action
     fprintf('   k         x_k \n');
     fprintf('%4d  %14.11g \n',k,xold);
end
for k=1:n
    xnew = feval(fun,xold);
    xe= xnew-xold;
    if action
        fprintf('%4d  %14.11g \n',k,xnew);
    end
    if (abs(xe)< xeps)
        x =  xnew;
        return;
    else
        xold=xnew;
    end
```

```
end
warning(sprintf('在达到指定的次数 %d 后仍未找到满足指定容许误差的根\n',n));
x=xnew;     %仍返回最后的迭代值
```

例4.3.1. 用迭代法求方程

$$x - x^{\frac{1}{3}} - 2 = 0$$

的根.

解 由例4.2.1，我们知道这个方程的根在$x = 3.5$附近. 我们构造如下三个迭代函数

$$\varphi_1(x) = x^{\frac{1}{3}} + 2$$
$$\varphi_2(x) = (x-2)^3$$
$$\varphi_3(x) = \frac{6 + 2x^{\frac{1}{3}}}{3 - x^{-\frac{2}{3}}}$$

表4.3.1是初始值$x_0 = 3$时，分别用这三个迭代函数由程序iteration得到的迭代序列,其中$xtol = 10^{-8}$. 我们看到，不同迭代函数产生的迭代序列收敛情况差别很大：$\varphi_3(x)$迭代函数产生的迭代序列不仅收敛，而且收敛得很快，只须三次迭代，就得到11位有效数字的近似根. $\varphi_1(x)$收敛，但速度相对较慢，须迭代11次，而$\varphi_2(x)$是发散的.

表 4.3.1 迭代结果

k	$x_k = \varphi_1(x_{k-1})$	$x_k = \varphi_2(x_{k-1})$	$x_k = \varphi_3(x_{k-1})$
0	3	3	3
1	3.4422495703	1	3.5266442931
2	3.5098974493	-1	3.5213801474
3	3.5197243050	-27	3.5213797068
4	3.5211412691	-24389	3.5213797068
5	3.5213453678	-1.4510715208e+013	
6	3.5213747615	-3.0553886135e+039	
7	3.5213789946	-2.8523273576e+118	
8	3.5213796042	-Inf	
9	3.5213796920	-Inf	
10	3.5213797047	-Inf	
11	3.5213797065	-Inf	

4.3.2 压缩映照原理

如何构造迭代函数，使得产生的迭代序列收敛，且收敛得快呢？这是很多求根算法研究的主题. 这里我们给出判断收敛的**压缩映照原理**.

设函数$g(x)$在区间$[a,b]$上有定义，若存在常数$L, 0 \le L < 1$，使得对区间$[a,b]$上的任何点x和y，都有

$$|g(x) - g(y)| \le L|x - y|$$

则我们称映照(或函数)g在区间$[a,b]$上是**压缩**的. 直观上看，两点x和y经过压缩映照g后得到两点$g(x)$和$g(y)$，它们之间的距离被压缩了.

定理4.3.2. (**压缩映照原理**) 设迭代函数$\varphi(x)$在区间$[a,b]$上有定义，且满足下列两个条件:

(1) 对于任何$x \in [a,b]$，都有$\varphi(x) \in [a,b]$

(2) 存在常数$L, 0 \le L < 1$，使得对区间$[a,b]$上的任何点x和y，都有

$$|\varphi(x) - \varphi(y)| \le L|x - y| \tag{4.3.3}$$

即$\varphi(x)$在区间$[a,b]$上是压缩的，

则对任何的初始值$x_0 \in [a,b]$,按照*(4.3.2)*式产生的迭代序列$\{x_k\}$均收敛于方程(4.3.1)的(唯一)根x^*，且有下列误差估计:

$$|x - x^*| \le L^k|x_0 - x^*| \tag{4.3.4}$$

$$|x - x^*| \le \frac{L^k}{1-L}|x_0 - x_1| \tag{4.3.5}$$

证明 由条件(1),$\{x_k\} \subset [a,b]$，再由

$$x_{k+1} = \varphi(x_k), \qquad x_k = \varphi(x_{k-1})$$

两式相减，并应用条件(2)，得

$$|x_{k+1} - x_k| = |\varphi(x_k) - \varphi(x_{k-1})| \le L|x_k - x_{k-1}| \le L^k|x_1 - x_0|$$

于是对任意的正整数p,

$$\begin{aligned}|x_{k+p} - x_k| &\le |x_{k+p} - x_{k+p-1}| + |x_{k+p-1} - x_{k+p-2}| + \cdots + |x_{k+1} - x_k| \\ &\le (L^{k+p-1} + L^{k+p-2} + \cdots + L^k)|x_1 - x_0| \\ &= \frac{L^k(1-L^p)}{1-L}|x_1 - x_0| \\ &\le \frac{L^k}{1-L}|x_1 - x_0|\end{aligned}$$

由于$0 \le L < 1$，所以对任意整数ε，存在正整数N，当$k > N$时，$\frac{L^k}{1-L}|x_1 - x_0| < \varepsilon$. 因此$\{x_k\}$是Cauchy序列. 于是$\{x_k\}$的极限存在，记为$x^*$，且因$x_k \in [a,b]$知，$x^* \in [a,b]$，即我们有$\lim\limits_{k\to\infty} x_k = x^*$.

又由条件(2)可知，$\varphi(x)$在区间$[a,b]$上连续. 在(4.3.2)式两边取极限，得

$$x^* = \varphi(x^*)$$

故x^*为方程(4.3.1)的根. 容易知道，这时方程(4.3.1)只有唯一根，因为若(4.3.1)在区间$[a,b]$上还有另一个不同的根x^{**}，即

$$x^* = \varphi(x^*), \qquad x^{**} = \varphi(x^{**})$$

则由条件(2)，

$$|x^{**}-x^*|=|\varphi(x^{**})-\varphi(x^*)|\leq L|x^{**}-x^*|<|x^{**}-x^*|$$

产生矛盾.

注意到

$$x^*=\varphi(x^*),\qquad x_k=\varphi(x_{k-1})$$

两式相减得

$$|x^*-x_k|=|\varphi(x^*)-\varphi(x_{k-1})|\leq L|x^*-x_{k-1}|\leq L^k|x^*-x_0|$$

(4.3.4)式得证.

又由

$$|x^*-x_1|\leq L|x^*-x_0|\leq L|x^*-x_1|+L|x_1-x_0|$$

得

$$|x^*-x_1|\leq\frac{L}{1-L}|x_1-x_0|$$

从而

$$|x^*-x_0|\leq|x^*-x_1|+|x_1-x_0|\leq(\frac{L}{1-L}+1)|x_1-x_0|\leq\frac{1}{1-L}|x_1-x_0|$$

于是由(4.3.4)式即可得到(4.3.5)式. □

若$\varphi(x)$在区间(a,b)上可导，且导数$\varphi'(x)$满足$|\varphi'(x)|\leq L<1$，则由Lagrange中值定理，对区间$[a,b]$上的任何点x和y，都有

$$|\varphi(x)-\varphi(y)|=|\varphi'(\xi)||x-y|\leq L|x-y|$$

其中ξ是x和y之间的某点. 因此$\varphi(x)$在区间$[a,b]$上是压缩的. 于是我们有下面的推论:

推论4.3.3. 设迭代函数$\varphi(x)$在区间$[a,b]$上可导，且满足下列两个条件:

(1) 对于任何$x\in[a,b]$，都有$\varphi(x)\in[a,b]$;

(2) 存在常数$L, 0\leq L<1$，使得对任何点$x\in(a,b)$,都有$|\varphi'(x)|\leq L$.

则对任何的初始值$x_0\in[a.b]$,按照(4.3.2)式产生的迭代序列$\{x_k\}$均收敛于方程(4.3.1)的(唯一)根x^*，且误差估计式(4.3.4)(4.3.5)成立.

4.3.3 局部收敛性

定理4.3.2和推论4.3.3中给出的迭代序列$\{x_k\}$对于任何初始值$x_0\in[a,b]$都收敛，这种收敛性通常称为**整体收敛性**. 然而在实际应用中，区间$[a,b]$的大小很难确定. 因此实际应用时，迭代初值x_0往往只在不动点x^*附近选取，考察其局部收敛性.

称迭代过程(4.3.2)是**局部收敛**的，若存在不动点x^*的某个邻域$\bar{U}(x^*,\delta)=\{x||x-x^*|\leq\delta\}$，使得对于任何初始值$x_0\in\bar{U}(x^*,\delta)$，该迭代过程都收敛. 这种在根的邻近所具有的收敛性称为**局部收敛性**.

定理4.3.4. 设迭代函数$\varphi(x)$在其不动点x^*附近有连续的一阶导数，且

$$|\varphi'(x^*)| < 1$$

则不动点迭代(4.3.2)在x^*邻近具有局部收敛性.

证明 由于$|\varphi'(x^*)| < 1$，由连续性，存在闭邻域$\bar{U}(x^*, \delta)$及常数$L < 1$，使得

$$|\varphi'(x)| \leq L, \qquad \forall x \in \bar{U}(x^*, \delta)$$

因此推论4.3.3的条件(2)满足.

又由Lagrange中值定理，

$$\varphi(x) - \varphi(x^*) = \varphi'(\xi)(x - x^*), \qquad \xi\text{位于}x\text{与}x^*\text{之间}$$

注意到$\varphi(x^*) = x^*$，而当$x \in \bar{U}(x^*, \delta)$时，$\xi \in \bar{U}(x^*, \delta)$，故有

$$|\varphi(x) - x^*| \leq L|x - x^*| < |x - x^*| \leq \delta$$

即$\varphi(x) \in \bar{U}(x^*, \delta)$. 因此推论4.3.3的条件(1)也满足. 于是由推论4.3.3，对于任何$x_0 \in \bar{U}(x^*, \delta)$，迭代(4.3.2)都收敛. □

4.3.4 收敛速度

一个迭代法要具有实用价值，不仅要求它是收敛的，而且要求它"快快"收敛. 那么收敛速度是如何定义的呢？

定义4.3.5. 设序列$\{p_n\}_{n=0}^{\infty}$收敛于p，且对所有n，$p_n \neq p$. 如果存在常数$q \geq 1$和$c > 0$，使得

$$\lim_{n \to \infty} \frac{|p_{p+1} - p|}{|p_n - p|^q} = c \tag{4.3.6}$$

成立，则称序列$\{p_n\}$是q**阶收敛**的，或者说序列$\{p_n\}$**以阶**q**收敛于**p. 称迭代法$x_{k+1} = \varphi(x_k)$是q**阶收敛**的，如果相应的迭代序列$\{x_k\}$是q**阶收敛**的. 特别地，当$q = 1$且$0 < c < 1$时称为**线性收敛**，$q > 1$时称为**超线性收敛**，$q = 2$时称为**平方收敛**或**二次收敛**.

容易验证

(1) 序列$\{p_n\} = \{(\frac{1}{2})^n\}$： $1, \quad \frac{1}{2}, \quad \frac{1}{2^2}, \quad \frac{1}{2^3}, \quad \cdots$ 是线性收敛的；

(2) 序列$\{p_n\} = \{(\frac{1}{2})^{2^n}\}$： $1, \quad \frac{1}{2^2}, \quad \frac{1}{2^4}, \quad \frac{1}{2^8}, \quad \cdots$ 是二次收敛的；

(3) 由(4.2.1)式可知，二分法的收敛性与$(\frac{1}{2})^n$相当，因此是线性收敛的.

由收敛阶的定义，我们可知，对于收敛序列$\{p_n\}_{n=0}^{\infty}$，其收敛阶越大，收敛速度越快. 对于线性收敛的序列，常数c(此时称为**收敛因子**)越小，收敛速度越快.

定理4.3.6. 设迭代函数$\varphi(x)$在其不动点x^*附近有连续的二阶导数，且

$$|\varphi'(x^*)| < 1$$

则

(1) 当$\varphi'(x^*) \neq 0$时，不动点迭代(4.3.2)是线性收敛的;

(2) 当$\varphi'(x^*) = 0, \varphi''(x^*) \neq 0$时，不动点迭代(4.3.2)是平方收敛的.

更一般地，若迭代函数$\varphi(x)$在其不动点x^*附近有q阶连续导数，且

$$\begin{aligned} &\varphi'(x^*) = \varphi''(x^*) = \cdots = \varphi^{(q-1)}(x^*) = 0 \\ &\varphi^{(q)}(x^*) \neq 0 \end{aligned} \tag{4.3.7}$$

则不动点迭代(4.3.2)是q阶收敛的.

证明 由定理4.3.4，迭代序列$\{x_k\}$是局部收敛的. 由于

$$x_{k+1} = \varphi(x_k), \qquad x^* = \varphi(x^*)$$

由Lagrange中值定理，

$$x_{k+1} - x^* = \varphi(x_k) - \varphi(x^*) = \varphi'(\xi)(x_k - x^*), \qquad \xi\text{位于}x\text{与}x^*\text{之间}$$

从而

$$\lim_{n\to\infty} \frac{|x_{k+1} - x^*|}{|x_k - x^*|} = |\varphi'(x^*)|$$

故当$\varphi'(x^*) \neq 0$时，不动点迭代(4.3.2)是线性收敛的.

当$\varphi'(x^*) = 0$时，由Tayloy展开定理

$$x_{k+1} = \varphi(x_k) = \varphi(x^*) + \frac{\varphi''(\eta)}{2}(x_k - x^*)^2, \qquad \eta\text{位于}x\text{与}x^*\text{之间}$$

即

$$x_{k+1} - x^* = \frac{\varphi''(\eta)}{2}(x_k - x^*)^2$$

所以

$$\lim_{n\to\infty} \frac{|x_{k+1} - x^*|}{|x_k - x^*|^2} = |\frac{\varphi''(x^*)}{2}|$$

因此当$\varphi''(x^*) \neq 0$时，不动点迭代(4.3.2)是平方收敛的.

若条件4.3.7成立，则由Tayloy展开定理

$$x_{k+1} = \varphi(x_k) = \varphi(x^*) + \frac{\varphi^{(q)}(\eta)}{q!}(x_k - x^*)^q, \qquad \eta\text{位于}x\text{与}x^*\text{之间}$$

从而

$$\lim_{n\to\infty} \frac{|x_{k+1} - x^*|}{|x_k - x^*|^q} = \frac{|\varphi^{(q)}(x^*)|}{q!}$$

因此不动点迭代(4.3.2)是q阶收敛的. □

这个定理告诉我们，迭代序列的收敛速度依赖于迭代函数$\varphi(x)$的选取. 现在我们回到例4.3.1，看看以$\varphi_1(x)=x^{\frac{1}{3}}+2, \varphi_3(x)=\dfrac{6+2x^{\frac{1}{3}}}{3-x^{-\frac{2}{3}}}$ 为迭代函数的迭代，收敛速度是多少.

直接计算得

$$\varphi_1'(x)=\frac{1}{3\sqrt[3]{x^2}}$$
$$\varphi_3'(x)=\frac{2(x-x^{\frac{1}{3}}-2)}{x^{\frac{1}{3}}(3x^{\frac{2}{3}}-1)^2}$$
$$\varphi_3''(x)=2\frac{x^{\frac{1}{3}}(3x^{\frac{2}{3}}-1)^2(1-\frac{1}{3}x^{-\frac{2}{3}})-(x-x^{\frac{1}{3}}-2)\Big(x^{\frac{1}{3}}(3x^{\frac{2}{3}}-1)^2\Big)'}{x^{\frac{2}{3}}(3x^{\frac{2}{3}}-1)^4}$$

注意到方程$x-x^{\frac{1}{3}}-2=0$的根$x^*\approx 3.52$，因此，$0<\varphi_1'(x^*)<1, \varphi_3'(x^*)=0, \varphi_3''(x^*)\neq 0$.因此，以$\varphi_1(x)$作为迭代函数的不动点迭代是线性收敛的，以$\varphi_3(x)$作为迭代函数的不动点迭代是平方收敛的.

4.3.5 迭代加速

设序列$\{p_n\}_{n=0}^{\infty}, \{\hat{p}_n\}_{n=0}^{\infty}$都收敛于$p$. 我们称**序列$\{\hat{p}_n\}_{n=0}^{\infty}$比序列$\{p_n\}_{n=0}^{\infty}$更快地收敛于$p$**，如果

$$\lim_{n\to\infty}\frac{|\hat{p}_n-p|}{|p_n-p|}=0.$$

本节我们介绍Aitken加速技术，它可以用于加快线性收敛序列的收敛速度. 还要介绍Steffensen方法，它是Aitken加速技术对不动点迭代序列的应用.

1.AitkenΔ^2加速方法

假设$\{p_n\}_{n=0}^{\infty}$是一个线性收敛的序列，极限为p. 为了构造比$\{p_n\}_{n=0}^{\infty}$更快地收敛于p的序列$\{\hat{p}_n\}_{n=0}^{\infty}$，首先假设$p_n-p, p_{n+1}-p$和$p_{n+2}-p$的符号一致，且当$n$充分大时，有

$$\frac{p_{n+1}-p}{p_n-p}\approx\frac{p_{n+2}-p}{p_{n+1}-p}$$

由此可得

$$p\approx\frac{p_{n+2}p_n-p_{n+1}^2}{p_{n+2}-2p_{n+1}+p_n}=p_n-\frac{(p_{n+1}-p_n)^2}{p_{n+2}-2p_{n+1}+p_n}=p_n-\frac{(\Delta p_n)^2}{\Delta^2 p_n}$$

其中Δ, Δ^2为由定义3.1.16所定义的一阶、二阶向前差分算子.

AitkenΔ^2加速方法以上述假设为基础，定义

$$\hat{p}_n=p_n-\frac{(\Delta p_n)^2}{\Delta^2 p_n} \tag{4.3.8}$$

下面的定理表明，序列$\{\hat{p}_n\}_{n=0}^{\infty}$的确比$\{p_n\}_{n=0}^{\infty}$收敛得更快.

定理4.3.7. 设$\{p_n\}_{n=0}^{\infty}$是一个线性收敛于极限p的序列,且当n充分大时,$(p_n-p)(p_{n+1}-p)>0$成立. 则由*(4.3.8)*定义的序列$\{\hat{p}_n\}_{n=0}^{\infty}$比$\{p_n\}_{n=0}^{\infty}$更快地收敛于$p$, 即

$$\lim_{n\to\infty}\frac{\hat{p}_n-p}{p_n-p}=0.$$

证明 记$e_n=p_n-p$. 由于序列$\{p_n\}_{n=0}^{\infty}$ 线性收敛于p, 因此存在常数$c>0$, 使得

$$\lim_{n\to\infty}\frac{e_{n+1}}{e_n}=c$$

从而

$$\lim_{n\to\infty}\frac{e_{n+2}}{e_n}=\lim_{n\to\infty}\frac{e_{n+2}}{e_{n+1}}\cdot\frac{e_{n+1}}{e_n}=c^2$$

由

$$\hat{p}_n-p=e_n-\frac{(e_{n+1}-e_n)^2}{e_{n+2}-2e_{n+1}+e_n}$$

得

$$\frac{\hat{p}_n-p}{p_n-p}=1-\frac{(\frac{e_{n+1}}{e_n}-1)^2}{\frac{e_{n+2}}{e_n}-2\frac{e_{n+1}}{e_n}+1}\longrightarrow 1-\frac{(c-1)^2}{c^2-2c+1}=0,\quad n\to\infty.$$

□.

2.Steffensen方法

把AitkenΔ^2加速技术与不动点迭代巧妙结合, 产生如下的**Steffensen方法**:

$$\begin{aligned} y_k&=\varphi(x_k),\\ z_k&=\varphi(y_k), \qquad\qquad k=0,1,\cdots\\ x_{k+1}&=x_k-\frac{(y_k-x_k)^2}{z_k-2y_k+x_k} \end{aligned}\tag{4.3.9}$$

其迭代加速过程可用图4.3.2表示.

下面的Matlab函数steffensen实现Steffensen方法. 注意$\Delta^2 x_k$可能为0, 导致Aitken Δ^2加速时分母为0. 若这种情况发生, 则中止运行, 给出相应的信息, 把前一步的迭代值作为返回值.

程序: steffensen.m

```
function x=steffensen(fun,x0,xtol,n,action)
% steffensen  用Steffensen方法对不动点迭代 x_{k+1}=f(x_k)加速,并求 x=f(x) 的根
%输入参数:fun: 字符串,可以是表示迭代函数f(x)的.m文件名,字符表达式或符号变量表达式
%       x0 : 初始值
%     xtol : (可选)容许误差.停机准则一:当前后两次迭代值之差的绝对值小于xtol时结束
%              迭代.~缺省:  xtol=5*eps
%        n : (可选)最大的迭代次数.~停机准则二:当迭代达到n次时结束迭代.~缺省:n=20
%    action: (可选) 决定是否输出中间结果.~ 缺省:action=0,不输出
%输出参数:  x:  用Steffensen方法求得的 x=f(x) 的近似根
```

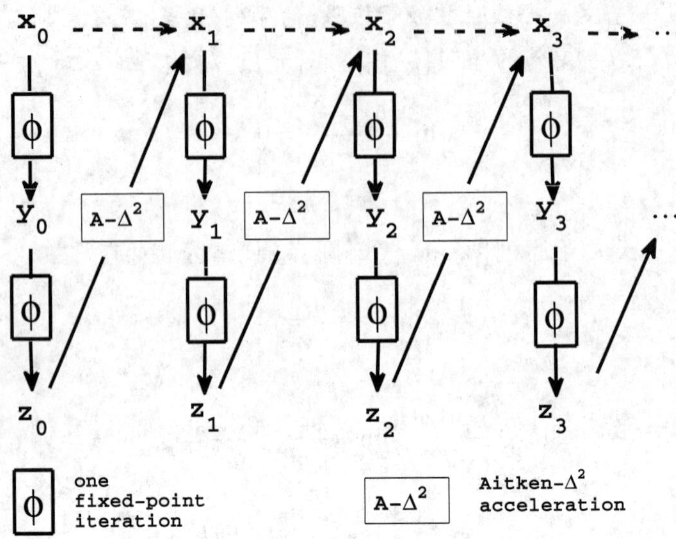

图 4.3.2 Steffensen方法的迭代加速过程

```
%调用方式:  x = steffensen(fun,x0)
%           x = steffensen(fun,x0,xtol)
%           x = steffensen(fun,x0,xtol,n)
%           x =steffensen(fun,x0,xtol,n,action)
%
if nargin < 3,  xtol = 5*eps;  end
if nargin < 4,  n=20;  end
if nargin < 5 ,  action=0;   end
%使用内联对象，使得fun可接受字符表达式或符号变量表达式
if ischar(fun) & exist(fun)~=2
    fun = inline(fun);
elseif isa(fun,'sym')
    fun = inline(char(fun));
end
xeps = max(xtol,5*eps);          % 最小容许误差为 5*eps
xold=x0;
k=0;
if action
     fprintf('   k         x_k \n');
     fprintf('%4d  %14.11g \n',k,xold);
end
for k=1:n
    ynew = feval(fun,xold);
    znew = feval(fun,ynew);
    den=znew-2*ynew+xold;
    if den==0
```

```
        x=xold;
        warning(sprintf('加速时分母为零\n',n));
        return
    end
    xnew =xold-(ynew-xold)^2/den;
    xe= xnew-xold;
    if action
        fprintf('%4d  %14.11g \n',k,xnew);
    end
    if (abs(xe)< xeps)
        x =  xnew;
        return;
    else
        xold=xnew;
    end
end
warning(sprintf('在达到指定的次数 %d 后仍未找到满足指定容许误差的根\n',n));
x=xnew;    %仍返回最后的迭代值
```

例4.3.8. *用Steffensen方法求方程*

$$x - x^{\frac{1}{3}} - 2 = 0$$

的根. 其中迭代函数取为$\varphi_1(x) = x^{\frac{1}{3}} + 2$(参看例4.3.1).

解 为了便于与例4.3.8的结果作比较，我们取相同的初始值和容许误差. 在Matlab的命令窗口输入下列命令，结果如下：

```
>> format long
>> x=steffensen('x.^(1/3)+2',3,1e-8,30,1)
   k       x_k
   0              3
   1    3.5221137197
   2     3.521379708
   3    3.5213797068
x =
   3.52137970680457
```

可以看到，我们也只需要3次迭代就达到容许误差，与具有二次收敛速度的以$\varphi_3(x)$作为迭代函数的不动点迭代相当. 本例说明应用AitkenΔ^2加速技术，Steffensen方法的确把线性收敛的不动点迭代加速到二次收敛. 下面的定理在理论上证明了这一点.

定理4.3.9. *设不动点迭代(4.3.2)的迭代函数$\varphi(x)$在其不动点x^*的某个邻域$U(x^*,\delta)$内具有二阶连续导数，且$\varphi'(x^*) \neq 1$. 则Steffensen方法是局部二次收敛的.*

证明略

4.4 Newton迭代法

Newton迭代法是求解非线性方程(组)的最重要的方法之一. 由于其在单根与重根情形下，收敛速度不同，下面将分而述之. 首先我们给出单根，重根的定义.

定义4.4.1. *若函数$f(x)$可写成$f(x) = (x - x^*)^m g(x)$，且$g(x^*) \neq 0$，则称x^*为函数$f(x)$的*m**重零点**，*或方程$f(x) = 0$的*m**重根**. *当$m = 1$时，称x^*为方程$f(x) = 0$的***单根**.

由Taylor公式，容易证明下面的定理：

定理4.4.2. *设$f \in C^m[a, b]$. 则$f(x)$在(a, b)内的点x^*具有m重零点的充分必要条件是*

$$f(x^*) = f'(x^*) = f''(x^*) = \cdots = f^{(m-1)}(x^*) = 0, \quad f^{(m)}(x^*) \neq 0$$

4.4.1 单根情形

设函数$f(x)$在其零点x^*的某邻域$U(x^*, \delta)$内有一阶连续导数，且$f'(x^*) \neq 0$，即x^*为程$f(x) = 0$的单根. Newton 迭代法由下面的公式决定：取定初始值x_0,

$$x_{k+1} = x_k - \frac{f(x_k)}{f'(x_k)}, \quad k = 0, 1, 2, \cdots \tag{4.4.1}$$

我们可以从多种途径导出Newton 迭代法.

(1) Taylor展开并取其线性部分. 设x_k为根x^*的一个近似值，把函数$f(x)$在x_k附近作Taylor展开有

$$f(x) = f(x_k) + f'(x_k)(x - x_k) + O(x - x_k)$$

取其线性部分$p_1(x) \equiv f(x_k) + f'(x_k)(x - x_k)$作为$f(x)$的近似，并求$p_1(x) = 0$的根，记其为$x_{k+1}$，就得到公式(4.4.1).

从这个角度看，Newton迭代法是一种逐步线性化方法，即把非线性方程$f(x) = 0$的求根问题归结为求一系列线性方程

$$f(x_k) + f'(x_k)(x - x_k) = 0$$

的根.

(2)从几何上看，方程$f(x) = 0$的根x^*是曲线$y = f(x)$与x轴的交点. 设x_k为根x^*的一个近似值，用过$(x_k, f(x_k))$处的切线与x轴的交点来近似. 因为过$(x_k, f(x_k))$处的切线方程为

$$y - f(x_k) = f'(x_k)(x - x_k)$$

它与x轴的交点的横坐标即为

$$x_{k+1} = x_k - \frac{f(x_k)}{f'(x_k)}$$

由此我们得到Newton迭代法的几何解释，如图4.4.1所示.

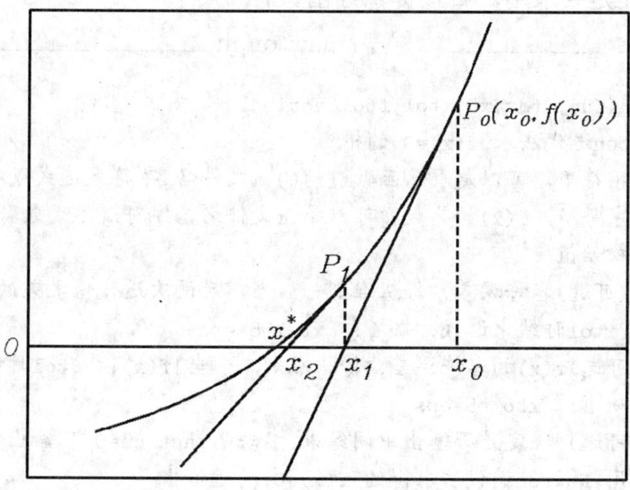

图 4.4.1 Newton迭代法示意图

(3)待定函数法. 设计求方程$f(x) = 0$的根x^*的迭代算法的关键是转化为等价形式$x = \varphi(x)$，即确定迭代函数$\varphi(x)$. 根据定理4.3.6，为了使不动点迭代收敛速度更快，应尽可能使迭代函数$\varphi(x)$在$x = x^*$处有更高阶的导数为零. 一个较为自然的选择是取$\varphi(x) = x + h(x)f(x)$，由$\varphi'(x^*) = 0$来确定待定函数$h(x)$的结构. 直接计算,由

$$\varphi'(x^*) = 1 + h'(x^*)f(x^*) + h(x^*)f'(x^*) = 1 + h(x^*)f'(x^*) = 0$$

可得

$$h(x^*) = -\frac{1}{f'(x^*)}$$

由于假定$f'(x^*) \neq 0$且$f'(x^*)$连续，因此当$h(x) = -\frac{1}{f'(x)}$时就能保证$\varphi'(x^*) = 0$，即令$\varphi(x) = x - \frac{f(x)}{f'(x)}$，于是得到迭代格式(4.4.1). 由此可知，Newton迭代法是二次收敛的. 事实上，我们有下面的定理：

定理4.4.3. 设函数$f(x)$在其零点x^*的某邻域$U(x^*, \delta)$内有二阶连续导数，且$f'(x^*) \neq 0$，则Newton迭代法至少是局部二次收敛的.

证明 显然Newton迭代法的迭代函数为

$$\varphi(x) = x - \frac{f(x)}{f'(x)}$$

则

$$\varphi'(x) = 1 - \frac{[f'(x)]^2 - f(x)f''(x)}{[f'(x)]^2} = \frac{f(x)f''(x)}{[f'(x)]^2}$$

因此$\varphi'(x^*)=0$. 由定理4.3.6，Newton迭代序列$\{x_k\}$的收敛阶至少为2. □

下面的Matlab函数newton实现Newton迭代法. 虽然从理论上来说，已知函数$f(x)$，导函数$f'(x)$就可以编程计算，Matlab的符号计算也可以直接求出很多初等函数的导函数$f'(x)$，但是应该说从$f(x)$直接生成$f'(x)$(不是近似)的技术并没有完全实现. 为了简单，我们还是要求用户直接提供导函数$f'(x)$.

程序：newton.m

```
function x=newton(fun,dfdx,x0,xtol,ftol,action)
% newton  用 Newton迭代法求 f(x)=0 的根
%输入参数:fun : 字符串，可以是表示函数f(x)的.m文件名,字符表达式或符号变量表达式
%        dfdx : 字符串，f(x)的导数.~可以是.m文件名，字符表达式或符号变量表达式
%          x0 : 初始值
%        xtol : (可选)容许误差.~停机准则一: 当前后两次迭代值之差的绝对值小于
%                xtol时结束迭代.~缺省:  xtol=5*eps
%        ftol: (可选)f(x)的容许误差.~停机准则二: 当|f(x)|<=ftol时结束迭代.~
%               缺省:  xtol=5*eps
%      action: (可选) 决定是否输出中间结果.~ 缺省:action=0,不输出
%输出参数:  x:  用 Newton迭代法求得的 f(x)=0 的近似根
%调用方式:  x = newton(fun,dfdx,x0,)
%           x = newton(fun,dfdx,x0,xtol)
%           x = newton(fun,dfdx,x0,xtol,ftol)
%           x = newton(fun,dfdx,x0,xtol,ftol,action)
%
if nargin < 4,  xtol = 5*eps;  end
if nargin < 5,  ftol = 5*eps; end
if nargin < 6,  action=0;   end
%使用内联对象，使得fun,dfun可接受字符表达式或符号变量表达式
if ischar(fun) & exist(fun)~=2
    fun = inline(fun);
elseif isa(fun,'sym')
    fun = inline(char(fun));
end
if ischar(dfdx) & exist(dfdx)~=2
    dfdx = inline(dfdx);
elseif isa(dfdx,'sym')
    dfdx = inline(char(dfdx));
end
xeps = max(xtol,5*eps);   % 最小容许误差为 5*eps
feps = max(ftol,5*eps);
if isa(fun,'inline')
    funstr=formula(fun);
else
    funstry=[fun,'.m'];
```

```
end if action
    fprintf('\n 函数 %s 的Newton迭代法 \n',funstr);
    fprintf('   k       f(x)          dfdx          x(k+1)\n');
end
xold=x0;
nmax=20;  %最大迭代次数
for k=1:nmax
    fx = feval(fun,xold);
    dfx=feval(dfdx,xold);
    xnew=xold-fx/dfx;
    xe= xnew-xold;
    if action
        fprintf('%3d  %12.3g %12.3g %18.14f\n',k,fx,dfx,xnew);
    end
    if (abs(xe)< xeps) | ( abs(fx)<feps )
        x =  xnew;
        return;
    else
        xold=xnew;
    end
end
warning(sprintf('在达到指定的次数 %d 后仍未找到满足指定容许误差的根\n',n));
x=xnew;    %仍返回最后的迭代值
```

例4.4.4. 用Newton迭代法求方程

$$x - x^{\frac{1}{3}} - 2 = 0$$

的根. (参看例4.3.1，例4.3.8).

解 在Matlab的命令窗口，输入下列命令，结果如下：

```
>> newton('x-x.^(1/3)-2','1-(1/3)*x.^(-2/3)',3,5e-16,5e-16,1)
 函数 x-x.^(1/3)-2 的Newton迭代法
   k       f(x)          dfdx          x(k+1)
   1        -0.442          0.84   3.5266442931390327
   2       0.00451         0.856   3.5213801473973283
   3     3.77e-007         0.856   3.5213797068045709
   4     2.66e-015         0.856   3.5213797068045678
   5             0         0.856   3.5213797068045678
ans =
   3.5214
```

共迭代了5次，似乎迭代次数比例4.3.1中以$\varphi_3(x)$为迭代函数的不动点迭代还要多.但是实际上，$\varphi_3(x)$ 恰为Newton 迭代函数(请读者自己验证). 由于本例中参数xtol,ftol都设为很小的数(5×10^{-16})，所以迭代次数稍多. 请读者换其他参数算算看，平方收敛的速度到底不一样.

例4.4.5. 对于给定的正数c，把Newton迭代法应用于二次方程

$$x^2-c=0$$

可导出求平方根$\sqrt{c}$的计算公式

$$x_{k+1}=\frac{1}{2}\left(x_k+\frac{c}{x_k}\right) \tag{4.4.2}$$

式(4.4.2)称为**开方公式**. 试证明开方公式(4.4.2)对于任意给定的初始值$x_0>0$，均二次收敛.

证明 在(4.4.2)式两边同时减去或加上$\sqrt{c}$，分别可得

$$x_{k+1}-\sqrt{c}=\frac{1}{2x_k}(x_k-\sqrt{c})^2 \tag{4.4.3}$$

和

$$x_{k+1}+\sqrt{c}=\frac{1}{2x_k}(x_k+\sqrt{c})^2$$

上述两式相除得

$$\frac{x_{k+1}-\sqrt{c}}{x_{k+1}+\sqrt{c}}=\left(\frac{x_k-\sqrt{c}}{x_k+\sqrt{c}}\right)^2$$

反复递推有

$$\frac{x_k-\sqrt{c}}{x_k+\sqrt{c}}=\left(\frac{x_0-\sqrt{c}}{x_0+\sqrt{c}}\right)^{2^k}$$

令$r=\dfrac{x_0-\sqrt{c}}{x_0+\sqrt{c}}$，则由上式可得

$$x_k=\frac{1+r^{2^k}}{1-r^{2^k}}\sqrt{c}$$

对任意的初始值$x_0>0$，都有$|r|<1$. 故迭代序列$\{x_k\}$收敛于$\sqrt{c}$，即$\lim\limits_{k\to\infty}x_k=\sqrt{c}$.

又由(4.4.3)式可知

$$\lim_{k\to\infty}\frac{x_{k+1}-\sqrt{c}}{(x_k-\sqrt{c})^2}=\lim_{k\to\infty}\frac{1}{2x_k}=\frac{1}{2\sqrt{c}}$$

因此开方公式是二次收敛的.

当定理4.4.3的条件不满足时，Newton迭代法可能变得很不可靠. 若$f(x)$不具有连续的有界的一阶、二阶导数，或者初始值x_0没有足够地靠近准确解x^*，那么局部收敛理论就不成立，Newton迭代法可能收敛得很慢，或者根本不收敛. 比如图4.4.2，图4.4.3，图4.4.4所示的几种情况：

图中TP表示转向点，即$f'(x)=0$的点. 图(a)表示过点x_1的切线交点在x_2，而过点x_2的切线交点在x_1，于是$x_1=x_3=\cdots=x_{2k+1}=\cdots,x_2=x_4=\cdots=x_{2k}=\cdots$，不会收敛. 图(b)和图(c)表示$x_k$在没有根的地方来回跑，也不会收敛.

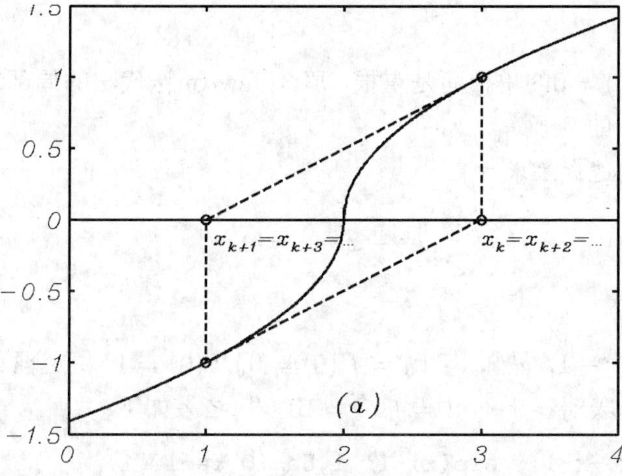

图 **4.4.2** Newton迭代法不收敛的例子(a)

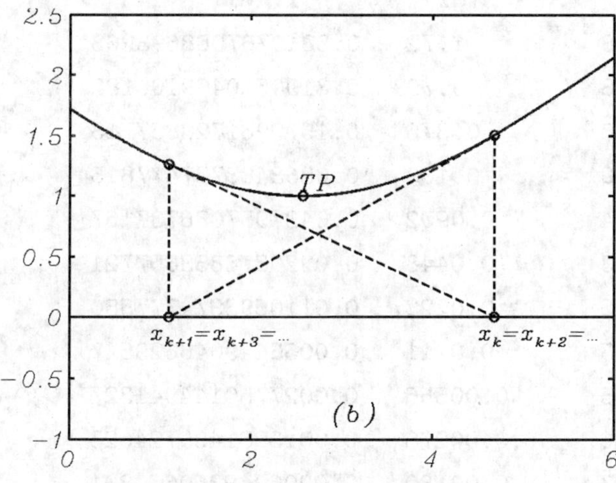

图 **4.4.3** Newton迭代法不收敛的例子(b)

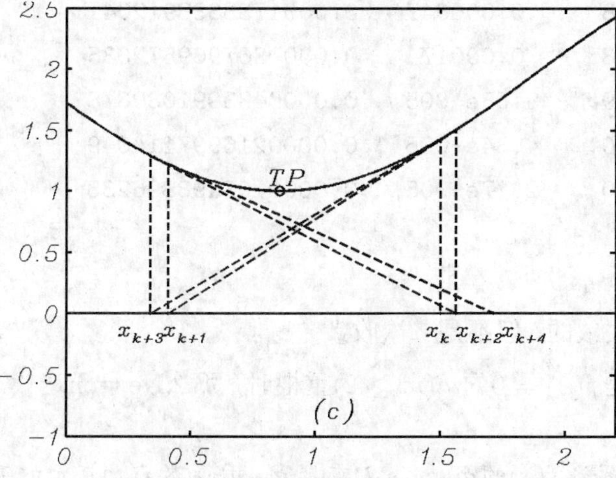

图 **4.4.4** Newton迭代法不收敛的例子(c)

4.4.2 重根情形

如果x^*不是$f(x)=0$的单根而是重根，那么Newton迭代法的局部二次收敛性可能不会发生. 先看下面的例子.

例4.4.6. 用Newton迭代法求方程

$$e^x - x - 1 = 0 \tag{4.4.4}$$

的根.

解 记$f(x)=e^x-x-1$，易知，$f(0)=f'(0)=0, f''(0)=1$. 由定理4.4.2，$x=0$为方程(4.4.4)的二重根. 取$x_0=1, xtol=ftol=10^{-10}$, 结果如下：

```
>> newton('exp(x)-x-1','exp(x)-1',1,5e-10,5e-10,1)
 函数 exp(x)-x-1 的Newton迭代法
   k        f(x)          dfdx            x(k+1)
   1        0.718          1.72    0.5819767068693263
   2        0.208          0.79    0.3190550409108183
   3       0.0568         0.376    0.1679961728857713
   4       0.0149         0.183    0.0863488737477815
   5      0.00384        0.0902    0.0437957036737167
   6     0.000973        0.0448    0.0220576853657721
   7     0.000245        0.0223    0.0110693874777550
   8    6.15e-005        0.0111    0.0055449046629547
   9    1.54e-005       0.00556    0.0027750144941327
  10    3.85e-006       0.00278    0.0013881489724623
  11    9.64e-007       0.00139    0.0006942350660891
  12    2.41e-007      0.000694    0.0003471576968293
  13    6.03e-008      0.000347    0.0001735888912041
  14    1.51e-008      0.000174    0.0000867969572635
  15    3.77e-009     8.68e-005    0.0000433991080678
  16    9.42e-010     4.34e-005    0.0000216997114049
  17    2.35e-010     2.17e-005    0.0000108498896235
ans =
  1.0850e-005
```

显然，迭代序列是收敛的，但不是二次收敛.

事实上，当x^*是$f(x)=0$的$m(m\geq 2)$重根时，那么Newton迭代法仅为线性收敛. 我们有下面的定理：

定理4.4.7. 设x^*为函数$f(x)$的$m(m\geq 2)$重零点，且函数$f(x)$在x^*的某邻域$U(x^*,\delta)$内有二阶连续导数，则Newton迭代法局部线性收敛.

证明 Newton迭代法的迭代函数为

$$\varphi(x) = x - \frac{f(x)}{f'(x)}$$

直接计算，得

$$\varphi'(x) = \frac{f(x)f''(x)}{[f'(x)]^2}$$

由于x^*为函数$f(x)$的$m(m \geq 2)$重零点，故有

$$f(x) = (x-x^*)^m g(x), \quad g(x^*) \neq 0$$

因此，

$$f'(x) = m(x-x^*)^{m-1}g(x) + (x-x^*)^m g'(x)$$
$$f''(x) = m(m-1)(x-x^*)^{m-2}g(x) + 2m(x-x^*)^{m-1}g'(x) + (x-x^*)^m g''(x)$$

从而

$$\varphi'(x) = \frac{g(x)[m(m-1)g(x) + 2m(x-x^*)^{m-1}g'(x) + (x-x^*)^2 g''(x)]}{[mg(x) + (x-x^*)g'(x)]^2}$$

所以

$$\varphi'(x^*) = 1 - \frac{1}{m}$$

因$m \geq 2$，故$0 < \varphi'(x^*) < 1$. 有定理4.3.6, Newton迭代序列$\{x_k\}$局部线性收敛. □

因此，在重根情况下，要使迭代保持二次收敛，必须对Newton迭代法进行修正. 通常有两种处理方式.

第一种，令$h(x) = \frac{f(x)}{f'(x)}$.易知，若$x^*$为函数$f(x)$的$m(m \geq 2)$重零点，则$x^*$为函数$h(x)$的单重零点. 我们对函数$h(x)$应用Newton迭代法，其迭代函数为

$$\psi(x) = x - \frac{h(x)}{h'(x)} = x - \frac{f(x)f'(x)}{[f'(x)]^2 - f(x)f''(x)}$$

因此迭代公式为

$$x_{k+1} = x_k - \frac{f(x_k)f'(x_k)}{[f'(x_k)]^2 - f(x_k)f''(x_k)} \tag{4.4.5}$$

由定理4.4.3可知，如果$f(x)$充分光滑，则无论f的零点的重数是多少，迭代4.4.5都是二次收敛的.

例4.4.8. *用迭代(4.4.5)求方程(4.4.4) 的根. (请与例4.4.6比较)*

解 我们把程序newton稍加修改，以适应迭代法(4.4.5). 取与例4.4.6相同的参数，即$x_0 = 1, xtol = ftol = 10^{-10}$, 计算结果如下：

```
k        f(x)         x(k+1)
1          0.718    -0.2342106135535156
```

```
  2        0.0254    -0.0084582799107659
  3     3.57e-005    -0.0000118901838281
  4     7.07e-011    -0.0000000000422641
ans =
 -4.2264e-011
```

只需迭代4次，就达到精度要求了.

迭代法(4.4.5)不足之处一是要求$f(x)$具有更高的光滑性；二是要额外计算$f''(x)$及其他更多的计算，比Newton迭代法计算量大；三是式(4.4.5) 的分母由两个接近于零的差组成，有可能引起严重的舍入误差问题.

第二种，把Newton迭代法修改成下面的形式：

$$x_{k+1} = x_k - \frac{mf(x_k)}{f'(x_k)}, \quad k = 0, 1, 2, \cdots \tag{4.4.6}$$

其中m为函数$f(x)$零点的重数. 我们有下面的定理：

定理4.4.9. *设x^*为函数$f(x)$的$m(m \geq 2)$重零点，且函数$f(x)$在x^*的某邻域$U(x^*, \delta)$内有二阶连续导数，则修正的Newton迭代法(4.4.6)至少是局部二次收敛的.*

证明 修正的Newton迭代法(4.4.6)的迭代函数为

$$\varphi(x) = x - \frac{mf(x)}{f'(x)}$$

直接计算，得

$$\varphi'(x) = 1 - m + m\frac{f(x)f''(x)}{[f'(x)]^2}$$

利用定理4.4.7证明的中间结果可知，

$$\frac{f(x^*)f''(x^*)}{[f'(x^*)]^2} = 1 - \frac{1}{m}$$

所以

$$\varphi'(x^*) = 1 - m + m(1 - \frac{1}{m}) = 0$$

由定理4.3.6，修正的Newton迭代法(4.4.6)的收敛阶至少为2. □

例4.4.10. 用迭代(4.4.6)求方程(4.4.4) 的根. *(请与例4.4.6、例4.4.8比较)*

解 我们把程序newton稍加修改，以适应迭代法(4.4.6). 取与例4.4.6相同的参数，即$x_0 = 1, xtol = ftol = 10^{-10}$, 计算结果如下：

```
  k          f(x)            x(k+1)
  1         0.718     0.1639534137386527
  2        0.0142     0.0044781144487052
  3       1e-005      0.0000033422503876
  4     5.59e-012     0.0000000000108717
ans =
  1.0872e-011
```

也只需迭代4次，就达到精度要求了.

表面看来，迭代法(4.4.6)与Newton迭代法有相同的局部收敛条件，相同的收敛速度，几乎相同的计算量，是处理重根情形的理想算法. 但是迭代法(4.4.6)最大的不足是我们很难事先知道根x^*的重数m，因而无法用(4.4.6)式进行迭代求解.

4.4.3 Newton法的变形

本小节我们将介绍Newton迭代法的几种修正形式，主要讲述算法的设计思想，对收敛性分析，只给出结论，不作证明. 其Matlab程序实现可以参照前面实现Newton迭代法的Matlab函数newton，也留给读者去完成.

1. 简化Newton法

Newton迭代法的一个不足是每步都要计算$f'(x)$，计算量大，特别对复杂的函数，导数计算更不容易. 因此，人们提出如下的**简化Newton法**：

$$x_{k+1}=x_k-\frac{f(x_k)}{f'(x_0)},\quad k=0,1,2,\cdots \tag{4.4.7}$$

这样，导数只是在开始时计算一次，以后每步一直用，简化了计算. 从几何上看，是用平行弦而不是切线与x轴的交点作为下一步的迭代值（如图4.4.5)，因此简化Newton法也称为**平行弦法**.

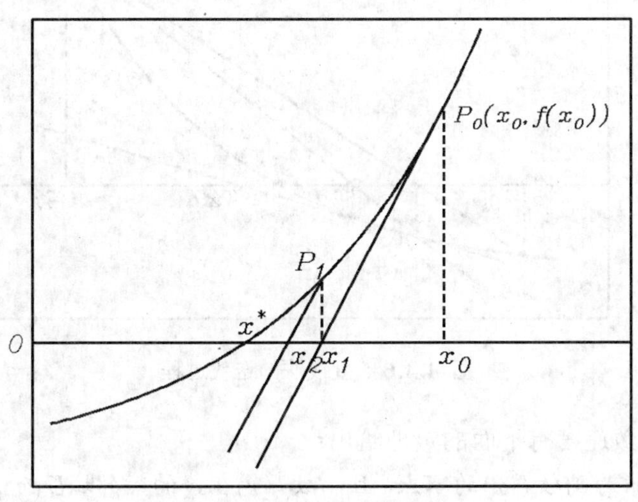

图 4.4.5 简化Newton法的迭代过程

当然，我们要为“简化”付出代价. 容易证明，简化Newton法不再具有二次收敛速度，仅仅局部线性收敛.

2. 割线法

为了避免Newton迭代法中导数的计算，可以用差商代替导数：

$$f'(x_k) \approx \frac{f(x_k) - f(x_{k-1})}{x_k - x_{k-1}}.$$

因此迭代公式为

$$x_{k+1} = x_k - \frac{f(x_k)(x_k - x_{k-1})}{f(x_k) - f(x_{k-1})}, \quad k = 0, 1, 2, \cdots \tag{4.4.8}$$

从几何上看，就是用通过两点$(x_{k-1}, f(x_{k-1}))$、$(x_k, f(x_k))$的割线与x轴的交点作为下一步的迭代值(如图4.4.6). 事实上，通过两点$(x_{k-1}, f(x_{k-1}))$、$(x_k, f(x_k))$的割线方程为

$$y = f(x_k) + \frac{f(x_k) - f(x_{k-1})}{x_k - x_{k-1}}(x - x_k)$$

它与x轴的交点的横坐标为

$$x = x_k - \frac{f(x_k)(x_k - x_{k-1})}{f(x_k) - f(x_{k-1})}$$

把它作为下一次的迭代值x_{k+1}就得到(4.4.8)式. 因此这个方法称为**割线法(secant method)**. 注意割线法需要两个初始值x_0, x_1.通常取为有根区间的两个端点.

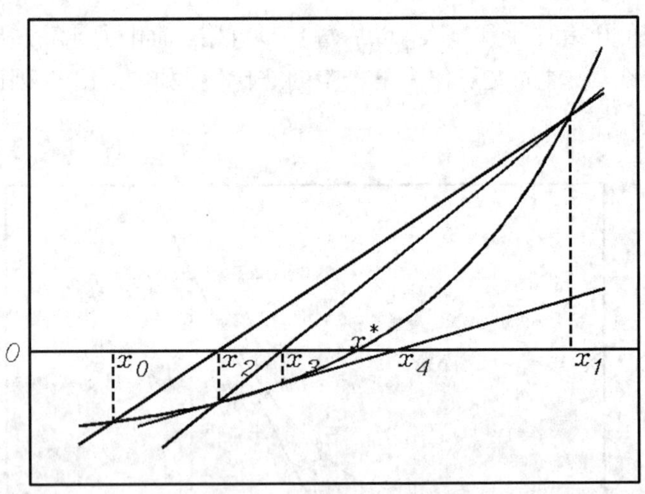

图 4.4.6 割线法的迭代过程

割线法的收敛速度有下面的定理给出：

定理4.4.11. *设x^*为函数$f(x)$的零点，且函数$f(x)$在x^*的某邻域$U(x^*, \delta)$内有二阶连续导数，$f'(x^*) \neq 0$. 则割线法(4.4.8)是局部超线性收敛的，收敛阶为$\frac{1+\sqrt{5}}{2}(\approx 1.618)$.*

3. 试位法

试位法(Regula Falsi method)可以视为割线法的一个修正.它也是用割线与x轴的交点作为下一步的迭代值，与割线法不同的是它保证根x^*总在相邻的迭代之间. 虽然它不是通常推荐的方法，但是这个方法说明了如何把有根区间整合到算法中去.

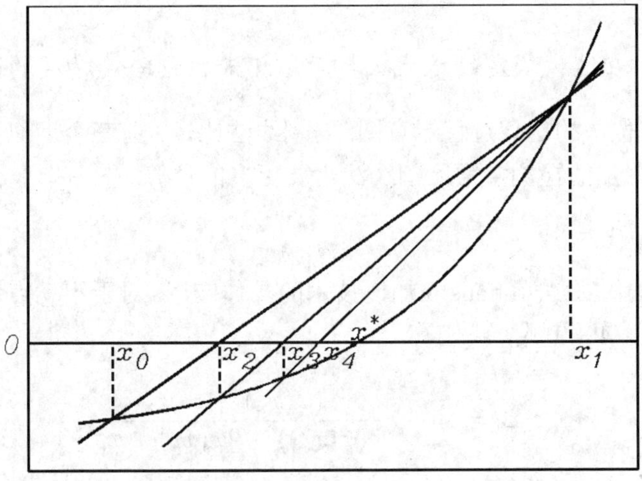

图 4.4.7 试位法的迭代过程

现在我们来说明它的基本思想.首先选取初始值x_0, x_1，要求满足$f(x_0)\cdot f(x_1) < 0$. 迭代值x_2的选取与割线法一样，是通过两点$P_0(x_0, f(x_0))$、$P_1(x_1, f(x_1))$的割线与x轴的交点的横坐标，因此也确定了点$P_2(x_2, f(x_2))$. 利用这些点，可以作两条割线P_0P_2、P_1P_2. 为了决定用哪一条割线来计算x_3，需要检验$f(x_2)\cdot f(x_1)$的符号. 如果$f(x_2)\cdot f(x_1) < 0$，则x_1和x_2之间包含了一个根，x_3选定为割线P_1P_2与x轴交点的横坐标. 否则，x_0和x_2之间必包含一个根，x_3选定为割线P_0P_2与x轴交点的横坐标. 简言之，确定下一个迭代值的割线的端点分置在x轴上、下方,端点横坐标确定的区间为方程$f(x) = 0$的有根区间. 用同样的方式，可以由x_1, x_2, x_3确定x_4，如此下去，就可以确定迭代序列$\{x_k\}$.试位算法可以表示如下：

```
给定函数f(x)，容许误差xtol,ftol,最大迭代次数M
选取初始值x0,x1，要求满足f(x0).f(x1)<0
计算 f0=f(x0)  f1=f(x1)
for i=1 to M do
    xnew=x1-f1(x1-x0)/(f1-f0)
    fnew=f(xnew)
    if |xnew-x1|<xtol or |fnew|<ftol
          输出 xnew,算法结束
    end
    if fnew.f1<0
          x0=x1
          f0=f1
    end
    x1=xnew
    f1=fnew
```

end

输出提示信息：在迭代给定的迭代次数后，仍未找到给定精度的近似根

图4.4.7是试位法的迭代过程示意图. 与割线法比较，前三个近似值相同，第4个开始不同. 试位法附加的检测常常比割线法需要更多的计算.

4. Steffenson迭代法

Steffenson迭代法是Steffenson加速技术的具体应用. 对于不动点迭代 $x_{k+1}=\varphi(x_k)$，由(4.3.9)式，我们有

$$x_{k+1}=x_k-\frac{(\varphi(x_k)-x_k)^2}{\varphi(\varphi(x_k))-2\varphi(x_k)+x_k}$$

对方程$f(x)=0$，现在我们取迭代函数$\varphi(x)=x+f(x)$,代入上式,就得到**Steffenson迭代法**：

$$x_{k+1}=x_k-\frac{f^2(x_k)}{f(x_k+f(x_k))-f(x_k)},\quad k=0,1,2,\cdots \tag{4.4.9}$$

这个迭代法避免了导数的计算，也不需要两个初始值，可以视为Newton迭代法和割线法的一种修正. 在一定条件下，可以证明它还是二阶收敛的(参见习题4.17).

4.4.4 非线性方程组的Newton法

本节我们对非线性方程组的Newton法作简要介绍.

非线性方程组的Newton法可以沿用单个方程的设计思想：先线性化，然后求解. 下面用两个方程构成的方程组来说明：

$$\begin{cases} f_1(x,y)=0 \\ f_2(x,y)=0 \end{cases} \tag{4.4.10}$$

设 (x^*,y^*) 为方程组(4.4.10)的解，(x_k,y_k) 为根(x^*,y^*)的一个近似值，把函数$f_1(x,y),f_2(x,y)$在点(x^*,y^*)附近应用二元Taylor展开式，取其线性部分作为近似，有

$$\begin{aligned} f_1(x,y)&\approx f_1(x_k,y_k)+\frac{\partial f_1(x_k,y_k)}{\partial x}(x-x_k)+\frac{\partial f_1(x_k,y_k)}{\partial y}(y-y_k) \\ f_2(x,y)&\approx f_2(x_k,y_k)+\frac{\partial f_2(x_k,y_k)}{\partial x}(x-x_k)+\frac{\partial f_2(x_k,y_k)}{\partial y}(y-y_k) \end{aligned}$$

令上述二式的右端为零，求解此二元线性方程组，其解(x_{k+1},y_{k+1})作为根(x^*,y^*)的新的近似值，则得到**二元非线性方程组的Newton法迭代公式**：

$$\begin{bmatrix} x_{k+1} \\ y_{k+1} \end{bmatrix}=\begin{bmatrix} x_k \\ y_k \end{bmatrix}-\boldsymbol{J}^{-1}\begin{bmatrix} f_1(x_k,y_k) \\ f_2(x_k,y_k) \end{bmatrix}\quad k=0,1,2,\cdots \tag{4.4.11}$$

其中$\boldsymbol{J}$是函数$f_1(x,y),f_2(x,y)$在点(x_k,y_k)的Jacobi矩阵，并假定其非奇异：

$$\boldsymbol{J}=\frac{\partial(f_1,f_2)}{\partial(x,y)}|_{(x_k,y_k)}=\begin{bmatrix}\dfrac{\partial f_1(x_k,y_k)}{\partial x} & \dfrac{\partial f_1(x_k,y_k)}{\partial y}\\ \dfrac{\partial f_2(x_k,y_k)}{\partial x} & \dfrac{\partial f_2(x_k,y_k)}{\partial y}\end{bmatrix}$$

计算时，一般不直接计算Jacobi矩阵的逆矩阵$\boldsymbol{J}^{-1}$，而是通过求解二元线性方程组：

$$\boldsymbol{J}\begin{bmatrix}g_k\\ h_k\end{bmatrix}=-\begin{bmatrix}f_1(x_k,y_k)\\ f_2(x_k,y_k)\end{bmatrix} \tag{4.4.12}$$

得到g_k,h_k，从而

$$\begin{bmatrix}x_{k+1}\\ y_{k+1}\end{bmatrix}=\begin{bmatrix}x_k\\ y_k\end{bmatrix}+\begin{bmatrix}g_k\\ h_k\end{bmatrix}$$

而线性方程组的数值求解可应用第二章所介绍的方法.

记$\boldsymbol{X}=[x,y]^{\mathrm{T}},\boldsymbol{F}(X)=[f_1(x,y),f_2(x,y)]^{\mathrm{T}},\boldsymbol{F}'(\boldsymbol{X})=\frac{\partial(f_1,f_2)}{\partial(x,y)},X_k=[x_k,y_k]^{\mathrm{T}}$，则方程组(4.4.10)可以表示成

$$\boldsymbol{F}(\boldsymbol{X})=0$$

Newton法迭代公式(4.4.11)可以表示成

$$\boldsymbol{X}_{k+1}=\boldsymbol{X}_k-[\boldsymbol{F}'(\boldsymbol{X}_k)]^{-1}\boldsymbol{F}(\boldsymbol{X}_k),\quad k=0,1,2,\cdots$$

形式上与单个方程的Newton法的迭代公式一致了.

一般地，设$\boldsymbol{X}=[x_1,x_2,\cdots,x_n]^{\mathrm{T}},\boldsymbol{F}=[f_1,f_2,\cdots,f_n]^{\mathrm{T}}$，则非线性方程组

$$\begin{cases}f_1(x_1,x_2,\cdots,x_n)=0\\ f_2(x_1,x_2,\cdots,x_n)=0\\ \cdots\cdots\cdots\cdots\\ f_n(x_1,x_2,\cdots,x_n)=0\end{cases} \tag{4.4.13}$$

可简单地表示成

$$\boldsymbol{F}(\boldsymbol{X})=0 \tag{4.4.14}$$

其Newton法的迭代公式为

$$\boldsymbol{X}_{k+1}=\boldsymbol{X}_k-[\boldsymbol{F}'(\boldsymbol{X}_k)]^{-1}\boldsymbol{F}(\boldsymbol{X}_k),\quad k=0,1,2,\cdots \tag{4.4.15}$$

这里$\boldsymbol{F}'(\boldsymbol{X})$是函数$f_1,f_2,\cdots,f_n$的$n\times n$的Jacobi矩阵：

$$\boldsymbol{F}'(\boldsymbol{X})=\frac{\partial(f_1,f_2,\cdots,f_n)}{\partial(x_1,x_2,\cdots,x_n)}=\begin{bmatrix}\frac{\partial f_1}{\partial x_1} & \frac{\partial f_1}{\partial x_2} & \cdots & \frac{\partial f_1}{\partial x_n}\\ \frac{\partial f_2}{\partial x_1} & \frac{\partial f_2}{\partial x_2} & \cdots & \frac{\partial f_2}{\partial x_n}\\ \vdots & \vdots & & \vdots\\ \frac{\partial f_n}{\partial x_1} & \frac{\partial f_n}{\partial x_2} & \cdots & \frac{\partial f_n}{\partial x_n}\end{bmatrix}$$

4.5 混合法

在科学计算中，算法的速度与可靠性是我们经常面对的一对矛盾. 在我们已介绍的求根算法中，Newton迭代法和割线法收敛很快，但并不总是收敛；二分法可靠稳定，但收敛速度很慢. 如何保持算法的速度与可靠性之间的平衡，一直是算法设计面对的挑战.

本节我们将介绍一种混合法，它是在算法的速度与可靠性之间保持平衡的一个范例. 其设计思想是把二分法与割线法结合在一起，并且包括一个逆二次插值法，构成一个稳健的算法. 这个算法是Matlab的内建(building-in)函数fzero的基础.

4.5.1 逆二次插值法

割线法使用前面两个点得到下个点，那为何不用三个呢？

假设我们已取得方程$f(x)=0$的三个近似根x_{k-2},x_{k-1},x_k，我们可以构造$f(x)$关于x_{k-2},x_{k-1},x_k的二次插值多项式：

$$P_2(x)=f(x_k)+f[x_k,x_{k-1}](x-x_k)+f[x_k,x_{k-1},x_{k-2}](x-x_k)(x-x_{k-1}) \quad (4.5.1)$$

取下一个迭代点为抛物线与x轴的交点，即取$P_2(x)=0$的一个根x_{k+1}作为方程$f(x)=0$的新近似根. 这样就得到一个三点迭代法，称为**抛物线法** 或**Muller法**. 抛物线法可用于求方程$f(x)=0$的实根和复根，在一定条件下，是局部收敛的，收敛阶$q=1.839$.

抛物线法的困难是抛物线$y=P_2(x)$可能与x轴不相交，即二次方程$P_2(x)=0$不一定有实根. 下一节我们将看到，这可以视为一个优点，以此可以得到$f(x)$的复零点. 但是现在，我们想避免复数运算.

我们可以不用x，而用y的二次函数来作这三点的插值. 这条“另类”抛物线$P(y)$，由以下插值条件决定.

$$x_{k-2}=P(f(x_{k-2})),\quad x_{k-1}=P(f(x_{k-1}),\quad x_k=P(f(x_k))$$

易知

$$\begin{aligned}P(y)=&\frac{(y-f(x_{k-1}))(y-f(x_k))}{(f(x_{k-2})-f(x_{k-1}))(f(x_{k-2})-f(x_k))}x_{k-2}\\&+\frac{(y-f(x_{k-2}))(y-f(x_k))}{(f(x_{k-1})-(f(x_{k-2}))(f(x_{k-1})-f(x_k))}x_{k-1}\\&+\frac{(y-f(x_{k-2}))(y-f(x_{k-1}))}{(f(x_k)-f(x_{k-2}))(f(x_k)-f(x_{k-1}))}x_k\end{aligned}$$

这条抛物线一定与x轴相交，此处$y=0$. 因此，下一个迭代点x_{k+1}是

$$x_{k+1}=P(0)=\frac{x_{k-2}f(x_{k-1})f(x_k)}{(f(x_{k-2})-f(x_{k-1}))(f(x_{k-2})-f(x_k))}+\frac{x_{k-1}f(x_{k-2})f(x_k)}{(f(x_{k-1})-(f(x_{k-2}))(f(x_{k-1})-f(x_k))}+\frac{x_kf(x_{k-2})f(x_{k-1})}{(f(x_k)-f(x_{k-2}))(f(x_k)-f(x_{k-1}))} \tag{4.5.2}$$

这个三点迭代法称为**逆二次插值(inverse quadratic interpolation)**，简称为IQI.

这种“纯粹”的IQI算法的问题是:多项式插值要求数据点横坐标,即这里的$f(x_{k-2})$, $f(x_{k-1}), f(x_k)$是互不相同的. 但是我们不能保证这点. 比如，如果我们尝试计算$\sqrt{2}$，即$f(x)=x^2-2$的零点，并以$x_0=-2, x_1=0, x_2=2$ 为初始值，那么我们一开始就有$f(x_0)=f(x_2)$，第一步就无法执行. 如果我们从这种奇异情形的附近开始，比如说$x_0=-2.001, x_1=0, x_2=1.999$，那么下一迭代在x=500附近.

因此，IQI就像一匹未成熟的赛马，当它接近终点时跑得非常快，但是整个赛程不稳定，需要一个好的驯马师来掌控它.

4.5.2 混合法

混合法的思想是把二分法的可靠性与割线法、逆二次插值法的收敛速度结合起来. T.J.Dekker 和Amsterdam数学中心的同事们于20世纪60年代首先提出这个算法. 这里的介绍基于Richad Brant. 算法描述如下：

- 选取初始值a和b，使得$f(a)$和$f(b)$异号；
- 使用一步割线法，得到介于a和b之间的一个值c;
- 重复执行下列步骤直到$|b-a|<\epsilon|b|$或者$f(b)=0$;
  - 重新排列a, b, c使得
    - $f(a)$和$f(b)$异号；
    - $|f(b)|\le|f(a)|$;
    - c的值是上一个b的值
  - 如果$c\ne a$，执行一步IQI法；
  - 如果$c=a$，执行一步割线法；
  - 如果IQI或割线法得到的迭代值位于区间$[a,b]$内，接受它为c;
  - 如果c不在区间$[a,b]$内，执行一步二分法得到c.

这个算法简单而安全. 它决不会丢失陷落在不断收缩的区间内的零点的踪迹. 当快速方法可用时它就采用快速方法，否则使用收敛较慢但可靠的二分法.

下面的Matlab函数fzerotx 实现这个算法(本函数引自[20]).

程序：fzerotx.m

```
function b = fzerotx(F,ab,varargin)
%FZEROTX  Textbook version of FZERO.
%   x = fzerotx(F,[a,b]) tries to find a zero of F(x) between a and b.
%   F(a) and F(b) must have opposite signs.  fzerotx returns one
%   end point of a small subinterval of [a,b] where F changes sign.
%   Arguments beyond the first two, fzerotx(F,[a,b],p1,p2,...),
%   are passed on, F(x,p1,p2,..).
%
%   Example:
%      fzerotx('sin(x)',[1,4])
% Make F callable by feval.
if ischar(F) & exist(F)~=2
   F = inline(F);
elseif isa(F,'sym')
   F = inline(char(F));
end
% Initialize.
a = ab(1);
b = ab(2);
fa = feval(F,a,varargin{:});
fb=feval(F,b,varargin{:});
if sign(fa) == sign(fb)
   error('Function must change sign on the interval')
end
c = a; fc = fa; d = b - c; e = d;
% Main loop, exit from middle of the loop
while fb ~= 0
   % The three current points, a, b, and c, satisfy:
   %    f(x) changes sign between a and b.
   %    abs(f(b)) <= abs(f(a)).
   %    c = previous b, so c might = a.
   % The next point is chosen from
   %    Bisection point, (a+b)/2.
   %    Secant point determined by b and c.
   %    Inverse quadratic interpolation point determined
   %    by a, b, and c if they are distinct.
   if sign(fa) == sign(fb)
      a = c;  fa = fc;
      d = b - c;  e = d;
   end
   if abs(fa) < abs(fb)
```

```
      c = b;    b = a;    a = c;
      fc = fb;  fb = fa;  fa = fc;
   end
   % Convergence test and possible exit
   m = 0.5*(a - b);
   tol = 2.0*eps*max(abs(b),1.0);
   if (abs(m) <= tol) | (fb == 0.0)
      break
   end
   % Choose bisection or interpolation
   if (abs(e) < tol) | (abs(fc) <= abs(fb))
      % Bisection
      d = m;
      e = m;
   else
      % Interpolation
      s = fb/fc;
      if (a == c)
         % Linear interpolation (secant)
         p = 2.0*m*s;
         q = 1.0 - s;
      else
         % Inverse quadratic interpolation
         q = fc/fa;
         r = fb/fa;
         p = s*(2.0*m*q*(q - r) - (b - c)*(r - 1.0));
         q = (q - 1.0)*(r - 1.0)*(s - 1.0);
      end;
      if p > 0, q = -q; else p = -p; end;
      % Is interpolated point acceptable
      if (2.0*p < 3.0*m*q - abs(tol*q)) & (p < abs(0.5*e*q))
         e = d;
         d = p/q;
      else
         d = m;
         e = m;
      end;
   end
   % Next point
   c = b;
   fc = fb;
   if abs(d) > tol
      b = b + d;
```

```
  else
    b = b - sign(b-a)*tol;
  end
  fb = feval(F,b,varargin{:});
end
```

4.6 多项式求根

n次多项式常表示成如下形式：

$$P_n(x) = a_n x^n + a_{n-1}x^{n-1} + \cdots + a_1 x + a_0 \tag{4.6.1}$$

我们前面介绍的方法当然可以用来求多项式的根. 但是我们更希望能充分利用多项式的特殊结构，设计出更好的算法.

首先，我们给出代数基本定理.

定理4.6.1. **(代数基本定理)**每个非常数多项式在复数域$\mathbb{C}$内至少有一个根.

推论4.6.2. 一个$n(n \geq 1)$次多项式在复数域$\mathbb{C}$内恰好有n个根，其中重根按重数计算. 即，对于形如(4.6.1)的n次多项式$P_n(x)$，必存在唯一的一组常数$x_1, x_2, \cdots, x_k \in \mathbb{C}$和唯一的一组正整数$m_1, m_2, \cdots, m_k$，使得$\Sigma_{i=1}^k m_i = n$,

$$P_n(x) = a_n(x-x_1)^{m_1}(x-x_2)^{m_2}\cdots(x-x_k)^{m_k}$$

4.6.1 Horner方法

考虑多项式值的计算. 若按(4.6.1)计算，则需要$2n-1$次乘法(请你算一算)和n次加法. 如果写成下面的嵌套形式：

$$P_n(x) = a_0 + x(a_1 + x(a_2 + \cdots + x(a_{n-1} + a_n x)\cdots)) \tag{4.6.2}$$

则只需要n次乘法和n次加法. 基于这个观察，可以给出计算$P_n(x)$在点x_0的值$P_n(x_0)$的如下算法：

$$b_n = a_n, b_k = a_k + b_{k+1}x_0, k = n-1, n-2, \cdots, 1, 0, \qquad b_0 = P_n(x_0) \tag{4.6.3}$$

这个算法，在西方称为**Horner方法**. 在我们中国，被称为**秦九韶方法**，因为我国古代数学家秦九韶早在1247年就用这个方法来计算多项式的值了. 这个算法还被称为**综合除法**，因为若记

$$Q_{n-1}(x) = b_n x^{n-1} + b_{n-1}x^{n-2} + \cdots + b_2 x + b_1 \tag{4.6.4}$$

则可直接验证：

$$P_n(x) = (x - x_0)Q_{n-1}(x) + b_0 \tag{4.6.5}$$

$P_n(x_0)$就是$P_n(x)$除以$(x - x_0)$的余数. 如果用手算，可以作如下的安排：

	a_n	a_{n-1}	a_{n-2}	$\cdots$	a_0
x_0		$b_n x_0$	$b_{n-1}x_0$	$\cdots$	$b_1 x_0$
	b_n	b_{n-1}	b_{n-2}	$\cdots$	$b_0(=P_n(x_0))$

例4.6.3. *用Horner方法求$p(3)$，这里$p(x) = x^4 - 4x^3 + 7x^2 - 5x - 2$.*

解 列表计算如下

	1	-4	7	-5	-2
3		3	-3	12	21
	1	-1	4	7	19

因此，$p(3) = 19$.同时我们得到$Q_{n-1}(x) = x^3 - x^2 + 4x + 7, p(x) = (x-3)Q_{n-1}(x) + 19$.

使用Horner方法还可以求导数值$P'(x_0)$. 事实上，由(4.6.5)，两边对x求导可得

$$P_n'(x) = Q_{n-1}(x) + (x - x_0)Q'(x) \tag{4.6.6}$$

因此，$P_n'(x_0) = Q(x_0)$. $Q(x_0)$仍然可用Horner方法计算.

下面的Matlab函数horner实现Horner方法，返回多项式在某点x_0的值$P_n(x_0)$和该多项式除以因子$(x - x_0)$后的商$Q_{n-1}(x)$.

程序：horner.m

```
function [px,b] = horner(a,x0)
% horner, 用Horner方法求多项式p(x)在点x0处的值及多项式除以因子(x-x0)后的商q(x).~
%输入参数:a:多项式的系数组成的向量，降序排列.~若n为多项式的次数，则多项式
%                        p(x)=a(1)x^n+a(2)x^(n-1)+...+a(n)x+a(n+1)
%          x0:待计算的点
%输出参数:px: 多项式在点x处的值p(x0)
% b: 商q(x)的系数组成的向量，降序排列.~q(x)=b(1)x^n+b(2)x^(n-1)+...+b(n-1)x+b(n)

n=length(a)-1;
b(1)=a(1);
for j=2:n+1
    b(j)=a(j)+b(j-1)*x0;
end;
px=b(n+1);
b=b(1:n);
```

由(4.6.5)式可知，若x_0为$P_n(x)$的零点，则$b_0 = P_n(x_0) = 0$.这样，

$$P_n(x) = (x - x_0)Q_{n-1}(x)$$

由代数基本定理，$P_n(x)$的其余$n-1$个零点都是方程$Q_{n-1}(x)=0$的根. 基于这个观察，我们得到如下求多项式$P_n(x)$所有根的**收缩**(deflation)过程：

对$m=n,n-1,\cdots,1$:

1. 选取一个适当的数值方法，求出$P_m(x)$的一个根；
2. 用综合除法(4.6.3)求出多项式$Q_{m-1}(x)$；
3. 置$P_{m-1}(x)=Q_{m-1}(x)$.

我们前面讨论的求根方法当然可以作为收缩过程第一步所选数值方法的"候选人".

4.6.2 Newton-Horner方法

我们把Newton迭代法作为收缩过程第一步所选数值方法的第一"候选人"，而Newton迭代过程所涉及的多项式值的计算以及收缩过程所涉及的综合除法,我们采用Horner方法.把Newton迭代法与Horner方法结合起来就是我们多项式求根的**Newton-Horner方法**.

设$P_n(x)$的n个(实的或复的)根为$x^{(j)}, j=1,2,\cdots,n$. 结合收缩过程，Newton-Horner方法迭代过程可以描述如下：

对$m=n,n-1,\cdots,1$,

1. 对给定初始值$x_0^{(j)}$,用Horner方法求$p_0=P_m(x_0^{(j)}), q_0=Q_{m-1}(x_0^{(j)})$
2. 用Newton迭代法求$P_m(x)$一个根. 迭代序列为
$$x_{k+1}^{(j)}=x_k^{(j)}-\frac{P_m(x_k^{(j)})}{P_m'(x_k^{(j)})}=x_k^{(j)}-\frac{P_m(x_k^{(j)})}{Q_{m-1}(x_k^{(j)})}=x_k^{(j)}-\frac{p_k}{q_k},\quad k=0,1,2,\cdots \tag{4.6.7}$$
3. 置$P_{m-1}(x)=Q_{m-1}(x)$.

如果Newton迭代法得到的$P_n(x)$的第一个近似根为$\hat{x}_1$，设相应的精确根为$x^{(1)}$,则

$$P_n(x)=(x-\hat{x}_1)\hat{Q}_{n-1}(x)+P_n(\hat{x}_1)\approx(x-\hat{x}_1)\hat{Q}_{n-1}(x)$$

$(x-\hat{x}_1)$与$\hat{Q}_{n-1}(x)$分别是$x-x^{(1)}$与$Q_{n-1}(x)$的近似，$(x-\hat{x}_1)$只是$P_n(x)$的近似因子，然后再求$\hat{Q}_{n-1}(x)$的零点，辗转相求，由此得到$P_n(x)$的所有零点，

$$P_n(x)\approx(x-\hat{x}_1)(x-\hat{x}_2)\cdots(x-\hat{x}_k)\hat{Q}_{n-k}(x)$$

可以想象虽然这样可以求出$P_n(x)$的所有零点，但这种近似值的反复使用，会导致越来越不精确的结果.

克服这种困难的一个办法是在收缩过程用Newton迭代法得到的$Q_{n-k}(x)$的一个近似根$\hat{x}_k$后，以$\hat{x}_k$为初始值，直接对原始的$P_n(x)$再次应用Newton迭代法，这样可以显著地提高精度(参见下面的数值实验结果). 这个过程称为**加细(refinement)**.

下面的Matlab函数newtonhorner实现加细的Newton-Horner方法. 程序中把初始值x_0自动转化成复数$x_0+\mathrm{i}x_0$，以求得所有的(实的或复的)根，否则，只能得到实根. 参数refine决定是否进行加细处理. 详细说明见程序的注释部分.

程序：newtonhorner.m

```
function [x,root,no_iter,no_refine]=newtonhorner(a,x0,nmax,refine,tol)
%newtonhorner  用加细的Newton-Hoener方法求多项式p(x)的根.
%输入参数: a:      多项式的系数组成的向量, 降序排列. 若n为多项式的次数, 则多项式
%                    p(x)=a(1)x^n+a(2)x^(n-1)+...+a(n)x+a(n+1)
%        x0 :     初始值
%       nmax:     最大迭代次数
%    refine :    (可选)决定是否进行加细处理. 缺省:refine=1,加细处理
%      tol :    (可选)容许误差. 当前后两次迭代值之差的绝对值与|p(x)|都小于
%                  tol时结束迭代. 缺省: tol=eps*1e+3
%输出参数: x:    矩阵. 其每一列是一个根的迭代序列
%         root:   p(x)所有近似根组成的向量
%      no_iter:   向量, 每个根的实际迭代次数
%    no_refine:   向量, 每个根作加细处理时的迭代次数
%调用方式:  [x,root,no_iter,no_refine]=newtonhorner(a,x0,)
%          [x,root,no_iter,no_refine]=newtonhorner(a,x0,nmax)
%          [x,root,no_iter,no_refine]=newtonhorner(a,x0,nmax,refine)
%          [x,root,no_iter,no_refine]=newtonhorner(a,x0,nmax,refine,tol)
%
if nargin < 3,  nmax=100;  end
if nargin < 4,  refine=1;  end
if nargin <5,   xtol = eps*1e+3;   end
xfeps = max(tol,eps*1e+3);   % 最小容许误差
n=length(a)-1;%多项式的次数
poly_a=a; no_refine=[];
for k=1:n
    niter=1; % 迭代次数
    x(niter,k)=x0+sqrt(-1)*x0; % 初始值
    ndeg=n-k+1;  %多项式次数
    err=xfeps+1;
    if (ndeg==1)
        niter=niter+1;
        x(niter,k)=-a(2)/a(1);
    else
        while (niter < nmax) & (err > xfeps )
            [px,b] = horner(a,x(niter,k));
```

```
            [pdx,c] = horner(b,x(niter,k));
            niter=niter+1;
            if pdx~=0
                x(niter,k)=x(niter-1,k)-px/pdx;
                xerr=abs( x(niter,k)-x(niter-1,k));ferr=abs(px);
                err=max(xerr,ferr);
            else
                disp('迭代过程分母为零, 中止.~');
                err=0;
                x(niter,k)=x(niter-1,k);
            end
        end
    end
    a=b;
%加细处理
    rxfeps =xfeps*1e-3;
    if ( refine==1  )
        rxold=x(niter,k);% 加细过程初始值
        nref=1;%加细过程迭代次数
        err=rxfeps+1;
        while (err > rxfeps )
            [px,b] = horner(poly_a,rxold);
            [pdx,c] = horner(b,rxold);
            nref=nref+1;
            if pdx~=0
                rxnew=rxold-px/pdx;
                xerr=abs(rxnew-rxold );ferr=abs(px);
                err=max(xerr,ferr);
                rxold=rxnew;
            else
                disp('迭代过程分母为零, 中止.~');
                err=0;
            end
        end
        no_refine(k)=nref-1;
        x(niter,k)=rxold;
    end
    no_iter(k)=niter-1;
    root(k)=x(niter,k);
    x0=root(k);%为求下一个根准备迭代初值
end
```

例4.6.4. 用Newton-Horner方法求下列代数方程的根，并讨论加细处理对解的精度的影响.

$$p_5(x) = x^5 - 4x^4 + 10x^2 - x - 6 = 0$$
$$p_6(x) = x^6 - 2x^5 + 2x^4 - x^2 + 2x - 2 = 0$$

解 $p_5(x) = x^5 - 4x^4 + 10x^2 - x - 6 = (x+1)^2(x-1)(x-2)(x-3)$，因此$p_5(x) = 0$有5个实根：$x_{1,2} = -1$(二重)、$x_3 = 1$、$x_4 = 2$和$x_5 = 3$.我们用程序newtonhorner进行计算.参数如下：$a = [1, -4, 0, 10, -1, -6], x_0 = 0, nmax = 100, tol = 10^{-5}$,refine分别取0(不加细处理)和1 (加细处理). 结果列表如下(表4.6.1)(其中，Nit表示迭代次数，Nr表示加细处理过程中的迭代次数)：

表 4.6.1 计算结果 无加细处理(左)加细处理(右)

x_j	Nit	x_j	Nit	Nr
-1.00000693535997	24	-1.0000000074230	24	10
-0.99998612917573 + 2.94^{-22} i	9	-0.9999999947583 + 1.76^{-25} i	9	11
0.99999999952298 - 4.87^{-11} i	8	1- 2.31^{-20} i	8	1
2.00000001192510 - 6.39^{-9} i	6	2	6	2
2.99999971758914 + 3.32^{-7} i	1	3 + 9.14^{-26} i	6	2

$p_6(x) = x^6 - 2x^5 + 2x^4 - x^2 + 2x - 2 = (x^2-1)(x^2+1)(x^2-2x+2)$，因此$p_6(x) = 0$有6个根为$\pm 1, \pm \mathrm{i}, 1 \pm \mathrm{i}$.我们用程序newtonhorner(a,x0,nmax,refine,tol)进行计算. 参数如下：$a = [1, -2, 2, 0, -1, 2, -2], x_0 = 0, nmax = 100, tol = 10^{-5}$,refine分别取0(不加细处理)和1 (加细处理). 结果列表如下(表4.6.2)：

表 4.6.2 计算结果 无加细处理(左)加细处理(右)

x_j	Nit	x_j	Nit	Nr
1	2	1	2	1
1 + i	1	1+i	1	1
9.32^{-18} +i	7	8.39^{-18} +i	7	1
-1.0000000000064 +1.72^{-10} i	6	-1 + 3.37^{-21} i	6	1
-4.56^{-6} -0.99999980435451 i	6	-1 + 7.01^{-17} i	6	2
1.0000026975760 -1.0000010296063 i	1	1 -i	1	2

从表中可以看出，经过加细处理，的确大大提高了精度，而我们付出的代价是额外增加的迭代，但次数并不多，是可以接受的.

4.6.3 Muller-Horner方法

我们把Muller方法作为收缩过程第一步所选数值方法的第二"候选人"，而Muller方法所涉及的多项式值的计算以及收缩过程所涉及的综合除法，我们采用Horner方法.

把Muller方法与Horner方法结合起来就是多项式求根的**Muller-Horner方法**.

上一节在介绍逆二次插值时，我们已经提及了Muller方法. 它是用$f(x)$关于前三次迭代值x_{k-2}, x_{k-1}, x_k的二次插值多项式(4.5.1)的零点的横坐标作为下一次迭代值. (4.5.1)可写为

$$P_2(x) = f(x_k) + w(x - x_k) + f[x_k, x_{k-1}, x_{k-2}](x - x_k)^2$$

其中

$$\begin{aligned} w &= f[x_k, x_{k-1}] + (x_k - x_{k-1})f[x_k, x_{k-1}, x_{k-2}] \\ &= f[x_k, x_{k-1}] + f[x_k, x_{k-2}] - f[x_{k-1}, x_{k-2}] \end{aligned}$$

由$P_2(x_{k+1}) = 0$得

$$\begin{aligned} x_{k+1} &= x_k - \frac{-w \pm \{w^2 - 4f(x_k)f[x_k, x_{k-1}, x_{k-2}]\}^{1/2}}{2f[x_k, x_{k-1}, x_{k-2}]} \\ &= x_k - \frac{2f(x_k)}{w \mp \{w^2 - 4f(x_k)f[x_k, x_{k-1}, x_{k-2}]\}^{1/2}} \end{aligned} \tag{4.6.8}$$

(4.6.8)式中符号这样选取，使得最后一个式子中分母的模最大. 当然，当我们把Muller方法应用于多项式求根时，多项式值的计算采用Horner方法. 如同Newton-Horner方法一样，Muller-Horner方法也可以进行加细处理，不再赘述.

与Newton-Horner方法不同的是，即使初始值为实数，Muller-Horner方法也可以得到复根. 下面的Matlab函数mullerhorner实现加细的Muller-Horner方法.

程序：mullerhorner.m

```
function [x,root,no_iter,no_refine]=mullerhorner(a,x0,x1,x2,nmax,refine,tol)
%mullerhorner  用加细的Muller-Hoener方法求多项式p(x)的根.
%输入参数: a:      多项式的系数组成的向量，降序排列． 若n为多项式的次数，则多项式
%                    p(x)=a(1)x^n+a(2)x^(n-1)+...+a(n)x+a(n+1)
%  x0,x1,x2 :     初始值
%      nmax :     最大迭代次数
%    refine :    (可选)决定是否进行加细处理． 缺省:refine=1,加细处理
%       tol :    (可选)容许误差． 当前后两次迭代值之差的绝对值与|p(x)|都小于
%                   tol时结束迭代． 缺省: tol=eps*1e+3
%输出参数: x:     矩阵.~其每一列是一个根的迭代序列
%      root:     p(x)所有近似根组成的向量
%   no_iter:     向量，每个根的实际迭代次数
% no_refine:     向量，每个根作加细处理时的迭代次数
%调用方式: [x,root,no_iter,no_refine]=mullerhorner(a,x0,x1,x2)
%          [x,root,no_iter,no_refine]=mullerhorner(a,x0,x1,x2,nmax)
%          [x,root,no_iter,no_refine]=mullerhorner(a,x0,x1,x2,nmax,refine)
%          [x,root,no_iter,no_refine]=mullerhorner(a,x0,x1,x2,nmax,refine,tol)
```

```
%
if nargin < 5,  nmax=100;  end
if nargin < 6,  refine=1;  end
if nargin < 7,   tol = eps*1e+3;   end
xfeps = max(tol,eps*1e+3);   % 最小容许误差
n=length(a)-1;%多项式的次数
poly_a=a;
no_refine=[];
for i=1:n
    x(1,i)=x0; x(2,i)=x1; x(3,i)=x2; % 初始值
    niter=0; % 迭代次数
    k=2;
    ndeg=n-i+1;  %多项式次数
    err=xfeps+1;
    if (ndeg==1)
        niter=niter+1;
        k=0;
        x(niter,i)=-a(2)/a(1);
    else
        while (niter < nmax) & (err > xfeps )
            k=k+1;niter=niter+1;
            [f0,b] = horner(a,x(k-2,i));
            [f1,b] = horner(a,x(k-1,i));
            [f2,b] = horner(a,x(k,i));
            f01=(f1-f0)/(x(k-1,i)-x(k-2,i));
            f12=(f2-f1)/(x(k,i)-x(k-1,i));
            f012=(f12-f01)/(x(k,i)-x(k-2,i));
            w=f12+(x(k,i)-x(k-1,i))*f012;
            delta=w^2-4*f2*f012;
            d1=w-sqrt(delta); d2=w+sqrt(delta);
            if abs(d1)<abs(d2), den=d2; else,den=d1;end
            if den~=0
                x(k+1,i)=x(k,i)-2*f2/den;
                err=abs(x(k+1,i)-x(k,i));
            else
                disp('迭代过程分母为零，中止.~');
                return;
            end
        end
    end
%用Newton方法作加细处理
    rxfeps =xfeps*1e-3;
    if ( refine==1  )
```

```
        rxold=x(k+1,i);;% 加细过程初始值
        nref=1;%加细过程迭代次数
        err=rxfeps+1;
        while (err > rxfeps )
            [px,b] = horner(poly_a,rxold);
            [pdx,c] = horner(b,rxold);
             nref=nref+1;
            if pdx~=0
                rxnew=rxold-px/pdx;
                err=abs(rxnew-rxold );
                rxold=rxnew;
            else
                disp('迭代过程分母为零, 中止.~');
                err=0;
            end
        end
        no_refine(i)=nref-1;
        x(k+1,i)=rxold;
    end
    no_iter(i)=niter;
    root(i)= x(k+1,i);
%辗转相除, 为计算下一个根作准备
    [px,b] = horner(a,x(k+1,i));
    a=b;
end
```

例4.6.5. 用Muller-Horner方法求下列代数方程的根.*(请与例4.6.4比较)*

$$p_5(x) = x^5 - 4x^4 + 10x^2 - x - 6 = 0$$
$$p_6(x) = x^6 - 2x^5 + 2x^4 - x^2 + 2x - 2 = 0$$

解 我们用程序mullerhorner(a,x0,nmax,refine,tol)进行计算.

对$p_5(x) = 0$，参数选取如下：$a = [1, -4, 0, 10, -1, -6], x_0 = -5, x_1 = 0, x_2 = 5, nmax = 100, tol = 10^{-5}$,refine分别取0(不加细处理)和1 (加细处理). 结果列表如下(表4.6.3)：

对$p_6(x) = 0$，参数选取如下：$a = [1, -2, 2, 0, -1, 2, -2], x_0 = -5, x_1 = 0, x_2 = 5, nmax = 100, tol = 10^{-5}$,refine分别取0(不加细处理)和1 (加细处理). 结果列表如下(表4.6.4)：

表 4.6.3 计算结果 无加细处理(左)加细处理(右)

x_j	Nit
1.00000000004594 -2.74^{-11} i	16
2.99999999997918+1.24^{-11} i	2
-0.99999780991807 +7.94^{-6} i	12
2.00000000001659-9.89^{-12} i	2
-1.00000219012365-7.94^{-6} i	1

x_j	Nit	Nr
1+1.23^{-21} i	16	1
3	2	1
-0.99999999353966 -6.14^{-17} i	12	5
2	2	1
-1.00000000359614 +2.72^{-17} i	1	1

表 4.6.4 计算结果 无加细处理(左)加细处理(右)

x_j	Nit
1.00000000000814 -0.99999999998495 i	13
0.99999999999187+ 0.99999999998493 i	12
0.99999999985881 +2.03^{-11} i	9
1.10^{-11} +0.99999999988103 i	8
1.93^{-11}-0.99999999989705 i	2
-0.99999999988915 -4.31^{-12} i	1

x_j	Nit	Nr
1-i	13	1
1+i	12	1
1	9	1
-7.92^{-18}-i	8	1
i	2	1
-1	1	1

4.6.4 林士谔-Bairstow方法

本小节中，我们假定n次多项式$P_n(x)$((4.6.1)式)的系数$a_k, k = 0, 1, 2, \cdots, n$都是实数. 我们知道，若实系数$n$次多项式$P_n(x)$有复根$\alpha + \beta\,\mathrm{i}$，则其共轭复数$\alpha - \beta\,\mathrm{i}$亦必为其根. 这样$P_n(x)$就有一个二次因子

$$(x - \alpha - \beta\mathrm{i})(x - \alpha + \beta\mathrm{i}) = x^2 - 2\alpha x + \alpha^2 + \beta^2$$

其系数仍为实数. 因此，如果能够用实数运算直接从$P_n(x)$分解出一个实系数的二次多项式因子$x^2 - r^* x - s^*$，那么就可以求出一对共轭复根或两个实根.

早在上世纪40年代，我国数学家林士谔就曾提出一种这样的方法，国际上称为林士谔方法. 后来，Bairstow将林士谔方法修改成与Newton法相符的形式，称之为**林士谔-Bairstow方法**. 又因为这种方法是从多项式中“劈”出一个二次因子，因此也称为**劈因子法**. 现在我们就来介绍这一方法.

设$q(x) = x^2 - rx - s$为一个任意的二次多项式，考虑$P_n(x)$除以$q(x)$的商与余数. 设

$$P_n(x) = q(x)Q(x) + R(x) \tag{4.6.9}$$

则商$Q(x)$为一个$n-2$次的多项式，余数$R(x)$为一个一次多项式. 令

$$\begin{aligned}
Q(x) &= b_n x^{n-2} + b_{n-1} x^{n-3} + \cdots + b_3 x + b_2 \\
R(x) &= b_1(x - r) + b_0
\end{aligned}$$

把$Q(x)$，$R(x)$代入(4.6.9)并比较等式两边x幂的系数，可得

$$\begin{aligned} a_i &= b_i - rb_{i+1} - sb_{i+2}, \qquad i = 0, 1, \cdots, n-2 \\ a_{n-1} &= b_{n-1} - rb_n \\ a_n &= b_n \end{aligned}$$

令$b_{n+1} = b_{n+2} = 0$，则$Q(x)$，$R(x)$的系数可以统一地表示成

$$b_i = a_i + rb_{i+1} + sb_{i+2}, \qquad i = n, n-1, \cdots, 1, 0 \tag{4.6.10}$$

这些系数b_i都是r, s的函数，$b_i = b_i(r, s)$. 因此求$P_n(x)$的二次因子$x^2 - r^*x - s^*$的问题归结为求下述方程组解的问题：

$$\begin{cases} b_0(r, s) = 0 \\ b_1(r, s) = 0 \end{cases} \tag{4.6.11}$$

我们用方程组的Newton法求解(参见§4.4.4). 由(4.4.11)，给定初始值(r_0, s_0)，Newton 迭代公式为

$$\begin{bmatrix} r_{k+1} \\ s_{k+1} \end{bmatrix} = \begin{bmatrix} r_k \\ s_k \end{bmatrix} - \begin{bmatrix} \dfrac{\partial b_0(r_k, s_k)}{\partial r} & \dfrac{\partial b_0(r_k, s_k)}{\partial s} \\ \dfrac{\partial b_1(r_k, s_k)}{\partial r} & \dfrac{\partial b_1(r_k, s_k)}{\partial s} \end{bmatrix}^{-1} \begin{bmatrix} b_0(r_k, s_k) \\ b_1(r_k, s_k) \end{bmatrix}, \quad k = 0, 1, 2, \cdots \tag{4.6.12}$$

其中，$b_0(r_k, s_k), b_1(r_k, s_k)$可以由递推公式(4.6.10)很容易地求得. 但是那四个偏导数该如何计算呢？Bairstow巧妙地引入另一组系数$c_0, c_1, \cdots, c_{n-1}$而加以解决. 这里我们不打算给出导出过程(可参考习题4.22)，只给出结果并加以验证.

令

$$\begin{aligned} c_i &= b_{i+1} + rc_{i+1} + sc_{i+2}, \quad i = n-1, n-2, \cdots, 1, 0 \\ c_n &= c_{n+1} = 0 \end{aligned} \tag{4.6.13}$$

则有下面的定理：

定理4.6.6.

$$\frac{\partial b_0}{\partial r} = c_0, \qquad \frac{\partial b_0}{\partial s} = c_1, \qquad \frac{\partial b_1}{\partial r} = c_1, \qquad \frac{\partial b_1}{\partial s} = c_2$$

证明 由(4.6.10)式，

$$\frac{\partial b_i}{\partial r} = b_{i+1} + r\frac{\partial b_{i+1}}{\partial r} + s\frac{\partial b_{i+2}}{\partial r}, \qquad i = n, n-1, \cdots, 1, 0$$

由此可以证明

$$\frac{\partial b_i}{\partial r} = c_i, i = 0, 1, \cdots, n$$

事实上，

$$\begin{aligned}
&\frac{\partial b_n}{\partial r}=0=c_n, \qquad \frac{\partial b_{n-1}}{\partial r}=b_n=c_{n-1},\\
&\frac{\partial b_{n-2}}{\partial r}=b_{n-1}+r\frac{\partial b_{n-1}}{\partial r}+s\frac{\partial b_n}{\partial r}=b_{n-1}+rc_{n-1}+sc_n=c_{n-2}
\end{aligned}$$

依此类推，最终我们得到$\frac{\partial b_1}{\partial r}=c_1,\frac{\partial b_0}{\partial r}=c_0$.

同样对(4.6.10)式两边求s的导数，得

$$\frac{\partial b_i}{\partial s}=r\frac{\partial b_{i+1}}{\partial s}+b_{i+2}+s\frac{\partial b_{i+2}}{\partial s}, \qquad i=n,n-1,\cdots,1,0$$

由此可以证明

$$\frac{\partial b_i}{\partial s}=c_{i+1}, i=0,1,2,\cdots,n$$

因为

$$\begin{aligned}
&\frac{\partial b_n}{\partial s}=0=c_{n+1}, \qquad \frac{\partial b_{n-1}}{\partial s}=0=c_n,\\
&\frac{\partial b_{n-2}}{\partial s}=b_n+r\frac{\partial b_{n-1}}{\partial s}+s\frac{\partial b_n}{\partial s}=b_n+rc_n+sc_{n+1}=c_{n-1},\\
&\frac{\partial b_{n-3}}{\partial s}=b_{n-1}+r\frac{\partial b_{n-2}}{\partial s}+s\frac{\partial b_{n-1}}{\partial s}=b_{n-1}+rc_{n-1}+sc_n=c_{n-2}
\end{aligned}$$

依此类推，最终我们得到$\frac{\partial b_1}{\partial s}=c_2,\frac{\partial b_0}{\partial s}=c_1$. □

利用定理4.6.6，Newton迭代公式(4.6.12)可以写为

$$\begin{bmatrix} r_{k+1} \\ s_{k+1} \end{bmatrix}=\begin{bmatrix} r_k \\ s_k \end{bmatrix}-\begin{bmatrix} c_0 & c_1 \\ c_1 & c_2 \end{bmatrix}^{-1}\begin{bmatrix} b_0 \\ b_1 \end{bmatrix}, \quad k=0,1,2,\cdots$$

即

$$\begin{cases} r_{k+1}=r_k+\dfrac{b_1c_1-b_0c_2}{c_0c_2-c_1^2} \\ s_{k+1}=s_k+\dfrac{b_0c_1-b_1c_0}{c_0c_2-c_1^2} \end{cases}, \quad k=0,1,2,\cdots \tag{4.6.14}$$

其中，b_0,b_1由递推公式(4.6.10)计算，c_0,c_1,c_2由递推公式(4.6.13)计算.

我们看到，林士谔-Bairstow方法就是对方程组(4.6.11)使用Newton法，因而在一定条件下，它是收敛的，而且可以达到二次收敛速度.

当由迭代法(4.6.14)得到方程组(4.6.11)的解(r^*,s^*)后，就可以确定$P_n(x)$的一个二次因子$x^2-r^*x-s^*$，从而可以直接由求根公式计算出相应的两个零点. 然后取$r=r^*,s=s^*$,由递推公式(4.6.10)计算出$b_n,b_{n-1},\cdots,b_3,b_2$，确定出多项式$Q(x)$. 用$Q(x)$替代$P_n(x)$重复上述过程，则可以求出$P_n(x)$的所有零点. 下面的Matlab函数linshiebairstow 实现这个算法. 该函数的返回值详见程序注释部分的说明.

程序：linshiebairstow.m

```
function rsroot=linshiebairstow(a,r0,s0,nmax,tol)
%linshiebairstow, 用林士谔-Bairstow方法求实系数多项式的零点
%输入参数:  a: 多项式的系数组成的向量，降序排列. 若n为多项式的次数，则多项式
%                   p(x)=a(1)x^n+a(2)x^(n-1)+...+a(n)x+a(n+1)
%      r0,s0 : 初始值
%        nmax: (可选)最大迭代次数. 缺省: nmax=100
%        tol : (可选)容许误差. 当前后两次迭代值之差的绝对值与|p(x)|都小于
%                   tol时结束迭代. 缺省: tol=5*eps
%输出参数:rsroot:[(n+1)/2]x5 矩阵.其每一行表示p(x)的一个二次多项式因子的相关数据.
%              比如，若其第一行5个元素依次为[r,s,u,v,w],则表示p(x)有二次多项式
%              因子x^2-rx-s,u,v是其相应的两个零点，w表示计算该二次多项式因子所
%              花费的迭代次数. 若多项式的次数n为奇数,最后一行形式为[r,s,u,0,0],
%              表示p(x)有一个一次因子rx+s,u是其零点.
%调用方式: rsroot=linshiebairstow(a,r0,s0)
%         rsroot=linshiebairstow(a,r0,s0,nmax)
%         rsroot=linshiebairstow(a,r0,s0,nmax,tol)
%Ye Xingde  2007年6月14日编
if nargin <4,  nmax=100;  end
if nargin <5,  tol = 5*eps;   end
tol=max(tol,5*eps);   % 最小容许误差
ndeg=length(a)-1;%多项式次数
k=0;
while ndeg>2
    ndeg=ndeg-2;
    rold=r0;
    sold=s0;
    niter=0;  % 迭代次数
    n=length(a)-1;
    k=k+1;
    err=tol+1;
    while (niter < nmax) & (err > tol )
        niter= niter+1;
        b=quotient_remainder(a,rold,sold);
        c=partial2rs(b,rold,sold);
        den=c(3)*c(1)-c(2)*c(2);
        rnew=rold+(b(n)*c(2)-b(n+1)*c(1))/den;
        snew=sold+(b(n+1)*c(2)-b(n)*c(3))/den;
        err=sqrt((rnew-rold)^2+(snew-sold)^2);
        rold=rnew;
        sold=snew;
    end
    rsroot(k,1)=rold;
```

```
    rsroot(k,2)=sold;
    sdelta=sqrt(rold*rold+4*sold);
    rsroot(k,3)=(rold+sdelta)/2;
    rsroot(k,4)=(rold-sdelta)/2;
    rsroot(k,5)=niter;
%为求下一个二次因子作准备
    b=quotient_remainder(a,rold,sold);
    a=b(1:ndeg+1);
end
if ( ndeg==2)
    k=k+1;
    rsroot(k,1)=-a(2)/a(1);
    rsroot(k,2)=-a(3)/a(1);
    sdelta=sqrt(a(2)*a(2)-4*a(1)*a(3));
    rsroot(k,3)=(-a(2)+sdelta)/(2*a(1));
    rsroot(k,4)=(-a(2)-sdelta)/(2*a(1));
else
    k=k+1;
    rsroot(k,1)=a(1);
    rsroot(k,2)=a(2);
    rsroot(k,3)=-a(2)/a(1);
end
function b=quotient_remainder(a,r,s)
%本函数求多项式p(x)=a(1)x^n+a(2)x^(n-1)+...+a(n)x+a(n+1)除以二次多项式
%  x^2-rx-s  的商Q(x)与余数R(x).返回的向量b是它们的系数:
%   Q(x)=b(1)x^(n-2)+b(2)x^(n-3)+...+b(n-1),R(x)=b(n)(x-r)+b(n+1)
n=length(a);
b=zeros(size(a));
b(1)=a(1);
b(2)=a(2)+r*b(1);
for i=3:n
    b(i)=a(i)+r*b(i-1)+s*b(i-2);
end
function c=partial2rs(b,r,s)
%本函数计算b(n),b(n+1)对r,s的偏导数在点(r, s)的值.~
n=length(b)-1;
cc(1)=b(1);
cc(2)=b(2)+r*cc(1);
for i=3:n
    cc(i)=b(i)+r*cc(i-1)+s*cc(i-2);
end
c(1:3)=cc(n-2:n);
```

例4.6.7. 用林士谔-Bairstow方法求下列代数方程的根.(请与例4.6.4，例4.6.5比较)

$$p_5(x) = x^5 - 4x^4 + 10x^2 - x - 6 = 0$$
$$p_6(x) = x^6 - 2x^5 + 2x^4 - x^2 + 2x - 2 = 0$$

解 我们用程序linshiebairstow(a,r0,s0,nmax,tol)进行计算.

对$p_5(x) = 0$，参数选取如下：$a = [1, -4, 0, 10, -1, -6], r_0 = 0, s_0 = 0, nmax = 100, tol = 10^{-5}$.结果如下：

```
>> rsroot=linshiebairstow([1, -4, 0,10,-1,-6],0,0,100,1e-5)
rsroot =
    0.0000    1.0000    1.0000   -1.0000   16.0000
    1.0000    2.0000    2.0000   -1.0000    5.0000
    1.0000   -3.0000    3.0000         0         0
```

于是我们知道，$p_5(x)$有二次因子$x^2 - 1$(迭代次数16)，$x^2 - x - 2$(迭代次数5)，一次因子$x - 3$. $p_5(x) = 0$的根为1，-1，2，-1，3.

对$p_6(x) = 0$，参数选取如下：$a = [1, -2, 2, 0, -1, 2, -2], r_0 = 0, s_0 = 0, nmax = 100, tol = 10^{-5}$.结果如下：

```
>> rsroot=linshiebairstow([1, -2, 2,0, -1,2,-2 ],0,0,100,1e-5)
rsroot =
   0.0000    1.0000    1.0000              -1.0000             13.0000
   0.0000   -1.0000    0.0000 + 1.0000i    0.0000 - 1.0000i    6.0000
   2.0000   -2.0000    1.0000 + 1.0000i    1.0000 - 1.0000i         0
```

于是我们知道，$p_6(x)$有二次因子$x^2 - 1$(迭代次数13)，$x^2 + 1$(迭代次数6)，$x^2 - 2x + 2$. $p_5(x) = 0$的根为1，-1，i，-i，1+i,1-i.

习 题

4.1. 用`fingrootinterval`函数确定下列方程在给定区间中的有根区间.

(1) $\cos x = x, \quad -2\pi \le x \le 2\pi$

(2) $\tan x = 0, \quad -2\pi \le x \le 2\pi$

(3) $\sin \frac{1}{x} = 0, \quad \frac{\pi}{50} \le x \le \frac{\pi}{3}$

(4) $\sin x^2 + x^2 - 2x - 0.09 = 0, \quad -1 \le x \le 3$

4.2. 利用习题4.1的结果，用二分法求习题4.1所列方程在给定区间中的所有根.

4.3. (编程题)

(1) 编写函数`autobisection`，把`fingrootinterval`确定有根区间的功能和`bisection`在有根区间上用二分法求根的过程有机地结合起来，使得用户只要输入函数与区间，就可以把这个方程在该区间的所有根求出或者给出无根的信息.

(2) 用你的程序再解习题4.2.

4.4. 证明方程$x=\frac{1}{2}\cos x$有且仅有一实根. 试确定这样的区间$[a,b]$，使迭代过程$x_{k+1}=\frac{1}{2}\cos x_k$对一切$x_0\in[a,b]$均收敛.

4.5. 证明迭代过程$x_{k+1}=\frac{x_k}{2}+\frac{1}{x_k}$对任意初值$x_0>1$均收敛于$\sqrt{2}$.

4.6. 方程$x^3-x^2-1=0$在$x_0=1.5$附近有一个根. 证明下列两种迭代过程在区间$[1.3,1.6]$上均收敛：

(1) 改写方程为$x=1+\frac{1}{x^2}$，相应的迭代公式为

$$x_{k+1}=1+\frac{1}{x_k^2}$$

(2) 改写方程为$x^3=1+x^2$，相应的迭代公式为

$$x_{k+1}=\sqrt[3]{1+x_k^2}$$

4.7. 给定函数$f(x)$，设对一切x，$f'(x)$存在且$0<m\leq f'(x)\leq M$，试证明：对于$0<\lambda<\frac{2}{M}$的任意值λ，迭代过程

$$x_{k+1}=x_k-\lambda f(x_k)$$

均收敛于$f(x)=0$的根x^*.

4.8. 设方程$x=\varphi(x)$在区间$[a,b]$内有根x^*.若当$x\in[a,b]$时恒成立$|\varphi'(x)|\geq 1$，证明这时迭代过程$x_{k+1}=\varphi(x_k)$对于任意初值$x_0\in[a,b]$均发散.

4.9. 求方程$x^3-x^2-1=0$在$x_0=1.5$附近的一个根，证明：改写方程为$x^2=\frac{1}{x-1}$得出的迭代公式

$$x_{k+1}=\frac{1}{\sqrt{x_k-1}}$$

对任意初值$x_0\in[1.3,1.6]$均发散.

4.10. 设$\varphi(x)=x+c(x^2-3)$，问如何选取c才能保证迭代法$x_{k+1}=\varphi(x_k)$具有局部收敛性?

4.11. 设$\varphi(x)=x+x^3$. 显然$x=0$是方程$x=\varphi(x)$的一个根. 验证迭代过程$x_{k+1}=\varphi(x_k)$ 对$x_0\neq 0$不收敛，但改用Aitken方法却是收敛的.

4.12. 用Newton 法求下列方程的根：

(1) $x^3-3x-1=0,\quad x_0=2;$

(2) $x^2-3x-\mathrm{e}^x+2=0,\quad x_0=1;$

(3) $x^3+2x^2+10x-20=0,\quad x_0=1.$

4.13. 应用Newton 法于方程$x^3-a=0$，导出求立方根$\sqrt[3]{a}(a>0)$的迭代公式，并证明该迭代法具有二阶收敛性.

4.14. 应用Newton 法于方程$(x^3-a)^2=0$，导出求立方根$\sqrt[3]{a}(a>0)$的迭代公式，证明该迭代法仅为线性收敛.

4.15. 对于给定的$a\neq 0$，应用Newton 法于方程$\frac{1}{x}-a=0$，导出求倒数值$\frac{1}{a}$而不使用除法的迭代公式，

4.16. 对于给定的$a>0$，应用Newton 法导出求$\frac{1}{\sqrt{a}}$而不使用开方运算和除法运算的迭代公式，

4.17. 设在方程$f(x)=0$的单根x^*附近$f(x)$具有二阶连续导数. 证明：Steffenson方法(4.4.9)对于$f(x)=0$的单根x^*为平方收敛.

4.18. 解方程$f(x)=0$的**Halley方法**的迭代公式为

$$x_{k+1}=x_k-\frac{f_kf_k'}{(f_k')^2-(f_kf_k'')/2}$$

这里$f_k=f(x_k)$. 证明当Newton法应用于函数$f/\sqrt{f'}$时，产生这个公式.

4.19. 证明下列计算$\sqrt{a}$的方法有三阶收敛性：

$$x_{k+1}=\frac{x_k(x_k^2+3a)}{3x_k^2+a}$$

4.20. 分别用Newton-Horner方法，Muller-Horner方法，林士谔-Bairstow方法求下列多项式的所有零点：

(1) x^3-3x-1;

(2)$x^3+2x^2+10x-20$;

(3)$x^5+11x^4-21x^3-10x^2-21x-5$;

(4)x^4-4x^2-3x+5;

(5)$x^8-36x^7+546x^6-4536x^5+22449x^4-67284x^3+118214x^2-109584x+40320$;

(6) $x^4-(10+26i)x^3-(216-190i)x^2+(1140+636i)x-(72-68i)$.

(注意，本题不能用林士谔-Bairstow方法. 为什么？)

4.21. 就多项式$p(x)=a_0+a_1x+\cdots+a_nx^n$而言，证明下列结论：对于给定的$x$，令$(\alpha_n,\beta_n,\gamma_n)=(a_n,0,0)$并且递归定义

$$\begin{aligned}(\alpha_j,\beta_j,\gamma_j)=&(a_j+x\alpha_{j+1},\alpha_{j+1}+x\beta_{j+1},\beta_{j+1}+x\gamma_{j+1}),\\ &j=n-1,n-2,\cdots,1,0\end{aligned}$$

则$p(x)=\alpha_0,p'(x)=\beta_0,p''(x)=2\gamma_0$.

4.22. 证明：若用x^2-rx-s除多项式

$$P(x)=a_nx^n+a_{n-1}x^{n-1}+\cdots+a_1x+a_0$$

得到的商式为$Q(x)$，余式为$b_1(x-r)+b_0$，则用x^2-rx-s除多项式$xQ(x)+b_1$得到的余式为$c_1(x-r)+c_0$，其中，$c_1=\frac{\partial b_1}{\partial r},c_0=\frac{\partial b_0}{\partial r}$.

同样证明，用x^2-rx-s除多项式$Q(x)$得到的余式为$c_2(x-r)+c_1$，其中，$c_2=\frac{\partial b_1}{\partial s},c_1=\frac{\partial b_0}{\partial s}$.

4.23. (编程题)

(1) 编写程序，实现割线法;

(2) 编写程序，实现试位法;

(3) 编写程序，实现Steffenson迭代法.

4.24. (趣味编程题)设$p(z)$是一个至少二次的多项式，ξ是它的一个根. 若Newton法从复平面上的一点z开始，那么由下式产生Newton迭代序列$\{z_k\}$:

$$\begin{cases} z_0 = z; \\ z_{k+1} = z_k - \frac{p(z_k)}{p'(z_k)} \end{cases}$$

如果$\lim_{k\to\infty} z_k = \xi$，则称点$z$(初始点)被**吸引**到$\xi$. 所有被吸引到$\xi$的点的集合称为$\xi$的**吸引盆**. p的每个根都有一个吸引盆. 还有些复数不属于任何吸引盆，它们都是使得Newton法不收敛的点.这些例外点构成p的**Julia集**.

多项式$p(z) = z^4 - 1$，应用Newton法，初值取复平面上正方形区域$|Re(z)| \le 2, |Im(z)| \le 2$内的间距为0.02的网格中的所有网格点. 把吸引到相同根的网格点涂上同一种颜色，以此显示该根的吸引盆. 编写程序，显示多项式$p(z) = z^4 - 1$的吸引盆及Julia集(如果有的话). 图4.6.1是多项式$p(z) = z^3 - 1$的吸引盆.

图 4.6.1 多项式$p(z) = z^3 - 1$的吸引盆

第 5 章　函数逼近

函数的逼近论有着非常丰富的内容，它的研究通常涉及到两类一般性问题. 一类是当一个函数显式地给出时，希望用“更简单”的函数类，比如多项式、三角多项式等来近似该函数. 我们前面讨论的函数的多项式插值就是函数逼近的一种. 另一类问题涉及到使函数“拟合”给定的数据并在某一特定的函数类中寻找“最佳”的一个函数来表示这些数据.

本章我们换一种讲法，从抽象到具体，先介绍一些泛函分析的抽象理论，然后应用它们解决某些具体的问题. 从中我们可以体会到数学抽象的力量.

5.1　最佳逼近问题

我们在一般的赋范线性空间中提出最佳逼近问题.

定义5.1.1. *线性空间X称为***赋范线性空间***，如果其上可以赋予一个满足下面三条性质的函数$\|\cdot\|$:*

(1) $\|x\| \geq 0, \|x\| = 0 \Leftrightarrow x = 0, \quad \forall x \in X$ *(正定性)*;

(2) $\|\alpha x\| = |\alpha| \|x\|, \quad \forall x \in X, \alpha \in \mathbb{R}$ *(齐次性)*;

(3) $\|x + y\| \leq \|x\| + \|y\|, \quad \forall x, y \in X$ *(三角不等式)*.

*而满足上面三条性质的函数$\|\cdot\|$则称为线性空间X的***范数***.*

例如，n元线性空间$\mathbb{R}^n$按如下范数

$$\|\boldsymbol{x}\|_2 = \Big(\sum_{k=1}^{n} x_k^2\Big)^{\frac{1}{2}}, \quad \boldsymbol{x} = (x_1, x_2, \cdots, x_n)^{\mathrm{T}} \in \mathbb{R}^n \tag{5.1.1}$$

构成赋范线性空间,它就是我们熟悉的Euclid空间，简称欧氏空间，范数$\|\cdot\|_2$称为欧氏范数或2-范数. 容易证明，

$$\|\boldsymbol{x}\|_1 = \sum_{k=1}^{n} |x_k|, \quad \boldsymbol{x} = (x_1, x_2, \cdots, x_n)^{\mathrm{T}} \in \mathbb{R}^n$$

也是$\mathbb{R}^n$的范数，因此，$\mathbb{R}^n$按范数$\|\cdot\|_1$(称为1-范数)构成另一赋范线性空间. 也就是说，在同一线性空间中，由于引进的范数不同，而导致的赋范线性空间是不同的. 因此，有时赋范线性空间X也完整地记为$(X, \|\cdot\|)$，以明确所赋的范数.

例5.1.2. 记$C[a,b]$是区间$[a,b]$上所有连续函数组成的集合，则$C[a,b]$按通常的函数加法和数与函数的乘法构成线性空间. 容易验证,

$$\|f\|_\infty = \max_{x\in[a,b]} |f(x)|$$

是线性空间$C[a,b]$的一个范数,因此$C[a,b]$按$\|\cdot\|_\infty$构成一个赋范线性空间.

设$(X, \|\cdot\|)$是一个赋范线性空间，G是X的一个线性子空间. 对任一$f \in X$，f到G的距离定义为

$$\mathrm{dist}(f, G) = \inf_{g\in G} \|f - g\|$$

这个距离度量出我们用G中的一个元素逼近向量f所能达到的绝对最小偏差. 如果G中有元素g，使得

$$\|f - g\| = \mathrm{dist}(f, G) \tag{5.1.2}$$

那么g达到了这个最小偏差，我们称g为**f在G中的最佳逼近**. 因此最佳逼近的意义与问题中所选择的范数相关.

对于赋范线性空间$C[a,b]$，由于范数$\|\cdot\|_\infty$是一致范数，相应的逼近问题称为最佳一致逼近. 还有一类逼近，范数由内积空间的内积诱导出，称为平方范数，相应的逼近问题称为最佳平方逼近(见下节的介绍). 本章主要介绍内积空间上的最佳平方逼近理论，对连续函数的最佳一致逼近只作简单介绍.

在一般最佳逼近问题中，首要问题是最佳逼近的存在性问题. 我们有下面的存在性定理：

定理5.1.3. (**最佳逼近存在性定理**) *若G是赋范线性空间X的一个**有限维**子空间，则X中的每一个元素在G中的最佳逼近都存在.*

证明参见[12].

5.2 最佳平方逼近

5.2.1 内积空间及最佳平方逼近

定义5.2.1. *线性空间X称为**内积空间**，如果其上可以赋予一个满足下面四条性质的二元函数$(\cdot,\cdot)$:*

(1) $(x, y) = (y, x), \quad \forall x, y \in X;$

(2) $(\alpha x, y) = \alpha(x, y), \quad \forall x, y \in X, \alpha \in \mathbb{R};$;

(3) $(x+y,z)=(x,z)+(y,z),\quad \forall x,y,z\in X$;

(4) $(x,x)\geq 0,(x,x)=0\Leftrightarrow x=0,\quad \forall x\in X$.

而满足上面4条性质的二元函数$(\cdot,\cdot)$则称为线性空间X的**内积**.

设X为内积空间，如果其元素f,g满足$(f,g)=0$，则我们称f与g**正交**，记为$f\perp g$.又设S为X的一个子集，如果对所有的$g\in S$,都有$f\perp g$，则我们称f与集合S正交，记为$f\perp S$.

利用内积，可以引出范数. 设X是一内积空间，则容易验证

$$\|x\|=\sqrt{(x,x)}$$

满足范数的三条性质，因此内积空间X按上述范数构成赋范线性空间. 这个范数是由内积诱导的，因此内积空间的范数，如果我们不作特别的说明，总是指它的诱导范数.

内积空间具有如下性质(参见[12])：

引理5.2.2. 设X为内积空间，则

(1) *(线性性质)* $(\sum_{i=1}^{n}c_if_i,g)=\sum_{i=1}^{n}c_i(f_i,g),\quad f_i(i=1,2,\cdots,n),g\in X,c_i(i=1,2,\cdots,n)\in\mathbb{R}$;

(2) $\|f+g\|^2=\|f\|^2+2(f,g)+\|g\|^2,\quad f,g\in X$;

(3) *(勾股定理)* 若$f\perp g\quad f,g\in X$，则 $\|f+g\|^2=\|f\|^2+\|g\|^2$;

(4) (Cauchy-Schwarz不等式) $|(f,g)|\leq\|x\|\ \|y\|$.

例5.2.3. 在n元线性空间$\mathbb{R}^n$上，定义二元函数

$$(\boldsymbol{x},\boldsymbol{y})=\boldsymbol{x}^{\mathrm{T}}\boldsymbol{y}=\sum_{k=1}^{n}x_ky_k,\quad \boldsymbol{x}=(x_1,x_2,\cdots,x_n)^{\mathrm{T}},\boldsymbol{y}=(y_1,y_2,\cdots,y_n)^{\mathrm{T}}\in\mathbb{R}^n \tag{5.2.1}$$

则容易验证(习题5.1)，$(\cdot,\cdot)$为线性空间$\mathbb{R}^n$的内积，其诱导范数就是(5.1.1)式所定义的$\|\cdot\|_2$.这是最简单的内积空间.

例5.2.4. (加权平方可积函数空间$L_\rho^2[a,b]$) 称$\rho(x)$是区间$[a,b]$上的**权函数**，如果它在区间$[a,b]$上是*Lebesgue*可积的非负函数，且至多在一个零测集上为零.

对于没有学过实变函数的读者，不妨把这里的Lebesgue可积理解为通常意义下的Remann可积，把零测集当成空集，而把下面所述的可测函数当成分段连续函数. 引进这些概念的原因完全是为了数学上的严密.

设$\rho(x)$是$[a,b]$上的一个权函数，我们把$[a,b]$上权函数为$\rho(x)$的加权Lebesgue平方可积的可测函数全体，记为$L_\rho^2[a,b]$，即

$$L_\rho^2[a,b]=\left\{f:[a,b]\to\mathbb{R}\ \text{可测函数}\ \middle|\ \int_a^b[f(x)]^2\rho(x)\mathrm{d}x<+\infty\right\}$$

按函数的加法和数与函数的乘法,$L^2_\rho[a,b]$构成一线性空间. 在$L^2_\rho[a,b]$上，定义

$$(f,g)_\rho = \int_a^b f(x)g(x)\rho(x)\mathrm{d}x, \quad f,g \in L^2_\rho[a,b] \tag{5.2.2}$$

则可以验证(习题5.2), $(\cdot,\cdot)_\rho$是$L^2_\rho[a,b]$的内积，其诱导范数记为

$$\|f\|_{0,\rho} = \left\{ \int_a^b [f(x)]^2 \rho(x)\mathrm{d}x \right\}^{\frac{1}{2}} \tag{5.2.3}$$

因此，$L^2_\rho[a,b]$是一个内积空间，我们称其为**加权平方可积函数空间**. 当$\rho(x)=1$时，我们去掉下标ρ，简记为$L^2[a,b]$，相应地，内积与范数简记为$(\cdot,\cdot), \|\cdot\|_0$.

现在我们可以引入内积空间的最佳逼近问题:设$\phi_1,\phi_2,\cdots,\phi_n$是内积空间$X$的$n$个线性无关向量，$G_n$是其生成子空间

$$G_n = \mathrm{span}\{\phi_1,\phi_2,\cdots,\phi_n\}$$

$f\in X$，则由(5.1.2)式和定理5.1.3,f在G_n上的最佳平方逼近元g可以表示为

$$\|f-g\| = \min_{g\in G_n} \|f-g\| \tag{5.2.4}$$

那么，在现在的情况下，最佳平方逼近元g是否唯一存在？特征又如何？该如何求得呢？

定理5.2.5. (**最佳平方逼近特征定理**) *设X内积空间，$f\in X$，则$g\in G_n$为f的最佳逼近元的充分必要条件是*

$$(f-g,\phi_i)=0, \quad i=1,2,\cdots,n \tag{5.2.5}$$

证明 先证必要性. 用反证法，若存在某指标$k(1\le k\le n)$，使得

$$(f-g,\phi_k)=\lambda_k \ne 0$$

我们构造元素

$$\overline{g} = g + \lambda_k \frac{\phi_k}{(\phi_k,\phi_k)} \in G_n.$$

则

$$\begin{aligned}\|f-\overline{g}\|^2 &= (f-\overline{g}, f-\overline{g}) \\ &= (f-g,f-g) - \frac{2\lambda_k}{(\phi_k,\phi_k)}(f-g,\phi_k) + \frac{\lambda_k^2}{(\phi_k,\phi_k)} \\ &= \|f-g\|^2 - \frac{\lambda_k^2}{(\phi_k,\phi_k)} < \|f-g\|^2\end{aligned}$$

这与g是f的最佳逼近元矛盾. 因此(5.2.5)式成立.

再证充分性. 此时(5.2.5)式成立. 我们可证

$$(f-g,\phi)=0,\quad \forall\phi\in G_n \tag{5.2.6}$$

事实上，对于$\phi\in G_n$,可以表示为$\sum_{i=1}^{n}c_i\phi_i$的形式，于是由内积的性质，有

$$(f-g,\phi)=(f-g,\sum_{i=1}^{n}c_i\phi_i)=\sum_{i=1}^{n}c_i(f-g,\phi_i)=0.$$

因此，对任意的$\phi\in G_n$,由(5.2.6)式，

$$\begin{aligned}\|f-\phi\|^2&=\|f-g+g-\phi\|^2=(f-g+g-\phi,f-g+g-\phi)\\&=(f-g,f-g)+2(f-g,g-\phi)+(g-\phi,g-\phi)\\&=\|f-g\|^2+\|g-\phi\|^2>\|f-g\|^2\end{aligned}$$

因此，g为f的最佳逼近元. □

设最佳逼近元$g=\sum_{i=1}^{n}c_i\phi_i$，则(5.2.5)式可以改写成如下的线性方程组

$$\boldsymbol{A}\boldsymbol{x}=\boldsymbol{b} \tag{5.2.7}$$

其中，系数矩阵

$$\boldsymbol{A}=\begin{bmatrix}(\phi_1,\phi_1)&(\phi_1,\phi_2)&\cdots&(\phi_1,\phi_n)\\(\phi_2,\phi_1)&(\phi_2,\phi_2)&\cdots&(\phi_2,\phi_n)\\\vdots&\vdots&&\vdots\\(\phi_n,\phi_1)&(\phi_n,\phi_2)&\cdots&(\phi_n,\phi_n)\end{bmatrix} \tag{5.2.8}$$

称其为关于$\phi_1,\phi_2,\cdots,\phi_n$的**Gram矩阵**，而相应的行列式$\det(\boldsymbol{A})$称为**Gram行列式**. 右端向量

$$\boldsymbol{b}=((f,\phi_1),(f,\phi_2),\cdots,(f,\phi_n))^{\mathrm{T}}$$

未知向量x是由g的系数所组成的向量

$$\boldsymbol{x}=(c_1,c_2,\cdots,c_n)^{\mathrm{T}}.$$

称方程组(5.2.7)为**正规方程组**. 可见，特征定理5.2.5实际上给出了计算最佳逼近元的方法，最终归结于求解正规方程组(5.2.7).

正规方程组(5.2.7)有解吗?

定理5.2.6. 设X为内积空间，则$\phi_i,i=1,2,\cdots,n$线性相关的充分必要条件是其相应的Gram行列式为零.

证明 先证必要性. 因$\phi_i,i=1,2,\cdots,n$线性相关，故必存在不全为零的数$x_i,i=1,2,\cdots,n$,使得

$$x_1\phi_1+x_2\phi_2+\cdots+x_n\phi_2=0$$

上式两端对$\phi_k(k=1,2,\cdots,n)$作内积，得

$$\sum_{i=1}^{n} x_i(\phi_i,\phi_k)=0,\quad k=1,2,\cdots,n \tag{5.2.9}$$

这表明，线性方程组(5.2.9)有非零解，而其系数行列式恰为Gram行列式，因此Gram行列式为零.

再证充分性. 若Gram行列式$\det(\boldsymbol{A})$为零，则线性方程组(5.2.9)必有非零解，记为x_i $(i=1,2,\cdots,n)$. 令

$$\phi=\sum_{i=1}^{n} x_i\phi_i$$

则方程组(5.2.9)可写为

$$(\phi,\phi_k)=0,\quad k=1,2,\cdots,n \tag{5.2.10}$$

于是

$$(\phi,\phi)=(\phi,\sum_{k=1}^{n} x_k\phi_k)=\sum_{k=1}^{n} x_k(\phi,\phi_k)=0$$

从而得到$\phi=0$.而$x_i, i=1,2,\cdots,n$不全为零，这表明$\phi_i, i=1,2,\cdots,n$线性相关. □

定理5.2.6表明，只要$\phi_i, i=1,2,\cdots,n$线性无关，则正规方程组(5.2.7)有唯一解，从而相应得最佳逼近问题存在且唯一.

定理5.2.7. *设X是内积空间，$f\in X$，$g=\sum_{i=1}^{n} c_i\phi_i$是$f$在$G_n$上的最佳逼近元. 则误差$e=f-g$满足*

$$\|e\|^2=\|f\|^2-\sum_{i=1}^{n} c_i(f,\phi_i) \tag{5.2.11}$$

$$\|e\|^2+\|g\|^2=\|f\|^2 \tag{5.2.12}$$

证明 由(5.2.6)式及内积的线性性质，直接计算，可得

$$\|e\|^2=(f-g,f-g)=(f-g,f)-(f-g,g)=(f,f)-(f,g)=\|f\|^2-\sum_{i=1}^{n} c_i(f,\phi_i)$$

$$\|f\|^2=(e+g,e+g)=(e,e)+2(e,g)+(g,g)=\|e\|^2+\|g\|^2$$

□.

等式(5.2.6)(5.2.12)表明，f在G_n上的最佳逼近元就是f在G_n上的**正交投影**. 参见图5.2.1.

另一种处理逼近问题的方法是利用子空间G_n的标准正交系. 如果$(\phi_i,\phi_j)=0, i\neq j, i,j=1,2,\cdots,n$，则称$\phi_1,\phi_2,\cdots,\phi_n$为$G_n$的**正交系**；若

$$(\phi_i,\phi_j)=\delta_{ij}=\begin{cases}0 & i\neq j\\ 1 & i=j\end{cases}\qquad i,j=1,2,\cdots,n$$

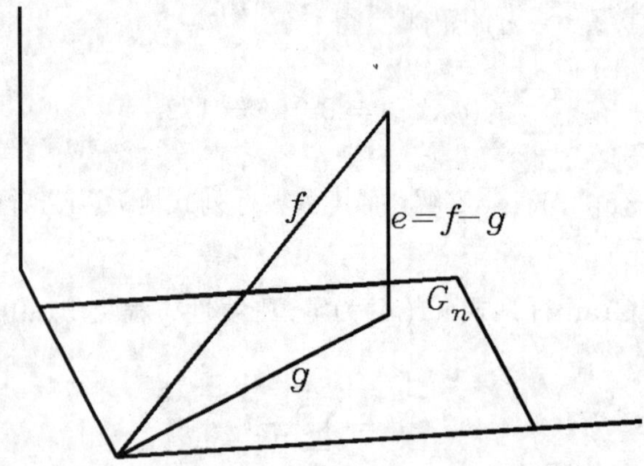

图 5.2.1 最佳平方逼近的几何解释

则称$\phi_1, \phi_2, \cdots, \phi_n$为$G_n$的**标准正交系**.

定理5.2.8. *设X是内积空间，$f \in X$，$\phi_1, \phi_2, \cdots, \phi_n$为$G_n$的标准正交系. 则*

(1) f在G_n上的最佳逼近元为

$$g = \sum_{i=1}^{n} (f, \phi_i)\phi_i \tag{5.2.13}$$

(2) (Bessel不等式)

$$\sum_{i=1}^{n} |(f, \phi_i)|^2 \leq \|f\|^2 \tag{5.2.14}$$

证明：设$g = \sum_{j=1}^{n} c_j \phi_j$是$f$在$G_n$上的最佳逼近元. 由(5.2.5)式及$\phi_i$的标准正交性，可得

$$\begin{aligned} 0 = (f - g, \phi_i) &= (f - \sum_{j=1}^{n} c_j \phi_j, \phi_i) \\ &= (f, \phi_i) - \sum_{j=1}^{n} c_j (\phi_j, \phi_i) = (f, \phi_i) - c_i, \quad i = 1, 2, \cdots, n \end{aligned}$$

因此，$c_i = (f, \phi_i)$,于是有由(5.2.13)式.

而由(5.2.11)式

$$0 \leq \|e\|^2 = \|f\|^2 - \sum_{i=1}^{n} c_i (f, \phi_i) = \|f\|^2 - \sum_{i=1}^{n} |(f, \phi_i)|^2$$

因此Bessel不等式成立. □

那么，如何获得G_n的标准正交系呢？线性代数中的**Gram-Schmidt**正交化过程可以毫无困难地搬到内积空间上来.

定理5.2.9. (Gram-Schmidt正交化过程定理) 设X是内积空间，$\phi_1,\phi_2,\cdots,\phi_n$是内积空间$X$的$n$个线性无关向量，$G_n$是其生成子空间

$$G_n=\mathrm{span}\{\phi_1,\phi_2,\cdots,\phi_n\}$$

则G_n中必存在一组标准正交系$\widetilde{\phi}_1,\widetilde{\phi}_2,\cdots,\widetilde{\phi}_n$，并且每个$\widetilde{\phi}_i$是$\phi_1,\phi_2,\cdots,\phi_i$的线性组合，而每个$\phi_i$也是$\widetilde{\phi}_1,\widetilde{\phi}_2,\cdots,\widetilde{\phi}_i$的线性组合，即

$$\mathrm{span}\{\phi_1,\phi_2,\cdots,\phi_i\}=\mathrm{span}\{\widetilde{\phi}_1,\widetilde{\phi}_2,\cdots,\widetilde{\phi}_i\},\quad ,i=1,2,\cdots,n. \tag{5.2.15}$$

证明 我们用Gram-Schmidt正交化方法构造$\widetilde{\phi}_i$. 其构造过程如下：

$$\begin{aligned}
&\eta_1=\phi_1 && \widetilde{\phi}_1=\frac{\eta_1}{\|\eta_1\|}\\
&\eta_2=\phi_2-(\phi_2,\widetilde{\phi}_1)\widetilde{\phi}_1 && \widetilde{\phi}_2=\frac{\eta_2}{\|\eta_2\|}\\
&\cdots\cdots\cdots\cdots && \cdots\cdots\cdots\cdots\\
&\eta_n=\phi_n-\sum_{i=1}^{n-1}(\phi_n,\widetilde{\phi}_i)\widetilde{\phi}_i && \widetilde{\phi}_n=\frac{\eta_n}{\|\eta_n\|}
\end{aligned}$$

容易验证，$\eta_1,\eta_2,\cdots,\eta_n$是正交的，从而$\widetilde{\phi}_1,\widetilde{\phi}_2,\cdots,\widetilde{\phi}_n$是$G_n$的标准正交系，且(5.2.15)成立. □

5.2.2 $L^2_\rho[a,b]$上的正交多项式

本小节我们讨论$L^2_\rho[a,b]$上的正交多项式，不仅仅因为这可以作为Gram-Schmidt正交化方法应用的一个实例，更重要的是正交多项式本身的性质，使得它成为数值分析理论与计算的一个重要工具.

1.正交多项式的性质

我们先回顾一下例5.2.4. $L^2_\rho[a,b]$是区间$[a,b]$上权函数为$\rho(x)$的加权Lebesgue平方可积的可测函数全体，在内积

$$(f,g)_\rho=\int_a^b f(x)g(x)\rho(x)\mathrm{d}x,\quad f,g\in L^2_\rho[a,b] \tag{5.2.2}$$

下$L^2_\rho[a,b]$是一个内积空间，其诱导范数为

$$\|f\|_{0,\rho}=\left\{\int_a^b[f(x)]^2\rho(x)\mathrm{d}x\right\}^{\frac{1}{2}} \tag{5.2.3}$$

在数值分析的理论与方法中,我们经常遇到幂函数系$1,x,x^2,\cdots$. 显然幂函数系在$[a,b]$上是线性无关的. 现在我们把Gram-Schmidt正交化方法应用于幂函数系$1,x,x^2,\cdots$，就可以得到$L^2_\rho[a,b]$上的正交多项式系. 作为定理5.2.9的直接推论，我们有下述描述正交多项式简单性质的定理：

定理5.2.10. 设 $\omega_0(x),\omega_1(x),\cdots$ 是空间 $L^2_\rho[a,b]$ 上的幂函数系$1,x,x^2,\cdots$ 经Gram-Schmidt 正交化过程得到的正交多项式系，则它有如下性质:

(1) $\omega_n(x)$是n次代数多项式;

(2) 任何不高于n次的代数多项式都可以表示成$\sum\limits_{i=0}^{n} c_i\omega_i(x)$;

(3) $\omega_n(x)$在$L^2_\rho[a,b]$中与所有次数低于n的多项式正交，即

$$\int_a^b p_{n-1}(x)\omega_n(x)\rho(x)\mathrm{d}x = 0$$

这里，$p_{n-1}(x)$表示任何次数低于n的多项式.

设a_n是$\omega_n(x)$的最高次项x^n的系数，记$\widetilde{\omega}_n(x) = \frac{1}{a_n}\omega_n(x)$，则$\widetilde{\omega}_n(x)$ 的最高次项系数为1，我们称$\widetilde{\omega}_n(x)$是$\omega_n(x)$的**首一化多项式**. 显然，$\widetilde{\omega}_0(x),\widetilde{\omega}_1(x),\cdots$ 仍是正交系,且有如下的递推关系:

定理5.2.11. 设$\widetilde{\omega}_0(x),\widetilde{\omega}_1(x),\cdots$是$\omega_0(x),\omega_1(x),\cdots$的首一化正交多项式系. 则

$$\widetilde{\omega}_{k+1}(x) = (x-\widetilde{\beta}_k)\widetilde{\omega}_k(x) - \widetilde{\gamma}_k\widetilde{\omega}_{k-1}(x), \quad k=1,2,\cdots \tag{5.2.16}$$

其中，

$$\widetilde{\beta}_k = \frac{\int_a^b x\widetilde{\omega}_k^2(x)\rho(x)\mathrm{d}x}{\int_a^b \widetilde{\omega}_k^2(x)\rho(x)\mathrm{d}x} = \frac{(x\widetilde{\omega}_k(x),\widetilde{\omega}_k(x))_\rho}{\|\widetilde{\omega}_k(x)\|^2_{0,\rho}}$$

$$\widetilde{\gamma}_k = \frac{\int_a^b \widetilde{\omega}_k^2(x)\rho(x)\mathrm{d}x}{\int_a^b \widetilde{\omega}_{k-1}^2(x)\rho(x)\mathrm{d}x} = \frac{\|\widetilde{\omega}_k(x)\|^2_{0,\rho}}{\|\widetilde{\omega}_{k-1}(x)\|^2_{0,\rho}}$$

因而

$$\omega_{k+1}(x) = \frac{a_{k+1}}{a_k}(x-\beta_k)\omega_k(x) - \frac{a_{k+1}a_{k-1}}{a_k^2}\gamma_k\omega_{k-1}(x), \quad k=1,2,\cdots \tag{5.2.17}$$

这里，a_k表示$\omega_k(x)$的首项系数，

$$\beta_k = \frac{\int_a^b x\omega_k^2(x)\rho(x)\mathrm{d}x}{\int_a^b \omega_k^2(x)\rho(x)\mathrm{d}x} = \frac{(x\omega_k(x),\omega_k(x))_\rho}{\|\omega_k(x)\|^2_{0,\rho}}$$

$$\gamma_k = \frac{\int_a^b \omega_k^2(x)\rho(x)\mathrm{d}x}{\int_a^b \omega_{k-1}^2(x)\rho(x)\mathrm{d}x} = \frac{\|\omega_k(x)\|^2_{0,\rho}}{\|\omega_{k-1}(x)\|^2_{0,\rho}}$$

证明 因为$x\widetilde{\omega}_k(x)$是首一$k+1$次多项式，因此可表示成$\widetilde{\omega}_0(x),\widetilde{\omega}_1(x),\cdots,\widetilde{\omega}_{k+1}(x)$的线性组合，即存在常数$c_j$，使得

$$x\widetilde{\omega}_k(x) = \widetilde{\omega}_{k+1}(x) + \sum_{j=0}^{k} c_j\widetilde{\omega}_j(x) \tag{5.2.18}$$

在(5.2.18)式两边同乘以$\widetilde{\omega}_i(x)\rho(x), i=0,1,\cdots,k-2$并在$[a,b]$上积分，有

$$\int_a^b x\widetilde{\omega}_k(x)\widetilde{\omega}_i(x)\rho(x)\mathrm{d}x=\int_a^b \widetilde{\omega}_{k+1}(x)\widetilde{\omega}_i(x)\rho(x)\mathrm{d}x+\int_a^b\sum_{j=0}^k c_j\widetilde{\omega}_j(x)\widetilde{\omega}_i(x)\rho(x)\mathrm{d}x$$

当$i=0,1,\cdots,k-2$时，$x\widetilde{\omega}_i(x)$的次数小于k，由定理5.2.11的性质(3)，上式左端积分为零. 同样右端第一个积分也为零. 从而，

$$\sum_{j=0}^k\int_a^b c_j\widetilde{\omega}_j(x)\widetilde{\omega}_i(x)\rho(x)\mathrm{d}x=0,\quad i=0,1,\cdots,k-2$$

令$i=0$，由正交性，上式变为

$$c_0\int_a^b\widetilde{\omega}_0^2(x)\rho(x)\mathrm{d}x=0,$$

因此，$c_0=0$.依次取$i=1,2,\cdots,k-2$，可同理推出$c_i=0, i=1,2,\cdots,k-2$. 于是，(5.2.18)式变成

$$x\widetilde{\omega}_k(x)=\widetilde{\omega}_{k+1}(x)+c_k\widetilde{\omega}_k(x)+c_{k-1}\widetilde{\omega}_{k-1}(x)\tag{5.2.19}$$

现在我们来确定系数c_{k-1}, c_k. 在(5.2.19)式两边同乘以$\widetilde{\omega}_{k-1}(x)\rho(x)$并积分，有

$$\int_a^b x\widetilde{\omega}_k(x)\widetilde{\omega}_{k-1}(x)\rho(x)\mathrm{d}x=c_{k-1}\int_a^b\widetilde{\omega}_{k-1}^2(x)\rho(x)\mathrm{d}x\tag{5.2.20}$$

而

$$x\widetilde{\omega}_{k-1}(x)=\widetilde{\omega}_k(x)+\sum_{j=0}^{k-1}b_j\widetilde{\omega}_j(x)$$

代入(5.2.20)式左端，由正交性，得

$$c_{k-1}=\frac{\int_a^b\widetilde{\omega}_k^2(x)\rho(x)\mathrm{d}x}{\int_a^b\widetilde{\omega}_{k-1}^2(x)\rho(x)\mathrm{d}x}.$$

同样，在(5.2.19)式两边同乘以$\widetilde{\omega}_k(x)\rho(x)$并积分，可得

$$c_k=\frac{\int_a^b x\widetilde{\omega}_k^2(x)\rho(x)\mathrm{d}x}{\int_a^b\widetilde{\omega}_k^2(x)\rho(x)\mathrm{d}x}.$$

把c_{k-1}, c_k代入(5.2.19)并整理即得(5.2.16). 由(5.2.16)，(5.2.17)式是显然的. □

最后，我们不加证明地给出关于正交多项式零点的两个结论：

定理5.2.12. n次正交多项式$\omega_n(x)$有n个互异的实零点，且都在(a,b)中.

定理5.2.13. 设$x_1<x_2<\cdots<x_n$是正交多项式$\omega_n(x)$在(a,b)中的n个零点，则在每个区间(a,x_1), $(x_1,x_2),\cdots,(x_n,b)$内都有$\omega_{n+1}(x)$的一个零点，即相邻两个正交多项式的零点是互相间隔的.

2. 常用的正交多项式

根据权函数$\rho(x)$的不同选择，我们可以构造许许多多的正交多项式系，这只要对幂函数系$1, x, x^2, \cdots$分别利用Gram-Schmidt正交化过程就可以得到. 下面列举几个常用的正交多项式及其简单性质.

(1) Legendre多项式

Legendre多项式是$L^2[-1,1]$上的正交多项式(权函数$\rho(x)=1$)，可以表示如下：

$$P_0(x)=1, \quad P_n(x)=\frac{1}{2^n n!}\frac{\mathrm{d}^n}{\mathrm{d}x^n}(x^2-1)^n, \quad n=1,2,\cdots \tag{5.2.21}$$

由于$(x^2-1)^n$是$2n$次多项式，所以$P_n(x)$是n次多项式，其最高项系数a_n与多项式

$$\frac{1}{2^n n!}\frac{\mathrm{d}^n}{\mathrm{d}x^n}(x^{2n})=\frac{1}{2^n n!}2n(2n-1)\cdots(n+1)x^n$$

的系数相同，因此，

$$a_n=\frac{1}{2^n n!}2n(2n-1)\cdots(n+1)=\frac{(2n)!}{2^n(n!)^2}.$$

可以证明Legendre多项式具有如下性质：

(i) (正交性)

$$\int_{-1}^{1}P_m(x)P_n(x)\mathrm{d}x=\begin{cases}0 & m\neq n\\ \frac{2}{2n+1} & m=n\end{cases} \qquad m,n=1,2,\cdots \tag{5.2.22}$$

(ii) (奇偶性) $\qquad P_n(x)=(-1)^nP_n(-x)$；

(iii) (递推关系)

$$\begin{cases}P_0(x)=1, \qquad P_1(x)=x\\ P_{n+1}(x)=\dfrac{2n+1}{n+1}xP_n(x)-\dfrac{n}{n+1}P_{n-1}(x), \quad n=1,2,\cdots.\end{cases} \tag{5.2.23}$$

性质(i)可以由(5.2.21)式并反复利用分部积分公式来证明(习题5.3)，性质(ii)直接由(5.2.21)式可得. 性质(iii)由(5.2.17)式及性质(i)(ii)可得(习题5.4).

(2) 第一类Chebyshev多项式

第一类Chebyshev多项式是$L^2_\rho[-1,1]$上的正交多项式,这里权函数$\rho(x)=\frac{1}{\sqrt{1-x^2}}$，可以表示如下：

$$T_n(x)=\cos(n\arccos x), \quad -1\le x\le 1, \qquad n=0,1,2,\cdots \tag{5.2.24}$$

其正交性直接由定义可得

$$\int_{-1}^{1}T_m(x)T_n(x)\rho(x)\mathrm{d}x=\int_0^{\pi}\cos m\theta\cos n\theta\mathrm{d}\theta=\begin{cases}0 & m\neq n\\ \frac{\pi}{2} & m=n\neq 0\\ \pi & m=n=0\end{cases} \qquad m,n=1,2,\cdots \tag{5.2.25}$$

它具有下面的递推关系

$$\begin{cases} T_0(x) = 1, \qquad T_1(x) = x \\ T_{n+1}(x) = 2xT_n(x) - T_{n-1}(x), \quad n = 1, 2, \cdots . \end{cases} \tag{5.2.26}$$

其证明及相关其他性质参见后面的引理5.3.8.

(3) 第二类Chebyshev多项式 第二类Chebyshev多项式是$L^2_\rho[-1,1]$上的正交多项式,这里权函数$\rho(x) = \sqrt{1-x^2}$，表示如下：

$$U_n(x) = \frac{\sin((n+1)\arccos x)}{\sqrt{1-x^2}} \tag{5.2.27}$$

(4) Laǵuerre多项式

Laǵuerre多项式是$L^2_\rho(0,+\infty)$上的正交多项式,这里权函数$\rho(x) = \mathrm{e}^{-x}$，表示如下：

$$L_n(x) = \mathrm{e}^x \frac{\mathrm{d}^n}{\mathrm{d}x^n}(x^n \mathrm{e}^{-x}) \tag{5.2.28}$$

可以证明它有如下的正交关系式与递推关系式：

$$\int_0^\infty L_m(x)L_n(x)\mathrm{e}^{-x}\mathrm{d}x = \begin{cases} 0 & m \neq n \\ (n!)^2 & m = n \end{cases} \tag{5.2.29}$$

$$\begin{cases} L_0(x) = 1, \qquad L_1(x) = 1 - x \\ L_{n+1}(x) = (1 + 2n - x)L_n(x) - n^2 L_{n-1}(x), \quad n = 1, 2, \cdots . \end{cases} \tag{5.2.30}$$

(5) Hermite多项式

Hermite多项式是$L^2_\rho(-\infty,+\infty)$上的正交多项式,这里权函数$\rho(x) = \mathrm{e}^{-x^2}$，表示如下：

$$H_n(x) = (-1)^n \mathrm{e}^{x^2} \frac{\mathrm{d}^n}{\mathrm{d}x^n}(\mathrm{e}^{-x^2}) \tag{5.2.31}$$

可以证明它的正交关系式与递推关系式如下：

$$\int_{-\infty}^\infty H_m(x)H_n(x)\mathrm{e}^{-x^2}\mathrm{d}x = \begin{cases} 0 & m \neq n \\ 2^n n!\sqrt{\pi} & m = n \end{cases} \tag{5.2.32}$$

$$\begin{cases} H_0(x) = 1, \qquad H_1(x) = 2x \\ H_{n+1}(x) = 2xH_n(x) - 2nH_{n-1}(x), \quad n = 1, 2, \cdots . \end{cases} \tag{5.2.33}$$

现在我们再回到最佳平方逼近上，以一个例子结束本小节.

例5.2.14. 在二次多项式类中，确定函数e^x在$L^2[-1,1]$空间中的最佳平方逼近.

解法一 由题设，取$\phi_1=1,\phi_2=x,\phi_3=x^2,G_3=\text{span}\{\phi_1,\phi_2,\phi_3\}$，设最佳平方逼近为$g(x)=a+bx+cx^2$,由(5.2.7)，正规方程组为

$$\begin{bmatrix} 2 & 0 & \frac{2}{3} \\ 0 & \frac{2}{3} & 0 \\ \frac{2}{3} & 0 & \frac{2}{5} \end{bmatrix}\begin{bmatrix} a \\ b \\ c \end{bmatrix}=\begin{bmatrix} \mathrm{e}-\mathrm{e}^{-1} \\ 2\mathrm{e}^{-1} \\ \mathrm{e}-5\mathrm{e}^{-1} \end{bmatrix} \tag{5.2.34}$$

精确求解可得

$$a=-\frac{3}{4}(\mathrm{e}-\frac{11}{\mathrm{e}}),\qquad b=\frac{3}{\mathrm{e}},\qquad c=\frac{15}{4}(\mathrm{e}-\frac{7}{\mathrm{e}})$$

所以，e^x在$L^2[-1,1]$空间中的最佳平方逼近为

$$g(x)=-\frac{3}{4}(\mathrm{e}-\frac{11}{\mathrm{e}})+\frac{3}{\mathrm{e}}x+\frac{15}{4}(\mathrm{e}-\frac{7}{\mathrm{e}})x^2$$

.

解法二:我们知道,Legendre多项式$P_0(x)=1,P_1(x)=x,P_2(x)=\frac{3}{2}x^2-\frac{1}{2}$是$L^2[-1,1]$上的正交多项式. 取$G_3=\text{span}\{P_0(x),P_1(x),P_2(x)\}$，则根据定理5.2.8，$\mathrm{e}^x$在$L^2[-1,1]$空间中的最佳平方逼近为

$$\begin{aligned} g(x)&=\frac{(\mathrm{e}^x,P_0(x))}{\|P_0(x)\|_0^2}P_0(x)+\frac{(\mathrm{e}^x,P_1(x))}{\|P_1(x)\|_0^2}P_1(x)+\frac{(\mathrm{e}^x,P_2(x))}{\|P_2(x)\|_0^2}P_2(x)\\ &=\frac{1}{2}(\mathrm{e}-\frac{1}{\mathrm{e}})P_0(x)+\frac{3}{\mathrm{e}}P_1(x)+\frac{5}{2}(\mathrm{e}-\frac{7}{\mathrm{e}})P_2(x)\\ &=-\frac{3}{4}(\mathrm{e}-\frac{11}{\mathrm{e}})+\frac{3}{\mathrm{e}}x+\frac{15}{4}(\mathrm{e}-\frac{7}{\mathrm{e}})x^2 \end{aligned}$$

表面看来，这两种解法都可行. 但是，如果我们不是在二次多项式类而是n次(n相当大)多项式类中求最佳平方逼近，那么第一种解法就会暴露出它的弱点. 原因是我们一般不能做到精确求解正规方程组，而总是采用数值方法求解，这时就会出现新的问题. 因为此正规方程组(5.2.34)的系数矩阵恰恰是所谓的**Hilbert矩阵**，它是病态的(参见第二章§2.1.6)，会产生很大的舍入误差. 而第二种解法不会出现这种问题.

5.2.3 最小二乘法

在实际问题中，人们常常需要从一组观测数据

$$(x_i,y_i),\quad i=1,2,\cdots,n$$

中,作出一种预测: 下一个x对应的y值是什么,即预测函数$y=f(x)$的表达式. 从几何上看，这个问题就是要由给定的数据点$(x_i,y_i),\quad i=1,2,\cdots,n$ 去描绘曲线$y=f(x)$的图像，即所谓**数据拟合问题**. 前面介绍的插值方法当然可以作为处理这种问题的一种数值方法，但不是很好的方法. 因为现在所给数据本身就不一定可靠，个别数据的误差甚至可能很大，而插值曲线要求严格通过所给的每一个数据点，这种限制会保留所

给数据的误差. 此外，所给数据的数量通常很多，高次插值的Runge现象也会影响插值的效果. 曲线拟合方法就是希望从这一大堆看上去杂乱无章的数据中找出规律来，设法构造一条所谓的**拟合曲线**，反映所给数据点总的趋势. **最小二乘法** 就是这样的一种拟合方法，而最小二乘法可以描述为上小节所讨论的最佳平方逼近问题.

下面我们以**直线拟合**为例说明之.

假设所给数据点$(x_i, y_i)(i = 1, 2, \cdots, n)$的分布大致成一直线. 虽然我们不要求所作的**拟合直线**

$$y = a + bx$$

严格地通过所有的数据点(x_i, y_i)，但总希望它尽可能地靠近这些数据点，即要求

$$y_i \approx a + bx_i, \quad i = 1, 2, \cdots, n$$

称

$$e_i = y_i - (a + bx_i)$$

为**残差**. 显然，残差的大小是衡量拟合好坏的重要标准. 通常构造拟合曲线可采用下列三种准则之一：

(1) 使残差的最大绝对值为最小;

$$\max_{1 \le i \le n} |e_i| = \min$$

(2) 使残差的绝对值之和为最小;

$$\sum_{i=1}^{n} |e_i| = \min$$

(3) 使残差的平方和为最最小.

$$\sum_{i=1}^{n} e_i^2 = \min$$

准则(1)(2)提法比较自然，但含有绝对值运算不便于实际应用. 以准则(3)来确定拟合曲线的方法称为**最小二乘法**. 我们可以用数学语言描述如下：对于给定的数据点$(x_i, y_i)(i = 1, 2, \cdots, n)$，求一次式$y = a + bx$,使总误差

$$E = E(a, b) = \sum_{i=1}^{n} [y_i - (a + bx_i)]^2$$

为最小. 由微积分求极值的方法，参数a, b应满足

$$\frac{\partial E}{\partial a} = 0, \quad \frac{\partial E}{\partial b} = 0$$

即

$$\begin{cases} an + b\sum_{i=1}^{n} x_i = \sum_{i=1}^{n} y_i \\ a\sum_{i=1}^{n} x_i + b\sum_{i=1}^{n} x_i^2 = \sum_{i=1}^{n} x_i y_i \end{cases} \tag{5.2.35}$$

解之，求得a, b，从而得到拟合直线$y = a + bx$.

现在我们描述欧氏空间$\mathbb{R}^n$的最佳平方逼近问题. 设$\boldsymbol{y} \in \mathbb{R}^n$，$\alpha_1, \alpha_2, \cdots, \alpha_m$是$\mathbb{R}^n$中$m$个线性无关的向量，记

$$V = \operatorname{span}\{\alpha_1, \alpha_2, \cdots, \alpha_m\}$$

则$\boldsymbol{y}$在$\mathbb{R}^n$中的m维线性子空间V上的最佳平方逼近问题为求$\boldsymbol{y}^* \in V$，使得

$$\|\boldsymbol{y} - \boldsymbol{y}^*\|_2 = \operatorname{dist}(\boldsymbol{y}, V) = \min_{\boldsymbol{x} \in V} \|\boldsymbol{y} - \boldsymbol{x}\|_2 \tag{5.2.36}$$

既然欧氏空间是内积空间，上小节的理论同样保证问题(5.2.36)的解唯一存在. 而且由于欧氏空间$\mathbb{R}^n$的结构比较简单，相应的正规方程组也具有更简单的形式. 事实上，设$\alpha_i = [x_{1i}, x_{2i}, \cdots, x_{ni}]^{\mathrm{T}}, i = 1, 2, \cdots, m$,并注意到$(\boldsymbol{x}, \boldsymbol{y}) = \boldsymbol{x}^{\mathrm{T}}\boldsymbol{y}$(5.2.1式)，Gram矩阵可以表示为

$$\boldsymbol{A} = \begin{bmatrix} (\alpha_1, \alpha_1) & (\alpha_1, \alpha_2) & \cdots & (\alpha_1, \alpha_n) \\ (\alpha_2, \alpha_1) & (\alpha_2, \alpha_2) & \cdots & (\alpha_2, \alpha_n) \\ \vdots & \vdots & & \vdots \\ (\alpha_n, \alpha_1) & (\alpha_n, \alpha_2) & \cdots & (\alpha_n, \alpha_n) \end{bmatrix} = \begin{bmatrix} \alpha_1^{\mathrm{T}}\alpha_1 & \alpha_1^{\mathrm{T}}\alpha_2 & \cdots & \alpha_1^{\mathrm{T}}\alpha_n \\ \alpha_2^{\mathrm{T}}\alpha_1 & \alpha_2^{\mathrm{T}}\alpha_2 & \cdots & \alpha_2^{\mathrm{T}}\alpha_n \\ \vdots & \vdots & & \vdots \\ \alpha_n^{\mathrm{T}}\alpha_1 & \alpha_n^{\mathrm{T}}\alpha_2 & \cdots & \alpha_n^{\mathrm{T}}\alpha_n \end{bmatrix}$$

$$= \begin{bmatrix} \alpha_1^{\mathrm{T}} \\ \alpha_2^{\mathrm{T}} \\ \vdots \\ \alpha_n^{\mathrm{T}} \end{bmatrix} [\alpha_1, \alpha_2, \cdots, \alpha_n]$$

记

$$\boldsymbol{B} = [\alpha_1, \alpha_2, \cdots, \alpha_m] = \begin{bmatrix} x_{11} & x_{12} & \cdots & x_{1m} \\ x_{21} & x_{22} & \cdots & x_{2m} \\ \vdots & \vdots & & \vdots \\ x_{n1} & x_{n2} & \cdots & x_{nm} \end{bmatrix}$$

则

$$\boldsymbol{A} = \boldsymbol{B}^{\mathrm{T}}\boldsymbol{B}.$$

右端向量

$$\boldsymbol{b}=\begin{bmatrix}(\alpha_1,\boldsymbol{y})\\(\alpha_2,\boldsymbol{y})\\\vdots\\(\alpha_n,\boldsymbol{y})\end{bmatrix}=\begin{bmatrix}\alpha_1^{\mathrm{T}}\boldsymbol{y}\\\alpha_2^{\mathrm{T}}\boldsymbol{y}\\\vdots\\\alpha_n^{\mathrm{T}}\boldsymbol{y}\end{bmatrix}=\begin{bmatrix}\alpha_1^{\mathrm{T}}\\\alpha_2^{\mathrm{T}}\\\vdots\\\alpha_n^{\mathrm{T}}\end{bmatrix}\boldsymbol{y}=B^{\mathrm{T}}\boldsymbol{y}$$

因此，其正规方程组为

$$\boldsymbol{B}^{\mathrm{T}}\boldsymbol{B}\alpha=\boldsymbol{B}^{\mathrm{T}}\boldsymbol{y} \tag{5.2.37}$$

由上小节的结果可知正规方程组(5.2.37)有唯一解. 我们也可以直接证明这一点. 事实上，由于向量组$\alpha_1,\alpha_2,\cdots,\alpha_m$ 线性无关，故$\boldsymbol{B}$为列满秩，从而$\boldsymbol{B}^{\mathrm{T}}\boldsymbol{B}$必为正定. 因此$(\boldsymbol{B}^{\mathrm{T}}\boldsymbol{B})^{-1}$存在，于是

$$\alpha=(\boldsymbol{B}^{\mathrm{T}}\boldsymbol{B})^{-1}y \tag{5.2.38}$$

而$y^*=B\alpha$即为最佳平方逼近问题(5.2.36)的解.

对于直线拟合，其代数基函数为$\phi_1(x)=1,\phi_2(x)=x$,我们取基向量

$$\alpha_1=\begin{bmatrix}\phi_1(x_1)\\\phi_1(x_2)\\\vdots\\\phi_1(x_n)\end{bmatrix}=\begin{bmatrix}1\\1\\\vdots\\1\end{bmatrix}\qquad\alpha_2=\begin{bmatrix}\phi_2(x_1)\\\phi_2(x_2)\\\vdots\\\phi_2(x_n)\end{bmatrix}=\begin{bmatrix}x_1\\x_2\\\vdots\\x_n\end{bmatrix}$$

于是

$$\boldsymbol{B}=[\alpha_1,\alpha_2]=\begin{bmatrix}1&x_1\\1&x_2\\\vdots&\vdots\\1&x_n\end{bmatrix}$$

直接计算可知，正规方程组$\boldsymbol{B}^{\mathrm{T}}\boldsymbol{B}\alpha=\boldsymbol{B}^{\mathrm{T}}\boldsymbol{y}$(这里$\alpha=[a,b]^{\mathrm{T}},\boldsymbol{y}=[y_1,y_2,\cdots,y_n]^{\mathrm{T}}$)为

$$\begin{bmatrix}n&\sum_{i=1}^n x_i\\\sum_{i=1}^n x_i&\sum_{i=1}^n x_i^2\end{bmatrix}\begin{bmatrix}a\\b\end{bmatrix}=\begin{bmatrix}\sum_{i=1}^n y_i\\\sum_{i=1}^n x_iy_i\end{bmatrix} \tag{5.2.39}$$

恰为方程组(5.2.35).可见，最小二乘问题的确可以描述为欧氏空间的最佳平方逼近问题.

多项式拟合 对于一般的**多项式拟合**，即给定数据点$(x_i,y_i)(i=1,2,\cdots,n)$，求作$m(m\leq n-1)$次多项式

$$y=a_0+a_1x+a_2x^2+\cdots+a_mx^m$$

使得总误差

$$\sum_{i=1}^n\Big(y_i-\sum_{j=0}^m a_jx^j\Big)^2$$

最小，这时，代数基函数为$\phi_0(x)=1,\phi_1(x)=x,\phi_2(x)=x^2,\cdots,\phi_m(x)=x^m$,我们取基向量$\alpha_i=[\phi_i(x_1),\phi_i(x_2),\cdots,\phi_i(x_n)]^{\mathrm{T}}=[x_1^i,x_2^i,\cdots,x_n^i]^{\mathrm{T}},\quad i=0,1,2,\cdots,m$, 相应的正规方程组$\boldsymbol{B}^{\mathrm{T}}\boldsymbol{B}\alpha=\boldsymbol{B}^{\mathrm{T}}\boldsymbol{y}$(这里$\boldsymbol{B}=[\alpha_0,\alpha_1,\alpha_2,\cdots,\alpha_m]$, $\boldsymbol{y}=[y_1,y_2,\cdots,y_n]^{\mathrm{T}}$, $\alpha=[a_0,a_1,\cdots,a_m]^{\mathrm{T}}$)为

$$\begin{bmatrix} n & \sum_{i=1}^n x_i & \sum_{i=1}^n x_i^2 & \cdots & \sum_{i=1}^n x_i^m \\ \sum_{i=1}^n x_i & \sum_{i=1}^n x_i^2 & \sum_{i=1}^n x_i^3 & \cdots & \sum_{i=1}^n x_i^{m+1} \\ \vdots & \vdots & \vdots & \vdots & \vdots \\ \sum_{i=1}^n x_m & \sum_{i=1}^n x_i^{m+1} & \sum_{i=1}^n x_i^{m+2} & \cdots & \sum_{i=1}^n x_i^{2m} \end{bmatrix}\begin{bmatrix} a_0 \\ a_1 \\ \vdots \\ a_m \end{bmatrix}=\begin{bmatrix} \sum_{i=1}^n y_i \\ \sum_{i=1}^n x_i y_i \\ \vdots \\ \sum_{i=1}^n x_i^m y_i \end{bmatrix} \tag{5.2.40}$$

例5.2.15. 下表是某实验数据的记录:

x	4.0	4.2	4.5	4.7	5.1
y	102.56	113.18	130.11	142.05	167.53
x	5.5	5.9	6.3	6.8	7.1
y	195.14	224.87	256.73	299.50	326.72

求拟合这些数据的线性最小二乘多项式.

解 由题设，变量y与变量x是线性关系. 设$y=a+bx$,根据最小二乘法，其正规方程组为(参见(5.2.39)式):

$$\begin{bmatrix} 10 & 54.10 \\ 54.10 & 303.39 \end{bmatrix}\begin{bmatrix} a \\ b \end{bmatrix}=\begin{bmatrix} 1958.39 \\ 11366.843 \end{bmatrix}$$

解之，得$a=-194.14, b=72.08$.因此，$y=-194.14+72.08x$.(如图5.2.2)

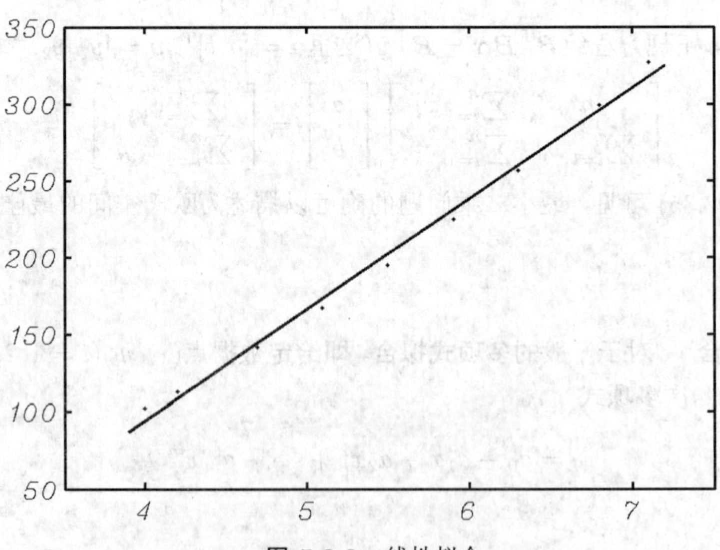

图 5.2.2 线性拟合

例5.2.16. 下表记录的是某羊毛衫厂一年来羊毛衫的销售情况，销售单位为箱. 试建立月份(x)与销量(y)之间的关系.

月份(x)	1	2	3	4	5	6	7	8	9	10	11	12
销量(y)	256	201	159	61	77	40	17	25	103	156	222	345

解 为了建立变量y与变量x的关系，一般首先利用表中的数据画出相应的图形. 本例月份x与销量y之间关系的图形如图5.2.3

凭视觉可以看出数据点集中在一抛物线的两侧，因此可以猜测，销量y与月份x近似成抛物线关系. 于是用最小二乘法以二次多项式来拟合这些数据. 设$y = a + bx + cx^2$,根据(5.2.40)式，其正规方程组为

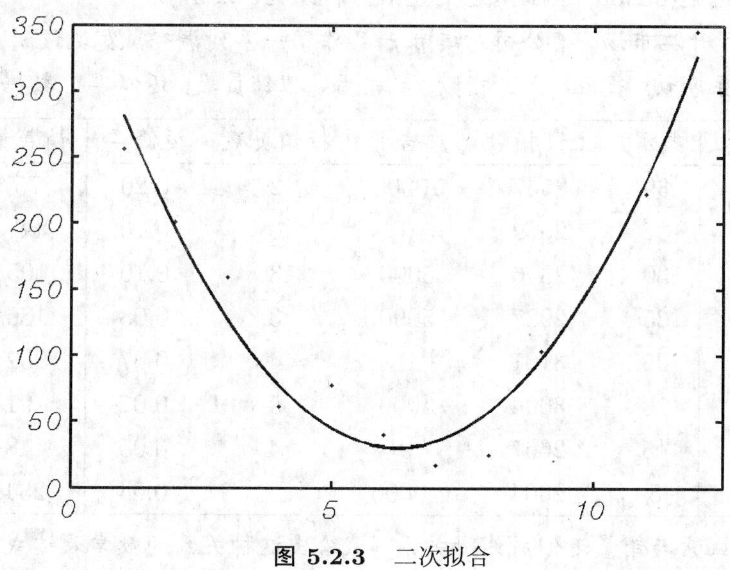

图 5.2.3 二次拟合

$$\begin{bmatrix} 12 & 78 & 650 \\ 78 & 650 & 6084 \\ 650 & 6084 & 60710 \end{bmatrix} \begin{bmatrix} a \\ b \\ c \end{bmatrix} = \begin{bmatrix} 1662 \\ 11392 \\ 109750 \end{bmatrix}$$

解之，得$a = 386, b = -113.43, c = 9.04$.因此，$y = 386 - 113.43x + 9.04x^2$.

多元线性最小二乘拟合 设某变量y依赖于多个参数$x_1, x_2, \cdots, x_m$,并通过多次观测或实验，得到如下表所示的数据：

观测或实验次数	x_1	x_2	$\cdots$	x_m	y
1	x_{11}	x_{12}	$\cdots$	x_{1m}	y_1
2	x_{21}	x_{22}	$\cdots$	x_{2m}	y_2
$\vdots$	$\vdots$	$\vdots$		$\vdots$	$\vdots$
n	x_{n1}	x_{n2}	$\cdots$	x_{nm}	y_n

假设变量y线性关联于m个参数$x_1, x_2, \cdots, x_m$，则我们可以利用如下的数学模型

$$y \approx c_1x_1 + c_2x_2 + \cdots + c_mx_m$$

来预测y,其中系数由如下极小问题确定：

$$\min_{c_1,c_2,\cdots,c_m} \sum_{j=1}^{n}(y_j - (c_1x_1 + c_2x_2 + \cdots + c_mx_m))^2$$

显然上式等价于最小二乘问题. 事实上，只要取$\alpha_1 = [x_{11}, x_{21}, \cdots, x_{n1}]^{\mathrm{T}}$, $\alpha_2 = [x_{12}, x_{22}, \cdots, x_{n2}]^{\mathrm{T}}, \cdots, \alpha_m = [x_{1m}, x_{2m}, \cdots, x_{nm}]^{\mathrm{T}}$,则上面的极小问题等价于最佳平方逼近问题(5.2.36). 因此，它的正规方程组为(5.2.37).

例5.2.17. 为了开拓市场，某公司对其新产品作了一系列调查，发现该新产品的销量与下列因素关系密切: 气温，上证指数，广告费，推销员数，返修率. 数据如下表:

记录	气温	上证指数	广告费	推销员数	返修率	销售量
1	39	2567	10000	2	0.20	75
2	37	2679	0	3	0.15	68
3	30	2346	5000	3	0.10	105
4	25	2987	5000	3	0.08	136
5	25	3101	0	4	0.07	152
6	10	3004	5000	5	0.07	191
7	15	2667	0	4	0.05	148
8	5	2604	10000	6	0.04	234

假设这些因素与销量近似成线性关系，试给出这种关系的数学表达式.

解 我们分别用$y, x_1, x_2, x_3, x_4, x_5$表示销售量，气温，上证指数，广告费，推销员数，返修率. 由题设，

$$y \approx c_1x_1 + c_2x_2 + c_3x_3 + c_4x_4 + c_5x_5$$

用最小二乘法解之. 记

$$\boldsymbol{B} = \begin{bmatrix} 39 & 2567 & 10000 & 2 & 0.20 \\ 37 & 2679 & 0 & 3 & 0.15 \\ 30 & 2346 & 5000 & 3 & 0.10 \\ 25 & 2987 & 5000 & 3 & 0.08 \\ 25 & 3101 & 0 & 4 & 0.07 \\ 10 & 3004 & 5000 & 5 & 0.07 \\ 15 & 2667 & 0 & 4 & 0.05 \\ 5 & 2604 & 10000 & 6 & 0.04 \end{bmatrix}$$

则它的正规方程组为

$$\boldsymbol{B}^{\mathrm{T}}\boldsymbol{B}\alpha = \boldsymbol{B}^{\mathrm{T}}\boldsymbol{y}$$

其中$\alpha = [c_1, c_2, c_3, c_4, c_5]^{\mathrm{T}}$, $\boldsymbol{y} = [75, 68, 105, 136, 152, 191, 148, 234]^{\mathrm{T}}$. 解之，得

$$c_1 = -0.6758, \quad c_2 = 0.0368, \quad c_3 = 0.0042, \quad c_4 = 19.0839, \quad c_5 = -388.5223.$$

所以

$$y = -0.6758x_1 + 0.0368x_2 + 0.0042x_3 + 19.0839x_4 - 388.5223x_5$$

显式非线性函数的直线拟合（对数线性最小二乘） 有些简单的非线性函数可以通过取对数转化成新的变量的线性函数，然后用线性最小二乘法对原始非线性数据进行曲线拟合. 我们把这种方法称为**对数线性最小二乘法**.

比如，给定数据点$(x_i, y_i)(i = 1, 2, \cdots, n)$，假设这些数据可以描述为

$$y = a\mathrm{e}^{bx} \tag{5.2.41}$$

如果直接应用最小二乘法求此拟合曲线，则需求参数a, b,使得函数

$$E = E(a, b) = \sum_{i=1}^{n}[y_i - a\mathrm{e}^{bx}]^2$$

达到最小. 按微积分极小值的求法，必须解关于参数a, b的非线性方程组，比较困难. 如果对方程(5.2.41)两边取对数，可得

$$\ln y = \ln a + bx \tag{5.2.42}$$

引入变量

$$u = \ln y, \quad \alpha = \ln a, \quad \beta = b \tag{5.2.43}$$

则方程(5.2.42)变为

$$u = \alpha + \beta x \tag{5.2.44}$$

变量u是参数α, β的线性函数. 我们先把数据(x, y)转化为(x, u)，用线性最小二乘法拟合新的数据，求出参数α, β，最后得到原始参数$a = \mathrm{e}^{\alpha}, b = \beta$,这样避免了解非线性方程组而得到非线性数据的拟合曲线. 下面以例子说明之.

例5.2.18. 温度对化学反应速度的影响通常用Arrhenius方程来表示:

$$k = A\exp(-E_a/RT),$$

其中k是反应速度，A是预指数因子(preexponential factor)，E_a是活化能量(activation energy)，R是通用气体常数，T是热力学温度. 某个反应产生的实验数据如下:

$T(K)$	773.5	786	797.5	810	810	820	834
k	1.63	2.95	4.19	8.13	8.19	14.9	22.2

对此数据用最小二乘拟合求出该反应的参数A和E_a，其中$R = 8314J/kg/K$.

解 我们用对数线性最小二乘法求解之. 对Arrhenius方程两边取对数，得

$$\ln k = \ln A - \frac{E_a}{RT}$$

令

$$u = \ln k, \quad a = \ln A, \quad b = \frac{E_a}{R}, \quad x = -\frac{1}{T}$$

则

$$u = a + bx$$

把原数据(T, k)转化成新数据(x, u)，如下表:

x	-0.0012928	-0.0012723	-0.0012539	-0.0012346
u	0.4885800	1.0818052	1.4327007	2.0955609
x	-0.0012346	-0.0012195	-0.0011990	
u	2.1029139	2.7013612	3.1000923	

记

$$\boldsymbol{B} = \begin{bmatrix} 1 & -0.0012928 \\ 1 & -0.0012723 \\ 1 & -0.0012539 \\ 1 & -0.0012346 \\ 1 & -0.0012346 \\ 1 & -0.0012195 \\ 1 & -0.0011990 \end{bmatrix}$$

则它的正规方程组为

$$\boldsymbol{B}^{\mathrm{T}}\boldsymbol{B}\alpha = \boldsymbol{B}^{\mathrm{T}}\mathbf{u}$$

这里$\alpha = [a, b]^{\mathrm{T}}$,

$$\mathbf{u} = [0.4885800, 1.0818052, 1.4327007, 2.0955609, 2.1029139, 2.7013612, 3.1000923]^{\mathrm{T}}.$$

解之，得$a = 37.46126, b = 28624.60204$. 因此

$$A = \mathrm{e}^{a} = \mathrm{e}^{37.46126}, \quad E_a = Rb = 28624.60204R$$

该反应的Arrhenius方程为

$$k = \exp(37.46126 - \frac{28624.60204}{T}).$$

5.3 最佳一致逼近

本节我们的讨论限制在连续函数空间$C[a,b]$中(参见例5.1.2).回忆一下，我们知道$C[a,b]$是赋范线性空间，其范数定义为

$$\|f\|_\infty = \max_{x\in[a,b]} |f(x)| \tag{5.3.1}$$

称为一致范数. 记

$$\mathbf{P}_n = \mathrm{span}\{1, x, x^2, \cdots, x^n\}$$

则不难验证，$\mathbf{P}_n$是$C[a,b]$上的$n+1$维线性子空间，它是由次数不超过n的代数多项式所组成.

本节我们在$C[a,b]$中讨论多项式的最佳一致逼近问题：给定$f(x)\in C[a,b]$,求多项式$p^*(x)\in \mathbf{P}_n$，使得

$$\|f-p^*\|_\infty = \mathrm{dist}(f, \mathbf{P}_n) \tag{5.3.2}$$

满足(5.3.2)式的多项式$p^*(x)$称为$f(x)$在$[a,b]$上的**最佳一致逼近多项式**. 根据定理5.1.3,最佳一致逼近多项式是存在的. 那么，它的特征是什么？如何寻找或构造它呢？对这些问题的回答构成了最佳一致逼近研究的中心内容. 我们不打算深入介绍这些内容，只给出一个特征定理，并讨论它的某些应用.

5.3.1 最佳一致逼近的特征

定义5.3.1. 记

$$E^+(f) = \{x\in[a,b]|f(x) = \|f\|_\infty\}, \qquad E^-(f) = \{x\in[a,b]|f(x) = -\|f\|_\infty\}$$

称$E^+(f)$为f的**正偏差集**，$E^-(f)$为f的**负偏差集**，且称$E(f) = E^+(f)\bigcup E^-(f)$为$f$的**偏差集**

对于$f\in C[a,b]$,由$f(x)$的连续性可知，$E^+(f), E^-(f), E(f)$都是有界闭集；当且仅当$f\equiv 0$时，$E^+(f), E^-(f)$相交且为$[a,b]$. 而由闭区间上连续函数的最值定理可知，$E(f)$非空，但$E^+(f)$和$E^-(f)$之一可能为空集.

定义5.3.2. 若$E(f)$上的点集$\{x_1, x_2, \cdots, x_k\}$满足

$$a\le x_1 < x_2 < \cdots < x_k \le b, \qquad f(x_j) = -f(x_{j+1}), j = 1, 2, \cdots, k-1$$

则称它为f在$[a,b]$上的一个**交错点组**. 由k个点形成的交错点组称为是**极大的**，如果不存在由k个以上的点组成的交错点组.

有了这些概念，现在我们可以给出本节的主要定理了(我们不加证明,有兴趣的读者可参看[2]或[19])

定理5.3.3. (Chebyshev定理) 对任意$f\in C[a,b], f\notin \mathbf{P}_n$，则$p\in \mathbf{P}_n$是$f$的最佳一致逼近多项式的充要条件是$f-p$在$[a,b]$上存在至少有$n+2$个点组成的交错点组.

Chebyshev定理揭示了$C[a,b]$上最佳一致逼近的特征，并深刻描述了最佳逼近误差曲线的形象. 利用Chebyshev定理我们还可以证明最佳一致逼近多项式的唯一性.

推论5.3.4. 如果$f\in C[a,b]$，则f在$\mathbf{P}_n$中的最佳一致逼近多项式是唯一存在的.

证明 只证唯一性. 假定p_1和p_2都是$\mathbf{P}_n$中f的最佳一致逼近多项式，令$p_0=\frac{1}{2}(p_1+p_2)$，则

$$\|f-p_0\|_\infty \le \frac{1}{2}(\|f-p_1\|_\infty+\|f-p_2\|_\infty)=\mathrm{dist}(f,\mathbf{P}_n)$$

因此，p_0也是f的最佳一致逼近多项式. 根据Chebyshev定理，存在$f-p_0$的交错点组x_k，$k=1,2,\cdots,n+2$，且它们一定同时是$f-p_1$与$f-p_2$的正(负)偏差点，即有

$$f(x_k)-p_1(x_k)=f(x_k)-p_2(x_k),\quad k=1,2,\cdots,n+2$$

于是，

$$p_1(x_k)=p_2(x_k),\quad k=1,2,\cdots,n+2$$

这表明p_1-p_2具有$n+2$个根. 但是$p_1-p_2\in\mathbf{P}_n$,故必有$p_1=p_2$. □

需要注意的是Chebyshev交错点组往往是不唯一的，这给数值计算带来一定的困难. 但在某些情况下，Chebyshev交错点组是唯一的，且交错组中的某些点也可以很快确定.

推论5.3.5. 设f在$[a,b]$上有$n+1$阶导数，且$f^{(n+1)}$在区间(a,b)上保号(恒正或恒负)，p是$\mathbf{P}_n$中f的最佳一致逼近多项式. 则$f-p$的交错点组唯一，且区间$[a,b]$的端点属于交错点组.

证明 假定交错点组的个数超过$n+2$个，或者a(或b)不属于交错点组，则必将导致在开区间(a,b)内存在$n+1$个点ξ_i，使得

$$f'(\xi_i)-p'(\xi_i)=0,\quad k=1,2,\cdots,n+1$$

(为什么？)反复应用Rolle定理，可知存在$\xi\in(a,b)$，使得

$$f^{(n+1)}(\xi)-p^{(n+1)}(\xi)=f^{(n+1)}(\xi)=0.$$

这与$f^{(n+1)}$在区间(a,b)上保号的假定相矛盾. □

例5.3.6. 设$f(x)$在区间$[a,b]$上连续. 证明$f(x)$的零次最佳一致逼近多项式为

$$p(x)=\frac{M+m}{2}$$

其中，

$$M=\max_{x\in[a,b]} f(x),\qquad m=\min_{x\in[a,b]} f(x).$$

证明 因为$f(x)$在区间$[a,b]$上连续，由最值定理，存在两点x_1和x_2，使得

$$f(x_1)=m, \qquad f(x_2)=M.$$

从而，

$$f(x_1)-p(x_1)=-\frac{M-m}{2}, \qquad f(x_2)-p(x_2)=\frac{M-m}{2}$$

而

$$\|f-p\|_\infty=\max_{x\in[a,b]}|f(x)-p(x)|=\frac{M-m}{2}$$

故点x_1和x_2分别是$f-p$负、正偏差点. 因为$n=0$,由Chebyshev定理可知，$p(x)$是$f(x)$的零次最佳一致逼近多项式.

例5.3.7. 假设$f(x)$二次可微，且$f''(x)>0$. 求区间$[a,b]$上$f(x)$的一次最佳一致逼近多项式,并由此给出e^x在$[0,1]$上的一次最佳一致逼近多项式.

解 设$f(x)$的一次最佳一致逼近多项式为$p(x)=Ax+B$.由推论5.3.5,$f-p$的交错点组

$$x_1<x_2<x_3$$

中，$x_1=a,x_3=b$.而点x_2必是$f-p$的极值点，因此

$$f'(x_2)-p'(x_2)=0$$

从而

$$A=f'(x_2)$$

由交错点组的定义，有

$$f(a)-p(a)=f(b)-p(b)=-(f(x_2)-p(x_2))$$

即

$$f(a)-Aa-B=f(b)-Ab_B=-(f(x_2)-p(x_2))$$

由此可得

$$A=\frac{f(b)-f(a)}{b-a}, \qquad B=\frac{f(a)+f(x_2)}{2}-\frac{f(b)-f(a)}{b-a}\frac{a+x_2}{2}$$

其中点x_2由下面的方程唯一确定:

$$f'(x_2)=A=\frac{f(b)-f(a)}{b-a}$$

对于$f(x)=\mathrm{e}^x$在$[0,1]$上的一次最佳一致逼近多项式,则$A=\mathrm{e}-1,\mathrm{e}^{x_2}=\mathrm{e}-1$，因此$x_2=\ln(\mathrm{e}-1)$，从而$B=\frac{1}{2}[\mathrm{e}-(\mathrm{e}-1)\ln(\mathrm{e}-1)]$ 故e^x在$[0,1]$上的一次最佳一致逼近多项式为

$$p(x)=(\mathrm{e}-1)x+\frac{1}{2}[\mathrm{e}-(\mathrm{e}-1)\ln(\mathrm{e}-1)].$$

5.3.2 最小零偏差多项式

作为最佳一致逼近的特征定理——Chebyshev定理的一个应用，我们再次讨论插值误差问题. 设$P_n(x)$为函数$f(x)$在区间$[-1,1]$上以$x_0,x_1,\cdots,x_n$为节点的n次插值多项式，根据定理3.1.5，其插值误差为

$$f(x)-P_n(x)=\frac{f^{(n+1)}(\xi)}{(n+1)!}\omega_{n+1}(x)$$

其中，

$$\omega_{n+1}(x)=(x-x_0)(x-x_1)\cdots(x-x_{n-1})(x-x_n)$$

显然$|\omega_{n+1}(x)|$的大小，直接关系到插值误差的大小. 于是我们可以提这样一个问题：如果插值节点$x_0,x_1,\cdots,x_n$可以自由选择，我们该如何选择插值节点，使$|\omega_{n+1}(x)|$最小？即在全部最高次项系数为1的$n+1$次多项式(即**首一多项式**)中，寻找这样的$\omega_{n+1}(x)$，使

$$|\omega_{n+1}(x)|=\min_{p(x)\in\widetilde{\mathbf{P}}_{n+1}}\max_{x\in[-1,1]}|p(x)|$$

这里$\widetilde{\mathbf{P}}_{n+1}$表示$n+1$次首一多项式的全体. 显然，这个问题可以看作在$n+1$次首一多项式中，求与零的偏差最小的多项式问题. 因此这个问题也称为**最小零偏差问题**. 这个问题的解决与第一类Chebyshev多项式相关. 在前面，我们已给出了第一类Chebyshev多项式的定义及其加权正交性，下面我们讨论它的一些其他性质.

引理5.3.8. *第一类Chebyshev多项式*

$$T_n(x)=\cos(n\arccos x),\qquad -1\le x\le 1$$

具有如下性质:

(1)

$$\begin{cases}T_0(x)=1, & T_1(x)=x\\ T_{n+1}(x)=2xT_n(x)-T_{n-1}(x), & n=1,2,\cdots.\end{cases}$$

(2) $T_n(x)$是n次代数多项式;

(3) $T_n(x)$ 的最高次项系数为2^{n-1};

(4) $|T_n(x)|\le 1,\qquad -1\le x\le 1$;

(5) $T_n(x)$ 在$(-1,1)$上n个不同的实根$\cos\frac{(2k+1)\pi}{2n},k=0,1,2,\cdots,n-1$;

(6) $\cos\frac{k\pi}{n}(k=0,1,2,\cdots,n)$是$T_n(x)$在$[-1,1]$上的一个极大交错点组;

(7) $T_n(x)=(-1)^nT_n(-x)$.

证明 考虑三角恒等式：

$$\begin{cases} \cos(n+1)\theta = \cos n\theta\cos\theta - \sin n\theta\cos\theta \\ \cos(n-1)\theta = \cos n\theta\cos\theta + \sin n\theta\cos\theta \end{cases}$$

把上述两式相加，得

$$\cos(n+1)\theta = 2\cos n\theta\cos\theta - \cos(n-1)\theta$$

令$\arccos x = \theta$,即$x = \cos\theta$,可知$T_n(x) = \cos n\theta$,由上式即得性质(1). 性质(2)(3)由性质(1)直接归纳可得. 性质(4)(5)(6)(7)直接由定义及余弦函数的性质可得. □

我们有下面的定理：

定理5.3.9. 在$[-1,1]$上所有n次首一多项式中，$2^{1-n}T_n(x)$对零的偏差最小，

$$\|p_n\|_\infty \geq 2^{1-n}\|T_n(x)\|_\infty = 2^{1-n} \tag{5.3.3}$$

这里$p_n(x)$为任一n次首一多项式.

证明 显然，上述问题等价于求出一个$n-1$次多项式$p^*_{n-1}(x)$，使其成为函数$f(x) = x^n$在区间$[-1,1]$上在$\mathbf{P}_{n-1}$中的最佳一致逼近多项式. 由Chebyshev定理，当且仅当误差函数

$$p^*(x) = x^n - p^*_{n-1}(x)$$

在区间[-1,1]上存在$n+1$个点组成的交错点组. 由Chebyshev多项式的性质(6)，只要$p^*(x) = 2^{1-n}T_n(x)$即可. □

现在，我们可以回答前面的问题了. 只要$\omega_{n+1}(x) = 2^{-n}T_{n+1}(x)$，则插值误差可以达到极小值. 这时节点就是$T_{n+1}(x)$的根，它们是

$$x_i = \cos\frac{(2k+1)\pi}{2n+2}, k = 0,1,2,\cdots,n. \tag{5.3.4}$$

由此我们得到下面的推论：

推论5.3.10. 设$f(x) \in C^{n+1}[-1,1]$,节点$x_0, x_1, \cdots, x_n$是$T_{n+1}(x)$的根，$P_n(x)$是函数$f(x)$ 在区间$[-1,1]$上以$x_0, x_1, \cdots, x_n$为节点的n次插值多项式. 则对$x \in [-1,1]$,插值误差满足下面的不等式:

$$|f(x) - P_n(x)| \leq \frac{1}{2^n(n+1)!}\max_{t\in[-1,1]}|f^{(n+1)}(t)|. \tag{5.3.5}$$

最后我们指出，本小节的结论虽然都是建立在区间$[-1,1]$上，但是只要利用变量替换

$$x = \frac{1}{2}[(b-a)t + a + b], \qquad t \in [-1,1] \tag{5.3.6}$$

就可以推广到一般的闭区间$[a,b]$上.

5.3.3 Remez算法

通过上面的讨论，我们知道，对于$f(x) \in C[a,b]$，其最佳一致逼近多项式是唯一存在的，也知道其特征. 但是由于问题的非线性性质，一般求函数的最佳一致逼近都比较困难. 1957年，Remez 采用逐次逼近的思想，提出了一个求$C[a,b]$最佳一致逼近多项式的近似算法，取得了较好的效果. 本节我们介绍Remez 算法的主要思想，对其收敛分析不作讨论，有兴趣的读者可参看其他教材(比如[5]).

设$f(x) \in C[a,b]$，我们的目标是寻找其最佳一致逼近多项式$p_n(x) = \sum_{j=0}^{n} a_j x^j$. 根据Chebyshev定理，问题的关键在于确定具有$n+2$个点所组成的交错点组$\{x_i\}$.如果这个交错点组找到了，则其必满足

$$f(x_i) - \sum_{i=0}^{n} a_j x_i^j = (-1)^i \delta, \qquad i = 1, 2, \cdots, x_{n+2} \tag{5.3.7}$$

其中，$\delta = \mathrm{dist}(f, \mathbf{P}_n)$ 或$\delta = -\mathrm{dist}(f, \mathbf{P}_n)$.

把(5.3.7)式视为关于未知量为$a_0, a_1, \cdots, a_n, \delta$的$n+2$阶线性方程组，它有唯一解. 由此可求得最佳一致逼近多项式$p_n(x)$和最佳偏差值$|\delta|$. 但是，如何寻找交错点组呢？为此，Remez 提出了一种近似算法，步骤如下：

(1) 在$[a,b]$上选$n+2$个由小到大排列的初始点列$\{x_1, x_2, \cdots, x_{n+2}\}$，作为近似交错点组，并设置精度$\varepsilon$；

(2) 求解(5.3.7)，求得近似多项式$p_n(x)$和近似偏差δ；

(3) 若$\|f-p_n\|_\infty - |\delta| \le \varepsilon$，则迭代中止；否则，用偏差集$E(f-p_n)$ 中的点取代$\{x_i\}$中的点，构成一新的近似交错点组，返回步骤(2).

如何更新交错点组呢？途径有两个，其一是单一交换法，其二是同时交换法. 单一交换法是用$E(f-p_n)$ 中的一个点x' 替代$\{x_i\}$中的某个点，具体替代方法如下：

(1) 当$x' \in [a, x_1)$时，若$f(x_1) - p_n(x_1)$ 与$f(x') - p_n(x')$ 同号，则用x' 取代x_1，否则新交错组取为$\{x', x_1, x_2, \cdots, x_{n+1}\}$；

(2) 当$x' \in (x_{n+2}, b]$时，若$f(x_{n+2}) - p_n(x_{n+2})$ 与$f(x') - p_n(x')$ 同号，则用x' 取代x_{n+2}，否则新交错组取为$\{x_2, \cdots, x_{n+2}, x'\}$；

(3) 当$x' \in (x_i, x_{i+1}))$时，若$f(x_i) - p_n(x_i)$ 与$f(x') - p_n(x')$ 同号，则用x' 取代x_i，否则用x' 取代x_{i+1}.

所谓同时交换法，是用$E(f-p_n)$ 中的多个点，按上述法则取代$\{x_i\}$中的多个点. 因此同时交换法有可能把原点组中的点全部替代掉. 可以证明，同时交换法比单一交换法具有更高的效率.

我们看到，在Remez 算法中，每次迭代都需要确定$E(f-p_n)$ 中的点，即误差函数的偏差点，也即绝对误差函数的最大值点. 但是由于没有很好的技术确定一般函数在有界区间上的最大值，因此Remez 算法的实施仍存在一定的困难.解决的办法是用局部寻优技术代替整体寻优.关于这方面的知识,读者可参看最优化方法方面的参考书.

如果$f(x)$ 有连续二阶导数,误差函数$f(x)-p_n(x)$的偏差点可采用Newton方法迭代求取:

$$y_{k+1}=y_k-\frac{f'(y_k)-p_n'(y_k)}{f''(y_k)-p_n''(y_k)},\quad k=0,1,\cdots$$

其中迭代初值可取当前近似交错点组中的某个点. 因为$f(x)-p_n(x)$在(a,b)内的偏差点必为$f(x)-p_n(x)$的极值点，从而必为$f'(x)-p_n'(x)$的零点. 若采用同时交换法,则迭代初值可取当前近似交错点组中的多个点，从而得到多个近似偏差点.

下面的实验程序remez(fun,dfun,d2fun,ab,n,x,tol)实现Remez 算法,其中偏差点用Newton方法迭代求取, 并采用同时交换法更新近似交错点组.

程序: remez.m

```
function [a,x,best_er,iteration_no,Error]=remez(fun,dfun,d2fun,ab,n,x,tol)
%remez,用 Remez方法求函数fun在区间[ab(1),ab(2)]上的n次最佳一致逼近多项式.
%
%输入参数:fun : 字符串，可以是表示函数fun的 .m文件名，字符表达式或符号变量表达式
%      dfun : 字符串，fun的导数. 可以是 .m文件名，字符表达式或符号变量表达式
%     d2fun : 字符串，fun的二阶导数. 可以是 .m文件名，字符表达式或符号变量表达式
%        ab :  区间端点组成的二元向量
%         n :   最佳一致逼近多项式的次数
%         x :   (可选) 初始交错点组组成的向量，length(x)=n+2.缺省
%                 x=1/2[(b-a)t+a+b],t=cos(k pi/(n+1)),k=0:n+1
%        tol:   (可选)容许误差. 缺省: tol=1e-6
%
%输出参数:  a :  最佳一致逼近多项式的系数组成的向量，此时最佳一致逼近多项式为
%                p_n(x)=a(1)x^n+a(1)x^{n-1}+...+a(n)x+a(n+1).
%          x :  交错点组
%    best_er :  最佳偏差值(=dist(fun,P_n),P_n表示 n 次代数多项式空间)
%iteration_no:  迭代次数
%       Error:  误差(=|fun-p_n|_infty-dist(fun,P_n))
%调用方式:  [a,x]=remez(fun,dfun,d2fun,ab,n)
%          [a,x]=remez(fun,dfun,d2fun,ab,n,x)
%          [a,x]=remez(fun,dfun,d2fun,ab,n,x,tol)
%
if nargin < 6,
    k=0:(n+1);
    t=cos(k*pi/(n+1));   %Chebyshev交错点组
    x=0.5*((ab(2)-ab(1))*t+ab(2)+ab(1));
end
```

```
if nargin <7 ,  tol=1e-6;  end
if ischar(fun) & exist(fun)~=2
    fun = inline(fun);
elseif isa(fun,'sym')
    fun = inline(char(fun));
end
if ischar(dfun) & exist(dfun)~=2
    dfun = inline(dfun);
elseif isa(dfun,'sym')
    dfun = inline(char(dfun));
end
if ischar(d2fun) & exist(d2fun)~=2
    d2fun = inline(d2fun);
elseif isa(d2fun,'sym')
    d2fun = inline(char(d2fun));
end
xd=size(x);
if xd(2)~=1
    x=x';
end
xx=ab(1):(ab(2)-ab(1))/100:ab(2);
z=ones(n+2,1);
zz=-1;
for k=1:n+2
    zz=-zz;
    z(k)=zz;
end
nnmax=20;  %迭代次数
for it=1:nnmax
%求最佳一致逼近多项式与最大偏差
    x=sort(x);
    A=vander(x);
    A(:,1)=z;
    b=feval(fun,x);
    y=A\b;
    er=y(1);
    a=y(2:n+2);
    ff=feval(fun,xx);
    pp=polyval(a,xx);
    error=norm(ff-pp,inf)-abs(er);
    no=it;
    if error<tol
        iteration_no=no;
```

```
        best_er=abs(er);
        Error=error;
        return
    end
%Newton法求极值点
    xeps=tol/10;
    dp=polyder(a);
    ddp=polyder(dp);
    nmax =20;  %Newton迭代次数
    xold=x;
    for j=1:nmax
        dfx = feval(dfun,xold);
        dpx=polyval(dp,xold);
        ddfx=feval(d2fun,xold);
        ddpx=polyval(ddp,xold);
        xnew=xold-(dfx-dpx)./(ddfx-ddpx);
        xe= xnew-xold;
        if norm(xe,inf)< xeps
            break;
        else
            xold= xnew;
        end
    end
    y1 =  xnew ;
%交错点组更新
    y2=x;
    for j=1:n+2
        fpn=feval(fun,y1(j))-polyval(a,y1(j));
        if y1(j)<x(1) & y1(j)>=ab(1)
            fpo=feval(fun,x(1))-polyval(a,x(1));
            if sign(fpo)==sign(fpn)
                y2(1)=y1(j);
            else
                y2=[y1(j);x(1:n+1)];
            end
        elseif y1(j)<ab(2) & y1(j)>=x(n+2)
            fpo=feval(fun,x(n+2))-polyval(a,x(n+2));
            if sign(fpo)==sign(fpn)
                y2(n+2)=y1(j);
            else
                y2=[x(2:n+2);y1(j)];
            end
        else
```

```
            for i=1:n+1
                if y1(j)<x(i+1) & y1(j)>=x(i)
                    fpo=feval(fun,x(i))-polyval(a,x(i));
                    if sign(fpo)==sign(fpn)
                        y2(i)=y1(j);
                    else
                       y2(i+1)=y1(j);
                    end
                end
            end
        end
    end
    x=y2;
end
iteration_no=no;
best_er=abs(er);
Error=error;
```

例5.3.11. *求函数$f(x)=\mathrm{e}^x$ 在$[-1,1]$上的三次最佳一致逼近多项式.*

解 我们用remez(fun,dfun,d2fun,ab,n,x,tol)求解.在Matlab命令窗口中输入如下命令,结果如下:

```
>> a=remez1('exp(x)','exp(x)','exp(x)',[-1,1],3)
a =
   0.17953351422969
   0.54297279038440
   0.99566767941411
   0.99457950714089
```

因此,函数$f(x)=\mathrm{e}^x$ 在$[-1,1]$上的三次最佳一致逼近多项式为

$$\begin{aligned}p_3(x)=&0.17953351422969x^3+0.54297279038440x^2\\&+0.99566767941411x+0.99457950714089\end{aligned}$$

我们看到,收敛速度相当快(两次迭代). 通常三四次迭代就可以得到满意的结果,这是因为Remez 算法具有二次收敛性.

习 题

5.1. 证明:(5.2.1)式定义的二元函数为线性空间$\mathbb{R}^n$的内积.

5.2. 证明:(5.2.2)式定义的二元函数为线性空间$L^2_\rho[a,b]$的内积.

5.3. 证明：(5.2.22)式成立，即Legendre多项式$\{L_n(x)\}_{n=0}^{\infty}$是$L^2[-1,1]$的正交多项式系.

5.4. 证明：Legendre多项式的递推关系(5.2.23)式成立.

5.5. 试写出Legendre多项式的前4项.

5.6. 著名的**Hilbert矩阵**，其元素是

$$a_{ij}=\frac{1}{i+j+1},\quad i,j=0,1,\cdots n$$

证明：Hilbert矩阵是$L^2[0,1]$上函数$1,x,x^2,\cdots,x^n$的Gram矩阵.

5.7. 证明定理5.2.12.

5.8. 用最小二乘法求下列超定方程组的解：

$$\begin{cases}2x_1-x_2=1\\8x_1+4x_2=0\\2x_1+x_2=1\\7x_1-x_2=8\\4x_1=3\end{cases}$$

5.9. 设A是秩为m的$n\times m$实矩阵,b是m元实向量，试求$Ax=b$的最小二乘解.

5.10. 对下表中的数据，分别求一次二次和三次最小二乘多项式.

x	1.0	1.1	1.3	1.5	1.9	2.1
y	1.84	1.96	2.21	2.45	2.94	3.18

5.11. 对下表中的数据，分别求一次二次和三次最小二乘多项式.

x	0	0.15	0.31	0.5	0.6	0.75
y	1.0	1.004	1.031	1.117	1.223	1.422

5.12. 用最小二乘法求形如$y=a+bx^2$的多项式，使之与下列数据项拟合

x	19	25	31	38	44
y	19.0	32.3	49.0	73.3	97.8

5.13. 已知有以下数据

x	4.0	4.2	4.5	4.7	5.1
y	102.56	113.18	130.11	142.05	167.53
x	5.5	5.9	6.3	6.8	7.1
y	195.14	224.87	256.73	299.50	326.72

(1) 构造一次最小二乘多项式，并计算误差；

(2) 构造二次最小二乘多项式，并计算误差；

(3) 构造三次最小二乘多项式，并计算误差；

(4) 构造形如be^{ax}的最小二乘多项式，并计算误差；

(5) 构造形如bx^a的最小二乘多项式，并计算误差.

5.14. 求函数x^2在区间$[0,1]$上的一次最佳平方逼近多项式.

5.15. 求函数$\sqrt{x}$在区间$[\frac{1}{4},1]$上的一次最佳平方逼近多项式.

5.16. 求函数$\sqrt{x}$在区间$[\frac{1}{4},1]$上的一次最佳一致逼近多项式.

5.17. 设$f(x)=a_0T_0(x)+a_1T_1(x)+\cdots+a_{n+1}T_{n+1}(x)$. 证明：$f$在区间$[-1,1]$上的$n$次最佳一致逼近多项式是$a_0T_0(x)+a_1T_1(x)+\cdots+a_nT_n(x)$.

5.18. 构造区间$[a,b]$上的最小零偏差n次代数多项式.

第 6 章　数值微分与积分

在实际应用中，求数值导数是经常遇到的. 特别当该函数本身未知，但又需要对其求导时，数值微分方法显得更为重要. 根据函数在若干个点处的函数值去求该函数的导数的近似值称为**数值微分**. 在第3章中我们已经学习了插值多项式的一些基本理论，而常用的计算数值微分的方法是利用插值多项式. 接下来我们将对数值微分的基本思想和常用的基本公式进行讨论.

6.1　数值微分

函数$f(x)$的导数可以用Lagrange插值多项式$P_n(x)$的导数来近似代替，即当给定了区间$[a,b]$上的一串点$x_i(i=0,1,\cdots,n)$ 以及相应的函数值$y_i(i=0,1,\cdots,n)$以后，用第3章的方法构造插值函数$P_n(x)$，并令

$$f'(x) \approx P_n'(x) \tag{6.1.1}$$

对于这种用插值函数的微商来近似代替函数微商所建立的数值微分公式统称为**插值型求导公式**.

虽然函数$f(x)$与插值多项式$P_n(x)$的函数值可能相差差不多，但是导数的近似值$P_n'(x)$ 与导数的真实值$f'(x)$仍然有可能相差很大，因而在使用求导公式(6.1.1)时应特别注意误差的分析.

由插值余项公式可知

$$R_n(x) = f(x) - P_n(x) = \frac{f^{(n+1)}(\xi)}{(n+1)!}(x-x_0)(x-x_1)\cdots(x-x_n)$$

得求导公式(6.1.1)的余项为

$$f'(x) - P_n'(x) = \frac{f^{(n+1)}(\xi)}{(n+1)!}\omega_{n+1}'(x) + \frac{\omega_{n+1}(x)}{(n+1)!}\frac{d}{dx}f^{(n+1)}(\xi) \tag{6.1.2}$$

其中$\omega_{n+1}(x) = (x-x_0)(x-x_1)\cdots(x-x_n)$.

在这一余项公式中，由于ξ是x的未知函数，因此无法对它的第二项作出估计. 但在插值节点x_k处，由于上式右端的第二项因式$\omega_{n+1}(x_k)$等于零，因而在插值节点处的

导数余项为

$$f'(x_k) - P_n'(x_k) = \frac{f^{(n+1)}(\xi)}{(n+1)!}\omega_{n+1}'(x_k) \tag{6.1.3}$$

接下来我们考虑等距节点处的数值微分公式，并分析2个点和3个点时得到的数值微分公式.

（1）两点公式：

假设已给出两个节点x_0, x_1上的函数值$f(x_0), f(x_1)$，作线性插值，得公式

$$P_1(x) = \frac{x-x_1}{x_0-x_1}f(x_0) + \frac{x-x_0}{x_1-x_0}f(x_1)$$

对上式两端求导，记$x_1 - x_0 = h$，有

$$f'(x) \approx \frac{f(x_1)-f(x_0)}{h} \tag{6.1.4}$$

于是有下列求导的两点公式：

$$\begin{aligned} f'(x_0) &\approx \frac{f(x_1)-f(x_0)}{h} \\ f'(x_1) &\approx \frac{f(x_1)-f(x_0)}{h} \end{aligned} \tag{6.1.5}$$

而由导数余项公式(6.1.3)可知，两点公式的余项为

$$\begin{aligned} f'(x_0) - P_1'(x_0) &= -\frac{h}{2}f''(\xi) \\ f'(x_1) - P_1'(x_1) &= \frac{h}{2}f''(\xi) \end{aligned} \tag{6.1.6}$$

其中$x_0 \le \xi \le x_1$.

（2）三点公式：

假设已给出三个节点$x_0, x_1 = x_0 + h, x_2 = x_0 + 2h$上的函数值，作二次插值，得

$$\begin{aligned} P_2(x) =& \frac{(x-x_1)(x-x_2)}{(x_0-x_1)(x_0-x_2)}f(x_0) + \frac{(x-x_0)(x-x_2)}{(x_1-x_0)(x_1-x_2)}f(x_1) \\ &+ \frac{(x-x_0)(x-x_1)}{(x_2-x_0)(x_2-x_1)}f(x_2) \end{aligned}$$

两边关于x求微商得

$$P_2'(x) = \frac{2x-x_1-x_2}{2h^2}f(x_0) + \frac{2x-x_0-x_2}{h^2}f(x_1) + \frac{2x-x_0-x_1}{2h^2}f(x_2)$$

于是得到三点公式：

$$\begin{aligned} f'(x_0) &\approx \frac{-3f(x_0)+4f(x_1)-f(x_2)}{2h} \\ f'(x_1) &\approx \frac{f(x_2)-f(x_0)}{2h} \\ f'(x_2) &\approx \frac{f(x_0)-4f(x_1)+3f(x_2)}{2h} \end{aligned} \tag{6.1.7}$$

及其余项为

$$
\begin{aligned}
f'(x_0)-P_1'(x_0)&=\frac{h^2}{3}f'''(\xi)\\
f'(x_1)-P_1'(x_1)&=-\frac{h^2}{6}f'''(\xi)\\
f'(x_2)-P_1'(x_2)&=\frac{h^2}{3}f'''(\xi)
\end{aligned}
\tag{6.1.8}
$$

其中$x_0 \le \xi \le x_2$.

对于经过三点的二次插值多项式，还可以求二次微商得到二阶的数值微分公式

$$f''(x_i)\approx P_2''(x_i)=\frac{f(x_0)-2f(x_1)+f(x_2)}{h^2}, i=0,1,2$$

它们的截断误差是$O(h)$, $i=1$时达到$O(h^2)$. 依此类推，我们可以用插值多项式$P_n(x)$作为$f(x)$的近似函数，还可以建立高阶数值微分公式：

$$f^{(k)}(x)\approx P_n^{(k)}(x) \qquad k=1,2,\cdots$$

但该公式只在节点处比较可靠.

从上面这些数值微分公式及其余项的分析来看，似乎h愈小精度愈高，但是在实际计算中并不是这样简单，我们举一个例子.

假设$f(x)=\mathrm{e}^x$，并给定数据如表6.1.1.

表 6.1.1 数据表

x	0	$\cdots$	0.90	$\cdots$	0.99	1.00	1.01	$\cdots$	1.10	2
e^x	1.000	$\cdots$	2.460	$\cdots$	2.691	2.718	2.746	$\cdots$	3.004	7.7389

现在用数值微分公式(6.1.7)来计算$f'(1)$的近似值，对几种不同的步长，计算结果见6.1.2.

表 6.1.2 数值微分近似值

h	$f'(1)$的近似值	误差
1	3.195	0.477
0.1	2.720	0.002
0.01	2.75	0.032

从表6.1.2可以看到,当步长h由1减小到0.1时,误差有了明显的改善,但是当步长由0.1减小到0.01时,误差反而有所增加. 问题在于我们之前讨论的只是截断误差，而在实际计算中，截断误差只是误差的一个部分，由第1章可知此外还有舍入误差. 而数值微分恰好对舍入误差非常敏感，它随h的缩小而增大，这就是计算的不稳定性.

如果假设在求数值微分公式(6.1.7)中的第二式时，若要求出$f(x_0+h)$和$f(x_0-h)$的值，遇到了舍入误差$\mathrm{e}(x_0+h)$和$\mathrm{e}(x_0-h)$，则计算出的值$\tilde{f}(x_0+h)$和$\tilde{f}(x_0-h)$与实际值$f(x_0+h)$和$f(x_0-h)$的关系由下面的公式表示：

$$f(x_0+h)=\tilde{f}(x_0+h)+e(x_0+h)$$

和

$$f(x_0-h)=\tilde{f}(x_0-h)+e(x_0-h)$$

近似的总误差

$$f'(x_0)-\frac{\tilde{f}(x_0+h)-\tilde{f}(x_0-h)}{2h}=\frac{e(x_0+h)-e(x_0-h)}{2h}-\frac{h^2}{6}f'''(\xi)$$

部分是由于舍入误差，部分是由于截断误差. 如果假设舍入误差$e(x_0\pm h)$以某个数$\varepsilon>0$为界，又假设的三阶导数以数$M>0$为界，则有：

$$|f'(x_0)-\frac{\tilde{f}(x_0+h)-\tilde{f}(x_0-h)}{2h}|\leq\frac{\varepsilon}{h}+\frac{h^2}{6}M$$

为了减小截断误差$\frac{h^2}{6}M$，必须减小h. 但是当h减小时，舍入误差ε/h增大. 实际上，让h太小几乎是不利的，因为舍入误差将控制着计算.

例6.1.1. *考虑使用表6.1.3中的值逼近*$f'(0.900)$，*这里*$f(x)=\sin x$. *准确值*$\cos 0.900=0.6261$.

表 6.1.3 函数表

x	$\sin x$	x	$\sin x$
0.800	0.71736	0.901	0.78395
0.850	0.75128	0.902	0.78457
0.880	0.77074	0.905	0.78643
0.890	0.77707	0.910	0.78930
0.895	0.78021	0.920	0.79560
0.898	0.78208	0.950	0.81342
0.899	0.78270	1.000	0.84147

解 对于不同的值，使用公式

$$f'(0.900)=\frac{f(0.900+h)-f(0.900-h)}{2h}$$

得到表6.1.4中的近似值 对h的最优选取似乎位于0.005和0.05之间.

表 6.1.4 数值微分近似值

h	$f'(0.900)$的近似值	误差
0.001	0.62500	0.00339
0.002	0.62250	0.00089
0.005	0.62200	0.00039
0.010	0.62150	-0.00011
0.020	0.62150	-0.00011
0.050	0.62140	-0.00021
0.100	0.62055	-0.00106

如果对误差项

$$e(h)=\frac{\varepsilon}{h}+\frac{h^2}{6}M$$

进行一些分析，则可以发现$e(h)$的极小值发生在$h=\sqrt[3]{3\varepsilon/M}$，其中

$$M=\max_{x\in[0.800,1.00]}|f'''(x)|=\max_{x\in[0.800,1.00]}|\cos(x)|=\cos 0.8\approx 0.69671$$

因为所给的f值精确到小数点后5位，所以可以假设舍入误差以$\varepsilon=0.000005$为界，因而h 的最优选择大约是

$$h=\sqrt[3]{\frac{3\times 0.000005}{0.69671}}\approx 0.028$$

这与表6.1.4中的结果一致.

所以在计算数值微分时,要特别注意误差分析.还要指出的是，当$P_n(x)$收敛到$f(x)$时,$P_n'(x)$不一定收敛到$f'(x)$.为避免这方面的问题,可用样条插值函数来求数值微分.因为对于样条函数$S(x)$,当被插值函数$f(x)$有四阶连续微商,且$\delta=\max_{0\le i\le n-1}|x_{i+1}-x_i|\to 0$时，$S(x)$收敛到$f(x)$，并有$|S^{(i)}(x)-f^{(i)}(x)|\le C_i\delta^{4-i}(i=0,1,2)$，其中$C_i$ 是与δ无关的常数(见定理3.4.4). 因此用三次样条函数来求数值微分能避免用Lagrange插值多项式来求数值微分的不可靠性，同时还能求非节点处的数值导数. 需要注意, 当节点的函数值有舍入误差即扰动时, 求数值微分也是不稳定的.

用三次样条函数$S(x)$求$f(x)$的数值导数公式可通过$S(x)$在每个小区间上的表达式求微商得

$$S'(x)=-M_i\frac{(x_{i+1}-x)^2}{2h_i}+M_{i+1}\frac{(x-x_i)^2}{2h_i}+f[x_i,x_{i+1}]-\frac{M_{i+1}-M_i}{6}h_i \tag{6.1.9}$$

于是$f'(x)\approx S'(x)$. 若是要求节点上的微商值，则把x_i代入(6.1.9)式得到

$$S'(x_i)=-M_i\frac{h_i}{2}+f[x_i,x_{i+1}]-\frac{M_{i+1}-M_i}{6}h_i \tag{6.1.10}$$

若要求$f''(x_i)$，则因$f''(x_i)\approx M_i$可直接得到.

当然，用样条插值求数值微分也有其缺点，即需要解方程组得到M_i的值，当h_i很小时，计算量是很大的.

另外，还可以用Taylor展开来构造高阶导数的近似值.

6.2 数值积分基础

接下来我们将对区间$[a,b]$上定义的黎曼可积函数$f(x)$所构造的定积分$\int_a^b f(x)\mathrm{d}x$的求解进行讨论. 在实际问题中，往往被积函数是由离散数据或图形表示的函数，是用表格形式给出的，或者被积函数$f(x)$的原函数无法用初等函数来表示，即没有显式原函数或原函数不容易得到的函数，经常需要求它的定积分，例如，$\int \mathrm{e}^{-x^2}\mathrm{d}x, \int\frac{\sin x}{x}\mathrm{d}x$等.

此外，即使$f(x)$的用初等函数表示的原函数$F(x)$存在，但因求$F(x)$过于复杂，人们不愿将大量的时间与精力花费在求原函数上，这些都促使人们寻求定积分的近似计算方法，研究定积分的数值计算问题. 另外，微分方程和积分方程的求解过程，也都和数值积分相联系.

建立数值积分公式的途径比较多，其中最常用的有两种: (1) 对于连续函数，有积分中值定理

$$\int_a^b f(x)\mathrm{d}x = (b-a)f(\xi) \qquad \xi \in [a,b]$$

其中$f(\xi)$是被积函数$f(x)$在积分区间上的平均值. 因此,如果我们能给出求平均值$f(\xi)$的一种近似方法，相应地就可以得到计算定积分的一种数值方法. 譬如，取$f(\xi) \approx f(\frac{b-a}{2})$，则可以得到计算定积分的**中矩形公式**:

$$\int_a^b f(x)\mathrm{d}x \approx (b-a)f(\frac{b-a}{2})$$

即在图6.2.1中，用虚线围成的面积近似曲线围成的面积.

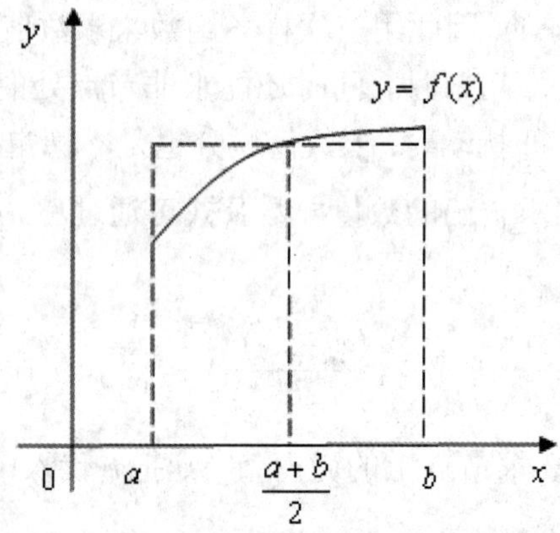

图 6.2.1 中矩形求积公式

如果我们取$f(\xi) \approx f(a)$，则可以得到计算定积分的**左矩形公式**:

$$\int_a^b f(x)\mathrm{d}x \approx (b-a)f(a)$$

如果取$f(\xi) \approx f(b)$，则可以得到计算定积分的**右矩形公式**:

$$\int_a^b f(x)\mathrm{d}x \approx (b-a)f(b)$$

(2) 先用某个简单函数$\varphi(x)$近似逼近$f(x)$，然后用$\varphi(x)$ 在$[a,b]$区间的积分值近似表示$f(x)$在$[a,b]$区间上的定积分，即取

$$\int_a^b f(x)\mathrm{d}x \approx \int_a^b \varphi(x)\mathrm{d}x$$

一般地，我们可以取为前面介绍的插值多项式$P_n(x)$或拟合多项式进行近似计算. 若取$\varphi(x)$为插值多项式$P_n(x)$，则相应得到数值积分公式就称为**插值型求积公式**.

由于用插值多项式$P_n(x)$近似表达函数$f(x)$时存在截断误差，即有插值余项，因此插值型求积公式也有相应的余项. 另外计算机运算总有舍入误差存在，因此，在注重数值积分公式建立的同时，我们也要对算法的误差和稳定性进行必要的分析.

接下来我们主要讨论插值型求积公式及其改进方法. 插值型求积公式需要构造插值多项式$P_n(x)$，下面讨论当$n=1, n=2$和一般n时的情况.

（1）$n=1$

如图6.2.2所示，过a, b两点，作直线

$$P_1(x)=\frac{x-a}{b-a}f(b)+\frac{x-b}{a-b}f(a)$$

用$P_1(x)$代替$f(x)$，得

$$\int_a^b f(x)\mathrm{d}x \approx \int_a^b P_1(x)\mathrm{d}x=\int_a^b [\frac{x-a}{b-a}f(b)+\frac{x-b}{a-b}f(a)]\mathrm{d}x=\frac{b-a}{2}[f(a)+f(b)] \tag{6.2.1}$$

由图6.2.2看到，就是用梯形面积近似替代曲面梯形的面积，所以式(6.2.1)叫做**梯形求积公式**.

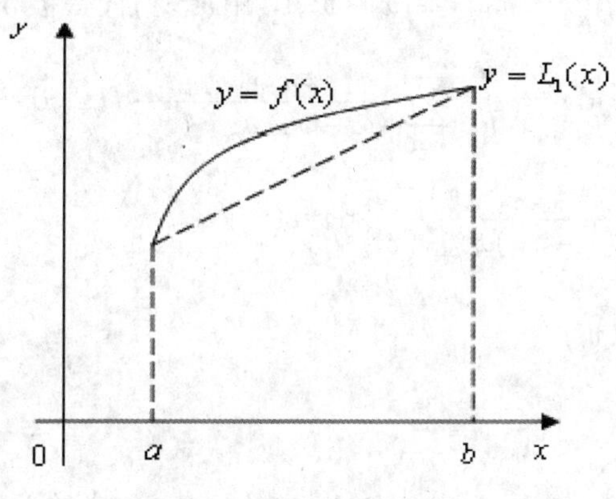

图 6.2.2 梯形求积公式

（2）$n=2$ 如图6.2.3所示，把$[a,b]$区间二等份，过a, b和$\frac{a+b}{2}$三点，作抛物线:

$$P_2(x)=\frac{(x-\frac{a+b}{2})(x-b)}{(a-\frac{a+b}{2})(a-b)}f(a)+\frac{(x-a)(x-b)}{(\frac{a+b}{2}-a)(\frac{a+b}{2}-b)}f(\frac{a+b}{2})+\frac{(x-\frac{a+b}{2})(x-a)}{(b-\frac{a+b}{2})(b-a)}f(b)$$

用$P_2(x)$代替$f(x)$，得

$$\int_a^b f(x)\mathrm{d}x \approx \int_a^b P_2(x)\mathrm{d}x=\frac{b-a}{6}[f(a)+4f(\frac{a+b}{2})+f(b)] \tag{6.2.2}$$

式(6.2.2)叫做**Simpson公式**，因为Simpson公式从几何上看是用抛物线围成的曲边梯形面积来近似代替所围成的曲边梯形面积，所以Simpson公式也叫做**抛物线求积公式**.

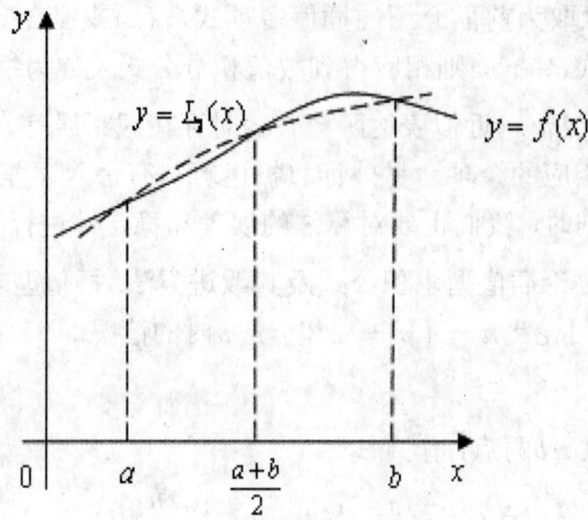

图 6.2.3　Simpson求积公式

（3）n等份　把$[a,b]$区间n等份，其分点为$x_i=a+ih, i=0,1,2,\cdots,n, h=\frac{b-a}{n}$. 过这$n+1$个节点，可以构造一个$n$次插值多项式

$$P_n(x)=\sum_{i=0}^{n}\frac{\omega_{n+1}(x)}{(x-x_i)\omega'_{n+1}(x_i)}f(x_i)$$

其中$\omega_{n+1}(x)=(x-x_0)(x-x_1)\cdots(x-x_n)$，用$P_n(x)$代替被积函数$f(x)$，则有

$$\begin{aligned}\int_a^b f(x)\mathrm{d}x &\approx \int_a^b P_n(x)\mathrm{d}x=\int_a^b\sum_{i=0}^{n}\frac{\omega_{n+1}(x)}{(x-x_i)\omega'_{n+1}(x_i)}f(x_i)\mathrm{d}x\\ &=\sum_{i=0}^{n}[\int_a^b\frac{\omega_{n+1}(x)}{(x-x_i)\omega'_{n+1}(x_i)}\mathrm{d}x]f(x_i) \qquad (6.2.3)\\ &=\sum_{i=0}^{n}A_if(x_i)\end{aligned}$$

其中$A_i=\int_a^b\frac{\omega_{n+1}(x)}{(x-x_i)\omega'_{n+1}(x_i)}\mathrm{d}x$.

公式(6.2.3)叫做**Newton-Cotes公式**，使用这个公式的关键是计算系数A_i，用变量替换$x=a+th$，于是

$$\omega_{n+1}(x)=\omega_{n+1}(a+th)=h^{n+1}t(t-1)\cdots(t-n)$$

而

$$\omega'_{n+1}(x_i)=\omega_{n+1}(a+th)=(-1)^{n-i}h^ni!(n-i)!$$

这样

$$\begin{aligned}A_i&=\int_a^b\frac{\omega_{n+1}(x)}{(x-x_i)\omega'_{n+1}(x_i)}\mathrm{d}x=\int_0^n\frac{h^{n+1}t(t-1)\cdots(t-n)}{(-1)^{n-i}h^ni!(n-i)!h(t-i)}h\mathrm{d}t\\ &=\frac{(-1)^{n-i}h}{i!(n-i)!}\int_0^n\frac{t(t-1)\cdots(t-n)}{t-i}\mathrm{d}t\end{aligned}$$

引进记号

$$C_i^{(n)} = \frac{(-1)^{n-i}}{i!(n-i)!n} \int_0^n \frac{t(t-1)\cdots(t-n)}{t-i} \mathrm{d}t \tag{6.2.4}$$

则

$$A_i = (b-a)C_i^{(n)} \tag{6.2.5}$$

这时$C_i^{(n)}$是不依赖于函数$f(x)$和区间$[a,b]$的常数，可以事先计算出来. 这些数称为**Newton-Cotes系数**，我们给出取值的Newton-Cotes系数表6.2.1.

表 6.2.1 Newton-Cotes系数

n	$C_i^{(n)}$							
1	$\frac{1}{2}$	$\frac{1}{2}$						
2	$\frac{1}{6}$	$\frac{4}{6}$	$\frac{1}{6}$					
3	$\frac{1}{8}$	$\frac{3}{8}$	$\frac{3}{8}$	$\frac{1}{8}$				
4	$\frac{7}{90}$	$\frac{16}{45}$	$\frac{2}{15}$	$\frac{16}{45}$	$\frac{7}{90}$			
5	$\frac{19}{288}$	$\frac{25}{96}$	$\frac{25}{144}$	$\frac{25}{144}$	$\frac{25}{96}$	$\frac{19}{288}$		
6	$\frac{41}{840}$	$\frac{9}{35}$	$\frac{9}{280}$	$\frac{34}{105}$	$\frac{9}{280}$	$\frac{9}{35}$	$\frac{41}{840}$	
7	$\frac{751}{17280}$	$\frac{3577}{17280}$	$\frac{1323}{17280}$	$\frac{2989}{17280}$	$\frac{2989}{17280}$	$\frac{1323}{17280}$	$\frac{3577}{17280}$	$\frac{751}{17280}$
8	$\frac{989}{28350}$	$\frac{5888}{28350}$	$\frac{-928}{28350}$	$\frac{10496}{28350}$	$\frac{-4540}{28350}$	$\frac{10496}{28350}$	$\frac{5888}{28350}$	$\frac{989}{28350}$

利用公式(6.2.3)和(6.2.5)或查表6.2.1得到Newton-Cotes系数后，便可以写出相应的Newton-Cotes公式. 当$n=1$时，Newton-Cotes公式为

$$T = \frac{b-a}{2}[f(a)+f(b)] \tag{6.2.6}$$

即之前讨论的梯形积分公式；当$n=2$时，Newton-Cotes公式为

$$S = \frac{b-a}{6}[f(a)+4f(\frac{a+b}{2})+f(b)] \tag{6.2.7}$$

即Simpson公式. 所以我们可以看出梯形求积公式和Simpson求积公式是Newton-Cotes公式的特例. 当$n=4$时，Newton- Cotes公式为

$$C = \frac{b-a}{90}[7f(x_0)+32f(x_1)+12f(x_2)+32f(x_3)+7f(x_4)] \tag{6.2.8}$$

其中$x_k = a+kh, (k=0,1,2,3,4), h=\frac{b-a}{4}$.(6.2.8)式特别称为**Cotes公式**.

例6.2.1. 试分别用梯形求积公式，Simpson求积公式和Cotes公式计算定积分

$$\int_1^5 \sin x \mathrm{d}x.$$

解 利用梯形求积公式得

$$\int_1^5 \sin x \mathrm{d}x \approx \frac{5-1}{2}(\sin 1 + \sin 5) \approx -0.2349$$

利用Simpson求积公式得

$$\int_1^5 \sin x\mathrm{d}x \approx \frac{5-1}{6}(\sin 1 + 4\sin 3 + \sin 5) \approx 0.2980$$

利用Cotes求积公式得

$$\int_1^5 \sin x\mathrm{d}x \approx \frac{5-1}{90}(7\sin 1 + 32\sin 2 + 12\sin 3 + 32\sin 4 + 7\sin 5) \approx 0.2566$$

原积分的准确值为0.2566，可见三个求积公式得到的数值与精确值之间的误差是逐渐减小的.

下面我们来分析这三种基本求积公式的精度和误差.

由例6.2.1可以看出，梯形求积公式，Simpson求积公式，Cotes求积公式的误差是递减的，也就是说，这三种基本求积公式的代数精确度是逐渐提高的. 我们引进代数精确的概念, 它是衡量数值积分公式近似程度的另一种方法，定义如下：

定义6.2.2. 对一个一般的求积公式

$$\int_a^b f(x)\mathrm{d}x \approx \sum_{k=0}^{n} A_k f(x_k) \tag{6.2.9}$$

其中A_k是不依赖于函数$f(x)$的常数, 若求积公式*(6.2.9)*中的$f(x)$为任意一个次数不高于m 次的代数多项式时, 等号成立, 而$f(x)$为$m+1$次多项式时, 公式*(6.2.9)*不能精确成立, 则说求积公式*(6.2.9)*具有m**次代数精确度**(或**代数精度**).

下面我们得从理论上对这三种基本求积公式进行代数精确度和误差的分析.

（1）梯形求积公式

$$\int_a^b f(x)\mathrm{d}x \approx \frac{b-a}{2}[f(a)+f(b)]$$

代数精度的验证如表6.2.2. 所以梯形求积公式具有1次代数精确度，误差分析如下：

表 6.2.2 梯形求积公式的代数精度

$f(x)$	积分公式是否精确成立
1	左=右
x	左=右
x^2	左≠右

定理6.2.3. 若$f(x) \in C^2[a,b]$, 则梯形求积公式*(6.2.1)*有误差估计

$$\begin{aligned} R_T(f) &= \int_a^b f(x)\mathrm{d}x - \int_a^b P_1(x)\mathrm{d}x = \int_a^b f(x)\mathrm{d}x - \frac{b-a}{2}[f(a)+f(b)] \\ &= -\frac{(b-a)^3}{12}f''(\eta), \qquad a \le \eta \le b \end{aligned} \tag{6.2.10}$$

证明 根据线性插值余项定理有

$$f(x)-P_1(x)=\frac{f''(\xi)}{2}(x-a)(x-b),\quad a\le\xi\le b$$

其中ξ依赖于x，两边积分得

$$R_T(f)=\int_a^b\frac{f''(\xi)}{2}(x-a)(x-b)\mathrm{d}x$$

因为$f''(x)$在$[a,b]$上连续，而$(x-a)(x-b)$在$[a,b]$上不变号(非正)，因此，在$[a,b]$上存在一点η，使得

$$\int_a^b\frac{f''(\xi)}{2}(x-a)(x-b)\mathrm{d}x=f''(\eta)\int_a^b(x-a)(x-b)\mathrm{d}x=-\frac{(b-a)^3}{12}f''(\eta)$$

成立，因此

$$R_T(f)=-\frac{(b-a)^3}{12}f''(\eta),\qquad a\le\eta\le b$$

□

（2）Simpson求积公式

$$\int_a^b f(x)\mathrm{d}x\approx\frac{b-a}{6}[f(a)+4f(\frac{a+b}{2})+f(b)]$$

代数精度的验证如表6.2.3.

表 6.2.3 Simpson求积公式的代数精度

$f(x)$	积分公式是否精确成立
1	左=右
x	左=右
x^2	左=右
x^3	左=右
x^4	左≠右

所以Simpson求积公式具有3次代数精确度，误差分析如下：

定理6.2.4. *若$f(x)\in C^4[a,b]$，则Simpson求积公式有误差估计*

$$\begin{aligned}R_S(f)&=\int_a^b f(x)\mathrm{d}x-\frac{b-a}{6}[f(a)+4f(\frac{a+b}{2})+f(b)]\\&=-\frac{(b-a)^5}{2880}f^{(4)}(\eta),\qquad a\le\eta\le b\end{aligned}\tag{6.2.11}$$

证明 已知Simpson求积公式的代数精确度是3,因此考虑构造一个三次插值多项式$P_3(x)$ 满足条件：

$$P_3(a)=f(a),\quad P_3(b)=f(b),\quad P_3(\frac{a+b}{2})=f(\frac{a+b}{2}),\quad P_3'(\frac{a+b}{2})=f'(\frac{a+b}{2})$$

根据线性插值余项定理可以得

$$f(x)-P_3(x)=\frac{f^{(4)}(\xi)}{4!}(x-a)(x-\frac{a+b}{2})^2(x-b),\quad a\le\xi\le b$$

两边从a到b积分得

$$\int_a^b f(x)\mathrm{d}x-\int_a^b P_3(x)\mathrm{d}x=\frac{1}{4!}\int_a^b f^{(4)}(\xi)(x-a)(x-\frac{a+b}{2})^2(x-b)\mathrm{d}x$$

因为$P_3(x)$是三次多项式，故对Simpson求积公式是精确成立的,也即

$$\int_a^b P_3(x)\mathrm{d}x=\frac{b-a}{6}[P_3(a)+4P_3(\frac{a+b}{2})+P_3(b)]=\frac{b-a}{6}[f(a)+4f(\frac{a+b}{2})+f(b)]$$

所以

$$R_S(f)=\frac{1}{4!}\int_a^b f^{(4)}(\xi)(x-a)(x-\frac{a+b}{2})^2(x-b)\mathrm{d}x$$

因为假设$f^{(4)}(\xi)$在区间上是连续的，而且当$x\in[a,b]$时，$(x-a)(x-\frac{a+b}{2})^2(x-b)\le 0$，由积分中值定理，在$[a,b]$上总存在一点$\eta$，使得

$$\begin{aligned}\int_a^b f^{(4)}(\xi)(x-a)(x-\frac{a+b}{2})^2(x-b)\mathrm{d}x&=f^{(4)}(\eta)\int_a^b(x-a)(x-\frac{a+b}{2})^2(x-b)\mathrm{d}x\\&=-\frac{(b-a)^5}{120}f^{(4)}(\eta)\end{aligned}$$

因此Simpson求积公式的截断误差是

$$R_S(f)=-\frac{(b-a)^5}{2880}f^{(4)}(\eta),\qquad a\le\eta\le b$$

□

（3）Cotes求积公式

首先我们来看一下Newton-Cotes公式

$$\int_a^b f(x)\mathrm{d}x\approx\sum_{i=0}^{n}[\int_a^b\frac{\omega_{n+1}(x)}{(x-x_i)\omega_{n+1}'(x_i)}\mathrm{d}x]f(x_i)$$

其中$\omega_{n+1}(x)=(x-x_0)(x-x_1)\cdots(x-x_n)$，$x_0,x_1,\cdots,x_n$为$[a,b]$区间上的等分点.

当$f(x)\in\mathbb{C}^n[a,b]$, $f^{(n+1)}(x)$在$[a,b]$存在，对n次插值多项式$P_n(x)$逼近$f(x)$有显示式

$$f(x)=P_n(x)+\frac{f^{(n+1)}(\xi)}{(n+1)!}\omega_{n+1}(x)\quad a\le\xi\le b \tag{6.2.12}$$

若$f(x)$是n次多项式，则$f^{(n+1)}(x)\equiv 0$，因此$f(x)\equiv P_n(x)$，所以Newton-Cotes公式的代数精确度至少是n.

特别地，当$n=4$时，Cotes求积公式(6.2.9)的代数精确度如表6.2.4所示.

所以当$n=4$时Cotes求积公式具有5次代数精确度.一般地，我们可以证明:

表 6.2.4 Cotes求积公式的代数精度

$f(x)$	积分公式是否精确成立
1	左=右
x	左=右
x^2	左=右
x^3	左=右
x^4	左=右
x^5	左=右
x^6	左≠右

定理6.2.5. 当n为偶数时，Newton-Cotes公式的代数精确度可以达到$n+1$.

证明 记$n+1$次多项式为$\sum_{j=0}^{n+1} a_j x^j$，则其$n+1$次导数为$(n+1)!a_{n+1}$，将(6.2.12)式两边求积后把上式代入，得

$$\begin{aligned}\int_a^b f(x)\mathrm{d}x - \int_a^b P_n(x)\mathrm{d}x &= \int_a^b \frac{f^{(n+1)}(\xi)}{(n+1)!}\omega_{n+1}(x)\mathrm{d}x = a_{n+1}\int_a^b \omega_{n+1}(x)\mathrm{d}x \\ &= a_{n+1}h^{n+2}\int_0^n t(t-1)\cdots(t-n)\mathrm{d}t\end{aligned}$$

令$n=2k$，k为正整数，并引进变换$v=t-k$，有

$$\begin{aligned}&\int_0^n t(t-1)\cdots(t-n)\mathrm{d}t \\ =&\int_0^{2k} t(t-1)\cdots(t-k)(t-k-1)\cdots(t-2k+1)(t-2k)\mathrm{d}t \\ =&\int_{-k}^{k} (v+k)(v+k-1)\cdots v(v-1)\cdots(v-k+1)(v-k)\mathrm{d}v\end{aligned}$$

令$I(v)=(v+k)(v+k-1)\cdots v(v-1)\cdots(v-k+1)(v-k)$,则有

$$\begin{aligned}I(-v) =&(-v+k)(-v+k-1)\cdots(-v)(-v-1)\cdots(-v-k+1)(-v-k) \\ =&(-1)^{2k+1}I(v) = -I(v)\end{aligned}$$

也即$I(v)$是一个奇函数，所以

$$\int_0^n t(t-1)\cdots(t-n)\mathrm{d}t = 0$$

亦即当n为偶数时，Newton-Cotes公式对$n+1$次多项式精确成立，代数精确度达到了$n+1$次. □

从上述定理可知，当n为偶数时，精度的次数为$n+1$，在n为奇数时，精度的次数仅为n，所以从这个定理可以看出，当$n=2$时，Simpson求积公式的代数精确度至少有3次. 下面的定理详述了与Newton-Cotes公式有关的误差分析. 关于这定理的证明，见参考文献[21].

定理6.2.6. 对于Newton-Cotes公式*(6.2.4)*，当n为偶数且$f(x)\in C^{n+2}[a,b]$时，则存在一点$\xi\in(a,b)$ 使得，

$$\int_a^b f(x)\mathrm{d}x=\sum_{k=0}^{n}A_kf(x_k)+\frac{h^{n+3}f^{(n+2)}(\xi)}{(n+2)!}\int_0^n t^2(t-1)\cdots(t-n)\mathrm{d}t$$

若n为奇数且$f(x)\in C^{n+1}[a,b]$时，则存在一点$\xi\in(a,b)$,使得，

$$\int_a^b f(x)\mathrm{d}x=\sum_{k=0}^{n}A_kf(x_k)+\frac{h^{n+2}f^{(n+1)}(\xi)}{(n+1)!}\int_0^n t(t-1)\cdots(t-n)\mathrm{d}t$$

由舍入误差的定义可知，同样在数值积分的过程中，也会因为计算$f(x_i)$时，产生舍入误差，这就是求积公式的数值稳定性分析，它也是衡量数值积分公式的一个重要指标.

假设$f(x_i)$(x_i为等分点)的舍入误差为ε_i，且设$\varepsilon=\max_{0\le i\le n}|\varepsilon_i|$，则Newton-Cotes公式在计算中产生的误差为

$$\begin{aligned}e&=\Big|(b-a)\sum_{i=0}^{n}C_i^{(n)}f(x_i)-(b-a)\sum_{i=0}^{n}C_i^{(n)}[f(x_i)+\varepsilon_i]\Big|\\&=(b-a)\Big|\sum_{i=0}^{n}C_i^{(n)}\varepsilon_i\Big|\le(b-a)\varepsilon\sum_{i=0}^{n}|C_i^{(n)}|\end{aligned}$$

由表6.2.1可知，当$n<8$时，$C_i^{(n)}>0$，有$\sum_{i=0}^n|C_i^{(n)}|=\sum_{i=0}^n C_i^{(n)}=1$，从而有

$$e\le(b-a)\varepsilon$$

这说明只要$f(x_i)$的值足够精确，初始数据的舍入误差对计算结果影响就不大，从而Newton-Cotes公式(6.2.4)是数值稳定的.

当$n\ge 8$时，$C_i^{(n)}$的值有正有负，则$\sum_{i=0}^n|C_i^{(n)}|$随n的增大而增大，即初始数据的舍入误差将会引起计算结果误差增大，所以Newton-Cotes公式(6.2.4)是不稳定的. 因此，在实际计算中$n\ge 8$ 的Newton-Cotes公式很少被采用.

6.3　复合数值积分

由上节可知，随着求积节点数的增加，对应的求积公式的精度也会相应地提高，但由于$n\ge 8$时的高阶Newton-Cotes公式是不稳定的，因此不能用增加求积节点数的方法来提高计算精度. 在实际运用中，通常将积分区间分成若干个小区间，在每个小区间上采用低阶求积公式，然后把所有小区间上的计算结果加起来得到整个区间上的求积公式，这就是复合求积公式的基本思想. 本节主要讨论复合梯形公式和复合Simpson公式的构造以及误差分析.

（1）复合梯形公式

将区间$[a,b]n$等份，节点$x_k=a+kh,(k=0,1,\cdots,n),h=\frac{b-a}{n}$,对每个小区间$[x_k,x_{k+1}]$用梯形求积公式，则得

$$\int_a^b f(x)\mathrm{d}x=\sum_{k=0}^{n-1}\int_{x_k}^{x_{k+1}}f(x)\mathrm{d}x\approx\sum_{k=0}^{n-1}\frac{x_{k+1}-x_k}{2}[f(x_k)+f(x_{k+1})]$$
$$=\frac{h}{2}\big[f(a)+f(b)+2\sum_{k=1}^{n-1}f(a+kh)\big]$$

记

$$T_n=\frac{h}{2}\big[f(a)+f(b)+2\sum_{k=1}^{n-1}f(a+kh)\big] \tag{6.3.1}$$

称之为**复合梯形公式**.

（2）复合Simpson公式

因为Simpson公式用到区间的中点，所以在构造复合Simpson公式时必须把区间等分为偶数份. 为此，令$n=2m$，m是正整数，在每个小区间$[x_{2k-2},x_{2k}]$上用Simpson求积公式

$$\int_{x_{2k-2}}^{x_{2k}}f(x)\mathrm{d}x\approx\frac{2h}{6}[f(x_{2k-2})+4f(x_{2k-1})+f(x_{2k})]$$

其中$h=\frac{b-a}{n}$，因此

$$\int_a^b f(x)\mathrm{d}x=\sum_{k=1}^{m}\int_{x_{2k-2}}^{x_{2k}}f(x)\mathrm{d}x\approx\sum_{k=1}^{m}\frac{h}{3}[f(x_{2k-2})+4f(x_{2k-1})+f(x_{2k})]$$
$$=\frac{h}{3}\big[f(a)+f(b)+4\sum_{k=1}^{m}f(x_{2k-1})+2\sum_{k=1}^{m-1}f(x_{2k})\big]$$

记

$$S_n=\frac{h}{3}\big[f(a)+f(b)+4\sum_{k=1}^{\frac{n}{2}}f(x_{2k-1})+2\sum_{k=1}^{\frac{n}{2}-1}f(x_{2k})\big] \tag{6.3.2}$$

称(6.3.2)式为**复合Simpson公式**.

算法6.3.1. 复合Simpson公式　实现用复合Simpson公式求积分的近似值.

程序：FSimpson.m

```
function S=FSimpson( fun,a,b,n)
%FSimpson:用复合Simpson公式求积分的近似值.
%输入参数: fun : 字符串, 可以是表示函数f(x)的 .m文件名, 字符表达式或符号变量表达式
%          a,b : 表示被积区间[a,b]的端点
%            n : 等分区间的个数,因此节点总数=2*n+1
%输出参数:    S : 用复合Simpson公式求得的积分值
%
```

```
%使用内联对象，使得fun可接受字符表达式或符号变量表达式
if ischar(fun) & exist(fun)~=2
    fun = inline(fun);
elseif isa(fun,'sym')
    fun = inline(char(fun));
end
nn=2*n+1;
h=(b-a)/(nn-1);
x=a:h:b;
f=fun(x);
S=(h/3)*(f(1)+4*sum(f(2:2:nn-1))+2*sum(f(3:2:nn-2))+f(nn));
```

接下来，我们对复合梯形公式和复合Simpson公式作误差分析.

定理6.3.2. *若$f(x)\in C^2[a,b]$，则复合梯形求积公式(6.3.1)有误差估计*

$$R_{(f,T_n)}=\int_a^b f(x)\mathrm{d}x-T_n=-\frac{(b-a)}{12}h^2f''(\eta),\qquad a\le\eta\le b \tag{6.3.3}$$

其中$h=\frac{b-a}{n}$.

证明 把区间n等份，并在每个小区间上直接用梯形公式的误差估计式(6.2.10)，则

$$\begin{aligned}R_{(f,T_n)}&=\int_a^b f(x)\mathrm{d}x-T_n=\sum_{k=0}^{n-1}[\int_{x_k}^{x_{k+1}}f(x)\mathrm{d}x-\frac{h}{2}(f(x_k)+f(x_{k+1}))]\\&=-\frac{h^3}{12}\sum_{k=0}^{n-1}f''(\eta_k)\qquad x_k\le\eta_k\le x_{k+1}\end{aligned}$$

由于$f''(x)$在$[a,b]$上连续，利用连续函数的性质可知在$[a,b]$中存在一点η，使

$$\frac{1}{n}\sum_{k=0}^{n-1}f''(\eta_k)=f''(\eta)$$

这样，就得到了复合梯形求积公式的截断误差

$$R_{(f,T_n)}=-\frac{nh^3}{12}f''(\eta)=-\frac{n(b-a)}{12}h^2f''(\eta),\qquad a\le\eta\le b$$

□.

定理6.3.3. *若$f(x)\in C^4[a,b]$，则复合Simpson公式有误差估计*

$$R_{(f,S_n)}=\int_a^b f(x)\mathrm{d}x-S_n=-\frac{(b-a)}{2880}H^4f^{(4)}(\eta),\qquad a\le\eta\le b \tag{6.3.4}$$

其中$h=\frac{b-a}{n},H=2h$.

证明　把区间$[a,b]n$等份，并令$n=2m$，在每个小区间$[x_{2k-2},x_{2k}]$上用Simpson求积公式，并直接用Simpson求积公式的误差估计式(6.2.11)，有

$$\begin{aligned}\int_a^b f(x)\mathrm{d}x-S_n&=\sum_{k=1}^{m}\Big(\int_{x_{2k-2}}^{x_{2k}}f(x)\mathrm{d}x-\frac{H}{6}[f(x_{2k-2})+4f(x_{2k-1})+f(x_{2k})]\Big)\\&=-\frac{H^5}{2880}\sum_{k=1}^{m}f^{(4)}(\eta_k)\qquad x_{2k-2}\le\eta_k\le x_{2k}\end{aligned}$$

利用$f^{(4)}(x)$的连续性可知存在一点$\eta\in[a,b]$，使得

$$\frac{1}{m}\sum_{k=1}^{m}f^{(4)}(\eta_k)=f^{(4)}(\eta)$$

这样，就得到了复合Simpson公式的误差估计

$$R_{(f,S_n)}=-\frac{mH^5}{2880}f^{(4)}(\eta)=-\frac{(b-a)}{2880}H^4f^{(4)}(\eta),\qquad a\le\eta\le b$$

□.

根据定理6.3.2和定理6.3.3提供的误差估计，可以判断计算时应取多大步长才能达到需要的精度.

例6.3.4. *若用复合梯形公式计算积分$\int_0^1\mathrm{e}^x\mathrm{d}x$，要求结果有5位有效数字，问等分$[0,1]$区间数$n$应取多少？若用复合Simpson公式计算，$n$又应取多少？*

解　因为$f(x)=\mathrm{e}^x$，所以$f''(x)=f^{(4)}(x)=\mathrm{e}^x$，根据误差余项公式(6.3.3)可知，若用复合梯形求积公式，则有误差余项

$$|R_{(f,T_n)}|\le\frac{1}{12}\max_{x\in[0,1]}|f''(x)|h^2=\frac{1}{12}\mathrm{e}h^2$$

根据第1章的相关知识，可知，若需要积分具有5位有效数字，只要取

$$\frac{1}{12}\mathrm{e}h^2\le\frac{1}{2}10^{-4}$$

即：

$$\lg\frac{1}{h}\ge\frac{4+\lg\mathrm{e}-\lg 6}{2}\approx 1.82807,\quad n=\frac{1}{h}\ge 10^{1.82807}\approx 67.31$$

只要取$n=68$即可，也就是说，把区间$[0,1]$等分为6等份就可以满足计算要求了.

若用复合Simpson公式计算，由(6.3.4)式可知

$$|R_{(f,S_n)}|\le\frac{1}{2880}\mathrm{e}H^4\le\frac{1}{2}10^{-4}$$

即

$$\lg\frac{1}{H}\ge\frac{4+\lg\mathrm{e}-\lg 1440}{4}\approx 0.318983,\quad m=\frac{1}{H}\ge 10^{0.318983}\approx 2.08$$

因此取$n=2m=6$即可. 也就是说把区间等分为6等份就可以了.

与上节中讨论的一样，所有的复合积分方法共有一个性质是关于舍入误差的稳定性. 假设将在$[a,b]$上具有n个子区间的复合Simpson公式应用于函数f，并确定舍入误差的最大界.

假定$f(x_i)$由$\tilde{f}(x_i)$来近似替代，且

$$f(x_i)=\tilde{f}(x_i)+e_i,\qquad i=0,1,\cdots,n$$

其中e_i表示用$\tilde{f}(x_i)$近似替代$f(x_i)$所产生的舍入误差. 则复合Simpson公式中的累积误差$e(h)$是

$$\begin{aligned}e(h)&=\left|\frac{h}{3}\Big[e_0+2\sum_{j=1}^{\frac{n}{2}-1}e_{2j-1}+4\sum_{j=1}^{\frac{n}{2}}e_{2j}+e_n\Big]\right|\\&\le\frac{h}{3}\Big[|e_0|+2\sum_{j=1}^{\frac{n}{2}-1}|e_{2j-1}|+4\sum_{j=1}^{\frac{n}{2}}|e_{2j}|+|e_n|\Big]\end{aligned}$$

如果舍入误差一致地以ε为界，则

$$e(h)\le\frac{h}{3}\Big[\varepsilon+2(\frac{n}{2}-1)\varepsilon+4\frac{n}{2}\varepsilon+\varepsilon\Big]=nh\varepsilon$$

但是$nh=b-a$，所以

$$e(h)\le(b-a)\varepsilon$$

这个上界与h(和n)无关，这说明即使可能需要将一个区间分成更多子区间以保证精度，所增加的计算也不会增加舍入误差. 这个结果意味着当h趋于0时，这个过程是稳定的.

6.4 逐次分半积分法

由前面讨论可知，应用复合求积公式时，截断误差随n的增大而减小，但对一个给定的积分问题，选定了某种积分的方法，如何确定适当的n，使近似值和真值之差在允许的范围内呢？我们可以用前面的误差估计来求n，但这需要用到被积函数的高阶导数，这是非常困难的，而且这样得到的估计是保守的. 本节要介绍的逐次分半积分法，它的基本思想是指在求积过程中，通过对计算结果精度的不断估计，逐步改变步长，直到满足精度要求为止. 通常做法是在前次划分区间的基础上，再把每个小区间二等份，即将积分区间逐次分半，并以前后两次计算结果之差来估计误差. 这样缩小步长后，可以保留前一次的计算结果，无需重新计算，减少了计算量. 下面以复合梯形积分公式和复合Simpson积分公式为例来说明这种方法.

(1) 复合梯形求积公式的逐次分半法

$f(x)$在区间$[a,b]$上的复合梯形求积公式(6.3.1)如下：

$$T_n=\frac{h}{2}\Big[f(a)+f(b)+2\sum_{k=1}^{n-1}f(a+kh)\Big]\tag{6.4.1}$$

其中$h=\frac{b-a}{n}$.

对该公式用逐次分半法进行处理，都在前一次的基础上将区间对分，分点加密一倍，所以可替换(6.4.1)中的h为$\frac{h}{2}$，n为$2n$:

$$T_{2n}=\frac{h}{4}\big[f(a)+f(b)+2\sum_{k=1}^{2n-1}f(a+kh)\big] \tag{6.4.2}$$

对(6.4.2)进行整理，使得原分点上的函数值不需要重新计算，得到新的计算公式如下

$$T_{2n}=\frac{T_n}{2}+\frac{b-a}{2n}\sum_{i=1}^{n}f(a+(2i-1)\frac{b-a}{2n}) \tag{6.4.3}$$

其中n为逐次分半前的等分区间数. 如图6.4.1所示(设$n=4$). 在公式(6.4.3)中，需要计算的只有对半区间后新出现的点(△所指)的函数值. 而原分点上的函数值无需重新计算，这样既减少了计算量，又增加了计算精度.

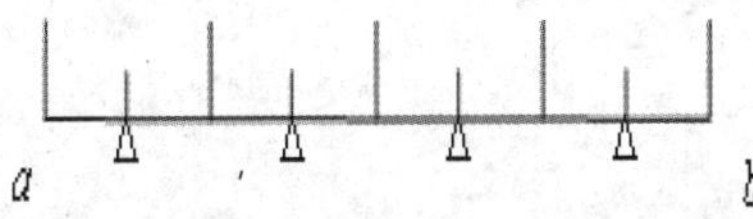

图 6.4.1 逐次分半法的半分点

若假设$I=\int_a^b f(x)\mathrm{d}x$，由复合梯形求积公式的误差估计(6.3.3)可以看到，当区间n等分时截断误差为

$$I-T_n=R_{(f,T_n)}=-\frac{(b-a)}{12}h^2f''(\eta_n),\qquad a\le\eta_n\le b$$

这里η_n的下标n是表示η与分法有关. 当取$2n$等份时，截断误差表示为

$$I-T_{2n}=R_{(f,T_{2n})}=-\frac{(b-a)}{12}(\frac{h}{2})^2f''(\eta_{2n}),\qquad a\le\eta_{2n}\le b$$

将上面两式相减得

$$T_{2n}-T_n=-\frac{(b-a)}{12}(\frac{h}{2})^2[4f''(\eta_n)-f''(\eta_{2n})]$$

当$f''(x)$在区间$[a,b]$上连续，并假设n充分大时$f''(\eta_n)\approx f''(\eta_{2n})$,则有

$$\frac{1}{3}(T_{2n}-T_n)\approx R_{(f,T_{2n})}=I-T_{2n} \tag{6.4.4}$$

从(6.4.4)看到，若给定精度要求$I-T_{2n}<\varepsilon$，则可以用

$$|T_{2n}-T_n|<3\varepsilon \tag{6.4.5}$$

来判断近似值是否已满足要求. 若不满足(6.4.5)，则继续对半区间，计算T_{4n}，如此下去，直到得到给定的精度。

算法6.4.1. 复合梯形公式的逐次分半法 用复合梯形公式的逐次分半法求积分的近似值，使得误差不超过给定精度.

程序：ATrapo.m

```
function [AT,n]=ATrapo(fun,a,b,err)
% ATrapo:利用逐步分半法计算被积函数fun在给定区间上的积分值
%输入参数: fun : 字符串，可以是表示函数f(x)的 .m文件名，字符表达式或符号变量表达式
%          a,b : 表示被积区间[a,b]的端点
%          err : 表示给定误差上限
%输出参数:  AT : 用逐步分半算法求得的积分值
%            n : 区间的最终等分数
%
%使用内联对象，使得fun可接受字符表达式或符号变量表达式
if ischar(fun) & exist(fun)~=2
    fun = inline(fun);
elseif isa(fun,'sym')
    fun = inline(char(fun));
end
h=b-a;
R1=(h/2)*(fun(a)+fun(b));
R2=(R1/2)+(h/2)*fun(a+h/2);
n=2;
while abs(R2-R1)>err
    h=h/2;
    R1=R2;
    T=0;
    for i=1:n
        x=a+(h/2)*(2*i-1);
        T=T+fun(x);
    end
    R2=R1/2+(h/2)*T;
    n=n*2;
end AT=R2;
```

（2）复合Simpson积分公式的逐次分半法

对$I=\int_a^b f(x)\mathrm{d}x$应用复合Simpson求积公式(6.3.2)如下

$$S_n=\frac{h}{3}\left[f(a)+f(b)+4\sum_{k=1}^{\frac{n}{2}}f(x_{2k-1})+2\sum_{k=1}^{\frac{n}{2}-1}f(x_{2k})\right] \tag{6.4.6}$$

其中$h=\frac{b-a}{n}$，n为偶数.

对该公式用逐次分半的办法来处理，则可知

$$S_{2n} = \frac{h}{6}\left[f(a) + f(b) + 4\sum_{k=1}^{n} f(x_{2k-1}) + 2\sum_{k=1}^{n-1} f(x_{2k})\right] \tag{6.4.7}$$

由复合Simpson积分公式的误差估计式(6.3.4)可知，当区间n等份时，截断误差为

$$I - S_n = R_{(f,S_n)} = -\frac{(b-a)}{2880}H^4 f^{(4)}(\eta_n), \qquad a \le \eta_n \le b$$

其中$h = \frac{b-a}{n}, H = 2h$.

当取$2n$等份时，截断误差表示为

$$I - S_{2n} = R_{(f,S_{2n})} = -\frac{(b-a)}{2880}(\frac{H}{2})^4 f^{(4)}(\eta_{2n}), \qquad a \le \eta_{2n} \le b$$

将上面两式相减得到

$$S_{2n} - S_n = -\frac{(b-a)}{2880}(\frac{H}{2})^4[16f^{(4)}(\eta_n) - f^{(4)}(\eta_{2n})]$$

当$f^{(4)}(x)$在区间$[a,b]$上连续，并假设n充分大时$f^{(4)}(\eta_n) \approx f^{(4)}(\eta_{2n})$,则有

$$\frac{1}{15}(S_{2n} - S_n) \approx R_{(f,S_{2n})} = I - S_{2n} \tag{6.4.8}$$

从(6.4.8)看到，若给定精度要求$|I - S_{2n}| < \varepsilon$，则可以用

$$|S_{2n} - S_n| < 15\varepsilon \tag{6.4.9}$$

来判断近似值S_{2n}是否已满足要求.

例6.4.2. *分别用复合梯形求积公式和复合Simpson积分公式$(n = 4)$计算积分，$I = \int_0^1 \frac{\sin x}{x}\mathrm{d}x$，并在计算精度$\varepsilon = 10^{-6}$下，用复合梯形求积公式逐次分半法计算$I$的近似值.*

解 记$f(x) = \frac{\sin x}{x}$，因为$\lim_{x\to 0^+}\frac{\sin x}{x} = 1$，所以可以取$f(0) = 1$，把区间$[0,1]$8等份，函数数据如表6.4.1.

表 6.4.1 函数表

x	0	$\frac{1}{8}$	$\frac{1}{4}$	$\frac{3}{8}$	$\frac{1}{2}$
$f(x)$	1	0.9973978	0.9896158	0.9767267	0.9588510
x	$\frac{5}{8}$	$\frac{3}{4}$	$\frac{7}{8}$	1	
$f(x)$	0.9361556	0.9088516	0.8771925	0.8414709	

利用复合梯形求积公式(6.3.1)和表6.4.1的数据，求得

$$T_8 = 0.9456909$$

将区间$[0,1]$划分为4等份，由复合Simpson积分公式(6.3.2)和表6.4.1的数据，求得

$$S_4 = 0.9460832$$

应用复合梯形求积的逐次分半公式(6.4.3)，可知

$$T_{2n} = \frac{T_n}{2} + \frac{b-a}{2n}\sum_{i=1}^{n} f(a+(2i-1)\frac{b-a}{2n}), \qquad n=1,2,\cdots$$

计算终止条件(6.4.5)为

$$|T_{2n} - T_n| < 3 \times 10^{-6} = 0.000003$$

计算结果如表6.4.2.

表 6.4.2　复合梯形求积公式的近似值

k	T_{2^k}	k	T_{2^k}
0	0.920736	5	0.946059
1	0.939793	6	0.946077
2	0.944514	7	0.946082
3	0.945691	8	0.946083
4	0.945985	9	0.946083

由表6.4.2可以看出，$k=7$(即$2^7=128$等份)与$k=8$(即$2^8=256$等份)时的两个积分值之差的绝对值已经小于终止条件$3\varepsilon = 3\times 10^{-6}$，因此

$$I = \int_0^1 \frac{\sin x}{x}\mathrm{d}x = 0.946083$$

比较T_8和S_4的值，它们都需要提供9个点以上的函数值，计算量基本相同，然而精度却差别很大，同积分准确值$I=0.9460831$比较，复合Simpson积分公式的结果$S_4=0.9460832$有6位有效数字，而复合梯形求积公式的结果$T_8=0.9456909$却只有3位有效数字，若仍用复合梯形求积公式计算，在区间8等份的基础上，要达到所需要精度$\varepsilon=10^{-6}$，继续对半区间，应用逐次分半法. 可知，当把区间256等份后，复合梯形求积公式的计算结果才达到我们所需的要求.

最后指出，式(6.4.4)和(6.4.8)不仅可以很好地估计误差，还可以改善结果. 这一点我们将在下一节继续说明.

6.5　Romberg求积方法

由上一节的逐次分半法的例6.4.2,我们知道该方法虽然简单,但产生的序列$\{T_{2^k}\}$收敛于积分真值的速度缓慢. 如何提高收敛速度以节省计算量，是接下来我们要讨论的重点.

从(6.4.4)可以解出

$$I \approx T_{2n} + \frac{1}{3}(T_{2n} - T_n) = \frac{4}{3}T_{2n} - \frac{1}{3}T_n \qquad (6.5.1)$$

因此可以用(6.5.1)式来近似计算积分值. 这就启发我们,如果用T_n与T_{2n}之间的误差$\frac{1}{3}(T_{2n}-T_n)$作为的一种"补偿",可以期望得到新的近似值.

事实上，若记$\tilde{T}=\frac{4}{3}T_{2n}-\frac{1}{3}T_n$，并将$T_n$与$T_{2n}$的表达式代入，可得

$$\tilde{T}\approx S_n$$

这说明(6.5.1)式就是复合Simpson积分公式，即

$$S_n=\frac{4}{3}T_{2n}-\frac{1}{3}T_n \tag{6.5.2}$$

也就是说，用复合梯形求积公式对半区间前后产生的两个积分值T_n与T_{2n}，按(6.5.1)作线性组合，结果得到由复合Simpson积分公式求得的积分值S_n，数值结果的精度达到了显著提高. 这种用若干个积分近似值推算出更精确的新近似值的方法为**外推法**. 若继续同理推下去，即由复合Simpson积分公式的求积余项式(6.4.8)可知

$$I\approx\frac{16}{15}S_{2n}-\frac{1}{15}S_n \tag{6.5.3}$$

不难验证，上式实际上是复合Cotes公式，即

$$C_n=\frac{16}{15}S_{2n}-\frac{1}{15}S_n \tag{6.5.4}$$

也就是说，用复合Simpson积分公式二分前后的两个积分值S_n和S_{2n}，按(6.5.4)式作线性组合，结果得到复合Cotes公式的积分值C_n.

按照上述类似方法，并利用复合Cotes公式的余项，不难推导出下列Romberg公式:

$$R_n=\frac{64}{63}C_{2n}-\frac{1}{63}C_n \tag{6.5.5}$$

值得注意的是，Romberg公式已经不属于Newton-Cotes公式的范畴.

定义6.5.1. 在积分区间逐次分半过程中，利用外推算式将粗糙近似值T_n逐步"加工"成越来越精确的近似值$S_n,C_n,R_n,\cdots$,也就是说，将收敛速度缓慢的梯形序列$\{T_{2^k}\}$逐步"加工"成收敛速度越来越快的序列$\{S_{2^k}\},\{C_{2^k}\},\{R_{2^k}\},\cdots$.根据这种原理设计的计算积分近似值的方法称为Romberg**求积方法**，又称为数值积分**逐次分半加速收敛法**.

不难验证，Romberg公式的代数精度为7，误差为$O(h^8)$，对于Romberg序列，还可以外推，但在一致情况下，当n并不很大时，R_n已是比较准确的，而且由于舍入误差的影响，外推次数过多，实际计算效果就不明显.

关于序列$\{T_{2^k}\},\{S_{2^k}\},\{C_{2^k}\},\{R_{2^k}\}$先后计算流程和各自的计算误差见表6.5.1.

为了便于上机计算，我们可以利用记号$T_m^{(k)}$来表示上表中积分的各个近似值. 注意到$n=2^k$，记$T_{2^k}=T_0^{(k)}$，$S_{2^k}=T_1^{(k)}$，$C_{2^k}=T_2^{(k)}$，$R_{2^k}=T_3^{(k)}$，则可用下列公式来编写程序:

表 6.5.1 计算流程和计算误差表

k	$\{T_{2^k}\}$		$\{S_{2^k}\}$		$\{C_{2^k}\}$		$\{R_{2^k}\}$
0	T_1	$\longrightarrow$	S_1	$\longrightarrow$	C_1	$\longrightarrow$	R_1
		$\nearrow$		$\nearrow$		$\nearrow$	
1	T_2	$\longrightarrow$	S_2	$\longrightarrow$	C_2	$\longrightarrow$	R_2
		$\nearrow$		$\nearrow$		$\nearrow$	
2	T_4	$\longrightarrow$	S_3	$\longrightarrow$	C_3		
		$\nearrow$		$\nearrow$			
3	T_8	$\longrightarrow$	S_4				
		$\nearrow$					
4	T_{16}						
$\vdots$	$\vdots$		$\vdots$		$\vdots$		$\vdots$
误差	$O(h^2)$		$O(h^4)$		$O(h^6)$		$O(h^8)$

$$
\begin{cases}
T_0^{(0)} = \dfrac{b-a}{2}[f(a)+f(b)] \\
T_0^{(k)} = \dfrac{1}{2}T_0^{(k-1)} + \dfrac{b-a}{2^k}\displaystyle\sum_{i=1}^{2^{k-1}} f(a+(2i-1)\dfrac{b-a}{2^k}), \qquad k=1,2,\cdots \\
T_m^{(k)} = \dfrac{4^m T_{m-1}^{(k+1)} - T_{m-1}^{(k)}}{4^m-1}, \qquad m=1,2,3
\end{cases}
\tag{6.5.6}
$$

计算流程图如表6.5.2.

表 6.5.2 计算流程图

k	$m=0$		$m=1$		$m=2$		$m=3$
0	$T_0^{(0)}$	$\longrightarrow$	$T_1^{(0)}$	$\longrightarrow$	$T_2^{(0)}$	$\longrightarrow$	$T_3^{(0)}$
		$\nearrow$		$\nearrow$		$\nearrow$	
1	$T_0^{(1)}$	$\longrightarrow$	$T_1^{(1)}$	$\longrightarrow$	$T_2^{(1)}$	$\longrightarrow$	$T_3^{(1)}$
		$\nearrow$		$\nearrow$		$\nearrow$	
2	$T_0^{(2)}$	$\longrightarrow$	$T_1^{(2)}$	$\longrightarrow$	$T_2^{(2)}$		
		$\nearrow$		$\nearrow$			
3	$T_0^{(3)}$	$\longrightarrow$	$T_1^{(3)}$				
		$\nearrow$					
4	$T_0^{(4)}$						
$\vdots$	$\vdots$		$\vdots$		$\vdots$		$\vdots$

算法6.5.2. Romberg求积公式　用Romberg求积公式求积分的近似值，选取一整数

程序：Romberg.m

```
function [Rvalue,R,n]=Romberg(fun,a,b,err)
%Romberg: 用Romberg求积公式求积分
%输入参数: fun : 字符串，可以是表示函数f(x)的 .m文件名，字符表达式或符号变量表达式
```

```
%           a,b : 表示被积区间[a,b]的端点
%           err : 表示给定误差上限
%输出参数: Rvalue: 用Romberg算法求得的积分值
%               R : Romberg表
%               n : 区间的最终等分数
%
%使用内联对象，使得fun可接受字符表达式或符号变量表达式
if ischar(fun) & exist(fun)~=2
    fun = inline(fun);
elseif isa(fun,'sym')
    fun = inline(char(fun));
end
h=b-a;
R(1,1)=(h/2)*(fun(a)+fun(b));
n=1; J=0; err=1;
while err>err
    J=J+1;
    h=h/2;
    T=0;  % T表示对半等分区间后复合梯形积分公式中需要计算的点，即新出现的点
    for i=1:n
        x=a+h*(2*i-1);
        T=T+fun(x);
    end
    R(J+1,1)=R(J,1)/2+h*T;  % R(J+1,1)表示对半等分区间后得到的复合梯形积分数值解
    for k=1:J
     % 运用Richardson外推法计算Romber序列的下一列
       R(J+1,k+1)=R(J+1,k)+(R(J+1,k)-R(J,k))/(4^k-1);
    end
    err=abs(R(J+1,J+1)-R(J+1,J));
    n=2*n;
end
Rvalue=R(J+1,J+1);
```

例6.5.3. 用Romberg求积公式求积分$I=\int_0^1 \frac{\sin x}{x}\mathrm{d}x$的值.

解 $f(x)=\frac{\sin x}{x}$，相应数据见表6.4.1.

用Romberg求积公式得到的公式(6.5.6)计算，结果如表6.5.3所示. 可以看到，将积分区间二分三次得到的T_8只有三位有效数字，但通过三次加速得到的R_1却有7位有效数字. 而由例6.5.3可知，单独使用复合梯形公式却要二分十次才能得到此结果. 由此可见，使用Romberg加速效果是显著的，而且使用Romberg方法的计算量主要是求$T_2^{(k)}$时需要提供函数$f(x)$的值，其余各步运算都是作线性组合，计算量并不大. 因此，Romberg方法在达到同样精度要求的前提下大大节省了计算量. 该求积方法优于

表 6.5.3 龙贝格算法得到的近似值

k	$T_2^{(k)}$	$S_2^{(k)}$	$C_2^{(k)}$	$R_2^{(k)}$
0	0.9207355	0.9461459	0.9460830	0.9460831
1	0.9397933	0.9460869	0.9460831	
2	0.9445135	0.9460833		
3	0.9456909			

复合梯形求积公式和复合Simpson积分公式.

6.6 Gauss求积公式

前面我们讨论的数值求积方法是近似的方法. 在实际应用中，我们自然希望求积公式能对”尽可能多”的函数准确成立. 前面我们提出的代数精度的概念便是对该性质衡量的一个指标，并且梯形求积公式，Simpson求积公式，Cotes公式和Romberg方法的代数精度都已在之前讨论过，这一节我们将进一步提出问题：

能否给定节点数n之后，适当地选择节点位置和相应的系数，使求积公式

$$\int_a^b f(x)\mathrm{d}x \approx \sum_{k=1}^{n} A_k f(x_k) \tag{6.6.1}$$

具有最大的代数精度?

Gauss求积公式便是以这种最优的方式而不是等距的方法选取求值点.

首先我们来分析一下对于n个节点，公式(6.6.1)可以达到的最大代数精度是多少？

回顾一下代数精度的定义，可知求积公式(6.6.1)至少具有m次代数精度的充要条件：当被积函数$f(x)$分别等于$1, x, x^2, \cdots, x^m$时该求积公式均准确成立(即误差为0)，即求积公式(6.6.1)中的各求积节点x_k与求积系数$A_k(k=1,2,\cdots,n)$满足如下条件：

$$\begin{cases} \displaystyle\sum_{k=1}^{n} A_k = b-a \\ \displaystyle\sum_{k=1}^{n} A_k x_k = \frac{1}{2}(b^2-a^2) \\ \cdots\cdots \\ \displaystyle\sum_{k=1}^{n} A_k x_k^m = \frac{1}{m+1}(b^{m+1}-a^{m+1}) \end{cases} \tag{6.6.2}$$

在方程组(6.6.2)中有$2n$个待定常数，最多能给出$2n$个独立条件，所以m值最大为$2n-1$. 即对于n个节点的求积公式，可能达到的最大待定代数精度为$2n-1$. 并且可以证明，方程组(6.6.2)当$m=2n-1$时是可解的. 也就是说，确实可以找到一组x_k和A_k，使求积公式(6.6.1)达到$2n-1$次的代数精度.

定义6.6.1. 当n固定，适当选取求积节点 $x_k(k=1,2,\cdots,n)$ 与求积系数$A_k(k=1,2,\cdots,n)$,使得当$f(x)=1,x,x^2,\cdots,x^{2n-1}$时，*(6.6.1)*均成立. 即右端数值积分公式达到最大的代数精度$2n-1$次. 称这类求积公式为Gauss**求积公式**，求积公式中求积节点称为Gauss**点**.

下面的问题是如何选取这些x_k. 先看$n=2$的情形.

（1）$n=2$，即有2个节点的情况

当取2个节点时，若用梯形积分公式，则代数精度是1，Simpson积分公式需要3个点，但是用Gauss求积公式可达到3次代数精度.

首先我们可以把积分区间$[a,b]$转换到区间$[-1,1]$，可以利用变换

$$x=\frac{a+b}{2}+\frac{b-a}{2}t \tag{6.6.3}$$

总可将区间$[a,b]$变成区间$[-1,1]$，而积分变为

$$\int_a^b f(x)\mathrm{d}x=\frac{b-a}{2}\int_{-1}^1 g(t)\mathrm{d}t \tag{6.6.4}$$

其中$g(t)=f(\frac{a+b}{2}+\frac{b-a}{2}t)$. 现在的问题是如何选取$x_1,x_2$和$A_1,A_2$，使

$$\int_{-1}^1 f(x)\mathrm{d}x=A_1f(x_1)+A_2f(x_2) \tag{6.6.5}$$

对任何三次多项式$f(x)=a_3x^3+a_2x^2+a_1x+a_0$都能精确成立.

由式(6.6.2)只要解方程组

$$\begin{cases}A_1+A_2=2\\ A_1x_1+A_2x_2=0\\ A_1x_1^2+A_2x_2^2=\dfrac{2}{3}\\ A_1x_1^3+A_2x_2^3=0\end{cases} \tag{6.6.6}$$

求出x_1,x_2,A_1,A_2即可，但是该方程组是非线性的，当n稍大一些的时候就比较难解. 所以一般不采用解方程组而是利用正交多项式的特性来求节点x_i.

因为$f(x)$是三次多项式，所以总可以表示为

$$f(x)=(c_0+c_1x)(x-x_1)(x-x_2)+(b_0+b_1x)$$

两边积分得

$$\int_{-1}^1 f(x)\mathrm{d}x=\int_{-1}^1(c_0+c_1x)(x-x_1)(x-x_2)\mathrm{d}x+\int_{-1}^1(b_0+b_1x)\mathrm{d}x$$

若积分对任意一次多项式c_0+c_1x恒有

$$\int_{-1}^1(c_0+c_1x)(x-x_1)(x-x_2)\mathrm{d}x=0 \tag{6.6.7}$$

而求积公式(6.6.5)对任意一次多项式都精度成立， 所以这时

$$\int_{-1}^{1} f(x)\mathrm{d}x = A_1 f(x_1) + A_2 f(x_2) \tag{6.6.8}$$

也就是说，当节点的选取满足条件(6.6.7)时，对任意三次多项式(6.6.5)是精度成立的.称(6.6.5)为正交条件.

从几何直观上看，是要找x_1和x_2，使通过$(x_1, f(x_1))$和$(x_2, f(x_2))$的直线，在区间$[-1,1]$上围成的面积和$f(x)$在区间$[-1,1]$上围成的面积相等，如图6.6.1所示.

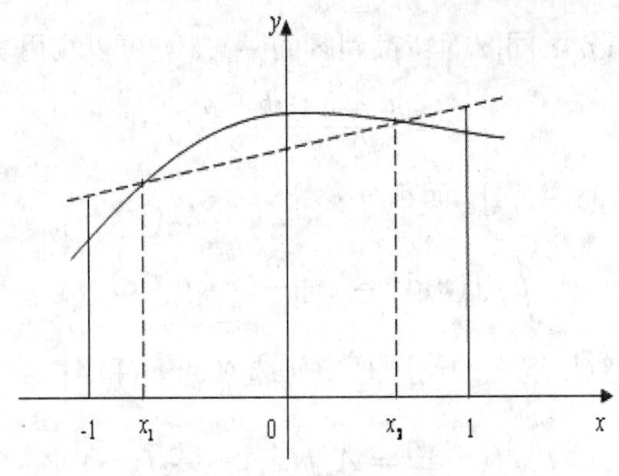

图 6.6.1 两点Gauss公式

由于式(6.6.7)对任何c_0和c_1都成立，所以必须有

$$\int_{-1}^{1} (x - x_1)(x - x_2)\mathrm{d}x = 0$$

和

$$\int_{-1}^{1} x(x - x_1)(x - x_2)\mathrm{d}x = 0$$

计算这两个积分并解方程得$x_1 = -\frac{1}{\sqrt{3}}, x_2 = \frac{1}{\sqrt{3}}$.

求得节点x_1和x_2以后，利用求积公式(6.6.8)对$f(x) = 1$和$f(x) = x$准确成立，得到$A_1 = A_2 = 1$，所以得到Gauss求积公式

$$\int_{-1}^{1} f(x)\mathrm{d}x \approx f(-\frac{1}{\sqrt{3}}) + f(\frac{1}{\sqrt{3}}) \tag{6.6.9}$$

该公式是代数精度为3的**两点Gauss求积公式**，又称为**两点Gauss-Legendre公式**. 关于Gauss-Legendre公式，今后我们会给出它的定义.

（2）n的一般情形

接下来再对一般情形讨论Gauss求积公式.

在方程组(6.6.2)中，令$a = -1, b = 1, m = 2n - 1$，就可以得到各Gauss点$x_k$与求积系数$A_k(k = 1, 2, \cdots, n)$ 满足的条件是:

$$\begin{cases} A_1 + A_2 + \cdots + A_n = 2 \\ A_1x_1 + A_2x_2 + \cdots + A_nx_n = 0 \\ A_1x_1^2 + A_2x_2^2 + \cdots + A_nx_n^2 = \dfrac{2}{3} \\ \cdots\cdots \\ A_1x_1^{2n-1} + A_2x_2^{2n-1} + \cdots + A_nx_n^{2n-1} = 0 \end{cases} \tag{6.6.10}$$

当$n = 1$时方程组为

$$\begin{cases} A_1 = 2 \\ A_1x_1 = 0 \end{cases}$$

解之得

$$A_1 = 2, \qquad x_1 = 0$$

则有Gauss求积公式

$$\int_{-1}^{1} f(x)\mathrm{d}x \approx 2f(0)$$

该公式的代数精度是1，称为**一点Gauss求积公式**，也称为**一点Gauss－Legendre公式**，这就是6.2中所提到的中矩形公式.

当$n = 2$时，即为(1)中$n = 2$的情形，可以直接解方程组得到**两点Gauss公式**

$$\int_{-1}^{1} f(x)\mathrm{d}x \approx f(-\frac{1}{\sqrt{3}}) + f(\frac{1}{\sqrt{3}})$$

或者可以用(1)中提及的利用正交多项式的特性求出节点x_k和系数A_k. 当n稍大一些的时候，一般采用后一种方法(即正交化方法). 考虑积分

$$I = \int_a^b f(x)\rho(x)\mathrm{d}x$$

其中$\rho(x) \geq 0$是权函数. 问题是如何适当选择$x_1, x_2, \cdots, x_n$,使求积公式

$$\int_a^b f(x)\rho(x)\mathrm{d}x \approx \sum_{k=1}^{n} A_k f(x_k) \tag{6.6.11}$$

当$f(x)$是不高于$2n-1$次的多项式时精确成立. 和前面$n = 2$的情形一样，用

$$w(x) = (x - x_1)(x - x_2)\cdots(x - x_n)$$

去除$f(x)$，可表示为

$$f(x) = q(x)w(x) + r(x)$$

其中$q(x)$和$r(x)$都是不超过$n-1$次的多项式，于是

$$\int_a^b f(x)\rho(x)\mathrm{d}x = \int_a^b q(x)w(x)\rho(x)\mathrm{d}x + \int_a^b r(x)\rho(x)\mathrm{d}x$$

如果对任何不超过$n-1$次的多项式都有

$$\int_a^b q(x)w(x)\rho(x)\mathrm{d}x = 0 \tag{6.6.12}$$

则因求积公式(6.6.11)对任何一个不超过$n-1$次的多项式精确成立，所以这时有

$$\int_a^b f(x)\rho(x)\mathrm{d}x = \sum_{k=1}^{n} A_k f(x_k)$$

也就是说，只要选取节点满足条件(6.6.12)，则求积公式(6.6.11)的代数精确度就能达到$2n-1$. 条件(6.6.12)表明$w(x)$和$q(x)$是在区间$[a,b]$上关于权函数$\rho(x)$正交，从正交条件(6.6.12)可以解出$x_1, x_2, \cdots, x_n$. 实际上，利用区间$[a,b]$上关于非负权函数$\rho(x)$的正交多项式系的性质(参见上一章正交多项式部分)：对给定的权函数$\rho(x)$总能构造出关于此权函数的正交多项式系$\{\omega_n(x)\}$，并且$\omega_n(x)$有n个实的单零点，分布在(a,b)之中. 可以知道，只要选择$x_1, x_2, \cdots, x_n$为关于权函数$\rho(x)$的n次正交多项式$\omega_n(x)$的n个零点，则$w(x) = \widetilde{\omega}_n(x)$,这里$\widetilde{\omega}_n(x)$是$\omega_n(x)$的首一化多项式. 根据定理5.2.10, 条件(6.6.12)满足. 有了n个节点之后，就可以按下面公式计算系数

$$A_k = \int_a^b \frac{\omega_n(x)}{(x-x_k)\omega_n'(x_k)}\rho(x)\mathrm{d}x \tag{6.6.13}$$

对Gauss型求积公式的截断误差有下面定理：

定理6.6.2. *设$f(x) \in C^{2n}[a,b]$，则Gauss型求积公式的截断误差为*

$$\begin{aligned} R_{(f,G_n)} &= \int_a^b f(x)\rho(x)\mathrm{d}x - \sum_{k=1}^{n} A_k f(x_k) \\ &= \frac{f^{2n}(\xi)}{(2n)!}\int_a^b w^2(x)\rho(x)\mathrm{d}x \\ &= \frac{f^{2n}(\xi)}{(2n)!}\int_a^b \widetilde{\omega}_n^2(x)\rho(x)\mathrm{d}x, \qquad a \le \xi \le b \end{aligned} \tag{6.6.14}$$

证明 利用在节点$x_1, x_2, \cdots, x_n$上的Hermite插值多项式$H_{2n-1}(x)$，有

$$f(x) = H_{2n-1}(x) + \frac{f^{2n}(\eta)}{(2n)!}w^2(x), \qquad a \le \eta \le b$$

乘权函数$\rho(x)$后，两端从a到b积分得

$$\int_a^b f(x)\rho(x)\mathrm{d}x = \int_a^b H_{2n-1}(x)\rho(x)\mathrm{d}x + \frac{1}{(2n)!}\int_a^b f^{2n}(\eta)w^2(x)\rho(x)\mathrm{d}x$$

因为对$2n-1$次多项式，Gauss型求积公式是精确成立的，即

$$\int_a^b H_{2n-1}(x)\rho(x)\mathrm{d}x = \sum_{k=1}^{n} A_k H_{2n-1}(x_k) = \sum_{k=1}^{n} A_k f(x_k)$$

所以

$$R_{(f,G_n)} = \frac{1}{(2n)!}\int_a^b f^{2n}(\eta)w^2(x)\rho(x)\mathrm{d}x$$

由于$w^2(x)\rho(x)$非负，$f^{2n}(x)$在$[a,b]$上连续，所以，存在$\xi \in [a,b]$,使得

$$\int_a^b f^{2n}(\eta)w^2(x)\rho(x)\mathrm{d}x = f^{2n}(\xi)\int_a^b w^2(x)\rho(x)\mathrm{d}x$$

即(6.6.14)成立. □

由定理6.6.2可知，当$f(x) \in C^{2n}[a,b]$时，Gauss型求积公式收敛，即

$$\lim_{n\to\infty}\sum_{k=1}^{n} A_k f(x_k) = \int_a^b f(x)\rho(x)\mathrm{d}x$$

对于任意的求积区间$[a,b]$，可以通过交换(6.6.3)将其化为区间$[-1,1]$，这样就得到了(6.6.4)式，然后再用上述Gauss求积公式，即得区间$[a,b]$上的Gauss求积公式. 例如，一般两点Gauss求积公式为

$$\int_a^b f(x)\mathrm{d}x \approx \frac{b-a}{2}\Big[f(-\frac{b-a}{2\sqrt{3}}+\frac{a+b}{2}) + f(\frac{b-a}{2\sqrt{3}}+\frac{a+b}{2})\Big] \tag{6.6.15}$$

例6.6.3. 分别利用梯形，Simpson，Newton－Cotes和两点Gauss求积公式计算积分$\int_{0.5}^{1}\sqrt{x}\mathrm{d}x$.

解 梯形求积公式为

$$\int_{0.5}^{1}\sqrt{x}\mathrm{d}x \approx \frac{1-0.5}{2}(\sqrt{0.5}+\sqrt{1}) \approx 0.4267767$$

Simpson求积公式为

$$\int_{0.5}^{1}\sqrt{x}\mathrm{d}x \approx \frac{1-0.5}{6}(\sqrt{0.5}+4\sqrt{0.75}+\sqrt{1}) \approx 0.43093403$$

Newton－Cotes公式为

$$\int_{0.5}^{1}\sqrt{x}\mathrm{d}x \approx \frac{1-0.5}{90}(7\sqrt{0.5}+32\sqrt{0.625}+12\sqrt{0.75}+32\sqrt{0.875}+7\sqrt{1}) \approx 0.43096407$$

两点Gauss求积公式为

$$\int_{0.5}^{1}\sqrt{x}\mathrm{d}x \approx \frac{1-0.5}{2}\Big(\sqrt{-\frac{1-0.5}{2\sqrt{3}}+\frac{0.5+1}{2}}+\sqrt{\frac{1-0.5}{2\sqrt{3}}+\frac{0.5+1}{2}}\Big) \approx 0.43098435$$

而原积分的准确值为

$$\int_{0.5}^{1}\sqrt{x}\mathrm{d}x = 0.43096441$$

比较上述结果可知，两点Gauss求积公式的精度与三点Simpson公式的精度相当.

可以证明，Gauss型求积公式的系数都大于零，从而是数值稳定的.

Gauss型求积公式的优点是代数精确度高，但是节点和系数的计算比较麻烦. 为此，前人对某些特定的权函数事先算出了与它对应的节点和系数表，这样在计算时可以直接查表得到求积公式，而不必每次都用正交条件来求节点和相应的系数. Gauss型求积公式的另一个优点是能够较精确地计算一些广义积分，这时用其他求积公式会遇到困难.

下面给出几种常用的Gauss型求积公式和它的节点与相应的系数表.

(1) Gauss-Legendre求积公式

Gauss-Legendre求积公式是古典的Gauss型求积公式，一般就称为Gauss求积公式. 权函数$\rho(x)=1$，Legendre多项式为(见(5.2.21)式)

$$P_0(x)=1,\quad P_n(x)=\frac{1}{2^n n!}\frac{\mathrm{d}^n}{\mathrm{d}x^n}(x^2-1)^n$$

构成了区间$[-1,1]$上的一个正交多项式系.因此，Gauss求积公式的n个节点，就是n次Legendre多项式的n个零点，而系数A_k按式6.6.13)计算. 利用Legendre多项式的一个性质

$$(1-x^2)P_n'(x)=n[P_{n-1}(x)-xP_n(x)]$$

可得

$$A_k=\frac{2(1-x_k^2)}{[nP_{n-1}(x_k)]^2},\qquad k=1,2,\cdots,n$$

显然，这些系数都是正的.

表6.6.1给出了$n=2,4,6,8$时的Gauss-Legendre求积公式的节点和系数.

表 6.6.1 Gauss-Legendre求积公式的节点和系数

n	x_k			A_k		
2	±0.5773503			1.0000000		
4	±0.8611363	±0.3399810		0.3478548	0.6521452	
6	±0.9324695	±0.6612094	±0.2386192	0.1713245	0.3607616	0.4679139
8	±0.9602899	±0.7966665	±0.5255324	0.1012285	0.2223810	0.3137066
	±0.1834346			0.3626838		

(2) Gauss-Laguerre求积公式 它的积分区间是$[0,\infty)$，权函数$\rho(x)=\mathrm{e}^{-x}$，求积公式

$$\int_0^{\infty}f(x)\mathrm{e}^{-x}\mathrm{d}x\approx\sum_{k=1}^{n}A_kf(x_k)$$

节点x_k是n次Laguerre多项式(见(5.2.28)式)

$$L_n(x)=\mathrm{e}^x\frac{\mathrm{d}^n}{\mathrm{d}x^n}(x^n\mathrm{e}^{-x})$$

的根.系数A_k由下面公式计算

$$A_k = \frac{(n!)^2}{x_k[L_n'(x_k)]^2}, \qquad k = 1, 2, \cdots, n$$

节点x_k和系数A_k如表6.6.2所示.

表 6.6.2 Gauss-Laguerre求积公式的节点和系数

n	x_k			A_k		
2	0.5857864	3.4142136		0.8535534	0.1464466	
4	0.3225477	1.7457611	4.5366203	0.6031541	0.3574187	0.0388879
	9.3950709			0.0005393		
6	0.2228466	1.1889321	2.9927363	0.4589647	0.4170008	0.1133734
	5.7751436	9.8374674	15.9828740	0.0103992	0.0002610	0.0000009
8	0.1702796	0.9037018	2.2510866	0.3691886	0.4187868	0.1757950
	4.2667002	7.0459054	10.7585160	0.0333435	0.0027945	0.0000908
	15.7406786	22.8631317		0.0000008	0.0000000	

(3) Gauss-Hermite求积公式 它的积分区间为$(-\infty, +\infty)$，权函数$\rho(x) = \mathrm{e}^{-x^2}$，求积公式

$$\int_{-\infty}^{\infty} f(x)\mathrm{e}^{-x^2}\mathrm{d}x \approx \sum_{k=1}^{n} A_k f(x_k)$$

节点x_k是n次Hermite多项式(见(5.2.31)式)

$$H_n(x) = (-1)^n \mathrm{e}^{x^2} \frac{\mathrm{d}^n}{\mathrm{d}x^n}(\mathrm{e}^{-x^2})$$

的零点.系数A_k是

$$A_k = \frac{2^{n+1} n! \sqrt{\pi}}{x_k[H_n'(x_k)]^2}, \qquad k = 1, 2, \cdots, n$$

节点x_k和系数A_k如表6.6.3所示.

表 6.6.3 Gauss-Hermite求积公式的节点和系数

n	x_k			A_k		
2	±0.70710678			0.88622693		
4	±0.52464762	±1.65068012		0.80491409	0.08131284	
6	±0.43607741	±1.33584907	±2.35060497	0.72462960	0.15706732	0.00453001
8	±0.38118699	±1.15719371	±1.98165676	0.66114701	0.20780233	0.01707798
	±2.93063742			0.00019960		

习 题

6.1. 考虑下表的数据

x	0.2	0.4	0.6	0.8	1.0
$f(x)$	0.9798652	0.9177710	0.808038	0.6386093	0.3843735

(a) 使用合适的公式逼近$f'(0.4)$和$f''(0.4)$；

(b) 使用合适的公式逼近$f'(0.6)$和$f''(0.6)$.

6.2. 通过将函数$f(x)$在点x_0展开为4阶Taylor多项式并求其在$x_0 \pm h$和$x_0 \pm 2h$的值，推导出误差项具有阶h^2的逼近$f'''(x_0)$的方法.

6.3. 将梯形法则应用到$\int_0^2 f(x)\mathrm{d}x$得出值4，应用Simpson公式得出2，$f(1)$的值是多少？

6.4. 如果$f''(x) > 0$，证明用梯形公式计算积分$\int_a^b f(x)\mathrm{d}x$，所得结果比准确值大，并说明其几何意义.

6.5. 求下面求积公式精度的次数

$$\int_{-1}^{1} f(x)\mathrm{d}x = f(-\frac{\sqrt{3}}{3}) + f(\frac{\sqrt{3}}{3})$$

6.6. 用$\frac{\pi}{4} = \int_0^1 \frac{\mathrm{d}x}{1+x^2}$计算$\pi$.

(1) 把$[0,1]$区间10等份，用复合梯形公式和复合辛普森公式计算π，并与精确值3.1415926比较；

(2) 若要求计算的精度是0.001和0.0001，估计复合梯形公式和复合辛普森公式的n应取多少？

6.7. 用复合梯形公式和复合辛普森公式计算$\int_a^b f(x)\mathrm{d}x$的近似值，问要将区间$[a,b]$分成多少份就能使误差不超过ε？

6.8. 用龙贝格方法计算下列积分，要求误差不超过10^{-5}：

(1) $\int_0^1 \frac{2}{\sqrt{\pi}} e^{-x}\mathrm{d}x$;

(2) $\int_0^\pi e^x \cos x \mathrm{d}x$.

6.9. 试确定下列求积公式中的待定参数，使其代数精度尽量高，并指明所构造出的求积公式具有的代数精度：

(1) $\int_{-h}^{h} f(x)\mathrm{d}x = A_0 f(-h) + A_1 f(0) + A_2 f(h)$;

(2) $\int_{-2h}^{2h} f(x)\mathrm{d}x = A_0 f(-h) + A_1 f(0) + A_2 f(h)$;

(3) $\int_{-1}^{1} f(x)\mathrm{d}x = \frac{1}{3}[A_0 f(-1) + 2f(x_1) + 3f(x_2)$;

(4) $\int_a^b f(x)\mathrm{d}x = \frac{b-a}{2}[f(a) + f(b)] + c(b-a)^2[f'(a) - f'(b)]$.

6.10. 试构造下列形式的Gauss求积公式：

$$\int_0^1 \sqrt{x}f(x)\mathrm{d}x \approx A_0 f(x_0) + A_1 f(x_1)$$

使之对于$f(x) = 1, x, x^2, x^3$均能准确成立.

6.11. 试构造下列形式的求积公式：

$$\int_0^1 f(x)\mathrm{d}x \approx A_0 f(x_0) + A_1 f(x_1)$$

使之对于$f(x) = 1, x^{\frac{1}{3}}, x, x^{\frac{4}{3}}$均能准确成立.

第 7 章　矩阵特征值的计算

求一个矩阵的特征值问题实质上是求一个多项式的根的问题. 由于五次以上的多项式的根一般不能用有限次运算求得，因此，矩阵特征值的计算方法本质上都是迭代的.

7.1　基本性质

设$\boldsymbol{A}\in\mathbb{C}^{n\times n}$，一个复数$\lambda$ 称为是$\boldsymbol{A}$ 的一个**特征值**是指存在非零向量$\boldsymbol{x}\in\mathbb{C}^n$ 使得$\boldsymbol{A}\boldsymbol{x}=\lambda\boldsymbol{x}$. 其中$\boldsymbol{x}$ 称为$\boldsymbol{A}$ 的属于λ 的一个**特征向量**. 我们称多项式

$$p_{\boldsymbol{A}}(\lambda)=\det(\lambda I-\boldsymbol{A})$$

为 $\boldsymbol{A}$ **的特征多项式**. 这是一个首项为λ^n 的n 次多项式. 由代数基本定理知，$p_{\boldsymbol{A}}(\lambda)$ 有如下的分解

$$p_{\boldsymbol{A}}(\lambda)=(\lambda-\lambda_1)^{n_1}\cdot(\lambda-\lambda_2)^{n_2}\cdots(\lambda-\lambda_r)^{n_r} \tag{7.1.1}$$

其中$n_1+n_2+\cdots+n_r=n$，$\lambda_i\neq\lambda_j$，$i\neq j$.
我们称n_i 为λ_i 的**代数重数**；而λ_i 所对应的线性无关的特征向量的个数称为特征值λ_i 的**几何重数**. 显然，几何重数不会超过代数重数. 如果$\boldsymbol{A}$ 的所有特征值的几何重数等于代数重数，则称$\boldsymbol{A}$ **是非亏损的**；否则称$\boldsymbol{A}$ **是亏损的**. $\boldsymbol{A}$ 是非亏损的等价于$\boldsymbol{A}$ 有n 个线性无关的特征向量，即$\boldsymbol{A}$ 是可以对角化的.

定理7.1.1. (Schur**分解定理**) *设$\boldsymbol{A}\in\mathbb{C}^{n\times n}$，则存在酉矩阵$\boldsymbol{U}$ 使得*

$$\boldsymbol{U}^*\boldsymbol{A}\boldsymbol{U}=\boldsymbol{T}$$

其中$\boldsymbol{T}$ 是上三角矩阵；而且适当选取$\boldsymbol{U}$，可使$\boldsymbol{T}$ 的对角元素按任意指定的顺序排列.

如果$\boldsymbol{A}$ 是对称的实矩阵，有下列更好的结论.

定理7.1.2. (**谱分解定理**) *若$\boldsymbol{A}\in\mathbb{R}^{n\times n}$ 是对称的，则存在正交矩阵$\boldsymbol{Q}\in\mathbb{R}^{n\times n}$ 使得*

$$\boldsymbol{Q}^{\mathrm{T}}\boldsymbol{A}\boldsymbol{Q}=\Lambda=\mathrm{diag}(\lambda_1,\ldots,\lambda_n)$$

下面的定理对于估计某些特征值的界限是有用的.

定理7.1.3. (Gerschgorin 圆盘定理) 设$\boldsymbol{A}=[a_{ij}]\in\mathbb{C}^{n\times n}$，令

$$\boldsymbol{D}_i=\{z\in C\Big|\ |z-a_{ii}|\le\sum_{1\le j\le n,j\ne i}|a_{ij}|\}\ ,\ i=1,\cdots,n$$

则有

$$\lambda(\boldsymbol{A})\subset\boldsymbol{D}_1\cup\boldsymbol{D}_2\cup\cdots\cup\boldsymbol{D}_n.$$

7.2 正交变换

常用的正交变换有两种：Householder 变换和Givens 变换.

定义7.2.1. 设$\boldsymbol{w}\in\mathbb{C}^n$ 满足$||\boldsymbol{w}||_2=1$，定义

$$\boldsymbol{H}(\boldsymbol{w})=\boldsymbol{I}-2\boldsymbol{w}\boldsymbol{w}^* \tag{7.2.1}$$

则称$\boldsymbol{H}(\boldsymbol{w})$ 为Householder 变换.

Householder 变换也叫镜像变换，如果把以$\boldsymbol{w}$ 为法向的超平面看成是一面镜子，则向量$\boldsymbol{H}(\boldsymbol{w})\boldsymbol{x}$ 是向量$\boldsymbol{x}$ 在镜子中的像(如图7.2.1).

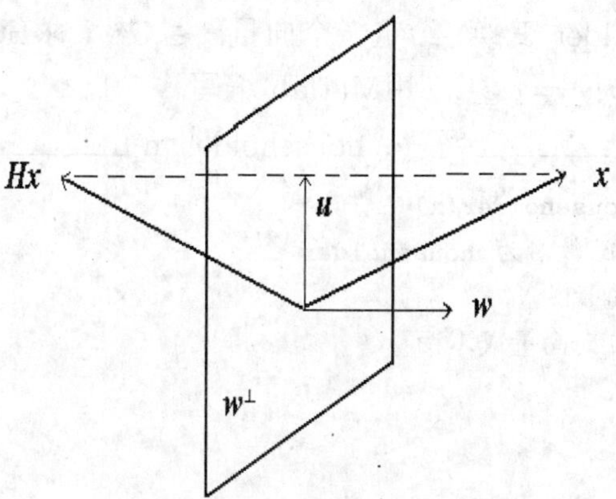

图 7.2.1 Householder 变换

容易验证，$\boldsymbol{H}(\boldsymbol{w})$ 是酉矩阵，并且是Hermite 矩阵.

定理7.2.2. 对$\mathbb{C}^n$ 中两个向量$\boldsymbol{x}$ 和$\boldsymbol{y}$，存在Householder 变换(7.2.1) 式，使得$\boldsymbol{y}=\boldsymbol{H}(\boldsymbol{w})\boldsymbol{x}$ 成立的充分必要条件是$||\boldsymbol{x}||_2=||\boldsymbol{y}||_2$ 和$\boldsymbol{x}^*\boldsymbol{y}$ 是实数.

证明 必要性. 因为$\boldsymbol{H}$ 是酉矩阵，所以成立

$$||\boldsymbol{y}||_2=||\boldsymbol{H}\boldsymbol{x}||_2=||\boldsymbol{x}||_2$$

和

$$\boldsymbol{x}^*\boldsymbol{y}=\boldsymbol{x}^*\boldsymbol{H}\boldsymbol{x}$$

又因为$\boldsymbol{H}$ 是Hermite 矩阵，所以$\boldsymbol{x}^*\boldsymbol{y}$ 是实数.

充分性. 设$||\boldsymbol{x}||_2 = ||\boldsymbol{y}||_2$ 和$\boldsymbol{x}^*\boldsymbol{y}$ 是实数. 此时有

$$(\boldsymbol{y}-\boldsymbol{x})^*(\boldsymbol{y}+\boldsymbol{x}) = 0$$

当$\boldsymbol{x}=\boldsymbol{y}$ 时，我们取$\boldsymbol{H}=\boldsymbol{I}$ 即可. 现在假设$\boldsymbol{x}\neq\boldsymbol{y}$ ，令

$$\boldsymbol{w} = \frac{1}{||\boldsymbol{y}-\boldsymbol{x}||_2}(\boldsymbol{y}-\boldsymbol{x})$$

和

$$\boldsymbol{H} = \boldsymbol{I} - 2\boldsymbol{w}\boldsymbol{w}^*$$

于是

$$\begin{aligned}\boldsymbol{H}\boldsymbol{x} &= \boldsymbol{x} - \frac{2(\boldsymbol{y}-\boldsymbol{x})^*\boldsymbol{x}}{||\boldsymbol{y}-\boldsymbol{x}||_2^2}(\boldsymbol{y}-\boldsymbol{x}) \\ &= \boldsymbol{x} + \frac{(\boldsymbol{y}-\boldsymbol{x})^*(\boldsymbol{y}-\boldsymbol{x})}{||\boldsymbol{y}-\boldsymbol{x}||_2^2}(\boldsymbol{y}-\boldsymbol{x}) - \frac{(\boldsymbol{y}-\boldsymbol{x})^*(\boldsymbol{y}+\boldsymbol{x})}{||\boldsymbol{y}-\boldsymbol{x}||_2^2}(\boldsymbol{y}-\boldsymbol{x}) \\ &= \boldsymbol{x} + \frac{(\boldsymbol{y}-\boldsymbol{x})^*(\boldsymbol{y}-\boldsymbol{x})}{||\boldsymbol{y}-\boldsymbol{x}||_2^2}(\boldsymbol{y}-\boldsymbol{x}) \\ &= \boldsymbol{x} + (\boldsymbol{y}-\boldsymbol{x}) = \boldsymbol{y}\end{aligned}$$

□

由这个定理，我们可以看出，Householder 变换可以将一个向量$\boldsymbol{x}\in\mathbb{C}^n$ 变换到$\boldsymbol{y}=\alpha\mathbf{e}_1$ ，其中$\mathbf{e}_1=(1,0,\ldots,0)^{\mathrm{T}}$,$\alpha\in C$ 满足$|\alpha|=||\boldsymbol{x}||_2$ 和$\alpha\cdot x_1\in R$.

算法7.2.3. (Householder 变换) 给定一个向量$\boldsymbol{x}\in\mathbb{C}^n$ ，求Householder 变换中的$\boldsymbol{w}$ 和一个数α，使得$\boldsymbol{H}(\boldsymbol{w})\boldsymbol{x}=\alpha\mathbf{e}_1$. 用Matlab 编写.

程序：householder.m

```
function  [w,alpha]=householder(x)
% 自定义 Matlab 函数,函数名为 householder .
% 输入参数: x --- 列向量.
% 输出参数: w --- 单位列向量或零向量.
%      alpha --- 复数.
n=length(x);
s1=norm(x);
if isreal(x(1))
    alpha = s1;
else
    alpha=s1*x(1)/abs(x(1));
end
if abs(alpha+x(1)) > abs(alpha-x(1))
    alpha= -alpha;
end
y=zeros(n,1);
y(1)=alpha;
v=x-y;
s2=norm(v);
```

```
if s2==0
    w=zeros(n,1);
else
    w=(1/s2)*v;
end
```

在计算$\boldsymbol{H}x$ 时，如果先算出矩阵$\boldsymbol{H}$ ，再与向量x 相乘，需要$O(n^2)$ 次四则运算;如果我们改变计算方式: $\boldsymbol{H}x = x - 2(\boldsymbol{w}^{\mathrm{T}}x)\boldsymbol{w}$, 计算$\boldsymbol{H}x$ 只需要$O(n)$ 次四则运算. 在大多数情况下，对于Householder 变换$\boldsymbol{H}(\boldsymbol{w})$，只要知道$\boldsymbol{w}$ 就可以了，不需要把矩阵$\boldsymbol{H}$ 算出来. 所以，我们在算法(7.2.3)中只计算$\boldsymbol{w}$ 和α . 当确实要计算矩阵$\boldsymbol{H}$ 时，我们再用公式(7.2.1)来计算.

例7.2.4. *设*$\boldsymbol{x} = (0,3,4)^{\mathrm{T}}$，*求Householder 变换*$\boldsymbol{H}(\boldsymbol{w})$ *和*α，*使得*$\boldsymbol{Hx} = \alpha\boldsymbol{e}_1$.

解 (1) 手工计算.

$\alpha = ||\boldsymbol{x}||_2 = \sqrt{0^2+3^2+4^2} = 5$,

$\boldsymbol{w} = \frac{1}{||\boldsymbol{x}-\alpha\mathbf{e}_1||_2}(\boldsymbol{x}-\alpha\mathbf{e}_1) = \frac{1}{5\sqrt{2}}(-5,3,4)^{\mathrm{T}}$,

$$\boldsymbol{H}(\boldsymbol{w}) = I - 2\boldsymbol{w}\boldsymbol{w}^* = \frac{1}{25}\begin{bmatrix} 0 & 15 & 20 \\ 15 & 16 & -12 \\ 20 & -12 & 9 \end{bmatrix}.$$

(2) 在Matlab 中计算.

```
>> x=[0,3,4]';
>> [w,alpha]=householder(x)
w =
   -0.7071
    0.4243
    0.5657
alpha =
     5
>> H=eye(3)-2*w*w'
H =
    0.0000    0.6000    0.8000
    0.6000    0.6400   -0.4800
    0.8000   -0.4800    0.3600
```

我们看到，两种方法的计算结果是一致的.

在$\mathbb{R}^n$ 中，还有一种正交变换：Givens 变换，也是我们经常要用到的.

定义7.2.5. 我们称下列形式的正交矩阵

$$
\boldsymbol{G}(i,j;\theta)=\begin{bmatrix}
1 & & & & & & & & & & \\
& \ddots & & & & & & & & & \\
& & 1 & & & & & & & & \\
& & & \cos\theta & 0 & \cdots & 0 & \sin\theta & & & \\
& & & & 1 & & & & & & \\
& & & & & \ddots & & & & & \\
& & & & & & 1 & & & & \\
& & & -\sin\theta & 0 & \cdots & 0 & \cos\theta & & & \\
& & & & & & & & 1 & & \\
& & & & & & & & & \ddots & \\
& & & & & & & & & & 1
\end{bmatrix}
\begin{matrix} \\ \\ \\ i \\ \\ \\ \\ j \\ \\ \\ \\ \end{matrix}
\tag{7.2.2}
$$

为Givens **变换**.

Givens 变换有明显的几何意义：在$\mathbb{R}^n$ 中，$\boldsymbol{y}=\mathbf{G}(i,j;\theta)\boldsymbol{x}$ 表示向量$\boldsymbol{y}$ 是由向量$\boldsymbol{x}$ 在(i,j) 坐标平面上按顺时针方向旋转θ 角度得到的. 因此$\boldsymbol{y}$ 只改变了$\boldsymbol{x}$ 的第i 分量和第j 分量，其他分量的值保持不变. 因此在计算$\mathbf{G}\boldsymbol{x}$ 时，只需要计算两个元素，计算量只有6 次四则运算.

Givens 变换常用于将一个向量的某个分量变为零. 例如将$\mathbf{G}(i,j;\theta)\boldsymbol{x}$ 的第j 个分量变为零，我们可以取

$$
\begin{aligned}
\cos\theta &= \frac{x_i}{\sqrt{x_i^2+x_j^2}}\\
\sin\theta &= \frac{x_j}{\sqrt{x_i^2+x_j^2}}
\end{aligned}
\tag{7.2.3}
$$

当我们已经得到$\cos\theta$ 和$\sin\theta$ 时，Givens 变换还可以记为$\mathbf{G}(i,j;\cos\theta,\sin\theta)$.

例7.2.6. 设$\boldsymbol{x}=(1,2)^{\mathrm{T}}$，求*Givens* 变换$\boldsymbol{G}$，使得$\boldsymbol{G}\boldsymbol{x}=(\sqrt{5},0)^{\mathrm{T}}$.

解 由公式(7.2.3)得，$\cos\theta=\frac{1}{\sqrt{5}}$ ，$\sin\theta=\frac{2}{\sqrt{5}}$. 因此

$$
\mathbf{G}=\begin{bmatrix}\cos\theta & \sin\theta\\ -\sin\theta & \cos\theta\end{bmatrix}=\begin{bmatrix}\frac{1}{\sqrt{5}} & \frac{2}{\sqrt{5}}\\ -\frac{2}{\sqrt{5}} & \frac{1}{\sqrt{5}}\end{bmatrix}.
$$

7.3 幂法

幂法就是一种求矩阵按模最大特征值和特征向量的方法，它是最经典的方法.

算法7.3.1. (幂法) 设$\boldsymbol{A}\in\mathbb{C}^{n\times n}$ ，给定初始向量$\boldsymbol{u}^{(0)}\in\mathbb{C}^n$.

$$
\begin{aligned}
&\boldsymbol{v}^{(k)}=\boldsymbol{A}\boldsymbol{u}^{(k-1)}\\
&m_k=\max(\boldsymbol{v}^{(k)})\\
&\boldsymbol{u}^{(k)}=\frac{1}{m_k}\boldsymbol{v}^{(k)}\\
&(k=1,2,\cdots)
\end{aligned}
\tag{7.3.1}
$$

这里的$\max(\boldsymbol{v})$ 表示向量$\boldsymbol{v}$ 中模最大的分量.

定理7.3.2. 设矩阵$\boldsymbol{A} \in \mathbb{C}^{n\times n}$ 是非亏损的，$\boldsymbol{A}$ 的特征值满足

$$|\lambda_1| > |\lambda_2| \geq |\lambda_3| \geq \cdots \geq |\lambda_n|$$

如果初始向量$\boldsymbol{u}^{(0)}$ 在λ_1 的特征子空间上的投影不为零，则由算法*7.3.1* 产生的向量序列$\{\boldsymbol{u}^{(k)}\}$ 收敛到λ_1 的一个特征向量，$\{m_k\}$ 收敛到λ_1 .

证明 由于$\boldsymbol{A}$ 是非亏损的，因此存在n 个线性无关的特征向量$\boldsymbol{x}^{(1)}, \boldsymbol{x}^{(2)}, \cdots, \boldsymbol{x}^{(n)}$，使得

$$\boldsymbol{A}\boldsymbol{x}^{(j)} = \lambda_j \boldsymbol{x}^{(j)},\ j = 1, 2, \cdots, n.$$

初始向量$\boldsymbol{u}^{(0)}$ 可分解为

$$\boldsymbol{u}^{(0)} = \sum_{j=1}^{n} c_j \boldsymbol{x}^{(j)}$$

其中$c_1 \neq 0$. 因此

$$\begin{aligned}
\boldsymbol{u}^{(k)} &= \frac{\boldsymbol{A}^k \boldsymbol{u}^{(0)}}{\max(\boldsymbol{A}^k \boldsymbol{u}^{(0)})} \\
&= \frac{\sum_{j=1}^{n} c_j \lambda_j^k \boldsymbol{x}^{(k)}}{\max\left(\sum_{j=1}^{n} c_j \lambda_j^k \boldsymbol{x}^{(k)}\right)} \\
&= \frac{c_1 \boldsymbol{x}^{(1)} + \sum_{j=2}^{n} c_j (\frac{\lambda_j}{\lambda_1})^k \boldsymbol{x}^{(k)}}{\max\left(c_1 \boldsymbol{x}^{(1)} + \sum_{j=2}^{n} c_j (\frac{\lambda_j}{\lambda_1})^k \boldsymbol{x}^{(k)}\right)} \\
&\longrightarrow \frac{\boldsymbol{x}^{(1)}}{\max(\boldsymbol{x}^{(1)})}
\end{aligned} \tag{7.3.2}$$

由于$\{\boldsymbol{u}^{(k)}\}$ 收敛到$\frac{\boldsymbol{x}^{(1)}}{\max(\boldsymbol{x}^{(1)})}$，因此

$$m_k \longrightarrow \lambda_1. \tag{7.3.3}$$

□

从定理的证明中可以看到，幂法的收敛比是$|\frac{\lambda_2}{\lambda_1}|$.

下面是幂法的Matlab程序.

程序：eig_power.m， vector_max.m

```
function [u,mu]=eig_power(A,u0,m)
% 自定义 Matlab 函数,函数名为 eig_power .
% 输入参数:  A --- 方阵 .
%          u0 --- 初始特征向量 .
```

```
%          m --- 正整数,迭代次数 .
% 输出参数: u --- 近似特征向量 .
%         mu --- 近似特征向值 .
%
mu=vector_max(u0);
u=u0/mu;
for k=1:m
    u=A*u;
    mu=vector_max(u);
    u=u/mu;
end

function mu=vector_max(u)
%vector_max:求向量中绝对值最大的元素
n=length(u);
mu=u(1);
for k=2:n
    if abs(u(k))>abs(mu)
        mu=u(k);
    end
end
```

例7.3.3. 设 $\boldsymbol{A}=\begin{bmatrix} 2 & -1 & 0.8 \\ -1 & 2 & -1 \\ 0 & -1 & 2 \end{bmatrix}$，用幂法求 $\boldsymbol{A}$ 的最大特征值和特征向量.

解 令 $\boldsymbol{u}^{(0)}=(1\ ,\ 1\ ,\ 1)^{\mathrm{T}}$，用程序eig_power 计算，得

k	$\boldsymbol{u}^{(k)}$	m_k
1	$(1.0000, 0, 0.5556)^{\mathrm{T}}$	1.8000
2	$(1.0000, -0.6364, 0.4545)^{\mathrm{T}}$	2.4444
3	$(1.0000, -0.9091, 0.5152)^{\mathrm{T}}$	3.0000
4	$(-0.9964, 1.0000, -0.5818)^{\mathrm{T}}$	−3.3333
5	$(-0.9665, 1.0000, -0.6047)^{\mathrm{T}}$	3.5782
6	$(-0.9567, 1.0000, -0.6187)^{\mathrm{T}}$	3.5711
7	$(-0.9533, 1.0000, -0.6258)^{\mathrm{T}}$	3.5754
8	$(-0.9520, 1.0000, -0.6291)^{\mathrm{T}}$	3.5791
9	$(-0.9515, 1.0000, -0.6306)^{\mathrm{T}}$	3.5811

$\boldsymbol{A}$ 的精确最大特征值是3.5829，对应的特征向量是$(-0.9511, 1.0000, -0.6318)^{\mathrm{T}}$.

当我们已经得到了λ_1 以及对应的特征向量$\boldsymbol{x}^{(1)}$ 时，为了计算下一个特征值λ_2，我

们要对$\boldsymbol{A}$ 降维. 我们的目标是，找一个酉矩阵$\boldsymbol{Q}$ ，使得

$$\boldsymbol{Q}^*\boldsymbol{A}\boldsymbol{Q}=\begin{bmatrix}\lambda_1 & g^{\mathrm{T}}\\ 0 & \boldsymbol{A}^{(2)}\end{bmatrix} \tag{7.3.4}$$

我们取$\boldsymbol{Q}$ 为Householder 矩阵.

$$\boldsymbol{Q}:\quad \boldsymbol{x}^{(1)}\to\beta e_1$$

根据定理7.2.2，β 是这样选取的：记$x_1^{(1)}=r_1\mathrm{e}^{i\theta_1}$ ，我们取$\beta=||\boldsymbol{x}^{(1)}||_2\mathrm{e}^{-i\theta_1}$，这样满足$\beta x_1^{(1)}$ 是实数的条件. 因此

$$\boldsymbol{Q}=I-2\boldsymbol{w}\boldsymbol{w}^* \tag{7.3.5}$$

其中

$$\boldsymbol{w}=\frac{1}{||\boldsymbol{x}^{(1)}-\beta e_1||_2}(\boldsymbol{x}^{(1)}-\beta e_1) \tag{7.3.6}$$

容易验证，这样构造的$\boldsymbol{Q}$ 满足方程(7.3.4).

7.4 反幂法

假设$\boldsymbol{A}$ 非奇异，如果要计算$\boldsymbol{A}$ 的模最小的特征值和特征向量，可以对$\boldsymbol{A}^{-1}$ 用幂法计算，由此得到的计算方法称为**反幂法**.

在反幂法的计算中，通常用解线性方程组的方法来代替逆矩阵的计算. 算法如下：

算法7.4.1. (**反幂法**) 取初始向量$\boldsymbol{u}^{(0)}$.

$$\begin{aligned}&\boldsymbol{A}\boldsymbol{v}^{(k)}=\boldsymbol{u}^{(k-1)}\\&m_k=\max(\boldsymbol{v}^{(k)})\\&\boldsymbol{u}^{(k)}=\tfrac{1}{m_k}\boldsymbol{v}^{(k)}\\&(k=1,2,\cdots)\end{aligned} \tag{7.4.1}$$

类似于幂法的收敛性，反幂法的收敛速度由$|\frac{\lambda_n}{\lambda_{n-1}}|$ 决定，其中λ_n 是绝对值最小的特征值，λ_{n-1} 是绝对值次小的特征值.

下面是反幂法的Matlab程序.

程序：eig_inverse.m

```
function [u,mu]=eig_inverse(A,u0,m)
% 自定义 Matlab 函数,函数名为 eig_inverse .
% 输入参数: A --- 方阵 .
%          u0 --- 初始特征向量 .
%           m --- 正整数,迭代次数 .
% 输出参数: u --- 近似特征向量 .
%          mu --- 近似特征向值 .
mu=vector_max(u0);
```

```
u=u0/mu;
for k=1:m
    u=A\u;
    mu=vector_max(u);
    u=u/mu;
end mu=1/mu;
```

例7.4.2. 设$\boldsymbol{A}=\begin{bmatrix} 2 & -1 & 0.8 \\ -1 & 2 & -1 \\ 0 & -1 & 2 \end{bmatrix}$，用反幂法求$\boldsymbol{A}$ 的最小特征值和特征向量.

解 令$\boldsymbol{u}^{(0)}=(1\ ,\ 1\ ,\ 1)^{\mathrm{T}}$，用程序eig_inverse 计算，得

k	$\boldsymbol{u}^{(k)}$	m_k
1	$(0.5000, 1.0000, 0.8333)^{\mathrm{T}}$	0.6667
2	$(0.3667, 1.0000, 0.8333)^{\mathrm{T}}$	0.8000
3	$(0.3140, 1.0000, 0.8488)^{\mathrm{T}}$	0.8372
4	$(0.2891, 1.0000, 0.8608)^{\mathrm{T}}$	0.8501
5	$(0.2764, 1.0000, 0.8682)^{\mathrm{T}}$	0.8554

$\boldsymbol{A}$ 的精确最小特征值是0.8608，对应的特征向量是$(0.2614, 1.0000, 0.8778)^{\mathrm{T}}$.

下面讨论如何提高收敛速度问题. 如果我们已经得到了矩阵$\boldsymbol{A}$ 的近似特征值$\hat{\lambda}$，考察矩阵$\boldsymbol{B}=\boldsymbol{A}-\hat{\lambda}I$，容易发现$\boldsymbol{B}$ 的最小特征值的绝对值会变得很小，对$\boldsymbol{B}$ 用反幂法计算会大大提高收敛速度. 由于$\boldsymbol{A}$ 和$\boldsymbol{B}$ 的特征值之间有关系式: $\lambda(\boldsymbol{B})=\lambda(\boldsymbol{A})-\hat{\lambda}$，且$\boldsymbol{A}$ 和$\boldsymbol{B}$ 有相同的特征向量，因此求出了$\boldsymbol{B}$ 的特征值和特征向量，就能方便地得到$\boldsymbol{A}$ 的特征值和特征向量. 由此得到的算法称为**带原点位移的反幂法**.

利用反幂法程序，很容易得到带原点位移的反幂法的Matlab程序.

程序：eig_shift_inverse.m

```
function [u,mu]=eig_shift_inverse(A,mu0,u0,m)
% 自定义 Matlab 函数,函数名为 eig_shift_inverse .
% 输入参数: A --- 方阵 .
%         mu0 --- 初始特征值 .
%          u0 --- 初始特征向量 .
%           m --- 正整数,迭代次数 .
% 输出参数: u --- 近似特征向量 .
%          mu --- 近似特征向值 .
%
n=length(A);
[u,mu]=eig_inverse(A-mu0*eye(n),u0,m);
mu=mu+mu0;
```

例7.4.3. 已知$\boldsymbol{A}=\begin{bmatrix} 2 & -1 & 0.8 \\ -1 & 2 & -1 \\ 0 & -1 & 2 \end{bmatrix}$的最小特征值在*0.8*附近，用带原点位移的反幂法求$\boldsymbol{A}$ 的最小特征值和特征向量.

解 令$\boldsymbol{u}0=(1\ ,\ 1\ ,\ 1)^{\mathrm{T}}$,$mu0=0.8$, 用程序eig_shift_inverse 计算,得

k	$\boldsymbol{u}^{(k)}$	m_k
1	$(0.2895, 1.0000, 0.8684)^{\mathrm{T}}$	0.8421
2	$(0.2633, 1.0000, 0.8767)^{\mathrm{T}}$	0.8600
3	$(0.2615, 1.0000, 0.8777)^{\mathrm{T}}$	0.860759

$\boldsymbol{A}$ 的精确最小特征值是0.860814，对应的特征向量是$(0.2614, 1.0000, 0.8778)^{\mathrm{T}}$. 从算例中可以看到,带原点位移的反幂法可以大幅度地提高收敛速度.

7.5 QR方法

QR方法是目前计算一般矩阵的全部特征值的最有效方法之一. 该方法的主要工作是QR分解，我们首先介绍QR分解算法.

设矩阵$\boldsymbol{A}\in\mathbb{C}^{n\times n}$，记$\boldsymbol{A}_0=\boldsymbol{A}$，计算过程如下:

第1步:取$\boldsymbol{A}_0$ 的第1列向量，记为$\boldsymbol{y}^{(1)}$，求出Householder 变换$\boldsymbol{H}_1$，使得$\boldsymbol{H}_1\boldsymbol{y}^{(1)}=\alpha_1\mathbf{e}_1$. 这可以用算法7.2.3 实现. 令

$$\boldsymbol{Q}_1=\boldsymbol{H}_1 \tag{7.5.1}$$

则$\boldsymbol{Q}_1\boldsymbol{A}_0$ 有如下的形式

$$\boldsymbol{A}_1=\boldsymbol{Q}_1\boldsymbol{A}_0=\begin{bmatrix} a_{11}^{(1)} & a_{12}^{(1)} & a_{13}^{(1)} & \cdots & a_{1n}^{(1)} \\ 0 & a_{22}^{(1)} & a_{23}^{(1)} & \cdots & a_{2n}^{(1)} \\ \vdots & \vdots & \vdots & & \vdots \\ 0 & a_{n2}^{(1)} & a_{n3}^{(1)} & \cdots & a_{nn}^{(1)} \end{bmatrix} \tag{7.5.2}$$

第k步: 记$\boldsymbol{A}_0$ 经过$k-1$ 次变换后，有如下的形式

$$\boldsymbol{A}_{k-1}=\begin{bmatrix} a_{11}^{(k-1)} & a_{12}^{(k-1)} & \cdots & \cdots & a_{1,k-1}^{(k-1)} & a_{1k}^{(k-1)} & a_{1,k+1}^{(k-1)} & \cdots & a_{1n}^{(k-1)} \\ 0 & a_{22}^{(k-1)} & \cdots & \cdots & a_{2,k-1}^{(k-1)} & a_{2k}^{(k-1)} & a_{2,k+1}^{(k-1)} & \cdots & a_{2n}^{(k-1)} \\ \vdots & \ddots & \ddots & & \vdots & \vdots & \vdots & & \vdots \\ \vdots & & \ddots & \ddots & \vdots & \vdots & \vdots & & \vdots \\ 0 & 0 & \cdots & 0 & a_{k-1,k-1}^{(k-1)} & a_{k-1,k}^{(k-1)} & a_{k-1,k+1}^{(k-1)} & \cdots & a_{k-1,n}^{(k-1)} \\ 0 & 0 & \cdots & 0 & 0 & a_{k,k}^{(k-1)} & a_{k,k+1}^{(k-1)} & \cdots & a_{k,n}^{(k-1)} \\ \vdots & \vdots & & & \vdots & \vdots & \vdots & & \vdots \\ 0 & 0 & \cdots & 0 & 0 & a_{nk}^{(k-1)} & a_{n,k+1}^{(k-1)} & \cdots & a_{nn}^{(k-1)} \end{bmatrix} \tag{7.5.3}$$

在$\boldsymbol{A}_{k-1}$ 的第k 列中取第k 行到第n 行共$n-k+1$ 个元素的向量，记为$\boldsymbol{y}^{(k)}$，求出Householder 变换$\boldsymbol{H}_k$，使得$\boldsymbol{H}_k\boldsymbol{y}^{(k)}=\alpha_k\mathbf{e}_1$. 这可以用算法7.2.3 实现. 令

$$\boldsymbol{Q}_k=\begin{bmatrix}\boldsymbol{I}_{k-1} & \\ & \boldsymbol{H}_k\end{bmatrix} \tag{7.5.4}$$

则$\boldsymbol{Q}_k\boldsymbol{A}_{k-1}$ 有如下的形式

$$\boldsymbol{A}_k=\boldsymbol{Q}_k\boldsymbol{A}_{k-1}=$$
$$\begin{bmatrix}
a_{11}^{(k)} & a_{12}^{(k)} & \cdots & \cdots & a_{1,k-1}^{(k)} & a_{1k}^{(k)} & a_{1,k+1}^{(k)} & \cdots & a_{1n}^{(k)} \\
0 & a_{32}^{(k)} & \cdots & \cdots & a_{3,k-1}^{(k)} & a_{3k}^{(k)} & a_{3,k+1}^{(k)} & \cdots & a_{3n}^{(k)} \\
\vdots & \ddots & \ddots & & \vdots & \vdots & \vdots & & \vdots \\
\vdots & & \ddots & \ddots & \vdots & \vdots & \vdots & & \vdots \\
0 & 0 & \cdots & 0 & a_{k-1,k-1}^{(k)} & a_{k-1,k}^{(k)} & a_{k-1,k+1}^{(k)} & \cdots & a_{k-1,n}^{(k)} \\
0 & 0 & \cdots & 0 & 0 & a_{k,k}^{(k)} & a_{k,k+1}^{(k)} & \cdots & a_{k,n}^{(k)} \\
0 & 0 & \cdots & 0 & 0 & 0 & a_{k+1,k+1}^{(k)} & \cdots & a_{k+2,n}^{(k)} \\
\vdots & \vdots & & \vdots & \vdots & \vdots & \vdots & & \vdots \\
0 & 0 & \cdots & 0 & 0 & 0 & a_{n,k+1}^{(k)} & \cdots & a_{nn}^{(k)}
\end{bmatrix} \tag{7.5.5}$$

$k=2,3,\cdots,n-1$.

当$k=n-1$ 时，$\boldsymbol{A}_{n-1}$ 是上三角矩阵. 综合上述过程可以写成如下的算法.

算法7.5.1. (QR分解)

令$\boldsymbol{A}_0=\boldsymbol{A}$，

对 $k=1,2,\cdots,n-1$

$\boldsymbol{y}^{(k)}=\boldsymbol{A}_{k-1}(k:n,k)$； % 在矩阵的第k列中取第k行到第n行的元素，组成一个列向量

$[\boldsymbol{w}^{(k)},\alpha_k]=\text{householder}(\boldsymbol{y}^{(k)})$; % householder是自定义函数，参见算法7.2.3

$\boldsymbol{H}_k=\boldsymbol{I}-2\boldsymbol{w}^{(k)}(\boldsymbol{w}^{(k)})^*$；

$\boldsymbol{P}_k=\begin{bmatrix}\boldsymbol{I}_{k-1} & \\ & \boldsymbol{H}_k\end{bmatrix}$；

$\boldsymbol{A}_k=\boldsymbol{P}_k\boldsymbol{A}_{k-1}$；

最后，令$\boldsymbol{Q}=\boldsymbol{P}_{n-1}\boldsymbol{P}_{n-2}\cdots\boldsymbol{P}_1$ 和$\boldsymbol{R}=\boldsymbol{A}_{n-1}$，这样得到的$\boldsymbol{Q}$ 和$\boldsymbol{R}$ 就是我们所要求的.

有了QR分解，QR算法就变得非常简单了.

算法7.5.2. (QR算法)

令$\boldsymbol{A}_0=\boldsymbol{A}$，

对 $k=1,2,\cdots$

把 $\boldsymbol{A}_{k-1}$ 分解为 $\boldsymbol{Q}_k\boldsymbol{R}_k$;

$\boldsymbol{A}_k=\boldsymbol{R}_k\boldsymbol{Q}_k$.

下面分析QR算法的收敛性. 从算法7.5.2 得

$$\boldsymbol{A}_k = \boldsymbol{R}_k \boldsymbol{Q}_k = (\boldsymbol{Q}_k)^* (\boldsymbol{Q}_k \boldsymbol{R}_k) \boldsymbol{Q}_k = (\boldsymbol{Q}_k)^* (\boldsymbol{A}_{k-1}) \boldsymbol{Q}_k \tag{7.5.6}$$

因此$\boldsymbol{A}_k$ 与$\boldsymbol{A}_{k-1}$ 正交相似，从而$\boldsymbol{A}_k$ 与$\boldsymbol{A}$ 正交相似.

我们记$\hat{\boldsymbol{Q}}_k = \boldsymbol{Q}_1 \boldsymbol{Q}_2 \cdots \boldsymbol{Q}_k$ 和$\hat{\boldsymbol{R}}_k = \boldsymbol{R}_k \boldsymbol{R}_{k-1} \cdots \boldsymbol{R}_1$，由(7.5.6)式得

$$\boldsymbol{A}_k = (\boldsymbol{Q}_k)^* (\boldsymbol{A}_{k-1}) \boldsymbol{Q}_k = (\boldsymbol{Q}_k)^* (\boldsymbol{Q}_{k-1})^* (\boldsymbol{A}_{k-2}) \boldsymbol{Q}_{k-1} \boldsymbol{Q}_k = (\hat{\boldsymbol{Q}}_k)^* \boldsymbol{A} \hat{\boldsymbol{Q}}_k \tag{7.5.7}$$

由(7.5.7)式得

$$\hat{\boldsymbol{Q}}_k \boldsymbol{A}_k = \boldsymbol{A} \hat{\boldsymbol{Q}}_k \tag{7.5.8}$$

将$\boldsymbol{A}_k = \boldsymbol{Q}_{k+1} \boldsymbol{R}_{k+1}$ 代入(7.5.8)式得

$$\hat{\boldsymbol{Q}}_k \boldsymbol{Q}_{k+1} \boldsymbol{R}_{k+1} = \boldsymbol{A} \hat{\boldsymbol{Q}}_k \tag{7.5.9}$$

在(7.5.9)式两边右乘$\hat{\boldsymbol{R}}_k$，得到

$$\hat{\boldsymbol{Q}}_{k+1} \hat{\boldsymbol{R}}_{k+1} = \boldsymbol{A} \hat{\boldsymbol{Q}}_k \hat{\boldsymbol{R}}_k = \boldsymbol{A}^2 \hat{\boldsymbol{Q}}_{k-1} \hat{\boldsymbol{R}}_{k-1} = \boldsymbol{A}^{k+1} \tag{7.5.10}$$

由此得到

$$\boldsymbol{A}^k = \hat{\boldsymbol{Q}}_k \hat{\boldsymbol{R}}_k \tag{7.5.11}$$

若记$\hat{\boldsymbol{Q}}_k$ 的第一列为$\hat{\boldsymbol{q}}_1^{(k)}$，$(\hat{\boldsymbol{R}}_k)_{11} = \hat{r}_{11}^{(k)}$，由(7.5.11)式得到

$$\boldsymbol{A}^k \boldsymbol{e}_1 = \hat{r}_{11}^{(k)} \hat{\boldsymbol{q}}_1^{(k)} \tag{7.5.12}$$

所以$\hat{\boldsymbol{q}}_1^{(k)}$ 可以看作是对$\boldsymbol{A}$ 用$\boldsymbol{e}_1$ 作为初始向量的幂法得到的向量. 当$\boldsymbol{A}$ 的模最大的特征值是唯一，并且$\boldsymbol{e}_1$ 在$\boldsymbol{A}$ 的关于λ_1 的特征向量空间的投影不为零时，$\hat{\boldsymbol{q}}_1^{(k)}$ 收敛到一个$\boldsymbol{A}$ 的关于λ_1 的特征向量. 下面的定理给出了用QR算法求矩阵的所有特征值的条件. 定理的证明参见参考文献[6] .

定理7.5.3. *设矩阵$\boldsymbol{A}$ 的n 个特征值满足*

$$|\lambda_1| > |\lambda_2| > \cdots > |\lambda_n| > 0$$

再设矩阵$\boldsymbol{Y}$ 的第i 行是$\boldsymbol{A}$ 对应于λ_i 的左特征向量. 如果$\boldsymbol{Y}$ 有LU分解，则由算法7.5.2 产生的矩阵$\boldsymbol{A}_k$ 的对角线以下的元素趋向于零.

实际计算时，为了减少每次迭代的运算次数，可以先将矩阵$\boldsymbol{A}$ 经过正交相似变换成上Hessenberg矩阵$\boldsymbol{H}$，然后再对矩阵$\boldsymbol{H}$ 进行QR 迭代.

定义7.5.4. 设矩阵$\boldsymbol{H}$ 具有下列形式

$$\boldsymbol{H}=\begin{bmatrix} h_{11} & h_{12} & h_{13} & \cdots & h_{1,n-2} & h_{1,n-1} & h_{1n} \\ h_{21} & h_{22} & h_{23} & \cdots & h_{1,n-2} & h_{1,n-1} & h_{2n} \\ 0 & h_{32} & h_{33} & \cdots & h_{1,n-2} & h_{1,n-1} & h_{3n} \\ \vdots & \ddots & \ddots & \ddots & \cdots & \cdots & \vdots \\ \vdots & & \ddots & \ddots & \ddots & \cdots & \vdots \\ \vdots & & & \ddots & \ddots & \ddots & \vdots \\ 0 & \cdots & \cdots & \cdots & 0 & h_{n,n-1} & h_{nn} \end{bmatrix} \tag{7.5.13}$$

则称$\boldsymbol{H}$ 是上Hessenberg矩阵.

把$\boldsymbol{A}$ 相似变换为$\boldsymbol{H}$ 的方法如下:记$\boldsymbol{A}_0=\boldsymbol{A}$.

第1步: 在$\boldsymbol{A}_0$ 的第1列中取第2行到第n 行共$n-1$ 个元素的向量，记为$\boldsymbol{y}^{(1)}$，求出Householder 变换$\boldsymbol{H}_1$，使得$\boldsymbol{H}_1\boldsymbol{y}^{(1)}=\alpha_1 e_1$. 这可以用算法7.2.3 实现. 令

$$\boldsymbol{Q}_1=\begin{bmatrix} \boldsymbol{I}_1 & \\ & \boldsymbol{H}_1 \end{bmatrix} \tag{7.5.14}$$

$\boldsymbol{Q}_1$ 是酉矩阵，并且有$\boldsymbol{Q}_1^*=\boldsymbol{Q}_1$. $\boldsymbol{A}_0$ 经过$\boldsymbol{Q}_1$ 的相似变换后，有如下的形式

$$\boldsymbol{A}_1=\boldsymbol{Q}_1\boldsymbol{A}_0\boldsymbol{Q}_1=\begin{bmatrix} a_{11}^{(1)} & a_{12}^{(1)} & a_{13}^{(1)} & \cdots & a_{1n}^{(1)} \\ a_{21}^{(1)} & a_{22}^{(1)} & a_{23}^{(1)} & \cdots & a_{2n}^{(1)} \\ 0 & a_{32}^{(1)} & a_{33}^{(1)} & \cdots & a_{3n}^{(1)} \\ \vdots & \vdots & \vdots & & \vdots \\ 0 & a_{n2}^{(1)} & a_{n3}^{(1)} & \cdots & a_{nn}^{(1)} \end{bmatrix} \tag{7.5.15}$$

第k步: 记$\boldsymbol{A}_0$ 经过$k-1$ 次相似变换后，有如下的形式

$$\boldsymbol{A}_{k-1}=\begin{bmatrix} a_{11}^{(k-1)} & a_{12}^{(k-1)} & \cdots & \cdots & a_{1,k-1}^{(k-1)} & a_{1k}^{(k-1)} & a_{1,k+1}^{(k-1)} & \cdots & a_{1n}^{(k-1)} \\ a_{21}^{(k-1)} & a_{22}^{(k-1)} & \cdots & \cdots & a_{2,k-1}^{(k-1)} & a_{2k}^{(k-1)} & a_{2,k+1}^{(k-1)} & \cdots & a_{2n}^{(k-1)} \\ 0 & a_{32}^{(k-1)} & \cdots & \cdots & a_{3,k-1}^{(k-1)} & a_{3k}^{(k-1)} & a_{3,k+1}^{(k-1)} & \cdots & a_{3n}^{(k-1)} \\ \vdots & \ddots & \ddots & & \vdots & \vdots & \vdots & & \vdots \\ \vdots & & \ddots & \ddots & \vdots & \vdots & \vdots & & \vdots \\ 0 & 0 & \cdots & 0 & a_{k,k-1}^{(k-1)} & a_{k,k}^{(k-1)} & a_{k,k+1}^{(k-1)} & \cdots & a_{k,n}^{(k-1)} \\ 0 & 0 & \cdots & 0 & 0 & a_{k+1,k}^{(k-1)} & a_{k+1,k+1}^{(k-1)} & \cdots & a_{k+1,n}^{(k-1)} \\ \vdots & \vdots & & \vdots & \vdots & \vdots & \vdots & & \vdots \\ 0 & 0 & \cdots & 0 & 0 & a_{nk}^{(k-1)} & a_{n,k+1}^{(k-1)} & \cdots & a_{nn}^{(k-1)} \end{bmatrix} \tag{7.5.16}$$

在$\boldsymbol{A}_{k-1}$ 的第k 列中取第$k+1$ 行到第n 行共$n-k$ 个元素的向量，记为$\boldsymbol{y}^{(k)}$，求出Householder 变换$\boldsymbol{H}_k$，使得$\boldsymbol{H}_k\boldsymbol{y}^{(k)}=\alpha_k\boldsymbol{e}_1$. 这可以用算法7.2.3 实现. 令

$$\boldsymbol{Q}_k = \begin{bmatrix} \boldsymbol{I}_k & \\ & \boldsymbol{H}_k \end{bmatrix} \tag{7.5.17}$$

$\boldsymbol{Q}_k$ 是酉矩阵，并且有$\boldsymbol{Q}_k^* = \boldsymbol{Q}_k$. $\boldsymbol{A}_{k-1}$ 经过$\boldsymbol{Q}_k$ 的相似变换后，有如下的形式

$$\boldsymbol{A}_k = \boldsymbol{Q}_k \boldsymbol{A}_{k-1} \boldsymbol{Q}_k =$$
$$\begin{bmatrix}
a_{11}^{(k)} & a_{12}^{(k)} & \cdots & \cdots & a_{1,k-1}^{(k)} & a_{1k}^{(k)} & a_{1,k+1}^{(k)} & \cdots & a_{1n}^{(k)} \\
a_{21}^{(k)} & a_{22}^{(k)} & \cdots & \cdots & a_{2,k-1}^{(k)} & a_{2k}^{(k)} & a_{2,k+1}^{(k)} & \cdots & a_{2n}^{(k)} \\
0 & a_{32}^{(k)} & \cdots & \cdots & a_{3,k-1}^{(k)} & a_{3k}^{(k)} & a_{3,k+1}^{(k)} & \cdots & a_{3n}^{(k)} \\
\vdots & \ddots & \ddots & & \vdots & \vdots & \vdots & & \vdots \\
\vdots & & \ddots & \ddots & \vdots & \vdots & \vdots & & \vdots \\
0 & 0 & \cdots & 0 & a_{k,k-1}^{(k)} & a_{k,k}^{(k)} & a_{k,k+1}^{(k)} & \cdots & a_{k,n}^{(k)} \\
0 & 0 & \cdots & 0 & 0 & a_{k+1,k}^{(k)} & a_{k+1,k+1}^{(k)} & \cdots & a_{k+1,n}^{(k)} \\
0 & 0 & \cdots & 0 & 0 & 0 & a_{k+2,k+1}^{(k)} & \cdots & a_{k+2,n}^{(k)} \\
\vdots & \vdots & & \vdots & \vdots & \vdots & \vdots & & \vdots \\
0 & 0 & \cdots & 0 & 0 & 0 & a_{n,k+1}^{(k)} & \cdots & a_{nn}^{(k)}
\end{bmatrix} \tag{7.5.18}$$

$k = 2, 3, \cdots, n-2$.

当$k = n-2$ 时，$\boldsymbol{A}_{n-2}$ 就是我们要求的上Hessenberg矩阵. 综合上述过程可以写成如下的算法.

算法7.5.5. (**矩阵的Hessenberg化**)

令$\boldsymbol{A}_0 = \boldsymbol{A}$.

对 $k = 1, 2, \cdots, n-2$,

$\boldsymbol{y}^{(k)} = \boldsymbol{A}_{k-1}((k+1):n, k)$; % 在矩阵的第k列中取第$(k+1)$行到第n行的元素，组成一个列向量

$[\boldsymbol{w}^{(k)}, \alpha_k] = \text{householder}(\boldsymbol{y}^{(k)})$; % householder是自定义函数，参见算法7.2.3

$\boldsymbol{H}_k = \boldsymbol{I} - 2\boldsymbol{w}^{(k)}(\boldsymbol{w}^{(k)})^*$;

$\boldsymbol{Q}_k = \begin{bmatrix} \boldsymbol{I}_k & \\ & \boldsymbol{H}_k \end{bmatrix}$;

$\boldsymbol{A}_k = \boldsymbol{Q}_k \boldsymbol{A}_{k-1} (\boldsymbol{Q}_k)^*$;

最后令$\boldsymbol{H} = \boldsymbol{A}_{n-2}$ ，这样得到的$\boldsymbol{H}$ 就是我们要求的.

如果$\boldsymbol{A}$ 是实对称矩阵，则得到的矩阵$\boldsymbol{H}$ 是对称三对角矩阵.

对于实的上Hessenberg矩阵的QR分解，我们只需做$(n-1)$ 次Givens变换，计算量是$O(n^2)$ ，相对于原始矩阵的QR分解的计算量需要$O(n^3)$，现在的计算量大大减少了，使得QR方法具有较好的实用性.

7.6 Jacobi方法

设$\boldsymbol{A} \in \mathbb{R}^{n\times n}$ 是一个对称矩阵. 记$\boldsymbol{A}_0 = \boldsymbol{A}$. Jacobi 方法的计算过程如下:

$$\begin{aligned}&\boldsymbol{A}_k = \boldsymbol{Q}_k^{\mathrm{T}} \boldsymbol{A}_{k-1} \boldsymbol{Q}_k \\ &(k = 1, 2, \cdots)\end{aligned} \tag{7.6.1}$$

其中的正交矩阵$\boldsymbol{Q}_k$ 取Givens 变换矩阵，由下列规则确定: 在矩阵$\boldsymbol{A}_{k-1}$ 的上三角非对角元中找模最大的元素，假设该元素在位置(p, q) 上，那么取

$$\boldsymbol{Q}_k = \mathbf{G}(p, q; \theta) \tag{7.6.2}$$

下面我们选取$\cos\theta$ 和$\sin\theta$. 由Givens变换的性质可知，$\boldsymbol{A}_k$ 与$\boldsymbol{A}_{k-1}$ 的差别只是第p, q 行和p, q 列. 它们之间有下列的关系式:

$$\begin{aligned} a_{ip}^{(k)} &= a_{pi}^{(k)} = a_{ip}^{(k-1)} \cos\theta - a_{iq}^{(k-1)} \sin\theta \\ a_{iq}^{(k)} &= a_{qi}^{(k)} = a_{ip}^{(k-1)} \sin\theta + a_{iq}^{(k-1)} \cos\theta \\ &\qquad (i \neq p, q) \end{aligned} \tag{7.6.3}$$

$$\begin{aligned} a_{pp}^{(k)} &= a_{pp}^{(k-1)} \cos^2\theta - 2a_{pq}^{(k-1)} \cos\theta \sin\theta + a_{qq}^{(k-1)} \sin^2\theta \\ a_{qq}^{(k)} &= a_{pp}^{(k-1)} \sin^2\theta + 2a_{pq}^{(k-1)} \cos\theta \sin\theta + a_{qq}^{(k-1)} \cos^2\theta \\ a_{pq}^{(k)} &= a_{qp}^{(k)} = (a_{pp}^{(k-1)} - a_{qq}^{(k-1)}) \cos\theta \sin\theta + a_{pq}^{(k-1)} (\cos^2\theta - \sin^2\theta) \end{aligned} \tag{7.6.4}$$

令$a_{pq}^{(k)} = 0$, 得

$$\tan 2\theta = \frac{2a_{pq}^{(k-1)}}{a_{qq}^{(k-1)} - a_{pp}^{(k-1)}} \tag{7.6.5}$$

我们把θ 的取值范围限制在

$$|\theta| \leq \frac{\pi}{4} \tag{7.6.6}$$

如果$a_{pp}^{(k-1)} = a_{qq}^{(k-1)}$，则取$\theta = \mathrm{sgn}(a_{pq}^{(k-1)}) \cdot \frac{\pi}{4}$.

下面是一次Jacobi变换的Matlab程序.

程序：eig_jacobi.m

```
function B=eig_jacobi(A ,p,q)
% 自定义 Matlab 函数,函数名为 eig_jacobi .
% 输入参数: A --- 对称矩阵 .
%          p,q --- 正整数,要使A(p,q)=0 的下标 .
% 输出参数: B --- 对称矩阵, 是A经过一次Jacobi变换后的矩阵.
%
B=A;
n=length(A);
if  (p>n) | (q>n) | (p==q)
    return
end
```

```
if A(p,q)==0
    return
end
t1=(A(q,q)-A(p,p))/(2*A(p,q));
t=1/(abs(t1)+sqrt(1+t1*t1));
if (t1<0) | (t1==0  &  A(p,q)<0)
    t= -t;
end
c=1/sqrt(1+t*t);
s=t*c; b1=A(p,:);
b2=A(q,:);
b3=c*b1-s*b2;
b4=s*b1+c*b2;
B(p,:)=b3;
B(:,p)=b3';
B(q,:)=b4;
B(:,q)=b4';
B(p,p)=c*c*A(p,p)-2*s*c*A(p,q)+s*s*A(q,q);
B(q,q)=s*s*A(p,p)+2*s*c*A(p,q)+c*c*A(q,q);
B(p,q)=0;
B(q,p)=0;
```

例7.6.1. 设$\boldsymbol{A}=\begin{bmatrix} 2 & -1 & 0 \\ -1 & 2 & -1 \\ 0 & -1 & 2 \end{bmatrix}$，用程序eig_jacobi 对$\boldsymbol{A}$计算*3*次.

解　在Matlab 中的计算过程如下:

```
>> A0=[2  -1  0  ;  -1  2  -1  ;  0  -1  2]
A0 =
     2    -1     0
    -1     2    -1
     0    -1     2
>> A1=eig_jacobi(A0,1,2)
A1 =
    1.0000         0   -0.7071
         0    3.0000   -0.7071
   -0.7071   -0.7071    2.0000
>> A2=eig_jacobi(A1,1,3)
A2 =
    0.6340   -0.3251         0
   -0.3251    3.0000   -0.6280
```

```
        0   -0.6280    2.3660
>> A3=eig_jacobi(A2,2,3)
A3 =
    0.6340   -0.2768   -0.1704
   -0.2768    3.3864         0
   -0.1704         0    1.9796
```

从上面的例题中可以看到，经过一次Jacobi 变换，它将a_{pq} 位置的值变为零，但下一次Jacobi 变换后，原来的零元素可能又变为非零元素. 但是Jacobi 方法是收敛的，下面我们证明经过逐次Jacobi 变换后，所有非对角元素的平方和是单调减少的. 记

$$\boldsymbol{E}_k = \boldsymbol{A}_k - \mathrm{diag}(a_{11}^{(k)}, a_{22}^{(k)}, \cdots, a_{nn}^{(k)}) \tag{7.6.7}$$

即$\boldsymbol{E}_k$ 是矩阵$\boldsymbol{A}_k$ 的非对角元构成的对称矩阵. 我们有:

$$\begin{aligned} ||\boldsymbol{E}_k||_F &= ||\boldsymbol{E}_{k-1}||_F - 2(a_{pq}^{(k-1)})^2 \\ &\le (1-\tfrac{2}{n^2-n})||\boldsymbol{E}_{k-1}||_F \ \le\ (1-\tfrac{2}{n^2-n})^k||\boldsymbol{E}_0||_F \end{aligned} \tag{7.6.8}$$

由此可见，数列$\{||\boldsymbol{E}_k||_F\}$ 单调下降趋于零. 因此Jacobi 方法一定收敛.

7.7　二分法

本节讨论的是对称三对角矩阵的特征值问题. 在算法7.5.5 中，任何一个实对称矩阵，都可以经过(n-2)步的正交相似变换，变成对称三对角矩阵. 设矩阵

$$\boldsymbol{T} = \begin{bmatrix} \alpha_1 & \beta_1 & & & \\ \beta_1 & \alpha_2 & \beta_2 & & \\ & \ddots & \ddots & \ddots & \\ & & \beta_{n-2} & \alpha_{n-1} & \beta_{n-1} \\ & & & \beta_{n-1} & \alpha_n \end{bmatrix} \tag{7.7.1}$$

当($\beta_j \ne 0$, $j = 1, \cdots, n-1$) 时，称**矩阵$\boldsymbol{T}$ 是不可约对称三对角矩阵**. 下面讨论的矩阵是不可约对称三对角矩阵，如果有$\beta_j = 0$，我们可以把$\boldsymbol{T}$ 分成两个不可约对称三对角矩阵分别计算.

我们用$\boldsymbol{T}_j$ 表示$\boldsymbol{T}$ 的j 阶前主子矩阵，即

$$\boldsymbol{T}_j = \begin{bmatrix} \alpha_1 & \beta_1 & & & \\ \beta_1 & \alpha_2 & \beta_2 & & \\ & \ddots & \ddots & \ddots & \\ & & \beta_{j-2} & \alpha_{j-1} & \beta_{j-1} \\ & & & \beta_{j-1} & \alpha_j \end{bmatrix} \tag{7.7.2}$$

定义

$$p_j(\lambda) = \det(\boldsymbol{T}_j - \lambda \boldsymbol{I}) \tag{7.7.3}$$

并规定$p_0(\lambda) = 1$. 由此得到了一个多项式序列$\{p_j(\lambda)\ ,\ j = 0, 1, \cdots, n\}$. 该多项式序列可以用下列递推方法计算:

$$\begin{aligned} p_0(\lambda) &= 1 \\ p_1(\lambda) &= \alpha_1 - \lambda \\ p_j(\lambda) &= (\alpha_j - \lambda)p_{j-1}(\lambda) - \beta_j^2 p_{j-2}(\lambda) \\ (j &= 2, 3, \cdots, n) \end{aligned} \tag{7.7.4}$$

在多项式序列中，令$\lambda = c, c \in \mathbb{R}$，可以算出一个有限数列$\{p_j(c), j = 0, 1, \cdots, n\}$. 我们记$S_n(c)$ 为这个数列的相邻项符号不同的个数，简称变号数. 如果在数列中$p_j(c) = 0$，则取该项(第j 项)的符号与前面项(第$j-1$ 项)的符号相同.

后面我们将证明，变号数$S_n(c)$ 表示矩阵$\boldsymbol{T}$ 在区间$(-\infty, c)$ 中特征值的数量. 由此可以得到: 矩阵$\boldsymbol{T}$ 在区间$[a, b)$ 中特征值的数量等于$[S_n(b) - S_n(a)]$. 由此我们得到计算不可约对称三对角矩阵的特征值的新方法: 二分法.

算法7.7.1. (二分法) 确定一个包含矩阵$\boldsymbol{T}$ 的特征值的区间$\Omega_0 = [a_0, b_0)$，

记 $\Omega_k = [a_k, b_k)$，计算:

$c_k = \frac{1}{2}(a_{k-1} + b_{k-1})$, $S_n(a_{k-1})$, $S_n(b_{k-1})$, $S_n(c_k)$;

如果$S_n(a_{k-1}) < S_n(c_k)$，则取$a_k = a_{k-1}$, $b_k = c_k$; 否则，取$a_k = c_k$, $b_k = b_{k-1}$;

$k = 1, 2, \cdots$.

用二分法确定的区间Ω_k 必包含$\boldsymbol{T}$ 的特征值，它的长度是区间Ω_{k-1} 的长度的一半，因此二分法一定收敛. 在算法中要确定一个包含矩阵$\boldsymbol{T}$ 的特征值的初始区间Ω_0 ，这件事情是很容易的. 由于矩阵特征值的模不大于矩阵的范数，所以$[-||\boldsymbol{T}||_\infty, ||\boldsymbol{T}||_\infty]$ 包含了$\boldsymbol{T}$ 的所有特征值，我们可以取

$$\Omega_0 = [-||\boldsymbol{T}||_\infty, ||\boldsymbol{T}||_\infty + \varepsilon).$$

例7.7.2. 设矩阵

$$\boldsymbol{T} = \begin{bmatrix} 1 & 1 & & \\ 1 & 2 & 1 & \\ & 1 & 3 & 1 \\ & & 1 & 4 \end{bmatrix}$$

计算$S_4(1)$, $S_4(4)$, 并确定矩阵$\boldsymbol{T}$ 在区间$[1, 4)$ 中有多少个特征值.

解 当$c = 1$ 时，$p_0(1) = 1$, $p_1(1) = 0$, $p_2(1) = -1$, $p_3(1) = -21$, $p_4(1) = -5$，得到$S_4(1) = 1$. 当$c = 4$ 时，$p_0(4) = 1$, $p_1(4) = -3$, $p_2(4) = 5$, $p_3(4) = -2$, $p_4(4) = -5$，得到$S_4(4) = 3$. 由此可得，矩阵$\boldsymbol{T}$ 在区间$(-\infty, 1)$ 中有1个特征值，在$(-\infty, 4)$ 中有3个特征值. 矩阵$\boldsymbol{T}$ 在$[1, 4)$ 中有$3 - 1 = 2$ 个特征值.

下面研究多项式序列$\{p_j(\lambda)\ ,\ j = 0, 1, \cdots, n\}$ 的性质.

定理7.7.3. 设$\boldsymbol{T}$ 是不可约的对称三对角矩阵，多项式序列$\{p_j(\lambda)\ ,\ j=0,1,\cdots,n\}$ 如*(7.7.4)* 式所定义，则有：

(1) $p_j(\lambda)=0$ 的根全是单的$(j=1,2,\cdots,n)$;

(2) $p_j(\lambda)=0$ 的根严格分隔$p_{j+1}(\lambda)=0$ 的根$(j=1,2,\cdots,n-1)$.

证明 (1) 设λ_i 是$p_j(\lambda)=0$ 的根，则λ_i 是矩阵$\boldsymbol{T}_j$ 的一个特征值. 矩阵$\boldsymbol{T}_j$ 关于λ_i 的特征向量是下列方程的解:

$$(\boldsymbol{T}_j-\lambda_i\boldsymbol{I})x=0$$

易见在矩阵$(\boldsymbol{T}_j-\lambda_i\boldsymbol{I})$ 中有$(n-1)$ 阶子式不为零，因此方程的解空间是一维的，所以特征值λ_i 是单的.

(2) 用数学归纳法证明. 当$j=1$ 时，容易验证结论成立. 假设对$j=1,2,\cdots,k-1$ 结论已经成立，并且$k<n$，现证$j=k$ 时结论也成立. 由(7.7.4) 式，

$$p_{k+1}(\lambda)=(\alpha_{k+1}-\lambda)p_k(\lambda)-\beta_{k+1}^2p_{k-1}(\lambda) \tag{7.7.5}$$

设$p_k(\lambda)=0$ 的根为$\lambda_1,\lambda_2,\cdots,\lambda_k$ ，由于$p_{k-1}(\lambda)=0$ 的根严格分隔$p_k(\lambda)=0$ 的根，因此$p_{k-1}(\lambda_i)p_{k-1}(\lambda_{i+1})<0$. 所以

$$p_{k+1}(\lambda_i)p_{k+1}(\lambda_{i+1})=\beta_{k+1}^4p_{k-1}(\lambda_i)p_{k-1}(\lambda_{i+1})<0 \tag{7.7.6}$$

所以在$(\lambda_i,\lambda_{i+1})$ 中必有$p_k(\lambda)=0$ 的根.

另外，由于多项式$p_j(\lambda)$ 的最高次项是$(-1)^j\lambda^j$，因此$p_{k-1}(+\infty)$ 与$p_{k+1}(+\infty)$ 的符号相同，$p_{k-1}(-\infty)$ 与$p_{k+1}(-\infty)$ 的符号相同；并且$p_{k-1}(\lambda_k)$ 与$p_{k-1}(+\infty)$ 的符号相同，$p_{k-1}(\lambda_1)$ 与$p_{k-1}(-\infty)$ 的符号相同. 又由于$p_{k+1}(\lambda_1)=-\beta_{k+1}^2p_{k-1}(\lambda_1)$和$p_{k+1}(\lambda_k)$ $-\beta_{k+1}^2p_{k-1}(\lambda_k)$，所以$p_{k+1}(\lambda)=0$ 在$(-\infty,\lambda_1)$ 和$(\lambda_k,+\infty)$ 中都有根. 多项式方程$p_{k+1}(\lambda)=0$总共有$(k+1)$ 个根，我们恰好找到了$(k+1)$ 个有根的区间，于是，每个区间恰好有一个根. 这样我们证明了$j=k$ 时结论成立. □

定理7.7.4. 设$\boldsymbol{T}$ 是不可约的对称三对角矩阵，则$S_j(c)$ 恰好是方程$p_j(\lambda)=0$ 在区间$(-\infty,c)$ 内根的个数$(j=1,2,\cdots,n)$. 特别地，$S_n(c)$ 恰好是矩阵$\boldsymbol{T}$ 在区间$(-\infty,c)$ 内特征值的个数.

证明 用数学归纳法证明. 当$j=1$ 时，结论显然成立. 假设对$j=1,2,\cdots,k$ 结论已经成立，并且$k<n$ ，现证$j=k+1$ 时结论也成立.

设方程$p_k(\lambda)=0$ 的根为$\lambda_1,\lambda_2,\cdots,\lambda_k$; $p_{k+1}(\lambda)=0$ 的根为$w_1,w_2,\cdots,w_{k+1}$，于是

$$\begin{aligned}p_k(\lambda)&=(\lambda_1-\lambda)\cdots(\lambda_k-\lambda)\\p_{k+1}(\lambda)&=(w_1-\lambda)\cdots(w_{k+1}-\lambda)\end{aligned} \tag{7.7.7}$$

由定理7.7.3 知

$$w_1<\lambda_1<w_2<\lambda_2<\cdots<w_k<\lambda_k<w_{k+1} \tag{7.7.8}$$

再设$S_k(c)=m$，当$1<m<k$ 时，则由归纳假设有$\lambda_m<c\le\lambda_{m+1}$. 此时有两种可能性:

(1) $\lambda_m<c\le w_{m+1}$，由(7.7.7)式知，$p_k(c)$ 与$p_{k+1}(c)$ 有相同的符号，因此$S_{k+1}(c)=S_k(c)=m$，而此时方程$p_{k+1}(\lambda)=0$ 在$(-\infty,c)$ 中有m 个根，结论成立；

(2) $w_{m+1}<c\le\lambda_{m+1}$，由(7.7.7)式知，$p_k(c)$ 与$p_{k+1}(c)$ 的符号不同，因此$S_{k+1}(c)=S_k(c)+1=m+1$，而此时方程$p_{k+1}(\lambda)=0$ 在$(-\infty,c)$ 中有$m+1$ 个根，结论成立.

当$m=1$ 或$m=k$ 时，都可以作类似的讨论，所以对$j=k+1$ 结论成立. □

用二分法计算对称三对角矩阵的特征值具有较大的灵活性，它既可以求最大特征值或最小特征值，又可以求中间的任何一个特征值. 根据参考文献[15] 的分析，二分法是一个非常稳定的算法.

习 题

7.1. 用Gersbgorin 定理估计下面矩阵的特征值的范围:

(1) $\begin{bmatrix}1&0&0\\1&0&1\\1&-1&2\end{bmatrix}$， (2) $\begin{bmatrix}2&-1&0\\-1&2&-1\\0&-1&2\end{bmatrix}$.

7.2. 求一个Householder 变换$\boldsymbol{H}$，使得

$$\boldsymbol{H}\begin{bmatrix}1\\1\\1\\1\end{bmatrix}=\begin{bmatrix}2\\0\\0\\0\end{bmatrix}.$$

7.3. 求一个Givens 变换$\boldsymbol{G}$，使得

$$\boldsymbol{G}\begin{bmatrix}3\\4\end{bmatrix}=\begin{bmatrix}5\\0\end{bmatrix}.$$

7.4. 求三个Givens 变换$\boldsymbol{G}_1,\boldsymbol{G}_2,\boldsymbol{G}_3$，使得

$$\boldsymbol{G}_3\boldsymbol{G}_2\boldsymbol{G}_1\begin{bmatrix}1\\1\\1\\1\end{bmatrix}=\begin{bmatrix}2\\0\\0\\0\end{bmatrix}.$$

7.5. 在幂法中，取$\boldsymbol{A}=\begin{bmatrix}1&1&0\\0&1&1\\0&0&1\end{bmatrix}$，$\boldsymbol{u}^{(0)}=\begin{bmatrix}0\\0\\1\end{bmatrix}$. 问:若要得到一个相对误差小于$10^{-5}$ 的特征向量需要做多少次迭代?

7.6. 已知矩阵$\boldsymbol{A}=\begin{bmatrix}2&1&0\\1&3&1\\0&1&4\end{bmatrix}$的一个近似特征值$\hat{\lambda}=1.2679$ (精确特征值为$\lambda=3-\sqrt{3}$)，请用带原点位移的反幂法计算近似特征向量.

7.7. 设$\boldsymbol{A}\in\mathbb{C}^{n\times n}$ 有实特征值并满足$\lambda_1>\lambda_2\geq\lambda_3\geq\cdots\geq\lambda_n$． 现应用幂法于矩阵$\boldsymbol{A}-\mu\boldsymbol{I}$． 证明: 当选择$\mu=\frac{1}{2}(\lambda_2+\lambda_n)$ 时，所产生的向量序列收敛到属于λ_1的特征向量的速度最快.

7.8. 设矩阵$\boldsymbol{A}\in\mathbb{C}^{n\times n}$，向量$\boldsymbol{x}\in C^n$，记矩阵$\boldsymbol{P}=[\boldsymbol{x},\boldsymbol{A}\boldsymbol{x},\cdots,\boldsymbol{A}^{n-1}\boldsymbol{x}]$． 证明: 如果$\boldsymbol{P}$ 非奇异，则$\boldsymbol{P}^{-1}\boldsymbol{A}\boldsymbol{P}$ 是上Hessenberg 矩阵.

7.9. 设$\boldsymbol{H}$ 是一个奇异的不可约上Hessenberg 矩阵. 证明: 进行一次基本的QR 迭代后，$\boldsymbol{H}$ 的零特征值将出现.

7.10. 设$\boldsymbol{H}$ 是一个上Hessenberg 矩阵，并且可以做LU 分解，即$\boldsymbol{H}=\boldsymbol{L}\boldsymbol{U}$，其中$\boldsymbol{L}$为单位下三角矩阵，$\boldsymbol{U}$ 为上三角矩阵. 令$\tilde{\boldsymbol{H}}=\boldsymbol{U}\boldsymbol{L}$． 证明: $\tilde{\boldsymbol{H}}$ 仍是一个上Hessenberg 矩阵，并且与$\boldsymbol{H}$ 是相似的.

7.11. 设矩阵$\boldsymbol{A}=\begin{bmatrix}2&0.2\\0.1&1\end{bmatrix}$.

(1) 用QR 方法迭代一次;

(2) 用带原点位移的QR 方法迭代一次，取位移量$\mu=1$.

7.12. 设矩阵

$$\boldsymbol{A}=\begin{bmatrix}\alpha_1&\beta_1&&&\\\gamma_1&\alpha_2&\beta_2&&\\&\ddots&\ddots&\ddots&\\&&\gamma_{n-2}&\alpha_{n-1}&\beta_{n-1}\\&&&\gamma_{n-1}&\alpha_{n-1}\end{bmatrix}\in\mathbb{R}^{n\times n}$$

其中$\gamma_i\beta_i>0$． 证明存在对角矩阵$\boldsymbol{D}$，使得$\boldsymbol{D}^{-1}\boldsymbol{A}\boldsymbol{D}$ 为对称三对角矩阵.

7.13. 设矩阵$\boldsymbol{A}\in\mathbb{R}^{n\times n}$ 是对称矩阵，有如下的分块形式

$$\boldsymbol{A}=\begin{bmatrix}a_{11}&\boldsymbol{w}^{\mathrm{T}}\\\boldsymbol{w}&\boldsymbol{B}\end{bmatrix},$$

证明: 在矩阵$\boldsymbol{A}$ 中必有一个特征值满足: $|\lambda-a_{11}|\leq||\boldsymbol{w}||_2$.

7.14. 设 λ 是对称矩阵 $\boldsymbol{A}\in\mathbb{R}^{n\times n}$ 的特征值，向量 $\boldsymbol{x}\in R^n$ 是相应的单位特征向量，若向量 $\boldsymbol{y}\in R^n$ 满足 $\boldsymbol{y}=\boldsymbol{x}+\boldsymbol{w}$，其中 $||\boldsymbol{w}||_2$ 是个小量. 证明:

$$\frac{\boldsymbol{y}^{\mathrm{T}}\boldsymbol{A}\boldsymbol{y}}{\boldsymbol{y}^{\mathrm{T}}\boldsymbol{y}}=\lambda+O(||\boldsymbol{w}||_2^2).$$

7.15. 用Jacobi 方法计算矩阵$\boldsymbol{A}$ 的特征值，精确到小数点后二位. 矩阵$\boldsymbol{A}$ 为

$$\boldsymbol{A}=\begin{bmatrix}1&1&1\\1&2&1\\1&1&3\end{bmatrix}$$

.

7.16. 用二分法判别矩阵$\boldsymbol{A}$ 在(1,4) 中有几个特征值? 矩阵$\boldsymbol{A}$ 为

$$\boldsymbol{A}=\begin{bmatrix}1&-1&&\\-1&2&-1&\\&-1&3&-1\\&&-1&4\end{bmatrix}.$$

第 8 章　常微分方程数值解

微分方程是模拟自然、生物、工程等现象的重要数学工具. 本章考虑一个变量的微分方程(组)，即常微分方程(组)的数值求解方法，内容包括常微分方程初值问题、边值问题的数值方法.

8.1　初值问题简介

在这一节，我们只列出常微分方程初值问题的一些数学结论，相关的证明可见微分方程理论的教材，如[22]等.

考虑如下一阶常微分方程的初值问题

$$\begin{cases} \frac{\mathrm{d}y}{\mathrm{d}x} = f(x,y), & x_0 \leqslant x \leqslant b \\ y(x_0) = y_0, & \end{cases} \tag{8.1.1}$$

这里$f(x,y)$是x和y的已知函数，y_0是给定的初始值.

首先我们给出初值问题(8.1.1)的存在唯一性结论.

定理8.1.1. *假设$f(x,y)$是一个实值函数，在$[x_0,b]\times(-\infty,+\infty)$内连续，且关于$y$满足Lipschitz条件，即存在一个正常数$L$，使得对任意$x\in[x_0,b]$，均成立不等式*

$$|f(x,y_1)-f(x,y_2)| \leqslant L|y_1-y_2|, \tag{8.1.2}$$

则初值问题(8.1.1)存在唯一解.

有了解的存在唯一性，我们还需关注解和初始值数据以及右端函数的依赖关系. 也就是说，若初始值有小的扰动时，或者右端已知函数有小的扰动时，问题(8.1.1)的解的变化情况. 我们用适定性来刻画这一情形.

定义8.1.2. *称问题(8.1.1)对初始值y_0和右端函数$f(x,y)$是适定的，如果存在常数$K>0$，$\eta>0$，对任意$0<\varepsilon<\eta$，当*

$$\begin{aligned} |y_0-\tilde{y}_0| &< \varepsilon, \\ |f(x,y)-\tilde{f}(x,y)| &< \varepsilon, \qquad \forall\ (x,y)\in[x_0,b]\times(-\infty,+\infty) \end{aligned}$$

时，初值问题

$$\begin{cases} \frac{\mathrm{d}z}{\mathrm{d}x} = \tilde{f}(x, z), \\ z(x_0) = \tilde{y}_0 \end{cases} \tag{8.1.3}$$

的解存在，且和*(8.1.1)*的解$y(x)$之间满足

$$|y(x) - z(x)| \leqslant K\varepsilon.$$

适定性定义说明问题(8.1.1)的解连续依赖于初始值和右端函数.

定理8.1.3. *假设$f(x, y)$在$[x_0, b] \times (-\infty, +\infty)$上对$y$满足Lipschitz条件，则初值问题(8.1.1)是适定的.*

我们知道问题(8.1.1)一般是不能准确求解的. 在微积分和常微分方程的教材中，我们通常是用幂级数方法或Picard迭代方法来求(8.1.1)解的一个近似解析表达式. 数值方法不是这样的. **数值方法**的基本思想是求在$[x_0, b]$区间上有限个离散点（或称网格点）上解$y(x)$的近似值. 设区间$[x_0, b]$上的有限个离散点

$$x_0 < x_1 < x_2 < \cdots < x_N = b,$$

通常选取x_0,x_1 ,$\cdots$,x_N 是等距的，即

$$x_n = x_0 + nh, \qquad n = 0, 1, \cdots, N,$$

其中$h = (b - x_0)/N$称为**步长**. 利用数值微分（§6.1）、Taylor展开式或数值积分公式等手段，把连续问题(8.1.1)转化为离散点$\{x_n\}$上的函数值之间的离散方程来求解. 我们下面将详细讨论这样的数值方法.

8.2 Euler方法

Euler方法是求解问题(8.1.1)的最简单的方法. 通过Euler方法，我们可以很好地理解数值格式的构造、求解、误差估计及稳定性分析.

在离散点$x_n = x_0 + nh, n = 0, 1, \cdots, N,$上，我们利用数值微分

$$y'(x_n) \approx \frac{y(x_{n+1}) - y(x_n)}{h}, \qquad x_{n+1} = x_n + h \tag{8.2.1}$$

代入方程(8.1.1)得

$$\frac{y(x_{n+1}) - y(x_n)}{h} \approx f(x_n, y(x_n)). \tag{8.2.2}$$

假设$y(x_n)$的近似值用y_n来表示，则我们利用(8.2.2)近似计算出$y(x_{n+1})$的近似值y_{n+1}，

$$y_{n+1} = y_n + hf(x_n, y_n). \tag{8.2.3}$$

这就是求解方程(8.1.1)的著名的**Euler方法**.

Euler方法还可由Taylor展开推导而来. 因为

$$\begin{aligned} y(x_{n+1}) &= y(x_n) + hy'(x_n) + \tfrac{h^2}{2}y''(\xi_n) \\ &= y(x_n) + hf(x_n, y(x_n)) + \tfrac{h^2}{2}y''(\xi_n), \end{aligned} \tag{8.2.4}$$

这里$x_n < \xi_n < x_{n+1}$. 略去高阶项$\frac{h^2}{2}y''(\xi_n)$, 用y_n代替$y(x_n)$同样得到Euler方法(8.2.3).

我们还可以利用恒等式及数值积分公式

$$\begin{aligned} y(x_{n+1}) - y(x_n) &= \int_{x_n}^{x_{n+1}} y'(x)\mathrm{d}x \\ &= \int_{x_n}^{x_{n+1}} f(x, y(x))\mathrm{d}x \\ &\approx hf(x_n, y(x_n)), \end{aligned} \tag{8.2.5}$$

也得出Euler方法(8.2.3).

如果在(8.2.2)中用向后差商, (8.2.4)中用x_{n+1}处的Taylor展开公式, 或(8.2.5)中用右矩形数值积分公式, 我们得

$$y_{n+1} = y_n + hf(x_{n+1}, y_{n+1}), \tag{8.2.6}$$

公式(8.2.6)称为**向后Euler方法**. 因此(8.2.3)也常称为**向前Euler方法**.

注意到, 向前Euler方法(8.2.3)中由y_0 出发, 依次可得到$y_1, \cdots, y_n$,这样的格式称为**显示格式**. 而向后Euler方法(8.2.6), 已经算出y_n时, y_{n+1}只是满足(8.2.6)的一个方程, 当$f(x, y)$关于y是非线性函数时, 我们需要用迭代法求解, 这样的格式称为**隐式格式**.

自然地, 如果我们在(8.2.5)的恒等式中用更高精度的梯形数值积分公式

$$\begin{aligned} y(x_{n+1}) - y(x_n) &= \int_{x_n}^{x_{n+1}} y'(x)\mathrm{d}x \\ &= \int_{x_n}^{x_{n+1}} f(x, y(x))\mathrm{d}x \\ &\approx \tfrac{1}{2}h[f(x_n, y(x_n)) + f(x_{n+1}, y_{n+1})], \end{aligned} \tag{8.2.7}$$

我们得到格式

$$y_{n+1} = y_n + \frac{1}{2}h[f(x_n, y(x_n)) + f(x_{n+1}, y_{n+1})]. \tag{8.2.8}$$

格式(8.2.8)称为**改进的Euler方法**. 它是一个精度高一些的格式,也是一个隐式格式.

例8.2.1. 用向前Euler方法(8.2.3), 向后Euler方法(8.2.6)和改进的Euler方法(8.2.8)求解以下初值问题:

$$\begin{cases} y'(x) = \frac{y(x)+x^2-2}{x+1}, \\ y(x_0) = 2, \end{cases} \tag{8.2.9}$$

表 8.2.1 向前Euler法求解(8.2.9)

h	x	$y_n(x)$	误差	相对误差
0.2	1.0	2.1592	6.82E-2	0.0306
	2.0	3.1697	2.39E-1	0.0701
	3.0	5.4332	4.76E-1	0.0805
	4.0	9.1411	7.65E-1	0.0129
	5.0	14.406	1.09	0.0703
0.1	1.0	2.1912	3.63E-2	0.0163
	2.0	3.2841	1.24E-1	0.0364
	3.0	5.6636	2.46E-1	0.0416
	4.0	9.5125	3.93E-1	0.0665
	5.0	14.939	5.60E-1	0.0361
0.05	1.0	2.2087	1.87E-2	0.0084
	2.0	3.3449	6.34E-2	0.0186
	3.0	5.7845	1.25E-1	0.0212
	4.0	9.7061	1.99E-1	0.0337
	5.0	15.2140	2.84E-1	0.0183

它的准确解是

$$y(x) = x^2 + 2x + 2 - 2(x+1)\ln(x+1). \tag{8.2.10}$$

结果见表8.2.1、表8.2.2和表8.2.3.

从这些表可以看出向前,向后Euler方法有一阶收敛性,而改进的Euler方法有二阶收敛性. 下面我们以Euler方法(8.2.3)为例理论上推导误差估计，其他两种方法的推导作为习题留给读者.

记

$$R_n = y(x_{n+1}) - y(x_n) - hf(x_n, y(x_n)), \tag{8.2.11}$$

即当第n步$y_n = y(x_n)$准确时，用Euler方法(8.2.3)算出的y_{n+1}与$y(x_{n+1})$之间的误差. 我们称(8.2.11)为Euler方法的**局部截断误差**.

显然

$$\begin{aligned} R_n &= \int_{x_n}^{x_{n+1}} y'(x)\mathrm{d}x - hf(x_n, y(x_n)) \\ &= \int_{x_n}^{x_{n+1}} f(x, y(x))\mathrm{d}x - hf(x_n, y(x_n)) \end{aligned} \tag{8.2.12}$$

若y''有界，由左矩形公式的误差可知，$|R_n| \le \frac{1}{2}(\max|y''|)h^2$.

事实上我们可以得到对y光滑性更弱的条件下的误差估计. 假设$f(x,y)$关于x和y

表 8.2.2　向后Euler法求解(8.2.9)

h	x	$y_n(x)$	误差	相对误差
0.2	1.0	2.3157	8.83E-2	0.0396
	2.0	3.6916	2.83E-1	0.0831
	3.0	6.4563	5.46E-1	0.0925
	4.0	10.7664	8.61E-1	0.0869
	5.0	16.7141	1.22	0.0784
0.1	1.0	2.2687	4.13E-2	0.0185
	2.0	3.5437	1.35E-1	0.0397
	3.0	6.1732	2.64E-1	0.0446
	4.0	10.3227	4.17E-1	0.0421
	5.0	16.0897	5.91E-1	0.0381
0.05	1.0	2.2474	2.00E-2	0.0090
	2.0	3.4745	6.62E-1	0.0194
	3.0	6.0391	1.29E-1	0.0219
	4.0	10.1110	2.05E-1	0.0217
	5.0	15.7903	2.91E-1	0.0188

表 8.2.3　改进Euler法求解(8.2.9)

h	x	$y_n(x)$	误差	相对误差
0.2	1.0	2.2324	5.01E-3	0.0022
	2.0	3.4171	8.80E-3	0.0026
	3.0	5.9221	1.24E-2	0.0021
	4.0	9.9215	1.59E-2	0.0016
	5.0	15.5182	1.93E-2	0.0012
0.1	1.0	2.2287	1.20E-3	0.0006
	2.0	3.4105	2.20E-3	0.0007
	3.0	5.9128	3.10E-3	0.0005
	4.0	9.9096	4.01E-3	0.0004
	5.0	15.5037	4.91E-3	0.0003
0.05	1.0	2.2277	3.00E-4	0.0001
	2.0	3.4089	5.50E-4	0.0002
	3.0	5.9104	7.71E-4	0.0001
	4.0	9.9066	1.00E-3	0.0001
	5.0	15.5001	1.23E-3	0.0001

均满足Lipschitz条件，K和L是相应的Lipschitz常数，则

$$
\begin{aligned}
|R_n| &= |\int_{x_n}^{x_{n+1}} [f(x,y(x)) - f(x_n,y(x_n))]\mathrm{d}x| \\
&\leqslant \int_{x_n}^{x_{n+1}} [|f(x,y(x)) - f(x_n,y(x))| + |f(x_n,y(x)) - f(x_n,y(x_n))|]\mathrm{d}x \\
&\leqslant K\int_{x_n}^{x_{n+1}} |x-x_n|\mathrm{d}x + L\int_{x_n}^{x_{n+1}} |y(x)-y(x_n)|\mathrm{d}x \\
&\leqslant \frac{1}{2}Kh^2 + L\int_{x_n}^{x_{n+1}} |y'(\xi)||x-x_n|\mathrm{d}x \\
&\leqslant \frac{1}{2}h^2(K+LM) = R, \qquad x_n < \xi < x_{n+1}
\end{aligned} \tag{8.2.13}
$$

这里

$$
M = \max_{x_0 \leqslant x \leqslant b} |y'(x)| = \max_{x_0 \leqslant x \leqslant b} |f(x,y(x))|.
$$

有了局部截断误差，我们可以估计整体误差$\varepsilon_n = y(x_n) - y_n$，即准确解在$x_n$处的值$y(x_n)$与Euler法算出的值$y_n$之间的误差.

定理8.2.2. 设$f(x,y)$关于x,y满足Lipschitz条件，K,L为相应的Lipschitz常数，则Euler方法(8.2.3)的整体误差估计式

$$
|\varepsilon_n| \leqslant e^{L(b-x_0)}|\varepsilon_0| + \frac{h}{2}(M + \frac{K}{L})(e^{L(b-x_0)} - 1) \tag{8.2.14}
$$

其中$\varepsilon_0 = y_0 - y(x_0)$. 当Euler方法(8.2.3)的初始值$y_0$和原问题初始值$y(x_0)$一致时，$\varepsilon_0 = 0$. 此时$|\varepsilon_n| = \mathcal{O}(h)$.

证明 由关系式(8.2.3)和(8.2.11)，我们有

$$
\varepsilon_{n+1} = \varepsilon_n + h[f(x_n,y(x_n)) - f(x_n,y_n)] + R_n
$$

于是

$$
\begin{aligned}
|\varepsilon_{n+1}| &\leqslant (1+hL)|\varepsilon_n| + R \\
&\leqslant (1+hL)^2|\varepsilon_{n-1}| + (1+hL)R + R \\
&\leqslant \cdots \leqslant (1+hL)^{n+1}|\varepsilon_0| + \frac{(1+hL)^{n+1}-1}{hL}R
\end{aligned} \tag{8.2.15}
$$

注意到

$$
(1+hL)^{n+1} = \{(1+hL)^{\frac{1}{hL}}\}^{(n+1)hL} \leqslant e^{(n+1)hL} \leqslant e^{L(b-x_0)}
$$

结合(8.2.13)即得定理结论. □

从(8.2.15)，我们还可以知道，整体截断误差要比局部截断误差低一阶.

类似于连续问题对初始值的适定性，我们引入算法(8.2.3)稳定的概念. 即在不考虑算法在计算中的舍入误差时，算法的精确解连续地依赖于初始值.

定义8.2.3. 称Euler方法(8.2.3)是**稳定的**, 如果存在正常数C及h_0, 使得对任意初始值y_0和z_0 的Euler方法的解y_n和z_n 满足估计式

$$|y_n - z_n| \leqslant C|y_0 - z_0|, \qquad x_0 \leqslant x_0 + nh \leqslant b, \quad h \leqslant h_0 \tag{8.2.16}$$

定理8.2.4. *设$f(x,y)$ 关于y满足Lipschitz条件, 则Euler方法(8.2.3)是稳定.*

证明 考虑初始值y_0和z_0的Euler方法的解

$$\begin{aligned} y_{n+1} &= y_n + hf(x_n, y_n), \\ z_{n+1} &= z_n + hf(x_n, z_n). \end{aligned}$$

两式相减，类似定理(8.2.2)的证明，可得

$$\begin{aligned} |y_{n+1} - z_{n+1}| &\leqslant (1+hL)^{n+1}|y_0 - z_0| \\ &\leqslant e^{L(b-x_0)}|e_0|. \end{aligned}$$

□

当我们考虑算法在计算过程中的舍入误差时，我们还需要引进绝对稳定的概念. 通常只考虑如下试验方程

$$y' = \lambda y, \tag{8.2.17}$$

其中λ为常数，它可以是复数. 将Euler算法应用于这个试验方程，取步长为h时，若某一时刻的误差对以后计算的影响逐步减少，则称Euler算法对$\bar{h} = \lambda h$是**绝对稳定**的，这种$\bar{h}$的全体称为**绝对稳定域**. 对Euler算法(8.2.3)，

$$y_{n+1} = y_n + hf(x_x, y_n) = y_n + \lambda h y_n,$$

当y_n有误差变为$\tilde{y}_n$时，有

$$\tilde{y}_{n+1} = \tilde{y}_n + \lambda h \tilde{y}_n.$$

令$e_n = \tilde{y}_n - y_n$，则二式相减有

$$e_{n+1} = (1 + \bar{h})e_n,$$

要使误差逐步减少，应满足

$$|1 + \bar{h}| < 1.$$

即Euler法的绝对稳定区域是以$(-2, 0)$为中心，半径为1的圆域.

不难推导，向后Euler方法(8.2.6)，它的绝对稳定区域为

$$|1 - \mu| > 1,$$

这里以(1,0)为中心，半径为1的圆的外部. 易知，向后Euler方法比向前Euler方法的稳定区域大得多. 所以从绝对稳定性考虑可允许较大些的步长h，但向后Euler方法是隐式格式，每一步的计算往往需要迭代来求解.

数值方法绝对稳定性限制了步长的选取，为保证格式的稳定性，应选取步长h，使$\mu=\lambda h$在绝对稳定区域内. 对于一般的$f(x,y)$, 可令$\lambda=\frac{\partial f(x,y)}{\partial y}$来选取步长$h$.

8.3 Runge-Kutta方法

从8.2节Euler方法的误差分析中，我们知道局部截断误差的阶是衡量一个方法精度的主要依据. 自然地，如果在Taylor展开(8.2.4)来推导Euler方法的过程中，我们取更多高阶项，就可以取得更高局部截断误差阶的格式. 例如当解$y(x)$ 具有$p+1$阶连续导数时，我们有

$$\begin{aligned}y(x_{n+1})=y(x_n)+hy'(x_n)+\frac{1}{2!}h^2y''(x_n)+\frac{1}{3!}h^3y'''(x_n)+\cdots+\frac{h^{p+1}}{(p+1)!}y^{p+1}(\xi),\\ x_n\leqslant\xi\leqslant x_{n+1}.\end{aligned}\tag{8.3.1}$$

利用微分方程$y'=f(x,y)$分别计算，

$$\begin{aligned}&y'=f,\\&y''=f_x+f_yf,\\&y'''=f_{xx}+2f_{xy}f+f_{yy}f^2+f_y[f_x+f_yf],\end{aligned}\tag{8.3.2}$$

我们可以得到，如取三次$p=2$时，

$$y_{n+1}=y_n+hf(x_n,y_n)+\frac{1}{2!}h^2[f_x(x_n,y_n)+f_y(x_n,y_n)f(x_n,y_n)].\tag{8.3.3}$$

以上的构造方法虽然可以得到高阶的格式，但需要计算$f(x,y)$的各阶偏导数，并且随着阶数的提高，计算复杂度迅速增加. 一般来说，只有当$f(x,y)$是简单表达式时，我们可以用此方法来计算.

Runge-Kutta方法是用复合函数的计算来代替各阶偏导数，通过不同点的函数值组合间接使用Taylor展式来达到高阶局部截断误差的目的. 它的形式是这样的.

定义8.3.1. *设s是一个正整数，称方程*

$$\begin{aligned}&y_{n+1}=y_n+h\sum_{j=1}^{s}b_jk_j\\&k_1=f(x_n,y_n)\\&k_2=f(x_n+c_2h,y_n+ha_{2,1}k_1)\\&\cdots\\&k_s=f(x_n+c_sh,y_n+(a_{s,1}k_1+\cdots+a_{s,s-1}k_{s-1}))\end{aligned}\tag{8.3.4}$$

为s级的Runge-Kutta方法. 这里系数b_j, c_j, a_{ij}是给定的常数，它由局部截断误差阶等因素来确定.

为简单计，我们把(8.3.4)写成如下形式

$$y_{n+1} = y_n + h\varphi(x_n, y_n, h). \tag{8.3.5}$$

它的局部截断误差可表示为

$$R_n = y(x_{n+1}) - y(x_n) - h\varphi(x_n, y(x_n), h), \tag{8.3.6}$$

即在x_n处$y_n = y(x_n)$准确时，用(8.3.5)计算下一步值所产生的误差.

定义8.3.2. *若存在最大的正整数p使得$R_n = \mathcal{O}(h^{p+1})$，则称方法(8.3.5)是$p$阶的.*

下面以$s=2$为例来确定(8.3.4)中的系数. 此时

$$\varphi(x_n, y(x_n), h) = b_1 f(x_n, y(x_n)) + b_2 f(x_n + c_2 h, y(x_n) + h a_{2,1} f(x_n, y(x_n)). \tag{8.3.7}$$

用Taylor展开，我们有

$$\begin{aligned} R_n &= y(x_{n+1}) - y(x_n) - h\varphi(x_n, y(x_n), h) \\ &= y'(x_n)h + \frac{1}{2!}h^2 y''(x_n) + \mathcal{O}(h^3) - h[(b_1+b_2)f(x_n, y(x_n))] \\ &\quad -hb_2[f_x(x_n, y(x_n))c_2 h + f_y(x_n, y(x_n))ha_{2,1}f(x_n, y(x_n))] + \mathcal{O}(h^3) \\ &= (1-b_1-b_2)hy'(x_n) + (\frac{1}{2} - b_2c_2)h^2 f_x(x_n, y(_n)) \\ &\quad +(\frac{1}{2} - b_2 a_{2,1})h^2 f_y(x_n, y(x_n))f(x_n, y(x_n)) + \mathcal{O}(h^3) \end{aligned}$$

只要选取

$$\begin{cases} 1 - b_1 - b_2 = 0, \\ \frac{1}{2} - b_2 c_2 = 0, \\ \frac{1}{2} - b_2 a_{2,1} = 0, \end{cases} \tag{8.3.8}$$

我们就可得到一族2阶的Runge-Kutta方法. 例如取$b_1 = 0, b_2 = 1, a_{2,1} = \frac{1}{2}, c_2 = \frac{1}{2}$，我们得到中点公式

$$y_{n+1} = y_n + hf(x_n + \frac{1}{2}h, y_n + \frac{1}{2}hf_n) \tag{8.3.9}$$

再取$b_1 = \frac{1}{4}, b_2 = \frac{3}{4}, a_{2,1} = \frac{2}{3}, c_2 = \frac{2}{3}$，我们得到Heun公式

$$y_{n+1} = y_n + \frac{1}{4}h[f(x_n, y_n) + 3f(x_n + \frac{2}{3}h, y_n + \frac{2}{3}hf_n)] \tag{8.3.10}$$

取$b_1 = \frac{1}{2}, b_2 = \frac{1}{2}, a_{2,1} = 1, c_2 = 1$我们又得到改进的Euler公式

$$y_{n+1} = y_n + \frac{h}{2}[f(x_n, y_n) + f(x_{n+1}, y_n + hf(x_n, y_n))] \tag{8.3.11}$$

对于$s=3,4$的情形，我们可类似地推导出相应的一些格式. 例如常用的三级三阶Kutta公式,

$$\begin{cases} y_{n+1}=y_n+\frac{1}{6}h(k_1+4k_2+k_3) \\ k_1=f(x_n,y_n) \\ k_2=f(x_n+\frac{1}{2}h,y_n+\frac{1}{2}hk_1) \\ k_3=f(x_n+h,y_n-hk_1+2hk_2). \end{cases} \tag{8.3.12}$$

还有如四级四阶古典Runge-Kutta公式

$$\begin{cases} y_{n+1}=y_n+\frac{h}{6}(k_1+2k_2+2k_3+k_4) \\ k_1=f(x_n,y_n) \\ k_2=f(x_n+\frac{1}{2}h,y_n+\frac{1}{2}hk_1) \\ k_3=f(x_n+\frac{1}{2}h,y_n+\frac{1}{2}hk_2) \\ k_4=f(x_n+h,y_n+hk_3). \end{cases} \tag{8.3.13}$$

注意到当$f(x,y)\equiv f(x)$，即方程(8.1.1)是线性时，(8.3.12)和(8.3.13)就相当于在(8.2.5)恒等式中的积分用Simpson数值积分公式来代替的格式.

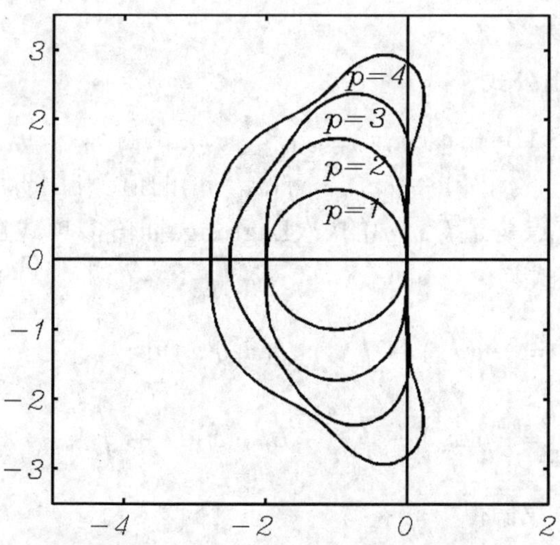

图 8.3.1 Runge-Kutta方法的绝对稳定区域

一般地，s级Runge-Kutta方法所能达到的最大阶p的关系如下.

s	2	3	4	5	6	7	8	9	10
p	2	3	4	4	5	6	6	7	7

同样地我们可以得到类似于定理8.2.2的收敛性误差估计式和定理8.2.4的稳定性结论.

p阶的Runge-Kutta方法的绝对稳定区域可以证明为

$$|1+\bar{h}+\frac{1}{2!}\bar{h}^2+\cdots+\frac{1}{p!}\bar{h}^p|<1,$$

这里$\bar{h}=\lambda h$. $1\sim 4$阶的Runge-Kutta方法的绝对稳定区域见图8.3.1.

Runge-Kutta 方法广泛地应用于实际问题的计算. 在求解刚性方程组时,为了更高的精度和更好的数值稳定性,我们还可构造称为隐式的 Runge-Kutta 方法和半隐式 Runge-Kutta 方法,这方面的内容非常丰富,读者可以参阅Hairer,Nϕrsett和Wanner等的专著[32, 33].

8.4 线性多步法

前面8.2−8.3节介绍了单步法,即只利用x_n的值来计算下一步x_{n+1}处的值. 在这一节我们将讨论多步法,即利用前面已算好的若干个值来计算下一步x_{n+1}处的值. 我们将给出多步法的一些构造方法、多步法的一些特性分析及多步法的计算,并简要介绍一种新的方法——边值化方法.

8.4.1 线性多步法的构造

给定区间$[x_0, b]$的一个均匀网格,$x_n = x_0 + nh, n = 0, 1, 2\cdots$,步长为$h$. 下面我们给出多步法的一些构造方法.

1. Adams-Bashforth公式

假设已求得问题(8.1.1)在$x_{n-k}, x_{n-k+1}, \cdots, x_n$ 的解$y_{n-k}, y_{n-k+1}, \cdots, y_n$,则可求得相应的$f_{n-k} = f(x_{n-k}, y_{n-k}), \cdots, f_n = f(x_n, y_n)$的值. 利用$x_{n-i}(i = 0, 1, \cdots, k)$这$k+1$个点作为插值节点构造$f(x, y)$的$k$次Lagrange插值多项式$L_{n,k}(x)$,它的余项记为$r_{n,k}(x)$. 则代入恒等式

$$\begin{aligned} y(x_{n+1}) &= y(x_n) + \int_{x_n}^{x_{n+1}} f(x, y(x))\mathrm{d}x \\ &= y(x_n) + \int_{x_n}^{x_{n+1}} L_{n,k}(x)\mathrm{d}x + \int_{x_n}^{x_{n+1}} r_{n,k}(x)\mathrm{d}x. \end{aligned} \tag{8.4.1}$$

舍掉高阶余项$r_{n,k}(x)$,我们得

$$y_{n+1} = y_n + \int_{x_n}^{x_{n+1}} \sum_{i=1}^{k}(\prod_{\substack{j=0\\ j\neq i}}^{k} \frac{x - x_{n-j}}{x_{n-i} - x_{n-j}}) f_{n-i}\mathrm{d}x \tag{8.4.2}$$

记

$$\begin{aligned} b_{k,i} &= \frac{1}{h}\int_{x_n}^{x_{n+1}} (\prod_{\substack{j=0\\ j\neq i}}^{k} \frac{x - x_{n-j}}{x_{n-i} - x_{n-j}})\mathrm{d}x \\ &= \int_0^1 \frac{\prod\limits_{j\neq i}(j+\tau)}{(-1)^i(k-i)!i!}\mathrm{d}\tau \qquad (x = x_n + \tau h) \\ &= (-1)^{k-i}\int_0^1 \begin{pmatrix} -\tau \\ i \end{pmatrix} \begin{pmatrix} -\tau-(i+1) \\ k-i \end{pmatrix}\mathrm{d}\tau \end{aligned} \tag{8.4.3}$$

这里

$$\begin{pmatrix} s \\ j \end{pmatrix} = \frac{s(s-1)\cdots(s-j+1)}{j!}, \begin{pmatrix} s \\ 0 \end{pmatrix} = 1.$$

则我们得到**Adams-Bashforth公式**

$$y_{n+1} = y_n + h\sum_{i=0}^{k} b_{k,i} f_{n-i}. \tag{8.4.4}$$

由于插值区间(x_{n-k}, x_n) 不在积分区间(x_n, x_{n+1})，因此也称它为**Adams外插公式**. 系数$b_{k,i}$ 的部分值在表8.4.1中给出.

表 8.4.1 系数$b_{k,i}$ $(i = 0, 1, \cdots)$

i	0	1	2	3	4	5	$\cdots$
$b_{0,i}$	1						$\cdots$
2 $b_{1,i}$	3	-1					$\cdots$
12 $b_{2,i}$	23	-16	5				$\cdots$
24 $b_{3,i}$	55	-59	37	-9			$\cdots$
720 $b_{4,i}$	1901	-2774	2616	-1274	251		$\cdots$
1440 $b_{5,i}$	4277	-7923	9982	-7298	2877	-475	$\cdots$

2. Adams-Moulton公式

假设已求得问题(8.1.1)在$x_{n-k}, x_{n-k+1}, \cdots, x_n$ 的解$y_{n-k}, y_{n-k+1}, \cdots, y_n$，则可求得相应的$f_{n-k}, \cdots, f_n$的值. 把$x_{n+1}$加到插值节点上，利用$x_{n-i}(i = 0, 1, \cdots, k)$ 和x_{n+1}这$k+2$个点，构造$f(x, y)$ 的一个$k+1$次Lagrange 插值多项式$L_{n,k}^{(1)}$，它的余项记为$r_{n,k}^{(1)}$. 则代入恒等式

$$\begin{aligned} y_{n+1} &= y_n + \int_{x_n}^{x_{n+1}} f(x, y(x))\mathrm{d}x \\ &= y_n + \int_{x_n}^{x_{n+1}} L_{n,k}^{(1)}(x)\mathrm{d}x + \int_{x_n}^{x_{n+1}} r_{n,k}^{(1)}(x)\mathrm{d}x \end{aligned}$$

舍掉高阶余项$r_{n,k}^{(1)}$，我们得

$$y_{n+1} = y_n + \int_{x_n}^{x_{n+1}} \sum_{i=-1}^{k} \Big(\prod_{j=-1 j\neq i}^{k} \frac{x - x_{n-j}}{x_{n-i} - x_{n-j}}\Big) f_{n-i}\mathrm{d}x \tag{8.4.5}$$

记

$$\begin{aligned} b_{k,i} &= \frac{1}{h}\int_{x_n}^{x_{n+1}} \Big(\prod_{\substack{j=-1 \\ j\neq i}}^{k} \frac{x - x_{n-j}}{x_{n-i} - x_{n-j}}\Big)\mathrm{d}x \\ &= (-1)^{k+1-i}\int_{-1}^{0} \begin{pmatrix} -\tau \\ i \end{pmatrix} \begin{pmatrix} -\tau-(i+1) \\ k+1-i \end{pmatrix} \mathrm{d}\tau. \end{aligned} \tag{8.4.6}$$

则我们得到**Adams-Moultion公式**

$$y_{n+1}=y_n+h\sum_{i=-1}^{k}b_{k,i}^{(1)}f_{n-i}. \tag{8.4.7}$$

由于插值区间(x_{n-k},x_{n+1})包含积分区间(x_n,x_{n+1})，因此也称它为**Adams内插公式**.

系数$b_{k,i}^{(1)}$的部分值在表8.4.2中给出.

表 8.4.2 系数$b_{k,i}^{(1)}$ $(i=0,1,\cdots)$

i	0	1	2	3	4	5	$\cdots$
1 $b_{0,i}$	1						$\cdots$
2 $b_{1,i}$	1	1					$\cdots$
12 $b_{2,i}$	5	8	-1				$\cdots$
24 $b_{3,i}$	9	19	-5	1			$\cdots$
720 $b_{4,i}$	251	646	-264	106	-19		$\cdots$
1440 $b_{5,i}$	475	1427	-798	482	-173	27	$\cdots$

3. Gear方法

假设已求得问题(8.1.1) 在$x_{n-k},x_{n-k+1},\cdots,x_n$ 的解$y_{n-k},y_{n-k+1},\cdots,y_n$和前面Adams 方法不同，我们不作函数$f$的插值，而对函数$y$进行插值. 利用这$k+1$个节点作函数$y(x)$的$k$次Lagrange插值$q_{n,k}(x)$，余项记为$s_{n,k}(x)$. 将$y(x)$代入(8.1.1)的右端并取$x=x_n$ 值，有

$$q'_{n,k}(x)+s'_{n,k}(x)=f(x_n,y(x_n)) \tag{8.4.8}$$

舍掉高阶余项$s'_{n,k}(x)$，用y_i代替$y(x_i)$得

$$\sum_{i=0}^{k}\tilde{c}_{k,i}y_{n-i}=hf_n, \tag{8.4.9}$$

$$\begin{aligned}\tilde{c}_{k,i} &= h\Big(\prod_{\substack{j=0\\ j\neq i}}^{k}\frac{x-x_{n-j}}{x_{n-i}-x_{n-j}}\Big)'\Big|_{x=x_n}\\ &= \begin{cases}\displaystyle\sum_{j=1}^{k}\frac{1}{j}, & i=0;\\ (-1)^i\frac{1}{i}\begin{pmatrix}k\\ i\end{pmatrix}, & i\neq 0.\end{cases}\end{aligned} \tag{8.4.10}$$

我们称(8.4.9)为**Gear方法**. 例如$k=1$即为向后Euler方法，当$k=2$时，

$$y_n-\frac{4}{3}y_{n-1}+\frac{1}{3}y_{n-2}=\frac{2}{3}hf_n.$$

Gear方法具有较强的数值稳定性, 可以用来求解刚性常微分方程组.

4. 待定系数法

设一般的线性多步法

$$\sum_{k=0}^{k}\alpha_j y_{n+j} = h\sum_{k=0}^{k}\beta_j f_{n+j}, \tag{8.4.11}$$

其中α_j,β_j是待定的系数，$\alpha_k\neq 0$，$|\alpha_0|+|\beta_0|\neq 0$. 若选取特殊的$\alpha_j,\beta_j$就可推出Adams外插法、内插法及Gear方法. 当$\beta_k=0$时，(8.4.11)为显式方法，而$\beta_k\neq 0$时，(8.4.11)为隐式方法.

定义算子

$$\begin{aligned}\mathscr{L}[y(x),h] &= \sum_{j=0}^{k}\alpha_j y(x+jh) - h\sum_{j=0}^{k}\beta_j f(x+jh,y(x+jh))\\ &= \sum_{j=0}^{k}[\alpha_j y(x+jh) - h\beta_j y'(x+jh)].\end{aligned} \tag{8.4.12}$$

不难明白，它和线性多步法(8.4.11)的局部截断误差同阶，因此我们可以根据算子$\mathscr{L}[y(x),h]$的阶来确定系数α_j,β_j. 在x处Taylor展开，我们得

$$\mathscr{L}(y(x),h) = c_0 y(x) + c_1 h y'(x) + \cdots + c_q h^q y^{(q)}(x) + \cdots, \tag{8.4.13}$$

则有关系式

$$\begin{cases} c_0 = \alpha_0+\alpha_1+\cdots+\alpha_k,\\ c_1 = (\alpha_1+2\alpha_2+\cdots+k\alpha_k)-(\beta_0+\beta_1+\cdots+\beta_k),\\ \cdots\\ c_q = \frac{1}{q!}(\alpha_1+2^q\alpha_2+\cdots+k^q\alpha_k)-\frac{1}{(q-1)!}(\beta_1+2^{q-1}\beta_2+\cdots+k^{q-1}\beta_k). \end{cases} \tag{8.4.14}$$

选取系数α_j,β_j使得$c_0=c_1=\cdots=c_q=0$，而$c_{q+1}\neq 0$. 此时我们称多步法(8.4.11) 是q阶的.

例如$k=2$时，我们可得一族二步三阶方法($\alpha\neq -1$)，

$$y_{n+2}-(1+\alpha)y_{n+1}+\alpha y_n = \frac{h}{12}[(5+\alpha)f_{n+2}+8(1-\alpha)f_{n+1}-(1+5\alpha)f_n] \tag{8.4.15}$$

当$\alpha=-5$时，(8.4.15)是一个显式二步三阶法，而当$\alpha=0$时，(8.4.15)即为两步Adams内插法. 当$\alpha=-1$可验证$c_4=0,c_5\neq 0$，它是一个四阶方法.

对于k步法(8.4.11)，可以唯一构造最高次为$2k$阶的隐式方法或唯一的$2k-1$阶的显式方法.

8.4.2 线性多步法的性态

对于一般的线性k步法(8.4.11)，我们已定义了它的局部截断误差(8.4.12). 当局部截断误差至少是一阶时，我们称线性k步法(8.4.11)与初值问题(8.1.1)是相容的.

下面我们给出线性多步法稳定性的概念.

定义8.4.1. 称线性多步法(8.4.11)是**稳定的**，如果对任何满足Lipschitz条件的函数f,均存在常数C及h_0，使得当$0 < h \leqslant h_0$ 时，多步法(8.4.11)的任何由$\{y_j\}_{j=0}^{k-1}$ 及$\{z_j\}_{j=0}^{k-1}$得到的两个解均满足

$$\max_{nh\leqslant b-x_0} |y_n - z_n| \leqslant cM_0, \tag{8.4.16}$$

其中

$$M_0 = \max_{0\leqslant j<k} |y_j - z_j|.$$

稳定性刻画了多步法(8.4.11)的解连续地依赖于k个初始值. 下面我们给出判定稳定性的一个充分条件. 记

$$\rho(\lambda) = \sum_{j=0}^{k} \alpha_j \lambda^j. \tag{8.4.17}$$

定理8.4.2. 设$f(x,y)$关于y满足Lipschitz条件，则线性多步法(8.4.11)稳定的充分必要条件是(8.4.11)满足根条件: 即$\rho(\lambda) = 0$的根落在单位圆内，或落在单位圆周上的根是单根.

我们再给出收敛性的概念和判定收敛性的一个定理.

定义8.4.3. 解初值问题(8.1.1)的线性多步法(8.4.11)称为**收敛的**，如果当$h \to 0$时，对初始k个值

$$y_j - y(x_j) \to 0 \qquad 0 \leqslant j < k.$$

就有

$$\lim_{h\to 0} y_n = y(x), \qquad x = x_0 + nh.$$

定理8.4.4. 线性k步法(8.4.11)收敛的充要条件是相容性和稳定性.

这些结论的证明需要线性差分方程解的性质，有兴趣的读者可参见[7][8][10].

最后，我们再考虑有舍入误差时的绝对稳定性. 记

$$\sigma(\lambda) = \sum_{j=0}^{k} \beta_j \lambda^j, \tag{8.4.18}$$

$$\psi(\lambda, \bar{h}) = \rho(\lambda) - \bar{h}\sigma(\lambda), \qquad \bar{h} = \mu\lambda. \tag{8.4.19}$$

定义8.4.5. 对于给定的$\bar{h}=h\mu$, 称一个多步法(8.4.11)是**绝对稳定的**, 如果对于这个$\bar{h}$, 其多项式$\psi(\lambda,\bar{h})=0$的根全在单位圆内. 对绝对稳定的所有$\bar{h}$组成的区域称为**绝对稳定区域**.

例如(8.4.15)中$\alpha=-1$ 时的Milne方法

$$y_{n+2}-y_n=\frac{1}{12}h[f_{n+2}+4f_{n+1}+f_n], \tag{8.4.20}$$

它的绝对稳定性由多项式

$$\begin{aligned}\psi(\lambda,\bar{h}) &= (3-\bar{h})\lambda^2-4\bar{h}\lambda-(3+\bar{h})=0,\\ \lambda_{1,2} &= \frac{2\bar{h}\pm\sqrt{9+3\bar{h}^2}}{3-\bar{h}}.\end{aligned} \tag{8.4.21}$$

将它们作渐近展开，有

$$\lambda_1\approx e^{\bar{h}},\qquad \lambda_2\approx e^{-\frac{1}{3}\bar{h}}. \tag{8.4.22}$$

由此可见，不论$\bar{h}$取正或负，$\lambda_{1,2}$中总有一个模大于1. 即Milne方法对所有的$\bar{h}$都不是绝对稳定的.

8.4.3 线性多步法的计算

对于一般的线性k步法(8.4.11)，我们必须事先求得$y_0,y_1,\cdots,y_{k-1}$这k个值，然后才可以根据(8.4.11) 来计算y_k，再依次计算$y_{k+1},y_{k+2},\cdots$. 除了y_0可以取为(8.1.1)中的初始值外，我们还需要计算$y_1,\cdots,y_{k-1}$ 的值. 对于p阶的线性多步法，我们要求初始值$y_1,\cdots,y_{k-1}$ 的近似也是$\mathcal{O}(h^p)$.

我们用 p 阶的Taylor公式(8.3.1)-(8.3.2)或p阶的Runge-Kutta方法来求解这k个初始值. 在用p阶的Taylor公式时，由于计算量将随着导数次数的增加急剧增加，我们也可用Hermite插值来避免计算高阶导数，如

$$y_{n+1}=y_n+\frac{h}{2}(f_{n+1}+f_n)-\frac{1}{12}h^2(f'_{n+1}-f'_n) \tag{8.4.23}$$

此时截断误差

$$R_n=\frac{1}{720}h^5y^{(5)}+\mathcal{O}(h^6). \tag{8.4.24}$$

对于隐式的线性多步法(8.4.11)，即$\beta_k\neq 0$时，我们用迭代法来求解，如Jacobi简单迭代，Newton-Raphson迭代等. 下面我们介绍一种被称为预估－校正的算法.

以4阶Adams内插外插公式为例.

$$y_{n+1}^{[0]} = y_n+\frac{h}{24}[55f_n-59f_{n-1}+37f_{n-2}-9f_{n-3}], \tag{8.4.25}$$

$$y_{n+1}^{[m+1]} = y_n+\frac{h}{24}[9f(x_{n+1},y_{n+1}^{[m]})+19f_n-5f_{n-1}+f_{n-2}], \tag{8.4.26}$$

$$m=0,1,2,\cdots$$

即利用Adams外插(8.4.25)显式格式给出y_{n+1}的一个预估值，然后用Adams内插法(8.4.26)进行迭代修正. 一般来说，修正的格式比预估格式精度高. 我们希望迭代次数不要太多而能达到修正格式的精度，当然好的预估值会使迭代很快地收敛.

下面我们说明按(8.4.25),(8.4.26)选取的格式，它们的截断误差同阶但系数不同，我们构造一个预估－校正算法，这个算法中修正迭代只要一次就达到收敛的阶.

设在第n步的预估值和校正值为y_n^p和y_n^c，则由局部截断误差的讨论有

$$y(x_{n+1}) - y_{n+1}^p = \frac{251}{720}h^5 y^{(5)}(\xi_n), x_{n-3} < \xi_n < x_{n+1} \tag{8.4.27}$$

$$y(x_{n+1}) - y_{n+1}^c = -\frac{19}{720}h^5 y^{(5)}(\xi_n^*), x_{n-2} < \xi_n^* < x_{n+1} \tag{8.4.28}$$

两式相减，得

$$y_{n+1}^c - y_{n+1}^p = \frac{19}{720}h^5 y^{(5)}(\xi_n^*) + \frac{251}{720}h^5 y^{(5)}(\xi_n). \tag{8.4.29}$$

假定解$y(x)$具有五阶连续导数，并且在区间(x_{n-3}, x_{n+1})内变化不大，因此我们可以近似得到

$$\frac{270}{720}h^5 y^{(5)}(\eta_n) \approx y_{n+1}^c - y_{n+1}^p \tag{8.4.30}$$

即

$$y(x_{n+1}) - y_{n+1}^p \approx \frac{251}{720}(y_{n+1}^c - y_{n+1}^p), \tag{8.4.31}$$

$$y(x_{n+1}) - y_{n+1}^c \approx -\frac{19}{720}(y_{n+1}^c - y_{n+1}^p). \tag{8.4.32}$$

由此我们得到一种预估－校正的算法：

$$\begin{aligned}
&\text{预估} & y_{n+1}^p &= y_n + \frac{h}{24}[55f_n - 59f_{n-1} + 37f_{n-2} - 9f_{n-3}],\\
&\text{修正} & \bar{y}_{n+1}^p &= y_{n+1}^p + \frac{251}{720}(y_{n+1}^c - y_{n+1}^p),\\
&\text{求值} & \bar{f}_{n+1} &= f(x_{n+1}, \bar{y}_{n+1}^p),\\
&\text{校正} & y_{n+1}^c &= y_n + \frac{h}{24}[9\bar{f}_{n+1} + 19f_n - 5f_{n-1} + f_{n-2}],\\
&\text{修正} & \bar{y}_{n+1} &= y_{n+1}^c - \frac{19}{720}(y_{n+1}^c - y_{n+1}^p),\\
&\text{求值} & f_{n+1} &= f(x_{n+1}, \bar{y}_{n+1}).
\end{aligned}$$

在这个算法中，我们还可利用$|y_{n+1}^c - y_{n+1}^p|$的大小来调整步长，当$|y_{n+1}^c - y_{n+1}^p|$非常小时，我们可以放大h，而$|y_{n+1}^c - y_{n+1}^p|$比较大时就缩小步长h. 利用此思想可构造自适应的算法.

8.4.4 边值化方法

这一节我们简要介绍意大利人L.Brugnano和D.Trigiunte[25, 26]的边值化方法来

求解初值问题(8.1.1). 它的思想和著名的打靶法(见8.5.2节)相反，即把解初值问题的多步法转化为整体方程的求解.

设网格$x_n = x_0 + nh, h = \frac{b-a}{N}, n = 0, 1, \cdots, N$. 我们举一个具体的格式为例. 在$x_n$处用多步法

$$y_n - y_{n-1} = \frac{h}{24}[-f_{n+1} + 12f_n + 13f_{n-1} - f_{n-2}], \quad n = 2, 3, \cdots, N-1 \quad (8.4.33)$$

然后在边值x_1处补充方程

$$y_1 - y_0 = \frac{h}{24}[f_3 - 5f_2 + 19f_1 + 9f_0], \quad (8.4.34)$$

在另一端点x_N处补充方程

$$y_N - y_{N-1} = \frac{h}{24}[f_{N-3} - 5f_{N-2} + 19f_{N-1} + 9f_N]. \quad (8.4.35)$$

它们的截断误差都是$\mathcal{O}(h^5)$，即四阶方法. 方程(8.4.33)-(8.4.35)是包含N个未知量$y_1, \cdots, y_N$ 的非线性方程组，求解此非线性方程组的计算工作量大大增加了，但由于此方法是同时计算网格点上的值，和初值问题的其他方法相比，它没有计算误差的累积和扩散，具有较好的稳定性.

一般地，线性k步法

$$\sum_{j=0}^{k} \alpha_j y_{n+j} = h \sum_{j=0}^{k} \beta_j f_{n+j}, \qquad n = 0, 1, 2, \cdots, N-k,$$

我们在左端点加k_1个条件(加上问题(8.1.1)的初始值y_0)，

$$\sum_{j=0}^{k} \alpha_j^{(i)} y_j = h \sum_{j=0}^{k} \beta_j^{(i)} f_j, \qquad n = 1, 2, \cdots, k_1 - 1,$$

在右端点加上k_2个条件

$$\sum_{j=0}^{k} \alpha_{k-j}^{(i)} y_j = h \sum_{j=0}^{k} \beta_{k-j}^{(i)} f_j, \qquad n = n - k_2 + 1, \cdots, N,$$

这里$k_1 + k_2 = k$. 我们要求以上方程的截断误差阶相同，所加端点条件满足一定条件,可得到N个未知量的非线性方程组. 这样的方程组的一种预条件的迭代解法可见文[24].

最后我们指出,为了避免求解大型的非线性方程组,我们可以将以上的边值化方法分别应用到分块区域上,如把求解区间$[a, b]$ 分成几个小区间,如两个区间$[a, c]$ 和$[c, b]$. 在$[a, c]$上应用(8.4.33)-(8.4.35)得到$y(c)$的近似值，然后再在 $[c, b]$ 上应用(8.4.33)-(8.4.35). 根据具体问题的稳定性和计算量来确定具体的计算格式.

8.5　两点边值问题

在这一节中，我们介绍线性微分方程两点边值问题的有限差分方法和非线性微分方程的打靶法. 在介绍打靶法时，我们还顺便介绍一下高阶微分方程初值问题的解法.

8.5.1　有限差分法

考虑两点边值问题

$$\begin{cases} Ly = -\frac{d}{dx}(p(x)\frac{dy}{dx}) + r(x)\frac{dy}{dx} + q(x)y = f(x), \quad a < x < b \\ y(a) = \alpha, \quad y(b) = \beta, \end{cases} \tag{8.5.1}$$

这里我们假定$p(x) \in C^1[a,b], r(x), q(x), f(x) \in C[a,b], p(x) \geqslant p_0 > 0, q(x) \geqslant 0$. 在$x=a, x=b$这两个端点给定两个边界值条件，也可给定其他带一阶导数值的条件.

将区间$[a,b]$进行网格剖分, 均匀分成N等份，即

$$x_n = a + nh, \qquad n = 0, 1, \cdots, N. \ \ h = \frac{(b-a)}{N}$$

在每个内网格节点x_n处，我们令

$$Ly\mid_{x_n} = f\mid_{x_n} \qquad n = 1, 2, \cdots, N-1. \tag{8.5.2}$$

假定解$y(x)$充分光滑，则由Taylor展开式，我们有

$$\begin{aligned} \frac{dy}{dx}\mid_{x_n} &= \frac{y(x_{n+1}) - y(x_{n-1})}{2h} + \mathcal{O}(h^2), \\ \frac{d}{dx}(p\frac{dy}{dx})\mid_{x_n} &= \frac{1}{h}\left((p\frac{dy}{dx})_{x_{n+\frac{1}{2}}} - (p\frac{dy}{dx})_{x_{n-\frac{1}{2}}}\right) + \mathcal{O}(h^2), \\ &= \frac{1}{h}[p_{n+\frac{1}{2}}\frac{y(x_{n+1}) - y(x_n)}{h} - p_{n-\frac{1}{2}}\frac{y(x_n) - y(x_{n-1})}{h}] + \mathcal{O}(h^2). \end{aligned}$$

这里$x_{n+\frac{1}{2}} = \frac{1}{2}(x_x + x_{n+1})$, $p_{n\pm\frac{1}{2}} = p(x_{n\pm\frac{1}{2}})$. 于是由(8.5.2)导出

$$\begin{aligned} -\tfrac{1}{h}[p_{n+\frac{1}{2}}\tfrac{y(x_{n+1})-y(x_n)}{h} - p_{n-\frac{1}{2}}\tfrac{y(x_n)-y(x_{n-1})}{h}] + r_n\tfrac{y(x_{n+1})-y(x_{n-1})}{2h} \\ +q_n y(x_n) + R_n = f_n, \end{aligned} \tag{8.5.3}$$

其中$R_n = \mathcal{O}(h^2)$. 忽略高阶项R_n并用y_n表示$y(x_n)$的近似值，我们得

$$-\frac{1}{h}[p_{n+\frac{1}{2}}\frac{y_{n+1} - y_n}{h} - p_{n-\frac{1}{2}}\frac{y_n - y_{n-1}}{h}] + r_n\frac{y_{n+1} - y_{n-1}}{2h} + q_n y_n = f_n,$$

$$n = 1, 2, \cdots, N-1, \tag{8.5.4}$$

加上边值条件

$$y_0 = \alpha, \qquad y_N = \beta. \tag{8.5.5}$$

方程(8.5.4)-(8.5.5)是关于未知量$y_n(n=0,1,2,\cdots,N)$的一个线性方程组，若用矩阵向量形式来表示(把(8.5.4)中第1个方程和最后一个方程出现的y_0,y_N用(8.5.5)代替，移到方程右端)，系数矩阵是一个三对角矩阵

$$\boldsymbol{A}=\begin{bmatrix} b_1 & -c_1 & & & \\ -a_2 & b_2 & -c_2 & & \\ & \ddots & \ddots & \ddots & \\ & & -a_{N-2} & b_{N-2} & -c_{N-2} \\ & & & -a_{N-1} & b_{N-1} \end{bmatrix}_{(N-1)\times(N-1)} \tag{8.5.6}$$

其中

$$\begin{cases} b_n=\frac{1}{h^2}(p_{n+\frac{1}{2}}+p_{n-\frac{1}{2}})+q_n, \\ c_n=\frac{1}{h^2}p_{n+\frac{1}{2}}+\frac{1}{2h}r_n, \\ a_n=\frac{1}{h^2}p_{n-\frac{1}{2}}-\frac{1}{2h}r_n. \end{cases} \tag{8.5.7}$$

当网格步长h充分小时，$\boldsymbol{A}$是一个不可约对角占优的三对角矩阵. 因此$\boldsymbol{A}$是非奇异矩阵，可用追赶法直接求解.

当$r(x)\equiv 0$时，(8.5.1)是一个守恒型微分方程，此时我们还可用积分插值法来导出差分方程. 在区间$[x_{n-\frac{1}{2}},x_{n+\frac{1}{2}}]$上积分

$$\int_{x_{n-\frac{1}{2}}}^{x_{n+\frac{1}{2}}} Lu\mathrm{d}x=\int_{x_{n-\frac{1}{2}}}^{x_{n+\frac{1}{2}}} f\mathrm{d}x \tag{8.5.8}$$

记$Z(x)=p\frac{\mathrm{d}y}{\mathrm{d}x}$，则上式左端

$$-[Z(x_{n+\frac{1}{2}})-Z(x_{n-\frac{1}{2}})]+\int_{x_{n-\frac{1}{2}}}^{x_{n+\frac{1}{2}}} qy\mathrm{d}x=\int_{x_{n-\frac{1}{2}}}^{x_{n+\frac{1}{2}}} f\mathrm{d}x$$

又由$\frac{Z(x)}{p(x)}=\frac{\mathrm{d}y}{\mathrm{d}x}$，在区间$[x_n,x_{n+1}]$及$[x_{n-1},x_n]$上积分，得

$$\begin{aligned} y(x_{n+1})-y(x_n) &= \int_{x_n}^{x_{n+1}} \frac{Z(x)}{p(x)}\mathrm{d}x\approx Z(x_{n+\frac{1}{2}})\int_{x_n}^{x_{n+1}} \frac{1}{p(x)}\mathrm{d}x, \\ y(x_n)-y(x_{n-1}) &= \int_{x_{n-1}}^{x_n} \frac{Z(x)}{p(x)}\mathrm{d}x\approx Z(x_{n-\frac{1}{2}})\int_{x_{n-1}}^{x_n} \frac{1}{p(x)}\mathrm{d}x. \end{aligned}$$

又

$$\int_{x_{n-\frac{1}{2}}}^{x_{n+\frac{1}{2}}} qy\mathrm{d}x\approx y(x_n)\int_{x_{n-\frac{1}{2}}}^{x_{n+\frac{1}{2}}} q\mathrm{d}x$$

由此我们推导出积分插值型差分方程

$$\begin{aligned} &-\frac{1}{\int_{x_n}^{x_{n+1}}\frac{1}{p(x)}\mathrm{d}x}(y_{n+1}-y_n)+\frac{1}{\int_{x_{n-1}}^{x_n}\frac{1}{p(x)}\mathrm{d}x}(y_n-y_{n-1})+\left(\int_{x_{n-\frac{1}{2}}}^{x_{n+\frac{1}{2}}} q\mathrm{d}x\right)y_n \\ &=\int_{x_{n-\frac{1}{2}}}^{x_{n+\frac{1}{2}}} f\mathrm{d}x,\quad n=1,2,\cdots,N-1. \end{aligned} \tag{8.5.9}$$

特别地，当积分都取中点积分公式时即为(8.5.4).

有限差分方法的误差估计主要依赖于截断误差及极值原理，能量不等式等手段推出，限于篇幅我们不加详细叙述. 我们将在下一章对二维具体的Laplace方程给出利用极值原理推导误差的过程.

8.5.2 打靶法

打靶法是把边值问题转化为初值问题的一种数值方法，它和8.4.4节刚好相反. 我们考虑非线性两点边值问题

$$\begin{cases} y''=f(x,y,y'), & a<x<b, \\ y(a)=\alpha, \quad y(b)=\beta. \end{cases} \tag{8.5.10}$$

假定方程(8.5.10)存在唯一解. 令

$$\begin{cases} y''=f(x,y,y'), & a<x<b, \\ y(a)=\alpha, \quad y'(a)=s. \end{cases} \tag{8.5.11}$$

它的解记为$y(x,s)$.

我们选择适当的s，使得解满足

$$y(b,s)=\beta. \tag{8.5.12}$$

方程(8.5.12)是一个非线性方程，我们可以用迭代法来求解. 如割线法(s_0,s_1给定猜测值)，

$$s_k=s_{k-1}-\frac{(s_{k-1}-s_{k-2})(y(b,s_{k-1})-\beta)}{y(b,s_{k-1})-y(b,s_{k-2})}, \quad k=2,3,\cdots. \tag{8.5.13}$$

也可以用Newton迭代法(s_0给定猜测值)，

$$s_k=s_{k-1}-\frac{(y(b,s_{k-1})-\beta)}{\frac{\partial y}{\partial s}(b,s_{k-1})}, \quad k=1,2,\cdots. \tag{8.5.14}$$

注意到(8.5.14)式需要计算$y(b,s)$对s的导数值. 为此, 我们引进一个新的函数$Z(x,s)=\frac{\partial y(x,s)}{\partial s}$. 对(8.5.11)中每一项对$s$求导数，则

$$\frac{\partial}{\partial s}y''(x,s)=\frac{\partial f}{\partial y}(x,y,y')\frac{\partial y(x,s)}{\partial s}+\frac{\partial f}{\partial y'}(x,y,y')\frac{\partial y'}{\partial s}(x,s). \tag{8.5.15}$$

于是我们有

$$\begin{cases} Z''=\frac{\partial f}{\partial y}(x,y,y')Z+\frac{\partial f}{\partial y'}(x,y,y')Z' \\ Z(a)=0, \quad Z'(a)=1, \end{cases} \tag{8.5.16}$$

这是一个初值问题. 对于给定s_{k-1}时，我们用数值方法求解(8.5.11)，算出$y(x,s_{k-1})$及$y'(x,s_{k-1})$ ，然后用(8.5.16)算出$Z(x,s_{k-1})$在$s=b$处的值. 于是Newton迭代公式

(8.5.14) 为

$$s_k = s_{k-1} - \frac{y(b, s_{k-1}) - \beta}{Z(b, s_{k-1})}, \quad k = 1, 2, \cdots. \tag{8.5.17}$$

一般地，在求解二阶初值问题(8.5.11)或(8.5.16)时，我们引进向量函数$\vec{u} = (y, y')^{\mathrm{T}} =: (u^{(1)}, u^{(2)})$. 例如，(8.5.11) 就可以化为一阶初值问题

$$\begin{cases} \dfrac{\mathrm{d}\vec{u}}{\mathrm{d}x} = \vec{F}(x, \vec{u}), \\ \vec{u}(a) = \vec{u}_0, \end{cases} \tag{8.5.18}$$

其中$\vec{F}(x, \vec{u}) = (u^{(2)}, f(x, u^{(1)}, u^{(2)})), \vec{u}_0 = (\alpha, s)$. 我们就可以将前面8.2-8.4节的方法应用于(8.5.18)中．例如Euler方法，我们有格式，$x_{n+1} = x_n + h, n = 0, 1, 2, \cdots$,

$$\begin{cases} u_{n+1}^{(1)} = u_n^{(1)} + hu_n^{(2)} \\ u_{n+1}^{(2)} = u_n^{(2)} + hf(x_{n+1}, u_n^{(1)}, u_n^{(2)}) \\ u_0^{(1)} = \alpha, \quad u_0^{(2)} = s. \end{cases} \tag{8.5.19}$$

其他高阶方程也可类似地处理.

习　题

8.1. 试分析改进的Euler方法(8.2.8)的稳定性和收敛性, 并给出其整体误差的估计式.

8.2. 讨论四级四阶显式Kutta公式

$$\begin{cases} y_{n+1} = y_n + \frac{h}{8}(k_1 + 3k_2 + 3k_3 + k_4) \\ k_1 = f(x_n, y_n) \\ k_2 = f(x_n + \frac{1}{3}h, y_n + \frac{1}{3}hk_1) \\ k_3 = f(x_n + \frac{2}{3}h, y_n - \frac{1}{3}hk_1 + hk_2) \\ k_4 = f(x_n + h, y_n + hk_1 - hk_2 + hk_3), \end{cases} \tag{8.5.20}$$

的稳定性和收敛性.

8.3. 给定二步法

$$y_{n+2} - (1+\alpha)y_{n+1} + \alpha y_n = \frac{h}{12}\Big[(5+\alpha)f_{n+2} + 8(1-\alpha)f_{n+1} - (1+5\alpha)f_n\Big],$$

其中$-1 \le \alpha < 1$. 试求方法的截断误差及绝对稳定区间.

8.4. 考虑由增量函数

$$\phi(x,y,h)=f(x,y)+\frac{1}{2}hg(x+\frac{1}{3}h,y+\frac{1}{3}hf(x,y)),$$
$$g(x,y)=\frac{\partial}{\partial x}f(x,y)+f(x,y)\frac{\partial}{\partial y}f(x,y)$$

决定的单步法

$$y_{n+1}=y_n+\phi(x_n,y_n,h).$$

试讨论该方法的阶和收敛性.

8.5. 利用预估-校正算法(8.4.3节)计算初值问题

$$\begin{cases} y'=-\dfrac{1}{x^2}-\dfrac{y}{x}-y^2, \\ y(1)=-1. \end{cases}$$

在$x=1.1,1.2,2.0$处的近似值($h=0.01$).

8.6. 用边值化方法(8.4.4节)求解

$$\begin{cases} y''-9y'+10y=0, \\ y(0)=\frac{1}{3}, \quad y'(0)=\frac{1}{3}. \end{cases}$$

观察初始条件有扰动时方法的稳定性.

8.7. 用打靶法求解非线性方程

$$\begin{cases} y'''+y''y=0, \\ y(0)=1, \quad y''(0)=0, \quad y'(10)=0. \end{cases}$$

的数值解.

8.8. 用差分法求

$$\begin{cases} -\varepsilon y''+y=0, \\ y(0)=1, \quad y(1)=0. \end{cases}$$

的解,观察对于不同的$\varepsilon=0.1,0.01,0.0001$和不同网格步长$h$的关系.

第 9 章　偏微分方程差分方法

在上一章的最后一节中，我们已经讨论了一维两点边值问题的差分方法，它的基本思想就是用函数的差商代替微商，从而得到网格节点函数值的一个离散方程组. 在这一章，我们将分别对椭圆型方程、物型方程及双曲型方程进行讨论，用差分方法来进行数值求解.

9.1　椭圆型方程

为简单计，我们仅考虑二维Poisson方程

$$\begin{cases} Lu \equiv -\Delta u = f(x,y), & (x,y) \in \Omega \\ u = g(x,y), & (x,y) \in \partial\Omega. \end{cases} \tag{9.1.1}$$

这里区域$\Omega = \{(x,y)|0 < x,y < 1\}$是单位正方形. 设网格步长$h = \frac{1}{N}$，将$(0,1)$分成$N$等份，

$$x_i = ih, \quad y_j = jh, \quad i,j = 0,1,2,\cdots,N, \tag{9.1.2}$$

即把Ω分成N^2个小正方形. 记$\Omega_h = \{(x_i,y_i)|1 \leqslant i,j \leqslant N-1\}$是网格内结点的集合，$\partial\Omega_h$为所有边界结点的集合. 在网格内节点$(x_i,y_i)$处，$i,j = 1,2,\cdots,N-1$，我们用二阶中心差商代替二阶偏导数，得到

$$L_h u_{ij} \equiv: -\frac{u_{i+1,j} - 2u_{ij} + u_{i-1,j}}{h^2} - \frac{u_{i,j-1} - 2u_{ij} + u_{i,j+1}}{h^2} = f_{ij}, \tag{9.1.3}$$

而在边界结点上，我们利用边界条件$u = g(x,y)$补上方程

$$u_{0,j} = g(0,y_j), \ \ u_{N,j} = g(1,y_j), \ \ u_{i,0} = g(x_i,0), \ \ u_{i,N} = g(x_i,1) \tag{9.1.4}$$

我们常称(9.1.3)为五点差分格式.

定义差分格式(9.1.3)的截断误差，

$$\begin{aligned} R_{ij}(u) = &-\frac{u(x_{i+1},y_j) - 2u(x_i,y_j) + u(x_{i-1},y_j)}{h^2} \\ &-\frac{u(x_i,y_{j-1}) - 2u(x_i,y_j) + u(x_i,y_{j+1})}{h^2} - f_{ij}, \end{aligned} \tag{9.1.5}$$

由Taylor展开式，假设解$u(x,y)$足够光滑，我们有

$$R_{ij}(u)=\frac{1}{12}h^2\left(\frac{\partial^4 u}{\partial x^4}+\frac{\partial^4 u}{\partial y^4}\right)\Bigg|_{(\xi_i,\eta_j)}\qquad x_{i-1}<\xi_i<x_{i+1},\ \ y_{j-1}<\eta_j<y_{j+1}\tag{9.1.6}$$

下面我们来分析五点差分格式(9.1.3)-(9.1.4)的误差. 首先引进如下引理.

引理9.1.1. (**极值原理**)假设u_{ij}是定义在离散区域$\bar{\Omega}_h=\Omega_h\cup\partial\Omega_h$上的网格函数，它在区域$\bar{\Omega}_h$内不恒等于某一常数，且$L_h u_{ij}\leqslant 0$（或$L_h u_{ij}\geqslant 0$）对所有$(i,j)\in\Omega_h$，则$u_{ij}$不可能在内结点$(x_i,y_j)\in\Omega_h$处达到最大值（或最小值）.

证明 用反证法,若u_{ij}在某内节点$(x_{i_0},y_{j_0})\in\Omega_h$处取到最大值,并记此最大值为$\bar{M}$. 由于$u_{ij}$在$\bar{\Omega}_h$内不恒等于某一常数,则可以假定结点$(x_{i_0},y_{j_0})$的某一相邻网格结点，例如$(x_{i_0+1},y_{j_0})$,它的函数值$u_{i_0+1,j_0}$ 严格小于$\bar{M}$. 由

$$\begin{aligned}L_h u_{i_0,j_0} &= \frac{1}{h^2}(4u_{i_0,j_0}-u_{i_0+1,j_0}-u_{i_0-1,j_0}-u_{i_0,j_0+1}-u_{i_0,j_0-1})\\ &> \frac{1}{h^2}(4M-M-M-M-M)=0.\end{aligned}\tag{9.1.7}$$

这与$L_h u_{ij}\leqslant 0$矛盾，从而u_{ij}不可能在内结点取到最大值. □

根据此引理，我们容易证明差分格式的解的存在唯一性.

定理9.1.2. *离散方程(9.1.3)-(9.1.4)存在唯一解.*

证明 只要证明齐次问题

$$\begin{cases}L_h u_{ij}=0, & (x,y)\in\Omega_h,\\ u_{ij}=0, & (x,y)\in\partial\Omega_h.\end{cases}$$

只有零解即可. 由引理9.1.1，$L_h u_{ij}\leqslant 0$，则u_{ij}只能在边界结点取到最大值，因此$u_{ij}\leqslant 0$，$\forall(i,j)\in\bar{\Omega}_h$. 另一方面，$L_h u_{ij}\geqslant 0$，$u_{ij}$只能在边界结点取到最小值，从而$u_{ij}\geqslant 0$，$\forall(i,j)\in\bar{\Omega}_h$. 由此$u_{ij}=0$，$\forall(i,j)\in\bar{\Omega}_h$. □

有了极值原理，我们再证明如下比较定理.

定理9.1.3. 假设v_{ij}和V_{ij}是定义在区域$\bar{\Omega}_h$上的两个网格函数，并满足

$$\begin{cases}|\ L_h v_{ij}\ |\leqslant L_h V_{ij}, & (x,y)\in\Omega_h\\ |\ v_{ij}\ |\leqslant V_{ij}, & (x,y)\in\partial\Omega_h.\end{cases}\tag{9.1.8}$$

则在$\bar{\Omega}_h$上恒有

$$|\ v_{ij}\ |\leqslant V_{ij}.\tag{9.1.9}$$

证明 定义两个网格函数$w_{ij}^{\pm}=V_{ij}\pm v_{ij}$，于是

$$\begin{cases}L_h w_{ij}^{\pm}=L_h V_{ij}\pm L_h v_{ij}\geqslant 0, & (x,y)\in\Omega_h\\ w_{ij}^{\pm}\geqslant 0, & (x,y)\in\partial\Omega_h.\end{cases}\tag{9.1.10}$$

由引理9.1.1，得

$$w_{ij}^{\pm} \geqslant 0, \qquad (i,j) \in \bar{\Omega}_h.$$

从而推出结论(9.1.9). □

由引理9.1.1和定理9.1.3，我们可推出误差$e_{ij} = u(x_i, y_j) - u_{ij}$的估计式. 记

$$M_4 = \max_{(x,y)\in\Omega} \left(max(\left|\frac{\partial^4 u}{\partial x^4}\right|, \left|\frac{\partial^4 u}{\partial y^4}\right|) \right).$$

构造函数

$$V(x,y) = \frac{1}{24} M_4 h^2 (r_0^2 - x^2 - y^2),$$

取

$$V_{ij} = V(x_i, y_j) = \frac{1}{24} M_4 h^2 \left[r_0^2 - x_i^2 - y_j^2 \right], \qquad (i,j) \in \bar{\Omega}_h \tag{9.1.11}$$

其中r_0是一个正数，使得$V_{ij} \geqslant 0, \forall (x,y) \in \Omega$. 在我们考虑的正方形$\Omega = (0,1) \times (0,1)$时，取$r_0 = \sqrt{2}$即可. 显然

$$\begin{aligned} L_h V_{ij} &= (LV)|_{(x_i,y_j)} + R_{ij}(V) \\ &= \frac{1}{6} M_4 h^2. \end{aligned} \tag{9.1.12}$$

则由(9.1.6)得

$$| L_h e_{ij} | = | R_{ij}(u) | \leqslant L_h V_{ij}, \qquad (i,j) \in \Omega_h, \tag{9.1.13}$$

及

$$0 = | e_{ij} | \leqslant V_{ij}, \qquad (i,j) \in \partial\Omega_h. \tag{9.1.14}$$

根据比较定理，对所有$(i,j) \in \bar{\Omega}_h$，有

$$| e_{ij} | \leqslant V_{ij} \leqslant \frac{r_0}{24} M_4 h^2. \tag{9.1.15}$$

综上所述，我们有如下结论.

定理9.1.4. *设Poisson方程(9.1.1)的解$u(x,y) \in C^4(\bar{\Omega})$，则五点差分格式(9.1.3)的解一致收敛到(9.1.1)的解$u(x,y)$，且*

$$\max_{i,j} | u(x_i, y_j) - u_{ij} | \leqslant \frac{r_0}{24} M_4 h^2$$

注9.1.5. 差分方法的误差估计基于截断误差的Taylor展开，因此一般都要求解足够光滑. 而在有限元方法的误差估计中，我们可以降低解的光滑性要求.

注9.1.6. 对于一般曲边不规则边界的区域，我们在边界附近不能用五点格式*(9.1.3)*，需要修正格式. 而对第二类、第三类带导数的边值条件，我们也同样需要修正方程. 进一步的了解可参考微分方程数值解方面的参考书，如[7][8][10]等.

注9.1.7. 离散方程组*(9.1.3)-(9.1.4)*一般用迭代法来求解，如Jacobi迭代，Gauss-Seidel迭代法及共轭梯度法等. 如对初始猜测值$u_{ij}^0, 1 \leqslant i,j \leqslant N-1$，我们用*Gauss-Seidel*迭代的格式为$k=0,1,\cdots$

```
for i=1:N-1
  for j=1:N-1
    u_{ij}^{k+1} = 1/4 ( u_{i-1,j}^{(k+1)} + u_{i,j-1}^{(k+1)} + u_{i+1,j}^{(k)} + u_{i,j+1}^{(k)} + h^2 f_{i,j} )
  end
end
```

$$u_{ij}^{k+1} = \frac{1}{4}\left(u_{i-1,j}^{(k+1)} + u_{i,j-1}^{(k+1)} + u_{i+1,j}^{(k)} + u_{i,j+1}^{(k)} + h^2 f_{i,j}\right)$$

迭代格式中边界结点$u_{0,j}$,$u_{N,j}$等用*(9.1.4)*代替.

9.2　抛物型方程

我们只考虑一维热传导方程

$$\frac{\partial u}{\partial t} = a\frac{\partial^2 u}{\partial x^2} + f(x,t), \quad 0 < x < 1, \quad 0 < t \leqslant T, \tag{9.2.1}$$

其中常数$a>0$，$f(x,t)$为已知函数. 方程(9.2.1)需要如下初始条件

$$u(x,0) = u_0(x), \quad 0 < x < 1, \tag{9.2.2}$$

及边值条件

$$u(0,t) = g_1(t), \quad u(1,t) = g_2(t). \tag{9.2.3}$$

首先，我们给出求解区域的一个网格剖分. 令时间步长为τ，$t_n = n\tau, n = 0,1,2,\cdots,[T/\tau]$；令空间步长$h=\frac{1}{N}, x_j = jh, j = 0,1,\cdots,N$. 在每个内部网格结点$(x_j,t_n)$处，$1 \leqslant j \leqslant N-1, 1 \leqslant n \leqslant [T/\tau]$，我们令

$$\left.\frac{\partial u}{\partial t}\right|_{x_j}^{t_n} = a\left.\frac{\partial^2 u}{\partial x^2}\right|_{x_j}^{t_n} + f(x_j,t_n), \tag{9.2.4}$$

在时间方向用向前一阶差商代替一阶微商；在空间方向，用二阶中心差商代替二阶导数，我们得到

$$\frac{u_j^{n+1} - u_j^n}{\tau} = a\frac{u_{j-1}^n - 2u_j^n + u_{j+1}^n}{h^2} + f_j^n \tag{9.2.5}$$

补充初值及边值条件

$$u_j^0 = u_0(x_j), \tag{9.2.6}$$

$$u_0^n = g_1(t_n), \quad u_N^n = g_2(t_n) \tag{9.2.7}$$

把(9.2.5)改写为，$1 \leqslant j \leqslant N-1, n \geqslant 0$,

$$u_j^{n+1} = ru_{j-1}^n + (1-2r)u_j^n + ru_{j+1}^n + \tau f_j^n, \tag{9.2.8}$$

其中$r = a\tau/h^2 > 0$称为**网格比**. 可以看出，当我们求得t_n的值u_j^n 后，根据(9.2.6)-(9.2.8) 可直接计算得到u_j^{n+1}，因此称此格式为**显式格式**.

从(9.2.4)的离散近似，我们可得到截断误差

$$\begin{aligned} R_j^n &= \frac{1}{2}\tau \left.\frac{\partial^2 u}{\partial t^2}\right|_{x_j}^{\tilde{t}_n} - \frac{1}{12}ah^2 \left.\frac{\partial^4 u}{\partial x^4}\right|_{\xi_j}^{t_n}, \\ &= \mathcal{O}(\tau + h^2) \qquad t_n < \tilde{t}_n < t_{n+1}, \quad x_{j-1} < \xi_j < x_{j+1} \end{aligned} \tag{9.2.9}$$

它是一个时间精度为一阶，空间精度为二阶的格式. 类似地，如果在(9.2.4)中，时间导数用向后差商代替（t_n用t_{n+1}代替），可得

$$\frac{u_j^{n+1} - u_j^n}{\tau} = a\frac{u_{j-1}^{n+1} - 2u_j^{n+1} + u_{j+1}^{n+1}}{h^2} + f_j^{n+1} \tag{9.2.10}$$

或

$$-ru_{j-1}^{n+1} + (1+2r)u_j^{n+1} - ru_{j+1}^{n+1} = u_j^n + \tau f_j^{n+1}, \tag{9.2.11}$$

初值及边值同(9.2.6)-(9.2.7). 对于格式(9.2.6),(9.2.7) 及(9.2.11)，当我们得到t_n 层的值u_j^n 以后，计算t_{n+1}层的值时，我们需要求解一个三对角的线性方程组，因此这个格式是一个**隐式格式**. 同样地，它的截断误差：$R_j^n = \mathcal{O}(\tau + h^2)$，即对时间步长是一阶精度，而对空间步长是二阶精度.

再进一步，我们用$(x_j, t_{n+\frac{1}{2}})$ 处的值来代替(9.2.4) 得

$$\begin{aligned} \left.\frac{\partial u}{\partial t}\right|_{x_j}^{t_{n+\frac{1}{2}}} &= a\left.\frac{\partial^2 u}{\partial x^2}\right|_{x_j}^{t_{n+\frac{1}{2}}} + f(x_j, t_{n+\frac{1}{2}}), \\ &\approx \theta\, a\left.\frac{\partial^2 u}{\partial x^2}\right|_{x_j}^{t_n} + (1-\theta)\, a\left.\frac{\partial^2 u}{\partial x^2}\right|_{x_j}^{t_n} + f(x_j, t_{n+\frac{1}{2}}) \end{aligned} \tag{9.2.12}$$

用差商代替微商，可得一些格式

$$\begin{aligned} \frac{u_j^{n+1} - u_j^n}{\tau} = \theta a\frac{u_{j-1}^{n+1} - 2u_j^{n+1} + u_{j+1}^{n+1}}{h^2} \quad &+ \quad (1-\theta)a\frac{u_{j-1}^n - 2u_j^n + u_{j+1}^n}{h^2} \\ &+ f(x_j, t_{n+\frac{1}{2}}) \end{aligned} \tag{9.2.13}$$

或者

$$\begin{aligned} -r\theta u_{j-1}^{n+1} + (1+2r\theta)u_j^{n+1} - r\theta u_{j+1}^{n+1} \quad &= \quad r(1-\theta)u_{j-1}^n + [1 - 2r(1-\theta)]u_{j-1}^n \\ &+ r(1-\theta)u_{j+1}^n + \tau f_j^{n+\frac{1}{2}}, \end{aligned} \tag{9.2.14}$$

它的截断误差

$$R_j^n = \begin{cases} \mathcal{O}(\tau + h^2), & \theta \neq \frac{1}{2} \\ \mathcal{O}(\tau^2 + h^2), & \theta = \frac{1}{2} \end{cases}$$

因此当 $\theta = \frac{1}{2}$ 时,它的截断误差对时间步长具有二阶精度，此时格式称为**Crank-Nicolson 格式**.

对于求解抛物型方程的差分格式，除了它的截断误差以外，我们还特别需要研究格式的稳定性. 也就是说，在初始值（t_0层）有一扰动值会否本质地影响后面层（t_n 层）上的解. 稳定的格式要求第n层误差随着n增大而保持有界. 我们下面给出稳定性的定义.

设 u_j^n 是差分格式显格式(9.2.8)、隐格式(9.2.11)、或六点格式(9.2.14)加上边值(9.2.6)-(9.2.7)的解. 假定$\tilde{u}_j^n$ 是格式初始值加上扰动$\tilde{u}_j^0 = u_j^0 + \varepsilon_j^0$，而边值，右端值$f_j^n$不变时相应格式的解，记$\varepsilon_j^n = \tilde{u}_j^n - u_j^n$. 对于格式(9.2.8) (9.2.11)或(9.2.14)，可以看出ε_j^n满足

$$\begin{cases} \varepsilon_j^{n+1} = r\varepsilon_{j-1}^n + (1-2r)\varepsilon_j^n + r\varepsilon_{j+1}^n, \\ \varepsilon_0^n = \varepsilon_N^n = 0, \\ \varepsilon_j^0 \quad 给定 \end{cases} \tag{9.2.15}$$

或

$$\begin{cases} -r\varepsilon_{j-1}^{n+1} + (1+2r)\varepsilon_j^{n+1} - r\varepsilon_{j+1}^{n+1} = \varepsilon_j^n, \\ \varepsilon_0^n = \varepsilon_N^0 = 0, \\ \varepsilon_j^0 \quad 给定 \end{cases} \tag{9.2.16}$$

或

$$\begin{cases} -r\theta\varepsilon_{j-1}^{n+1} + (1+2r\theta)\varepsilon_j^{n+1} - r\theta\varepsilon_{j+1}^{n+1} \\ = r(1-\theta)\varepsilon_{j-1}^n + (1-2r(1-\theta))\varepsilon_j^n + r(1-\theta)\varepsilon_{j+1}^n, \\ \varepsilon_0^n = \varepsilon_N^0 = 0, \\ \varepsilon_j^0 \quad 给定 \end{cases} \tag{9.2.17}$$

定义9.2.1. *如果对于给定的$\varepsilon > 0$,均存在与τ和h 无关的函数$\delta = \delta(\varepsilon)$,使得当(9.2.15)或(9.2.16)或(9.2.17)的解ε_j^n的初始值*

$$\sup_j |\ \varepsilon_j^0\ | < \delta$$

时恒有

$$\sup_j |\ \varepsilon_j^n\ | < \varepsilon,$$

*则称差分方程(9.2.8)或(9.2.11)或(9.2.14)是***稳定的**.

下面我们来分析这些格式的稳定性. 我们把显格式，隐格式及六点格式(9.2.15)-(9.2.17)统一写成矩阵向量的形式：

$$\begin{cases} \boldsymbol{A}\varepsilon^{n+1} = \boldsymbol{B}\varepsilon^n, \\ \varepsilon^0 \end{cases} \tag{9.2.18}$$

记$\boldsymbol{T}=\boldsymbol{A}^{-1}\boldsymbol{B}$，则

$$\varepsilon^{n+1}=\boldsymbol{T}\varepsilon^{n}=\boldsymbol{T}^{2}\varepsilon^{n-1}=\cdots=\boldsymbol{T}^{n+1}\varepsilon^{0}, \tag{9.2.19}$$

根据定义8.2.1，我们只要求$\|\ \boldsymbol{T}^{n}\ \|\leqslant K$即一致有界，从而

$$\rho(\boldsymbol{T})\leqslant 1+\mathcal{O}(\tau) \tag{9.2.20}$$

这是一个容易验证的条件. 比如对显格式(9.2.15)

$$\boldsymbol{T}=(1-2r)I+r\boldsymbol{C},$$

其中

$$\boldsymbol{C}=\begin{bmatrix} 0 & +1 & & & \\ +1 & 0 & +1 & & \\ & \ddots & \ddots & \ddots & \\ & & +1 & 0 & +1 \\ & & & +1 & 0 \end{bmatrix}. \tag{9.2.21}$$

容易计算$\boldsymbol{C}$的（n-1）个特征值$\lambda_j(\boldsymbol{C})=2\cos(\frac{j\pi}{N})$,

$$\rho(\boldsymbol{T})=\max_j\mid 1-2r+2r\cos(\frac{j\pi}{N})\mid=\max_j\mid 1-4r\sin^2(\frac{j\pi}{2N})\mid, \tag{9.2.22}$$

因此$\rho(\boldsymbol{T})\leqslant 1$成立的充要条件是

$$r\leqslant\frac{1}{2}.$$

而对隐格式(9.2.16)，我们有

$$\boldsymbol{T}=[(1+2r)I-r\boldsymbol{C}]^{-1},$$

于是

$$\rho(\boldsymbol{T})=\max_j\left|\frac{1}{1+2r-2r\cos(\frac{j\pi}{N})}\right|=\max_j\left|\frac{1}{1+4r\sin^2(\frac{j\pi}{2N})}\right|\leqslant 1,$$

因此隐格式对所有$r>0$都是稳定的，此时格式也称是**绝对稳定的**.

对于六点格式(9.2.17)，我们有

$$\boldsymbol{T}=[(1+2r\theta)I-r\theta\boldsymbol{C}]^{-1}[(1-2r(1-\theta))I+r(1-\theta)\boldsymbol{C}],$$

$$\lambda_j(\boldsymbol{T})=\frac{1-4r(1-\theta)\sin^2(\frac{j\pi}{2N})}{1+4r\theta\sin^2(\frac{j\pi}{2N})}.$$

可以推出：当$\theta \in [\frac{1}{2}, 1)$ 时，$\rho(\boldsymbol{T}) = \max\limits_{j} |\ \lambda_j(\boldsymbol{T})\ | \leqslant 1$对所有$r > 0$均成立；而当$\theta \in (0, \frac{1}{2})$时，只有当$r \leqslant \frac{1}{2(1-2\theta)}$ 时，$\rho(\boldsymbol{T}) \leqslant 1$.

差分格式的稳定性还可以通过Fourier方法、能量估计等方法来分析，有兴趣的读者可见微分方程数值解的教材[7][8][10].

下面就显格式(9.2.8)和初边值条件(9.2.6)和(9.2.7)讨论格式的收敛性.

设$u(x_j, t_n)$ 表示原方程(9.2.1)的准确解在(x_j, t_n)处的值，令误差

$$e_j^n = u(x_j, t_n) - u_j^n.$$

则可以得

$$\begin{cases} e_j^{n+1} = re_{j-1}^n + (1-2r)e_j^n + re_{j+1}^n + \tau R_j^n \\ e_0^n = e_N^0 = 0, \\ e_j^0 = 0 \end{cases}$$

若记$R = \max\limits_{j,n} |\ R_j^n\ | = \mathcal{O}(\tau + h^2)$,则

$$\begin{aligned} \max_j |\ e_j^{n+1}\ | &\leqslant \max_j |\ e_j^n\ | + \tau R \\ &\leqslant \max_j |\ e_j^{n-1}\ | + 2\tau R \\ &\leqslant \cdots \leqslant (n+1)\tau R \leqslant TR \end{aligned}$$

因此其收敛性和截断误差是同阶的. 对于其他格式也可类似地证明.

9.3 双曲型方程

在这一节我们讨论一阶线性常系数双曲型方程和二阶波动方程的差分方法. 我们将针对双曲型方程的特点，构造相应的差分格式.

9.3.1 一阶双曲型方程

考虑一阶对流方程的初值问题

$$\begin{cases} \frac{\partial u}{\partial t} + a\frac{\partial u}{\partial x} = 0, & 0 < t \leqslant T, -\infty < x < +\infty \\ u(x,0) = u_0(x), & -\infty < x < +\infty. \end{cases} \tag{9.3.1}$$

其中a为常数.

容易明白，当解沿着任意一条直线$x - at = c$（c为任意常数）时，由于

$$\begin{aligned} \frac{\mathrm{d}u(x,t)}{\mathrm{d}t} &= \frac{\mathrm{d}u(c+at,t)}{\mathrm{d}t} \\ &= \frac{\partial u}{\partial x} \cdot \frac{dx}{dt} + \frac{\partial u}{\partial t} = \frac{\partial u}{\partial t} + a\frac{\partial u}{\partial x} = 0, \end{aligned} \tag{9.3.2}$$

即$u(x,t)$沿此直线恒为常数. 对于任意一点(x,t)，直线$x-at=c$与x轴相交于$(c,0)$，因此

$$u(x,t)=u_0(c)=u_0(x-at). \tag{9.3.3}$$

通常直线族$x-at=c$称为双曲型方程(9.3.1)的特征线. 与椭圆型方程、抛物型方程不同，我们在构造差分格式时要考虑到特征线的走向位置.

假定上半区间$t\geqslant 0,-\infty<x<+\infty$的网格是平行于$x$轴与$t$轴的直线组成，$x$方向的步长为$h$，$x_j=jh,j=0,\pm1,\pm2,\cdots$，$t$方向的步长为$\tau$，$t_n=n\tau,n=0,1,2,\cdots$. 记$r=\frac{\tau}{h}$. 则我们可得如下显式格式：

$$\frac{u_j^{n+1}-u_j^n}{\tau}+a\frac{u_j^n-u_{j-1}^n}{h} = 0, \tag{9.3.4}$$

$$\frac{u_j^{n+1}-u_j^n}{\tau}+a\frac{u_{j+1}^n-u_j^n}{h} = 0, \tag{9.3.5}$$

$$\frac{u_j^{n+1}-u_j^n}{\tau}+a\frac{u_{j+1}^n-u_{j-1}^{n-1}}{2h} = 0. \tag{9.3.6}$$

它们分别被称为(9.3.1)的左偏心差分格式，右偏心差分格式和中心差分格式. 它们的局部截断误差阶分别是$\mathcal{O}(\tau+h),\mathcal{O}(\tau+h)$和$\mathcal{O}(\tau+h^2)$. 通过Fourier方法可知格式(9.3.4)稳定性条件是$0\leqslant ar\leqslant 1$，格式(9.3.5)稳定性条件是$-1\leqslant ar\leqslant 0$，而格式(9.3.6)是恒不稳定的.

从几何上看，当$a>0$时，特征线$x-at=c$向左偏，见图9.3.1.

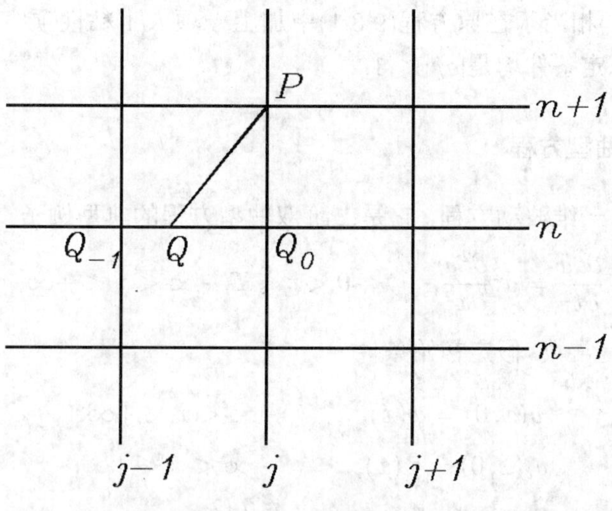

图 9.3.1 迎风格式

在第$n+1$层P点值应该等于第n层Q点值，我们用相邻两点(x_{j-1},t_n) 和(x_j,t_n)处的值u_{j-1}^n和u_j^n的线性插值求得Q点值的近似，即

$$u_j^{n+1} = (\frac{x - x_{j-1}}{x_{j-1} - x_j} u_{j-1}^n + \frac{x - x_i}{x_j - x_{j-1}} u_j^n)\Big|_Q. \tag{9.3.7}$$

把$x_Q = x_j - a\tau$代入即得格式(9.3.4). 稳定性条件$0 \leqslant ar \leqslant 1$意味着Q点落在$(x_{j-1}, t_n)$和$(x_j, t_n)$之间，我们可用内线性插值来代替. 由Lagrange一阶插值性质，对于内插值公式是稳定的.

事实上，当$a > 0, 0 \leqslant ar \leqslant 1$时，我们把格式(9.3.4)改成

$$u_j^{n+1} = (1 - ar)u_j^n + aru_{j-1}^n, \tag{9.3.8}$$

则

$$\begin{aligned} \max_j |u_j^{n+1}| &\leqslant (1 - ar)\max_j |u_j^n| + ar\max_j |u_{j-1}^n| \\ &= \max_j |u_j^n|. \end{aligned} \tag{9.3.9}$$

由此说明格式(9.3.4)是数值稳定.

其他一些常用的格式如Lax-Friedrichs格式,

$$\frac{u_j^{n+1} - \frac{1}{2}(u_{j-1}^n + u_{j+1}^n)}{\tau} + a\frac{u_{j+1}^n - u_{j-1}^n}{2h} = 0, \tag{9.3.10}$$

和Lax-Wendroff格式

$$\frac{u_j^{n+1} - u_j^n}{\tau} + a\frac{u_{j+1}^n - u_{j-1}^n}{2h} = \frac{a^2\tau}{2}\frac{u_{j+1}^n - 2u_j^n + u_{j-1}^n}{h^2} \tag{9.3.11}$$

格式(9.3.11)相当于在原方程(9.3.1)中加上一项人工粘性项$\frac{a^2\tau}{2}u_{xx}$后的离散格式. 这两个格式的稳定条件均是$|ar| \leqslant 1$.

9.3.2 二阶双曲型方程

我们仅考虑一维波动方程，它是二阶双曲型方程的典型例子. 考虑

$$\frac{\partial^2 u}{\partial t^2} = a^2\frac{\partial^2 u}{\partial x^2}, \qquad 0 < t \leqslant T, -\infty < x < +\infty, \tag{9.3.12}$$

其中$a > 0$是常数. 假定初始条件

$$u(x, 0) = \varphi(x), \qquad -\infty < x < +\infty, \tag{9.3.13}$$

$$u_t(x, 0) = \psi(x), \qquad -\infty < x < +\infty. \tag{9.3.14}$$

通过引入坐标变换$\xi = x - at$和$\varsigma = x + at$，我们可得到(9.3.12)解的著名d'Alembert公式，

$$u(x, t) = \frac{1}{2a}[\varphi(x + at) + \varphi(x - at)] + \frac{1}{2a}\int_{x-at}^{x+at} \psi(\xi)\mathrm{d}\xi. \tag{9.3.15}$$

由(9.3.15)可知，初值问题(9.3.12)-(9.3.14)的解$u(x,t)$在(x,t)处的值仅依赖于初值在$[x-at,x+at]$的值，因此称区间$[x-at,x+at]$ 是点(x,t)的依赖区间，而由$[x-at,0),(x+at,0)$及(x,t)所围成的三角形区域通常称为(x,t)的依赖区域，见数理方程的教科书,比如[13][14]. 我们在构造差分格式时，要求差分格式的依赖区域包含微分方程的依赖区域，这样的格式才是稳定的.

对于微分方程初值问题(9.3.12)-(9.3.14)，我们同样对网格 $x_j=jh, j=0,\pm1,\cdots,$ 和 $t_n, n=0,1,2,\cdots,$，可得格式

$$\frac{u_j^{n+1}-2u_j^n+u_j^{n-1}}{\tau^2}=a^2\frac{u_{j-1}^n-2u_j^n+u_{j+1}^n}{h^2}, \tag{9.3.16}$$

它的初始层的值

$$u_j^0=\varphi(x_j), \tag{9.3.17}$$

及

$$\frac{u_j^1-u_j^0}{\tau}=\psi(x_j). \tag{9.3.18}$$

注意到(9.3.16)近似(9.3.12)的截断误差是$\mathcal{O}(h^2+\tau^2)$，而(9.3.18)的截断误差只有$\mathcal{O}(\tau)$，为此我们可以引进人工t_{-1}层，即

$$\frac{u_j^1-u_j^{-1}}{2\tau}=\psi(x_j), \tag{9.3.19}$$

我们在(9.3.16)中取$n=0$，结合(9.3.19)式消去u_j^{-1}，则可得

$$u_j^1=\tau\psi(x_j)+\varphi(x_j)+\frac{a^2\tau^2}{2h^2}(\varphi(x_{j-1})-2\varphi(x_j)+\varphi(x_{j+1})) \tag{9.3.20}$$

差分格式(9.3.16),(9.3.17)及(9.3.20)是一个显式的差分格式，它的稳定性条件是$\frac{a\tau}{h}\leqslant 1$. 显然$u_j^n$值和$[u_{j-n}^0,\cdots,u_{j+n}^0]$相关，即$[x_{j-n},x_{j+n}]$是差分格式的依赖区域. 当$\frac{a\tau}{h}\leqslant 1$时，差分格式的依赖区域包含了微分方程的依赖区域.

如果我们考虑波动方程的初边值问题：

$$\begin{cases}\frac{\partial^2 u}{\partial t^2}=a^2\frac{\partial^2 u}{\partial x^2}, & 0<x<1, 0<t\leqslant T,\\ u(0,t)=g_1(t), \quad u(1,t)=g_x(t), & 0<t\leqslant T,\\ u(x,0)=\varphi(x), & 0<x<1,\\ u_t(x,0)=\psi(x), & 0<x<1.\end{cases} \tag{9.3.21}$$

除了上面的显式差分格式以外，我们还可构造隐式差分格式，如

$$\begin{aligned}\frac{u_j^{n+1}-2u_j^n+u_j^{n-1}}{\tau^2} &= a^2\theta\frac{u_{j-1}^{n+1}-2u_j^{n+1}+u_{j+1}^{n+1}}{h^2}+a^2(1-2\theta)\frac{u_{j-1}^n-2u_j^n+u_{j+1}^n}{h^2}\\ &\quad +a^2\theta\frac{u_{j-1}^{n-1}-2u_j^{n-1}+u_{j+1}^{n-1}}{h^2}, 1\leqslant j\leqslant N-1\end{aligned} \tag{9.3.22}$$

以及边值条件

$$u_0^n = g_1(t_n), \qquad u_N^n = g_2(t_n). \tag{9.3.23}$$

初值条件仍然同(9.3.17)，(9.3.18)或(9.3.20)，其中$\theta \geqslant 0$为参数，$h = \frac{1}{N}$. 和抛物型方程的格式一样，在每一层计算时，需要求解一个三对角的线性方程组，因此是一个隐式格式. 它的截断误差及稳定性分析可以类似地分析，这里不再重复.

习 题

9.1. 假设精确解$u = \sin \pi x \sin \pi y$. 对步长$h = \frac{1}{2^2}, \frac{1}{2^3}, \frac{1}{2^3}, \frac{1}{2^5}, \frac{1}{2^6}$,编写程序求解Possion方程(9.1.1)的数值解.

9.2. 求矩阵(9.2.21)的特征值和特征向量.

9.3. 求格式(9.2.13)的截断误差的主项.

9.4. 编写求解热传导方程的隐格式(9.2.11)，(9.2.6)，(9.2.7)的程序.

9.5. 利用上题程序计算热传导方程

$$\begin{cases} u_t = u_{xx}, & 0 < x < \pi, t > 0, \\ u(0,t) = u(\pi,t) = 0, & t > 0, \\ u(x,0) = \sin(x), & 0 \leq x \leq \pi \end{cases}$$

的数值解，并考察误差和时间步长τ，空间步长h的关系.

(提示: 准确解$u(x,t) = \mathrm{e}^{-t}\sin(x)$.)

9.6. 对于一阶双曲型方程(9.3.1)，如何提出它对应的边值问题?

9.7. 编写求解二阶双曲型方程(9.3.21)的隐格式(9.3.22)的程序并找一个例子进行数值求解.

参考文献

[1] 曹志浩. 数值线性代数. 上海:复旦大学出版社，1996.

[2] 蒋尔雄，赵风光编著. 数值逼近. 上海:复旦大学出版社，1996.

[3] 王能超编著. 数值分析简明教程. 北京:高等教育出版社，2003.

[4] 王能超编著. 计算方法——算法设计及其Matlab实现. 北京: 高等教育出版社，2005.

[5] 王德人，杨忠华编. 数值逼近引论. 北京:高等教育出版社，1990.

[6] 徐树方，高立，张平文. 数值线性代数. 北京:北京大学出版社，2000.

[7] 余德浩，汤华中. 微分方程数值解法. 北京:科学出版社，2003.

[8] 李荣华，冯果忱. 微分方程数值解法. 北京:高等教育出版社，1996.

[9] 周铁，徐树方，张平文，李铁军. 计算方法. 北京:清华大学出版社，2006.

[10] 胡健伟，汤怀民. 微分方程数值方法. 北京:科学出版社，1999.

[11] 徐翠薇，孙绳武. 计算方法引论(第二版). 北京:高等教育出版社，2002.

[12] 张恭庆，林源渠编著. 泛函分析讲义. 北京:北京大学出版社，1987.

[13] 谷超豪等. 数学物理方程. 北京:高等教育出版社，1979.

[14] 姜礼尚，陈亚浙. 数学物理方程. 北京:高等教育出版社，1986.

[15] 威尔金森著，石钟慈邓健新译. 代数特征值问题. 北京:科学出版社，2001.

[16] C. F. Gerald，P.O. Wheatley 著，吕淑娟译. 应用数值分析. 北京:机械工业出版社，2006.

[17] G. Recktenwald 著，伍卫国，万群，张辉译. 数值分析和Matlab实现与应用. 北京:机械工业出版社，2004.

[18] J.M.Ortega，W.C.Rheinboldt 著，孙念增译. 多元非线性方程组迭代解法. 北京:科学出版社，1983.

[19] D. Kincaid，W. Cheney 著，王国荣，俞耀明，徐兆亮译. 数值分析. 北京:机械工业出版社，2005.

[20] C. B. Moler 著，喻文键译. Matlab数值计算，京:机械工业出版社，2006.6

[21] R. L. Burden，J. D. Faires 著，冯烟利，朱海燕译. 数值分析，京:高等教育出版社，2005.6

[22] 叶彦谦. 常微分方程讲义(第二版). 北京:高等教育出版社，1998.

[23] K. Atkinson and W. Han. *Elementary numerical analysis* (third edition). New York:John Wiley & Sons，Inc. 2004.

[24] X.Q. Jin. *Developments and Applications of Block Toeplitz Iterative Solvers.* Science Press Beijing and Kluwer Academic Publishers.

[25] L. Brugnano and D. Trigiante. *Solving Differential Problems by Multistep Initial and Boundary Value Methods.* Amsterdam: Gordon and Berach Science Publishers，1998.

[26] L. Brugnano and D. Trigiante. Boundary Value Methods: The Third Way Between Linear Multistep and Runge-Kutta Methods. *Computers Math. Applic.*，vol. 36，1998，269-284.

[27] J. Berrut，L. N. Trefethen. Barycentric Lagrange Interpolation. *SIAM Review*，2004，Vol.46，No.3，pp501.

[28] P. Henrici. Barycentric formulas for interpolating trigonometric polynomials and their conjugates. *Numer. Math.*，1979，33，225-234.

[29] N. J. Higham. The nemerical stability of barycentric Lagrange interpolation. *IMA J. Numer anal.*，2004，24，547-556.

[30] E.Isaacson，H.B.Keller. *Analysis of Numerical Methods.* New York:Dover Publications，INC.，1994.

[31] A.Quarteroni，R. Sacco，F.Saleri. *Numerical Mathematics*，数值数学，国外数学名著系列(影印版)5. 北京:科学出版社，2006.

[32] E. Hairer，S.P. Norsett and G. Wanner. *Solving Ordinary Differential Equations I*，常微分方程的解法 I，国外数学名著系列(影印版)17，北京:科学出版社，2006.

[33] E. Hairer and G. Wanner. *Solving Ordinary Differential Equations* II 常微分方程的解法II，国外数学名著系列(影印版)18. 北京:科学出版社，2006.